本书为国家社科基金重点项目
"中国传统家教、家风的历史嬗变及现代转换研究"
（17AKS022）的结项成果

中国传统家教家风的历史嬗变及现代转换

徐国亮 刘松 著

天津出版传媒集团

天津人民出版社

图书在版编目（CIP）数据

中国传统家教家风的历史嬗变及现代转换 / 徐国亮,
刘松著. -- 天津：天津人民出版社，2024.3
ISBN 978-7-201-20202-0

Ⅰ．①中… Ⅱ．①徐… ②刘… Ⅲ．①家庭道德－研
究－中国 Ⅳ．①B823.1

中国国家版本馆 CIP 数据核字(2024)第 046890 号

中国传统家教家风的历史嬗变及现代转换

ZHONGGUO CHUANTONG JIAJIAO JIAFENG DE LISHI SHANBIAN JI XIANDAI ZHUANHUAN

出　　版	天津人民出版社
出 版 人	刘锦泉
地　　址	天津市和平区西康路 35 号康岳大厦
邮政编码	300051
邮购电话	（022）23332469
电子信箱	reader@tjrmcbs.com

策划编辑	郑　玥
责任编辑	郭雨莹
装帧设计	李　一

印　　刷	天津新华印务有限公司
经　　销	新华书店
开　　本	710 毫米×1000 毫米　1/16
印　　张	27
插　　页	2
字　　数	300 千字
版次印次	2024 年 3 月第 1 版　2024 年 3 月第 1 次印刷
定　　价	118.00 元

序

中华民族是一个非常重视家庭、家风、家教的民族。家庭是社会细胞，也是国家基石。家风的好坏直接关系到社会风气和国风。家风敦厚正直，则世风清正、国风隆盛；家风不正，则世风日下、国风倾颓。中华五千年文明历史绵长且不曾中断，一个重要原因就在于中华民族重视家道家风建设，注重家道文明在传承中创新。历朝历代统治者都十分重视家道家风的承袭，形成了中华民族隆礼重道的优良传统。

在中华文明的早期，"天地初分之后，燧皇之时，则有夫妇"①，就流传着"伏羲制嫁娶，以俪皮为礼"②的传说。黄帝开创了中华农耕文明，《商君书·画策》载有黄帝为了"君臣上下义，父子兄弟之礼，夫妇匹配之合"，开启中华家教历史、中华好家风得以世代传衍的故事。尧舜禹的禅让故事、周公诫子的故事及孔子庭训教子的故事则是中华文明家风文化的滥觞；舜帝以孝立身、以国为重的行为正是中华忠孝家风的源头；禹帝克勤于邦、克俭于家，"三过家门而不入"的勤勉作风正是中华勤俭家风的开始。春秋时代，贵族之家大多非常重视家风建设，家训家规也逐步形成。《国语·鲁语下》中的"敬姜论劳逸"讲的是敬姜劝诫儿子做官要忠于职守，勤俭节约，不要贪图安逸的故事。孔子庭训教子、诗礼传家的故事及孟母三迁、断机教子的故事都

---

① 郑玄：《昏礼注》。
② 谯周：《古史考》。

成为家风家训的代表。魏晋南北朝时期，社会对家风建设的重视有增无减，诸葛亮的《诫子书》和颜之推的《颜氏家训》流传至今。唐宋以后，家风建设已经成为家庭道德建设的必备内容，专门的家规家训大量涌现。如唐太宗李世民传给子孙的《帝范》、杜甫的《示从孙济》、韩愈的《示儿》；宋代司马光的《训俭示康》、陆游的《放翁家训》、袁采的《袁氏世范》、陆九韶的《居家正本制用篇》，都是齐家教子的名篇。明清以降，家训家规更加普遍。不仅帝王贵胄有严格的家范、家规，普通百姓家庭也都有了自己的家训、家谱，流传后世的家风之作也更加丰富。明代杨继盛的《杨忠愍公遗笔》、袁黄的《训子言》《了凡四训》、庞尚鹏的《庞氏家训》，清代康熙帝的《庭训格言》、曾国藩《教子书》，在社会上影响较大。现代家庭的家风更讲究与时俱进，不仅传承了中华传统优秀家风的精华，如忠孝节义、勤俭谦谨、良善守礼、团结和睦，而且增添了许多新的价值观，如自由民主、自尊自信、正派自强、生态和谐等。许多名人的家风家训也为我们树立了新时期的榜样，如万里"淡泊名利、知足常乐"，钱学森"聪明睿智，守之以愚"，陈云"家财不为子孙谋"，彭真"在法律面前人人平等"，袁隆平"言传身教育子女，执着勤劳待事业"，焦裕禄"自己动手，丰衣足食"的家风故事在新时代广为传唱。

党的十八大以来，以习近平同志为主要代表的中国共产党人不忘初心，牢记使命，在新时代领导中国全体人民和亿万家庭奏响了新时代中华好家风的凯歌。在十年多的家风建设中取得了辉煌成就，围绕家风和家国建设也提出了一系列理论观点。习近平总书记关于家风家教的重要论述由兴家之论、强国之论、安天下之论三部分组成。此三论逻辑周严，层层递进，构成了一个"以兴家为本、以强国为用、以安天下为向"的完整体系。其中，家风是灵魂，是伦理，是导向；家教是载体，是手段，是践行。家风与家教相辅相成，风以教成，教随风化。

一、兴家：崇德向善与做人气节是家风家教之本

"家庭首责论""家教培德论""家风塑魂论"是习近平总书记关于家风家教重要论述的三大基本理论。"家庭首责论"言明了家庭在家教中担负着

首要责任,起着首要导化作用,居于首责地位。"家教培德论"指明了品德教育在家教中的核心地位。"家风塑魂论"指明了家风在塑造家庭成员人格、引领家庭价值观方面的重要作用。这三大理论构成了习近平总书记"兴家之论"的基本内容。

"家庭首责论"不仅点明了家庭在家教体系中的重要地位,也点明了家教的主体责任者在家教体系中的重要地位。"家庭是人生的第一个课堂,父母是孩子的第一任老师。"①孩子们从学说话就开始接受来自父母的家教,一个人接受何种家教,就会长成怎样的人,这种原生态的初始影响主要来自父母。因此,父母成为家教的首要负责人、家庭成为家教的首要责任主体单位。

"家教培德论"指明了家教的中心任务在于培养孩子们的德性品质。习近平总书记认为,家风家教的核心在于培养孩子们"崇德向善"与"做人气节"。中华民族向来注重孩子们的德善教育,讲道德与善良已经成为中华传统文化的基因。"要让中华民族文化基因在广大青少年心中生根发芽。"②家长不仅要把优秀传统道德观念传递给孩子,还要潜移默化地引导孩子们"有做人的气节和骨气"③,用革命传统文化培育孩子们的革命情感,使下一代成长为有德性、有血性、有自信的中国人。

"家风塑魂论"指明家教要以塑造良好人格品性、催生家风优秀价值观为方向。在孩子牙牙学语阶段,"母教"具有家教的独特优势,"要注重发挥妇女在社会生活和家庭生活中的独特作用,发挥妇女在弘扬中华民族家庭美德、树立良好家风方面的独特作用"④。在教育方法方面,不仅要重言传,教知识,育品德,而且要注重身教,父母要"时时处处给孩子做榜样"⑤,"从自

---

①　《习近平著作选读》(第一卷),人民出版社,2023 年,第 545 页。

②　习近平:《在会见第四届全国文明城市、文明村镇、文明单位和未成年人思想道德建设工作先进代表时的讲话》,2015 年 2 月 28 日。

③　《习近平著作选读》(第一卷),人民出版社,2023 年,第 546 页。

④　习近平:《在同全国妇联新一届领导班子集体谈话时的讲话》,《人民日报》,2013 年 10 月 31 日。

⑤　习近平:《从小积极培育和践行社会主义核心价值观》,《人民日报》,2014 年 5 月 31 日。

已做起、从身边做起、从小事做起"①,从小就培养孩子好习惯,塑造优秀家风。

习近平总书记关于家风家教的重要论述,不仅为全国家风家教建设指明了方向,而且为治国理政、社会建设、民族关系提供了理论指导。

二、强国:精忠报国与自信自强是家风家教之用

习近平总书记关于家风家教的重要论述在理论上十分注重兴家与强国的统一。一个有责任的成年人,不仅要注重自己的家庭建设,而且要增强历史使命感和责任感,"自觉把人生理想、家庭幸福融入国家富强、民族复兴的伟业之中"②。习近平对西藏玉麦放牧守边的牧民鼓励道:"有国才能有家,没有国境的安宁,就没有万家的平安。……希望你们继续传承爱国守边的精神……做神圣国土的守护者、幸福家园的建设者。"③他还对各级领导干部提出要求:"要继承和弘扬中华优秀传统文化,继承和弘扬革命前辈的红色家风,……把修身、齐家落到实处。"④

习近平总书记通过讲故事,教育大家要传承"精忠报国"与"自信自强"的传统家风。他说:"我从小就看我妈妈给我买的小人书《岳飞传》……精忠报国在我脑海中留下的印象很深。"⑤在自信自强方面,他提出:"我们的先哲很早就提出'天行健,君子以自强不息'的思想,这是中华民族积极进取、刚健有为、勇往直前的内在动力。古代神话中流传的'精卫填海''女娲补天''愚公移山',孔子倡导的'学道不倦、诲人不厌','发愤忘食、乐以忘忧',越王勾践的卧薪尝胆,汉使苏武的饮雪吞毡,以及文王拘而演《周易》、屈原放逐而赋《离骚》、司马迁忍辱而作《史记》等等,无不体现出中华民族刚强坚

① 习近平:《从小积极培育和践行社会主义核心价值观》,《人民日报》,2014年5月31日。
② 习近平:《在庆祝"五一"国际劳动节暨表彰全国劳动模范和先进工作者大会上的讲话》,《人民日报》,2015年4月29日。
③ 习近平:《给西藏隆子县玉麦乡牧民卓嘎、央宗姐妹的回信》,人民网,2017年10月29日。
④ 《习近平著作选读》(第一卷),人民出版社,2023年,第547页。
⑤ 《习近平著作选读》(第一卷),人民出版社,2023年,第546页。

毅、自强不息的优良传统和积极进取的人生态度。"①他还提出:"打铁还需自身硬,硬就硬在我们共产党人有着坚定的理想信念。全党同志要坚定理想信念,增强中国特色社会主义道路自信、理论自信、制度自信,真正做到虔诚而执着、至信而深厚。"②

习近平总书记在担任国家主席和党的总书记职务后,作为共和国这个"大家庭"的领导人,他也常常从家教、家风的角度来教育全国各级领导干部和广大人民,要有家国情怀,注意民族团结,要管好家属子女和身边工作人员,反对特权等。如果说习近平关于家风家教的重要论述理论以兴家为本、以强国为用的话,那么,安天下则是其理论意蕴的发展方向。

三、安天下:共建共享人类命运共同体是新时代家风家教之向

"安天下"有两层含义,一是"安于天下",二是"使天下安"。

要想"安于天下",就必须建立人类命运共同体。习近平总书记认为:"中国共产党……要统筹国内国际两个大局……胸怀祖国,兼济天下,推动构建新型国际关系,推动构建人类命运共同体。"③当今"世界经济复苏进程曲折,国际和地区热点此起彼伏,恐怖主义、网络安全、气候变化、重大传染性疾病等全球性挑战仍很严峻。面对前所未有的挑战,没有任何一个国家可以独善其身。世界各国需要以负责任的精神同舟共济、协调行动"④。这就需要拿出"天下一家"的精神,构建人类命运共同体,共同面对并合作解决这些问题。他从对内和对外两个角度思考如何"安于天下"的问题。不过他的思考还远不止这些,他还从整个人类社会角度思考如何"使天下安"的问题。

要"使天下安",就必须共建共享人类命运共同体。习近平主席在联合

---

① 习近平:《在中央党校 2011 年秋季学期开学典礼上的讲话》,新华社,2011 年 9 月 1 日。
② 习近平:《在纪念胡耀邦同志诞辰 100 周年座谈会上的讲话》,新华网,2015 年 11 月 20 日。
③ 习近平:《在接见 2017 年度驻外使节工作会议与会使节并发表重要讲话》,《光明日报》,2017 年 12 月 29 日。
④ 习近平:《在伦敦金融城的演讲》,人民政协网,2015 年 10 月 21 日。

国日内瓦总部的演讲充分展现了他的睿智。他认为："从三百六十多年前《威斯特伐利亚和约》确立的平等和主权原则，到一百五十多年前日内瓦公约确立的国际人道主义精神；从七十多年前联合国宪章明确的四大宗旨和七项原则，到六十多年前万隆会议倡导的和平共处五项原则……这些原则应该成为构建人类命运共同体的基本遵循。"①

安天下，还需要变革全球治理体制、尊崇自然、绿色发展、生态发展。这些都是习近平总书记关于家风家教的重要论述在天人治要理论方面的发展。

综上所述，习近平总书记关于家风家教的重要论述具有三位一体、层层递进的逻辑结构，其兴家、强国、安天下的理论脉络清晰可见，凸显出"德依风传、爱国源家、志济天下"的特点。习近平总书记关于家风家教的重要论述启示我们，要高度重视家风传承与家教建设，注意文化熏染，久久为功，动员全社会积极参与，科学合理安排。

徐国亮

于泉水之城澄风斋

癸卯年戊午月

---

① 《习近平著作选读》（第一卷），人民出版社，2023年，第563页。

目录

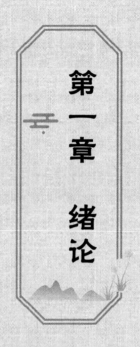

第一章 绪 论

　　中华家风是中华传统文化的重要组成部分,好的家风不仅能增进团结、亲善宗族、传承道德、彰显自信,而且具有调动全民家国建设积极性、涵养社会主义核心价值观、推进人类家国建设文明等功效。新时代深入挖掘中华优秀家风文化资源,大力推进中华家风研究和建设,意义重大而深远。

第一节 中华家风研究的背景

中华家风研究有着深刻的时代背景、学科背景和国际竞争的文化背景。从时代背景看,中华家风研究是传承中华优秀传统道德文化、凝聚民族精神伟力、彰显民族文化自信的需要;从学科发展背景看,中华家风研究事关中国文化在新时代的全面高质量发展,文化发展将是中国共产党的第二个百年奋斗进程中国家全面高质量发展的至关重要的一环;从国际竞争的文化背景看,未来百年大国综合国力的竞争核心就在于文化创新方面的竞争,而文化创新要靠国民基本文化素质和创新思维习惯,这些都离不开潜移默化的中华家风和亿万中国家庭所抚育孩童日积月累的良好家教。由此可以看出,中华家风的研究已成为这个时代紧迫的文化创新发展问题,有着深刻的时代背景、学科背景和国际文化竞争背景。

一、时代背景:国家迎来高质量发展的新时代

新时代国家经济高质量发展必定需要社会文化同步高质量发展,社会文化的高质量发展离不开国民素质的高质量发展,国民素质的高质量发展得益于中华优秀传统文化特别是中华优秀家风、家教的传承和发展。因此,优秀家风的兴盛则国民素质有望提升,国民素质整体提升则国家建设后继有人,高质量发展才有可能。国家高质量发展的新时代更需要每个家庭、整个国家都重视中华优秀家风的传承、建设和研究。

进入新时代以来,习近平总书记提出,要"注重家风"①建设,每个中国公民都要"自觉把人生理想、家庭幸福融入国家富强、民族复兴的伟业之中"②。在 2014 年纪念孔子诞辰 2565 周年大会上,习近平总书记提出:"要努力实现

---

① 习近平:《在 2015 年春节团拜会上的讲话》,共产党员网,2015 年 2 月 17 日。
② 习近平:《在庆祝"五一"国际劳动节暨表彰全国劳动模范和先进工作者大会上的讲话》,《人民日报》,2015 年 4 月 28 日。

传统文化的创造性转化、创新性发展,使之与现实文化相融相通。"①2015 年春节,他提出:"中华民族自古以来就重视家庭、重视亲情……不论时代发生多大变化……我们都要重视家庭建设,注重家庭、注重家教、注重家风。"②在以习近平同志为核心的党中央倡导下,中华家风传承与时代转换研究成为学界关注的话题。

2021 年 7 月 1 日,习近平总书记在庆祝中国共产党成立 100 周年纪念大会上代表中国共产党和全体中国人民庄严宣告:"在中华大地上全面建成了小康社会","我们要继续弘扬光荣传统","坚持把马克思主义基本原理同中国具体实际相结合、同中华优秀传统文化相结合",③为新的历史时代中华优秀家风传承、建设和研究指明了方向。

二、学科背景:中华优秀传统文化发展受重视

新时代,党中央高度重视中华优秀传统文化的传承和发展。中华文化的价值观是中华文化的核心,是中华文化的基因。家庭是传承中华传统美德、价值原则的基本场所。家训、家规和家教里承载着中华民族的传统美德和价值观念。

从学科视角看,对中华优秀家风的传承、变迁和转换的研究是中国社会在新的历史阶段传承和创新中华优秀传统文化的需要。在我国古代,家风的传承往往依靠家训、家规、家教。从五帝到西周是传统家风萌生期,禅让帝位与世传家学是其主要表现。家训大量出现是在商周宗法制度完备之时。《尚书》里记载了周公家训"家教关乎国运""敬民保德""以教育德"等内容。春秋战国时期,文化下移,家风、家教传承研究进入民间,孔子以"诗礼传家"开创民间家风传承的典范。汉代独尊儒术后,家风家训打上了儒家烙印。刘向的《列女传》、班昭《女诫》提出了封建时代妇德、妇节的观念。两晋至隋唐时期,家风及其研究进入成熟期。颜之推的《颜氏家训》以其内容

---

① 习近平:《在纪念孔子诞辰 2565 周年国际学术研讨会讲话》,中国政府网,2014 年 9 月 24 日。
② 习近平:《在 2015 年春节团拜会上的讲话》,共产党员网,2015 年 2 月 17 日。
③ 习近平:《在庆祝中国共产党成立一百周年大会上的讲话》,《人民日报》,2021 年 7 月 2 日。

繁富、结构严密当为"家训鼻祖"。他提出"早教""爱教结合""重实学""虚心勤学""环境习染"等观点,但带有明显的封建道德伦理色彩。宋元时期家风建设十分繁盛,朱熹、郑涛等人都有传世家训、家范之作。明清近代以降,因受现代家庭结构、反封建纲常礼教革命运动的影响,家风家训由盛而衰。这一时期家风家教注重民族气节和节操,家族训诫、惩戒和对女子的家训增多,出现了格言、警句、箴铭、歌诀、诗训等形式。王阳明、曾国藩是这一时期代表。民国时期的教育家陈鹤琴在幼儿实验教育中提出"尊重儿童个性",渗透了现代西方家庭教育观念。中国民主革命战争时期家风具有较强的反封建伦理和革命特色,老一辈革命家们崇尚清贫节俭的家风,提出"过好政治关、艰苦奋斗、清白做人"等家训,如毛氏家风①、习氏家风②及红色家风③、红色家训④等。由此可以看出,家训是一个家庭基本价值观的言语表达,家规是全体家庭成员言行标准和活动规则,二者互通互见;家风则体现家庭的整体格调风貌。20 世纪 80 年代之后,家风研究有了唯物史观视角和比较研究视角,对传统家训缺陷进行了分析批判,具有历史唯物主义色彩,如《中国家庭教育史》⑤、《中国家训史》⑥等。这些历史性题材的家风研究学理性很强,不乏历史视野和思辨特征,但与社会主义核心价值观鲜有结合,如《先秦儒家家庭伦理及其当代价值》⑦、《中国历代家训文献叙录》⑧。目前涉及社会主义核心价值观的家风、家训著作多是以革命家、伟人家室故事及案例展现的,但缺乏学术底蕴和历史深度或者缺乏世界比较的视野,如《培育好家风践行社会主义核心价值观研究》⑨、《家风十章》⑩、《图说红色家书》⑪。涉

---

① 孔祥涛、孙先伟、刘翔宇:《毛泽东家风》,中国文史出版社,2013 年。
② 习仲勋传编委会:《习仲勋传》(上下卷),中央文献出版社,2013 年。
③ 张天清:《红色家风》,百花洲文艺出版社,2018 年。
④ 鲁秋园:《红色家训》,江西人民出版社,2006 年。
⑤ 马镛:《中国家庭教育史》,湖南教育出版社,1997 年。
⑥ 徐少锦、陈延斌:《中国家训史》,陕西人民出版社,2003 年。
⑦ 吕红平:《先秦儒家家庭伦理及其当代价值》,人民出版社,2015 年。
⑧ 赵振:《中国历代家训文献叙录》,齐鲁书社,2014 年。
⑨ 靳义亭:《培育好家风践行社会主义核心价值观研究》,中国社会科学出版社,2015 年。
⑩ 李存山:《家风十章》,广西人民出版社,2016 年。
⑪ 张丁:《图说红色家书》,中国人民大学出版社,2016 年。

及世界名人的家风作品多是以故事、轶事形式编撰,缺乏学理深度,例如《世界著名家族教子羊皮卷》①、《给孩子最好的教养:世界优秀家族教子家训》②、《中国名门家风丛书(套装共 11 册)》③。

2014 年央视"新春走基层"节目"家风是什么"引爆全民家风大讨论,2015 年春节,习近平总书记发表"注重家庭、注重家教、注重家风"有关家风建设的全国总动员令,2016 年开展全国首届文明家庭表彰大会,2017 年国务院出台复兴传统文化传承工程意见,一直以来,国内学界围绕"家风""家教""家国情怀""家庭道德建设"等问题不断进行研究,这些文章可以分为两大类:一类是侧重传统家风概念、内容、规律的研究,另一类是侧重中华传统家风与社会主义核心价值观怎样融合的研究。第一类研究主要集中在中华传统家风概念、家风内涵辨析、优良家风培育三个方面。大多数学者界定了中华传统家风的概念,认为它以"修齐治平"为价值取向,以儒家"仁义礼智信"为行为准则④;有学者提出中华传统家风以"耕读传家、家规家训"为范式⑤;有学者提出家风的形成机制,认为"家国同构"理念是关键,"共同意识"是动力,"仁爱之情"是出发点⑥;有学者对家庭、家教和家风关系作了定位,认为"家庭是本,家教为术,家风乃魂"⑦。这些研究厘清了传统社会家风建设概念、探索了传统社会家风建设的内容和规律,为进一步研究打下了坚实的理论基础。但遗憾的是,他们注重研究传统家庭结构和农耕生产方式下的家风建设与传承规律,而较少考虑中国现代家庭结构的变迁影响,也缺乏信息化的时代场域,对此,亟须探究传统家风的优秀价值理念如何在现代家庭信息化条件下以新的方式传承,也需进一步深入研究在传承内容上如何扬弃传统家风理念,融渗社会主义核心价值观内容。第二类研究主要集中在如何用家风来涵养社会主义核心价值观。有观点认为中华家风是社会核心价

---

① 华业:《世界著名家族教子羊皮卷》,国家行政学院出版社、中央编译出版社,2012 年。

② 范明丽:《给孩子最好的教养:世界优秀家族教子家训》,中国纺织出版社,2015 年。

③ 孔祥林:《中国名门家风丛书(套装共 11 册)》,人民出版社,2015 年。

④ 陈来:《从传统家训家规中汲取优良家风滋养》,《人民日报》理论版,2017 年 1 月 26 日。

⑤ 周春辉:《论家风的文化传承与历史嬗变》,《中州学刊》,2014 年第 8 期。

⑥ 杨青虎:《"家国情怀"的内涵与现代价值》,《兵团党校学报》,2016 年第 3 期。

⑦ 栾淳钰、王勤瑶:《家庭·家教·家风关系及启示论》,《贵州社会科学》,2016 年第 6 期。

值观的微观体现,家国同构、用人取士制度、儒家伦理及家训家法族规保障其运行①;有学者提出,"弘扬和践行良好家风,为培育和弘扬社会主义核心价值观奠定道德基础"②;有学者提出,家风要"着眼于家庭教育"③、着眼于"家风熏陶"④、着眼于"官德教育"⑤、着眼于"扬弃的态度培育好家风"⑥、着眼于"借鉴中国传统家训文化资源培育红色家风"⑦。这些研究与当代社会主义核心价值观紧密结合,具有很强的时代性,但还有些宏观和抽象,针对我国广大普通家庭的"优秀家风与弘扬社会主义核心价值观的互动机制、关键因素、实践模式"缺乏深入、具体、系统的研究。这一研究对于全面建设社会主义现代化国家目标来说,尤为紧迫和关键。国外学界对家风研究主要集中在家族案例、家庭教育理论和教育实践等方面。在家族案例研究方面,主要集中在受我国传统儒家思想文化影响的东亚文化圈(日本、朝鲜半岛、新加坡等地)。例如,日本上杉谦信公的《家训十六条》、会津藩保科正之的《家训十五条》;朝鲜时代以"孝"作为行为准则⑧;李氏朝鲜时代,朱熹《家礼》在当地普及并与民俗结合⑨;"韩民族家长在家庭中具有绝对的权威"⑩,"家庭道德教育要与民族精神、家庭美德教育相结合;途径要多样化,营造浓厚氛围,形成合力,提升实效"⑪等。但缺少对当地家风的系统理论研究,涉及中华传统家风以及社会主义核心价值观的研究则更难见到。

---

① 白海燕:《2014—2015 年家风研究述评》,《周口师范学院学报》,2016 年第 1 期。
② 陈晋:《从家风看社会主义核心价值观的培育》,《思想政治工作研究》,2014 年第 4 期。
③ 沈林:《家风是家庭教育的无形力量》,《中国教育学刊》,2014 年第 4 期。
④ 赵忠心:《家庭教育要以家风熏陶为基础》,《中华家教》,2020 年第 9 期。
⑤ 朱丽霞:《马克思主义家庭观视野下的领导干部家风培育》,《长江日报》,2015 年 5 月 8 日。
⑥ 靳义亭、郭婧斐:《当下社会不良家风的现状、原因分析及解决路径》,《洛阳理工学院学报》(社会科学版),2016 年第 4 期。
⑦ 张琳:《建党百年红色家风建设:历史演进、精神内核与基本经验》,《福州党校学报》,2021 年第 6 期。
⑧ 何晓芳:《论程朱理学对朝鲜王朝的影响及作用》,《满族研究》,2001 年第 6 期。
⑨ 彭林:《〈家礼辑览〉与朝鲜时代学者金沙溪的解经之法》,《国际汉学》,2020 年第 3 期。
⑩ 萧唐:《韩民族独特的道德观和家庭伦理观》,《当代韩国》,2006 年第 6 期。
⑪ 靳义亭:《韩国家庭道德教育的经验与启示》,《中学政治教学参考》,2019 年第 3 期。

三、国际背景：百年变局形势下的话语权争夺

在百年变局形势下，国际社会展开了新一轮文化竞争，核心表现就是争夺话语权。在意识形态交锋中，国际话语的竞争成为舆论的角力场，"打赢如今的战争靠的不是最好的武器，而是最好的叙述方式"[1]。为了讲好中国故事，展现中国气魄和中国实力，需要从中华优秀传统文化中汲取智慧。党的十九大指出"世界正处于大发展大变革大调整时期"[2]。与此同时，中国在经济发展、基础建造、尖端科技、国防军事、民生福祉、环境保护、文化软实力等方面都有较大发展，相当多的领域已经位居世界领先地位，我国国际影响力和国际地位的提升令世界诸多国家极为羡慕，整个中华民族的面貌在各方面都发生了深刻而巨大的变化，"中国特色社会主义已经进入新时代，……放眼世界，我们面对的是百年未有之大变局"[3]。当今世界面临的这个"百年未有之大变局"，既给中国带来了"矛盾增多、搅乱联系、责任加剧"的严峻挑战，也带来了"自主发展、扩大开放、引领世界"的新机遇。[4] 中国发展之路充满着对中华家风"和合"文化的自信，是对中华发展道路所迸发的"和"文化精神的信仰。综观五千年中华文明的发展道路，到处洋溢着"讲仁爱、重民本、守诚信、崇正义、尚和合、求大同"[5]的精神魅力，闪耀着中华家风"和合"文化理想的光芒。中华文化之所以绵延不绝，离不开中华优秀传统家风贯注其中的这些优秀文化精神的牵引。对和平、和睦、和谐的追求早已植入中华民族的精神文化基因之中。因此，深入研究中华优秀家风文化、传承其"和合"文化精神也正当其时。

---

① 纳瓦罗：《中国"三战"战略让美国束手无策》，《参考消息》，2016 年 1 月 7 日。

② 《十九大以来重要文献选编》(上)，中央文献出版社，2019 年，第 41 页。

③ 习近平：《接见 2017 年度驻外使节工作会议与会使节并发表重要讲话》，《光明日报》，2017 年 12 月 29 日。

④ 徐国亮、刘松：《在百年未有之大变局中坚定中国道路自信》，《科学社会主义》，2020 年第 4 期。

⑤ 中共中央宣传部：《习近平总书记系列重要讲话读本(2016 年版)》，学习出版社、人民出版社，2016 年，第 203 页。

中华家风文化要在新时代"守正创新"。几千年的中华家风史就是一部守正创新史,中华民族文化血脉中从来就不缺革故鼎新的基因。单从中国近代家庭社会发展历史就可以看出,在西学东渐浪潮下,五四运动以来的中国社会价值观,随着男女性别平等观念、婚姻家庭结构和生活方式、家教育儿理念、家教家风以及社会风气传继等方面的变化而发生了巨大变化,传统社会的家国伦理价值关系遭遇新的时代个体合法权益意识觉醒条件下的新型价值关系的挑战与重构。五四运动以前的旧中国家庭还处在男尊女卑、婚姻包办、缺乏择偶自由的封建社会。五四运动以后的中国家庭社会,积极倡导男女平等、婚恋自由、民主法治理念,社会文明程度逐渐提升,家庭结构、家教方式、家庭观念也发生了翻天覆地的变化,中国家庭社会走上了中国特色社会主义的家庭文化发展道路。从历史文化看,社会风气决定了家风与国风的互动关系。家风处于基础地位,但又受国风的引导和影响;国风是家风的综合表现,同时又可以通过国家政治制度、政策的变化来调节和引导家风的变化。家风的传承,主因在内;家风的变化,主因在外。其中,家庭是家风依存之"体",家教是家风形成之"术",家德是家风传继之"魂"。面对人类社会激烈的文化竞争,中华家风文化始终坚持的就是"守正创新"。所谓"守正",就是以"中正仁和"为核心的中华优秀家风传统文化,它构成了中国人正统的人文追求,是一脉相承的,成为各个时代人们"守正"的参考标准。所谓"创新",就是对中华传统家风文化进行创造性转化和创新性发展。由此看来,守正创新不仅是中华家风文化的核心品质,也是新时代夺取世界文明竞争胜利的有效法宝。因此,深入研究中华优秀家风文化、传承其守正创新文化精神、取得世界文明竞争优势、引领人类文明向前发展,正当其时。

第二节　中华家风研究的意义

中华传统优秀家风研究课题是在全球化时代、构建人类命运共同体的时代境遇下提出的,是对"反全球化"和"逆全球化"的一种鄙夷和不屑,展现出中国传统家国天下情怀的历史担当和高尚的价值追求。当今世界,"美国退群、英国脱欧、北爱脱英、卡塔尔退出欧佩克"这一系列具有狭隘民族主义特点的"反全球化"和"逆全球化"浪潮给世界局势带来许多不确定因素。在这种背景下,中华家风传统中的家国天下情怀与家国责任担当就显现出独有的魅力。研究中华优秀家风传承性有助于展现中华文化的独特性,可以进一步增强中华文化自觉和文化自信;研究中华优秀家风创新性有助于丰富和发展马克思主义家国文化,推动马克思主义家国理论中国化、时代化、大众化和具体化;研究中华优秀家风现代转化,不仅有助于传承优良家风传统,而且有助于反思和解决中国现实社会中的各类家庭教育问题。

一、中华家风研究的学术意义

从理论研究的角度看,研究中华优秀家风不仅有助于增强中华民族文化自信的理论解释力,而且有助于揭示中华传统优秀文化与马克思主义文化能够结合的内在理论原因和内在规律,还将有助于吸收中华传统社会治理制度的理念智慧,促进新时代中国社会治理理论的发展。

(一)增强中华民族文化自信的理论解释力

首先,理论解释力的核心在于中华家风与中华文化价值观自信之间的内在关联。我们要"深入挖掘和阐发中华优秀传统文化……的时代价值,使中华优秀传统文化成为涵养社会主义核心价值观的重要源泉"①。中华优秀传统文化与社会主义核心价值观之间内在的连接点就是中华家风和家国情怀所传承的价值观。为何传承中华民族家国情怀的价值观就能支撑当代中华文化自信和价值观自信呢? 这是由于经过千百年历史考验的中华家国情怀所传承的价值观确立了主体的国家认同、民族认同、历史文化认同,有了这些认同,就树立了主体的价值观自信,也就树立了整个中华民族的文化自信。社会公民和整个民族有了核心价值的自信,文化的自信就能树立起来了。中华优秀家风、家训的当代传承是中华传统美德的延续和发展,其独特

---

① 《习近平谈治国理政》(第一卷),外文出版社,2018年,第164页。

魅力是其他民族文化所不能替代的,这从学理上增强了国人对中华文明的文化认同感和归属感,增强了理论自信和文化自信。中华传统优秀家风研究课题是在新时代中国"文化自信"的历史背景下提出的,是对"西方文明中心论"的一种驳斥。百年前,伴随着西学东渐的步伐,西方价值观也随之涌入我国,"唯洋是从"的理念一直盘踞在中国文化界。改革开放后,中国逐渐走上了一条与西方不同的发展道路。在文化上,确立了中华优秀传统文化、共产党领导的革命文化和社会主义先进文化"三位一体"的文化发展道路。中国文化界人士也在挖掘中华优秀传统文化资源、注重传统文化的创造性转化和创新性发展中逐渐树立了文化自信。"唯洋是从"的年代一去不复返了。在此基础上,梳理研究中国家庭社会家风文化千百年来的发展道路,无疑有助于进一步提升全民族的文化自信。

其次,理论解释力的根基在于"先进性、人民性、真实性"的价值观优势。当代中国社会主义核心价值观传承于中华家风所蕴含的价值观。例如,中华家风中蕴含的民本思想、仁政观念、"国家兴亡匹夫有责"精神,与社会主义核心价值观里的"民主"观念一脉相承;中华家风中的"齐家治国"理想、崇尚"和合"、追求"大同"的目标,与社会主义核心价值观里的"富强""和谐"等价值理念也是同脉同源、目标一致的。这些传承于中华家风传统的价值观念以其人民性、真实性和先进性的优势引导人类社会价值发展方向,成为人类社会价值的"灯塔",展现了强大的道德和正义的力量。我国社会主义核心价值观的先进性,体现在当前社会的三方面:一是在这种价值观指导下建立了社会主义公有制,极大地提升了整个社会的生产力;二是在这种价值观指导下消灭了剥削制度,实现了人人平等的社会地位;三是在这种价值观指导下劳动人民成为国家真正的主人,人民共同治理国家,建设美好生活。我国社会主义核心价值观的人民性,体现在三个方面:一是在社会地位上,坚持人民主体地位,人民居于国家最高统治地位;二是在价值追求上以人民利益为中心,反映了最广大人民群体的价值利益诉求;三是在国家建设和社会治理上,积极依靠人民,由人民来书写历史,党和国家引导广大人民实现共同的社会理想。过去的运动往往都只为少数人谋利益,而"无产阶级的运动是……为绝大多数人谋利益的独立的运动"①。我国社会主义核心价值观的道义力量还在于其真实性。资产阶级常常把民主、自由、博爱挂在嘴边，"但它始终是而且在资本主义制度下不能不是狭隘的、残缺不全的、虚伪的、骗人的民主，……对穷人是陷阱和骗局"②。而在我国，自由和民主"不是装饰品，不是用来做摆设的，而是要用来解决人民要解决的问题的"③。

最后，中国建设的伟大成就从现实上增强了中华文化自信的理论解释力。中国特色社会主义制度主动吸收了中国传统社会中"家伦国制"等级社会制度"和谐""稳定""繁荣"的设计智慧，并充分融入各历史阶段。国家民族对"正义""平等""大同"等价值追求所形成的中国特色社会主义建设是社会主义核心价值观的实践根据。改革开放以来，中国人民开创了一条中国特色社会主义道路，我国的综合国力、国际竞争力和影响力取得了世人瞩目的进步，人民生活水平大幅提升，国家发展和人居环境得到了显著改善，中国日益受到国际社会重视。不论是杭州 G20 峰会还是"一带一路"建设的推进，不论是在 2008 年世界金融危机中镇定的表现，还是在 2020—2022 年防疫中沉着的应对，都彰显了我国社会主义制度的强大生命力和巨大优越性。我国社会主义制度的建立既传承了中华家国传统"家伦国制"的智慧精华，也饱含着时代创新和人民对幸福向往的制度转化，实现了人民对小康生活的追求目标，彰显了中华文化自信。总之，中华家风文化的当代传承是中华传统美德的延续和发展，其独特魅力是其他民族文化所不能替代的，增强了全体中华儿女内心深处的自信和自豪，这从学理上增强了国人对中华文明的文化认同感和归属感，增强了理论自信、文化自信及其理论解释力。

（二）揭示"中"与"马"文化结合的内因

这里的"中"指的是中华优秀传统文化，"马"指的是马克思主义文化。研究中华优秀家风创新性不仅有助于丰富和发展马克思主义家国文化，推

---

① 《马克思恩格斯文集》（第二卷），人民出版社，2009 年，第 42 页。
② 《列宁选集》（第三卷），人民出版社，1995 年，第 601 页。
③ 习近平：《在庆祝中国人民政治协商会议成立 65 周年大会上的讲话》，《人民日报》，2014 年 9 月 22 日。

动马克思主义家国理论中国化、时代化、大众化和具体化，而且可以从理论层面阐释中华优秀传统文化与马克思主义文化能结合的内因。两者结合的内因在于，两者所代表的价值观崇尚的价值目标是相同的，价值内容相一致，价值实现践行方法与路径相应和。

首先，两者崇尚的价值目标是相同的。中华家风的价值目标凝聚在家国情怀之中，家国情怀所内含的价值观的标准是"主体自由、民族和睦、文明提升"①。马克思主义家庭理论内容也涉及家庭内部关系平等、实现人的自由解放和全面发展内容。家国情怀里的"主体自由"与社会主义核心价值观"自由""民主"追求的价值是相同的。"民主"的目的仍然是追求主体的自由，由人民自己当家作主，决定各项事情的处置意见，因此都是为了实现主体的"自由"这一价值目标。家国情怀里的"民族和睦"与社会主义核心价值观里的"和谐""平等"所追求的价值目标是相同的。民族和睦所追求的就是所有的民族在国家政治生活中地位平等，各民族团结友好、互相帮助、共同发展进步。因此，"民族和睦"与社会主义核心价值观里倡导的"和谐""平等"是同向价值追求。家国情怀里追求的"文明提升"与社会主义核心价值观"文明""民主""法治""公正"等价值理念相一致。国家和社会文明的标志就是"富强""民主""文明""公正""法治"这些价值理念。一个国家在经济上、军事上富有了、强大了，在政治上讲究民主、崇尚民本，在文化上追求文明，在社会事务处理上讲求公正，在国家治理方面尊崇法治，那么这个国家和所处的社会总体上就接近了"文明"这一标准。如果随着社会不断进步，这些方面都有所进步，那么这个社会和国家总体上就是"文明提升"的发展趋势。由此看出，家国情怀里的"主体自由、民族和睦、文明提升"这三维价值标准与社会主义核心价值观崇尚的价值目标是相同的。因此两者有了相结合的可能性。

其次，两者的价值内容相一致。社会主义核心价值观具有国家、社会、公民三个层面的内容。第一，在国家层面，"富强""民主""文明""和谐"分

---

① 刘松：《主体自由、民族和睦、文明提升：家国情怀的历史衡量三维标准探析》，《山东社会科学》，2019年第5期。

别涉及经济、政治、文化、社会等方面的内容。在中华家风和家国情怀里对于如何建设国家、家庭和社会，与社会主义核心价值观也有大量内容相似。例如，中华家风传统文化里的"中和位育论"就谈到"位序分则和，和生则物育"，经济的发展与繁荣与"位"是否正、是否和有关系，"位正"则"序分"，"事和"则"万物化育"，"万物育"则经济得到发展，国家才有了富强根基。由此看出，中华家风传统文化里的"中和位育"理论内容与社会主义核心价值观"富强"的内容相一致。第二，在社会层面，"自由""平等""法治""公正"涉及社会建设的目标和原则，与实现国家治理体系和治理能力现代化要求相契合。在中华传统家风文化理论里，统治阶级利用"家规国制"和"礼法"来治理国家，将国家社会各阶层分为有序的等级也是封建社会追求相对"平等""公正"的一种表现，总体是为了维护封建统治阶级的统治"自由"。在我国，广大的劳动人民成为国家的主人，也同样存在对不同行业、不同社会阶层的人们进行有序等级划分的问题，合理安排不同阶层、不同职业人群的社会职权，依法治理，维护相对的"平等"与"公正"。因此，这些中华家风传统文化理论建设内容可以传承、借鉴到社会主义核心价值观的社会建设内容中去。第三，在公民层面，"爱国""诚信""友善""敬业"回应了我国培育公民的规格，涵盖了道德各层面、各方面的要求。这些道德要求与中华家风中的"孝悌瑞国""忠孝转化""家齐国治"诸多内容是一致的。对父母之孝，对家人之友善互敬，对职业的工匠精神都是"齐家""旺家"的表现，这些事情做好了，运用到治理国家上面，就是忠于国家、忠于事业的表现。因此，中华家风里的这些内容与社会主义核心价值观相一致，两者有了相结合的基础。

最后，两者的价值实现践行方法与路径相应和。社会主义核心价值观要落到实处就必须深入践行，把那些倡导的价值理念融入生活实践，这种思路和举措是与中华家风文化理论的践行相应和的。一是两者的践行目标相和。无论是社会主义核心价值观还是中华家风，其践行的目的就是让所倡导的价值理念为践行主体所认同、接受，并内化于心，外化于行。二是两者践行的过程相和。无论是社会主义核心价值观还是中华家风，其践行的过程都是将抽象的目标理念细化为具体的行为范条，然后让主体去遵守，通过奖惩手段,强化具体的范条对主体的规范作用,随着时间的推移,主体逐渐习惯遵守这些约束的范条,最后就化民成俗了。三是两者践行的强化手段相和。社会主义核心价值观和中华家风在践行方面的共同思路在于将道德理念和价值信条细化为各方面的言行准则和规范,然后通过奖惩手段来强化并实行之,这些奖惩手段既有物质方面的赏金、罚没,也有精神方面的鼓励和批评等,两者的践行强化措施和手段是互相应和的。由此可以看出,两者具备了相结合的现实条件。

(三)传扬中华传统社会家伦国制治理智慧

当代中国社会主义核心价值观可以吸收中华传统社会家伦国制理念智慧得到更好的发展。中华家风文化理论中所蕴含的中华传统家国治理制度、文化智慧值得社会主义核心价值观建设借鉴。

首先,社会主义核心价值观需要家风文化和家国情怀理论的支撑和深化。研究中华家风文化传承理论之所以能给社会主义核心价值观提供理论支撑,主要是由于三个方面原因:第一,社会主义核心价值观的一些核心理念的形成是基于中国传统家风文化的。中国传统家风文化的核心和精髓就在于忠孝观念,也就是各个时代的民族精神和时代精神,它们都是对中华家国文化精神的总结概括和提炼,其基因和根脉都源于中华家风文化理论。因此,社会主义核心价值观的各项理念都能在中华家风文化理论里找到其源头、根据和出处。例如,"富强"和"文明"的理念,其实就是源自中华家风的"中和位育""孝悌瑞国"和"家齐国治"这些内容的。第二,社会主义核心价值观的一些理念、概念是对传统价值观的时代转化与创造性再现。例如,"爱国""法治"的概念性质随着时代的发展已经发生转换,"国家"在封建时代指的是封建专制政权,现在已经转变成人民民主政权,政权的性质发生变化;"法治"在封建时代多指维护封建统治的、缺乏人性的严刑峻法,现在则转变成具有人文关怀的、维护人民权益的法律制度和治理体系,其性质和基础发生了时代转化。再如,"自由""平等""公正"理念虽然也能在中华家风文化理论里找到本原性理论和观念的影子,但它们的内涵已注入了新时代的内涵和追求,与传统家风中的理论提法不完全一样,这就需要经过理论对比、推演，找出其内在联系，从而正本清源，厘清理论变迁思路，树立自信，准确阐释。第三，社会主义核心价值观的一些概念直接取法于传统家国理论，如"和谐""诚信""友善"，这些理念在中华家风文化理论里都有较系统和全面的论证，其所追求的人际关系、社会环境状态的意义相同，可以直接用传统家风文化理论来进行理论阐释。

其次，社会主义核心价值观的建设需要中华家风富有特色的独特内容来充实和具体化。第一，社会主义核心价值观的一些重要概念的理论渊源、理论阐释需要中华家风文化理论内容来充实。例如，"爱国"的价值理念，在中华家风理论中有丰富的内容，对于"国"的概念产生、"家"的概念产生、"家"与"国"在历史上概念的同一与分离、两者的伦理结构关系、两者的矛盾对立和变化关系等等，这些内容都可以加深人们对"爱国"的理解。第二，宣传教育社会主义核心价值观的某些内容需要传统家风文化理论内容来拓展、补充和充实。例如，"文明""和谐"的价值理念，在传统文化中有着几千年的积累和思考：如何调整家与国的利益关系？如何兴家泰国凸显文明的进步？如何增加百姓基本利益、提升百姓富足感、幸福感、荣耀感？如何增强民族团结，维护统一，合理处理本民族与外民族的利益关系？如何实现社会和谐、天下太平？这些方面内容都可以借鉴。另外，历史上一些君王横征暴敛、不施王道、搞民族分裂或者用严刑峻法对待人民导致统治速亡的历史故事和经验教训，从"文明""和谐"的反面提供了警示性内容。第三，社会主义核心价值观的一些理念内容的发展与完善需要借鉴传统家风文化理论内容。例如"民主""自由"的理念，在中华传统家风文化理论中有大量的论述，也有各种观点、各种方式，既有正面的案例和理论，也有反面的故事和理论。随着时代发展，西方民主、自由的理念传入，在今天我们应该如何发展当代的民主、维护广大人民主体的自由，既需要参考外来文化的宝贵经验和理论，同时，也要清醒认识到我国的国情，从近代一味效仿西学民主、自由制度的失败中吸取教训，走出一条符合中国国情的民主、自由发展道路。

最后，社会主义核心价值观的践行需要中华家风多样化的实践来演绎和习惯化。例如，公民的法治理念、法治意识的培养，需要从家庭教育中吸取实践的智慧。在孩子小的时候，如果我们用正确的家规、家训教育孩子守纪的意识,在生活实践中、在点滴小事中去践行,养成习惯,以后长大了遵纪守法、按照法治的观念处事、治理国家就顺理成章。再例如"文明"的理念,除了可以从传统大量历史故事来教育人们外,也可以从孩子小的时候培养文明习惯开始,从生活实践小事做起,懂得孝老敬亲、懂得礼让家人、懂得和善处理人际关系、懂得诚信守诺、懂得善待自然,在这些文明习惯中践履笃行,文明的价值理念就得以实践具体演绎。此外,社会主义核心价值观的实践内容需要效仿传统家风文化理论与实践。例如"友善"的价值理念,就需要效仿传统家风文化理论。社会主义核心价值观在实践过程中可以效仿传统家风文化理论合理的实践培养过程。例如"敬业"的理念,学习效仿传统工匠精神,把敬业理念贯彻到职业生活的具体过程和领域。古人在《学记》有云:"大学之教也,时教必有正业,退息必有居。学,不学操缦,不能安弦;不学博依,不能安诗;不学杂服,不能安礼;不兴其艺,不能乐学;故君子之于学也,藏焉,修焉,息焉,游焉。"[1]这里就具体谈到了教育教学的具体过程,显示出古人对教师这一职业的敬业态度。

综上所述,研究中华传统家风文化的传承与创新必将增强中华民族文化自信的理论解释力,必将揭示中华传统优秀文化与马克思主义文化能够结合的内在理论原因和规律,必将吸收中华传统社会治理制度的理念智慧,促进新时代中国社会治理理论的发展。

二、中华家风研究的现实意义

从本研究的现实意义看,研究中华传统家风文化有助于驳斥"西方文化中心论",通过掌控价值引导的话语权来强化和巩固我们已经拥有的价值观自信,力争在国际文化传播中占据主导传播地位,让世界人民听到一个真实的中国声音、看到一个不被刻意抹黑的中国形象,让世界分享中国发展成果,让中国精神与和谐社会建设经验在世界传扬,让中国发起的人类命运共同体倡议得到世界更多国家响应,让共产主义理想的旗帜占领人类思想的

---

① 《礼记·学记》。

高地。

(一)驳谬论立国威,扬中华民族文化自信

仅仅有了文化自信和价值观自信还不够,还需要掌控价值引导的话语权来回击西方文化霸权,从而进一步驳斥"西方文化中心论"。通过话语权的掌控,可以强化和巩固我们已经拥有的价值观自信,在国际文化传播中占据主导地位。掌控价值引导话语权的具体表现就是利用话语言说来宣传我们倡导的价值观,利用话语言说彰显中国价值、中国力量,利用话语言说传播家国情怀故事,推动民众价值选择和价值效仿。

首先,话语可以主导价值引领。"话语"(discourse)是基于特定目的的言说方式。话语之所以能够主导价值引领,是由于话语"把词语构成表达体系的特殊组合方式、理论姿态和思想立场"[1]。第一,话语把词语构造成特定的顺序,不同的顺序有不同的含义,传递了说话人的价值意愿。《易传》云:"言出乎身,加乎民。"[2]尽管言语出自少数人之口,却能够对广大民众产生影响。由此看来,做成事情,需要通过话语宣传其内在价值合理性。特别是权力显赫者或者大众关注人物,如果说话不慎,会带来许多混乱。即所谓"乱之所生也,则言语以为阶"[3]。一切祸乱的发生,都是由说话所造成的,所以人必须谨慎发言,遵循众人愿望和时代发展趋势谨慎引导时势。第二,话语把词语排列成不同的顺序,表达了一定的理论姿态。正所谓"其名称也小,其取类也大。其旨远,其辞文,其言曲而中,其事肆而隐"[4]。在《周易》里面,随处可见选取一个小的物象,来传达一种深远的意义,从而使得表达的意义和效果明确,经过语词构造之后的话语能够传达深刻的理论内涵、应景巧妙而富于文采,说话婉转却能一语中的,事情道理说得很明白通透,却又很含蓄、有力。第三,话语把词语排列成不同的顺序,表达了发言者的思想立场。

---

① 韩震:《社会主义核心价值观的话语建构与传播》,中国人民大学出版社,2019 年,第 60 页。

② 《易传·系辞上传》。

③ 《易传·系辞上传》。

④ 《易传·系辞下传》。

所谓"辞达而已矣"①,就是表达了发言者的思想立场。因此,通过话语可以掌握价值引导的主动权。

其次,话语可以彰显价值力量。通过话语表达可以彰显我们所要倡导的价值观的传播力量,而要提升我们对外文化传播的能力,就必须创新对外表达中国立场和中国声音的话语方式,具体可以从五个方面来创新:一是创新话语立意,表达中国精神;二是创新话语方式,引发他者共鸣;三是创新话语主题,巩固共同价值;四是创新话语内涵,提升感化能力;五是创新话语方向,奔向世界大同。如果在这五个方面都能有所作为,我们所要倡导的、合乎世界潮流发展趋势的话语就有更大的声音,就能得到世界最广大共同利益的朋友们的思想认同和行动支持,中国话语就能主导正义力量在国际博弈场占据有利态势,从而在世界上高扬正义之旗、阻止邪恶势力横行霸道。

最后,话语可以传播家国情怀。在信息化时代,信息是判断决策的依据。话语言说方式和言说重点引导着人们的立场态度,渲染着听者的激情,在意识形态交锋中,国际话语的竞争成为舆论的角力场,"打赢如今的战争靠的不是最好的武器,而是最好的叙述方式"②。当然,中国话语并非要取代其他声音,而是要传播具有中国价值的正能量和正义之声。我们传播家国情怀、讲好中国故事,不仅能客观表达中国现状,让更多国际友人客观地看到中国实际情况,不被西方媒体误导,而且能高扬正义的旗帜、阻止邪恶势力大行其道,引领人类文明奔向前进和曙光。

(二)矫偏差传家风,创建和谐的家国环境

研究中华家风传承与创新的实践意义不仅在于彰显中华民族文化的自信、掌控国际传播话语权、避免一些别有用心的国家肆意泼脏水,在国际上树立良好形象。更重要的,是让全体中国人民形成忠厚传家、立德树人、化民成俗的好风气,为实现中国梦打好基础。当前中国社会存在许多打工族家庭"家教缺位"、不少工薪阶层家庭"家教失衡"、部分商人与演艺人员家庭

---

① 《论语·卫灵公》。
② 纳瓦罗:《中国"三战"战略让美国束手无策》,《参考消息》,2016年1月7日。

"家教失德"、少量官员家庭"家教失范"的问题,要矫治这些问题,必须深入研究中华家风文化的传承创新理论与实践经验,传承中华良好家风,创建和谐的家国环境。

首先,研究中华家风传承理论和实践经验可以推动忠厚传家的民风。中国古人很早就认识到只有"齐家"才能"治国平天下"的道理。家庭教育是对青少年价值观和生活能力的最初塑造。从政治角度看,家庭教育有着平治天下的重要政治意义,所以古人崇尚"齐家、治国、平天下",认为"齐家"是走向平治天下的基础和前提。我们今天重视家庭教育,是因为家教关系到孩子的基础德性品质,是走上社会、适应社会、为国贡献的培养基础。虽然古人与我们现在生活的社会的性质、教育目的有所不同,但培养的实践环节、实践方法、实践过程却有着一致性,完全可以把古人家风文化理论里的家庭教育理论运用到社会主义核心价值观的践行中去。只有家庭教育、学校教育、社会教育形成"三教共育"的合力,才能有效提高社会主义核心价值观的践行效果。还要看到,家庭教育对家庭成员价值观的形成具有终身影响作用。在目前信息化时代,青少年对社会的认识90%以上的内容都是从网络媒介获得的,但网上信息内容良莠不齐,需要家庭教育适当管束和节制引导,否则孩子的价值观会被不合适的价值观所引偏。我们要主动避免家庭教育的一些不足。如,现代家庭教育内容上存在重智育轻德育、重知识轻能力现象;现代家庭教育对传统文化行为系统内化不足;现代家庭教育功能弱化,等等。而弥补这些不足的方法就在于多去学习中华传统家教文化知识,多利用传统家风和家国情怀的故事教育孩子,多利用优秀传统家国文化理论指导现代家庭教育实践。

其次,研究中华家风传承可以形成立德树人、明礼诚信守规矩的好风气。社会主义核心价值观的践行不仅要在家庭教育上施力,在学校教育这个主阵地更要加强。一是在教育理念上要实现由应试教育向素质教育的转化。现代人读书的目的已不是古人所追求的"明理""修身""成圣",更多是为了求职。而入职要经过考试获取文凭,于是学生们就把所有精力投在考试、拿文凭上面,忽视了综合素质的培养锻炼。这与我们倡导的社会主义核心价值理念是有出入的。如果只注重科学素养的提高,不注重人文素养,这样发展下去是很危险的。为此,我们的教育应该借鉴学习孔子开办私学、授徒学"六艺"的成功经验,多增加一些无课本、无课堂、无校园的生活化、游走式、对话式教学,提升学生综合素质和能力。二是在教育内容上要实现由脱离实际向知行统一转变。有的学校在传授社会主义核心价值观的知识内容时,仅仅满足于让学生知道这些概念、理念的知识内涵,至于如何践行则很少去思考或者思考不深,于是学生对社会主义核心价值观的学习只停留在认知层面,缺少践行,甚至知行相脱离、相背离。三是在教育方法上要实现由注入说教式向启发自主式转化。社会主义核心价值观不仅仅要依靠教师的单向灌输,更重要的是启发学生能够自主主动学习,并把这些观念融入到生活和学习中去,成为行动的指南。

最后,研究中华家风传承可以"化民成俗"。"化民成俗"这一教化方法出自《礼记·学记》。一种先进的理念或者好的行为方式只有通过长期教化、感化民众的实践,逐渐使民俗发生变化,让这种优秀的理念或合宜的行为方式成为新的民俗,才能真正影响民众。中华家风传统民俗文化是一种普遍的道德价值存续力量。社会风俗方面的道德维系方式有四种:第一种方式是依靠社会舆论力量对人的外在监督和约束;第二种方式是依靠个体自律的方式追求自身道德品格的完善;第三种方式是依靠政府表彰等道德回报机制对人们道德言行的激励;第四种方式是依靠人们之间互利互惠的道德等价交换。另外,民俗文化体现了人们的生存价值。中华家风传统民俗文化表现了民众的心理归属和意愿,固着成心理定式。这种民俗心理定式形成以后,便会朝着某一方向不断地发展。因此,有效利用民俗文化进行社会管理和社会教化,将社会主义核心价值观"化民成俗"做到日用而不知就成为当代社会的必然选择。

(三)传承家国道德,促进稳定和全球治理

研究中华家风传承与创新的实践意义还在于将中华家国传统道德在世界层面传承下去,促进世界格局稳定和全球治理的长治久安。

首先,研究中华家风的"中和位育"理论对当今社会稳定发展有借鉴意义。社会的稳定源自社会有序运行,社会有序运行的核心原因在于中华家

风文化的"中和位育"。所谓"中和位育",就是保持中正平和,万事万物各安其位,事物依照其本源规律,自然化生。《周易·系辞下传》云:"天地之大德曰生,圣人之大宝曰位。何以守位？曰仁。何以聚人？曰财。理财正辞、禁民为非曰义。"①《中庸》云:"致中和,天地位焉,万物育焉。"②"安位""遵序"是遵从规律的表现。主体对自己家国的情感是由主体在家庭和国家中的正当位置而自然阐发。这其中有三层含义:第一,位定则物存,位明则物序。"位"事关万物稳定存在与和谐发展。自然界"天尊地卑,乾坤定矣;卑高以陈,贵贱位矣"③;人类社会"君君、臣臣、父父、子子"④各处其位。家国各安其位,孝忠各守其责,则家兴国旺、和谐发展,家国情怀得以自然阐发与感念。第二,位序分则和,和生则物育。《易传·系辞上传》云:"一阴一阳之谓道;继之者善也;成之者性也。……显诸仁,藏诸用,……生生之谓易。"⑤一阴一阳对立转化,这是自然界普遍的规律。一阴一阳,继续不绝,这是本然的善。"天地之大德曰生。"⑥"人生而有欲,欲而不得,则不能无求,求而无度量分界,则不能不争,争则乱,乱则穷。先王恶其乱也,故制礼义以分之……是礼之所起也。"⑦家国伦理关系也是这样,君君臣臣、父父子子,夫妻和睦、兄友弟恭,三纲五常各据其位,各得其法,则家道兴旺,国家稳定,繁荣富强。所以,位序明分则和生,和生则万物育。第三,位由天道定,中和则合道。遵从天道、道法自然,才能"致中和,天地位焉,万物育焉"⑧。所以说,合理的"位"由天道来决定。综上所述,主体的家国情怀是对阴阳道生、和合生物、仁德守位、位当而义正的心理认同与情感膺服。深入研究中华家风"中和位育"理论,就可以掌握万事万物生育化生、井然有序的规律,就能洞悉社会稳定发展的规律。因此,研究中华家国文化理论,传承"中和位育"理论智慧,

---

① 《周易·系辞下传》。
② 《中庸》。
③ 《周易·系辞上传》。
④ 《论语·颜渊》。
⑤ 《易传·系辞上传》。
⑥ 《易传·系辞下传》。
⑦ 《荀子·礼论》。
⑧ 《中庸》。

对于维持当代社会稳定发展有着积极借鉴意义。

其次,研究中华家风文化的"家规国制"理论对当代社会民主法治建设有启发意义。任何时代的家规国制中都蕴含着人们对所处时代价值观的表达和传递,当家规国制中所传达的价值观与中华家风和家国情怀所要追求的价值观一致时,就会获得主体的认同与赞美,表现出溢美性的家国情怀。反之,当两者价值观不一致,或者完全相反时,则会使得主体惆怅幽怨、扼腕叹息,表现出感伤性的家国情怀。这两种不同的情感反应会传递到家人和身边的人身上,于是,这种对规制所产生的不同的情感会在具有相同价值观与价值理想的人群中传达、继承。一般,在平世和盛世的家国社会,往往传承的是对制度溢美性的家国情怀;在危世和乱世的家国社会,往往传承的是对制度感伤性的家国情怀。溢美性家国情怀往往激发人们褒扬赞美之情,催人昂扬奋进,增强了世人对规制的认同和维护;感伤性的家国情怀则引起人们对家国颓势的反思之情,催人临危思变,革故鼎新,发奋图强,增强了世人对现有规制的改革和图新。因此,研究中华"家规国制"及其传承变迁,对于当代社会民主法治建设有启发意义。主要有四点启发:第一,自由需要人文精神。自由就是人们想无约束地获得利益和幸福的意识和行为。自由价值观是保障社会成员个体实在性的价值依据,是基于个体与社会统一的自由。鉴于自由的这些特性,要用人文熏陶的方法来涵育"自由"价值观。第二,平等需要制度理性。平等是新时期社会主义建设的目标,是当代中国社会追求并努力实现的一种理想的社会状态和思想观念。马克思认为,平等是人在实践领域中对自身的意识。平等包括"人格平等""机会平等"和"权利平等"三方面内容。只有坚持制度理性,才能设计出大致公平的制度,人们的人格平等、机会平等和权利平等才能得到保护。第三,公正需要情境营造。公正是当代中国社会追求并努力实现的一种理想的社会状态和思想观念。公正,意为公平正直,无私。第四,法治需要人民觉悟。法治的基础是民主和自由,其科学性和合理性需要政府和民众的有效"互动",由此可见,法治需要人民提升觉悟。

最后,研究中华家风和家国情怀的传承是全球治理的需要。中国自古以来就有"家国天下情怀",研究家国天下理论传承与创新可以应对全球治理的需要。当前世界资源短缺、局部战争、环境污染、瘟疫流行、信息攻击、跨国犯罪等各种全球性安全问题层出不穷。要应对这些问题必须建立人类命运共同体，加强全球治理。全球治理理论的核心观点是，要建立多元组织机构，强化国际规范和全球机制。这种全球机制与中华"家国天下"治理模式有相通之处。相比而言，"家国天下"治理模式有鲜明的责任主体和明晰的治理职责，治理效能较多元模式的全球治理更高。这种"家国天下"治理模式具有重义的伦理思想，值得全球治理学习借鉴，具体表现在三个方面：

第一，提倡重义轻利，反对以利克义的思想表现了圣贤先哲们在义利价值取向上导向国家集体大义和大利的家国天下情怀。中国古代在义利关系上普遍的价值取向是重义轻利的。孔、孟都认为义与利是辩证统一的，认为义才是根本的利，所以在义利关系上重义轻利、先义后利。《左传》记载："义，利之本也。"这就是说，义与利是辩证统一的，利益的根本在于义，而义则是更根本的利、更长远的利、更大的利。这也是重义轻利的原因所在。孔子十分重义，认为"君子喻于义，小人喻于利"①。但他并不是只讲义而不讲利，也不是想把义与利对立起来、割裂开来，他其实很注重二者的辩证关系，只是因为人们都好利，如果再增附之，相习成风，恐因自利而生贪夺，反而害了人道，所以多谈义，少谈利，以防贪利的流弊盛行。在义与利不可得兼的时候，倡导"舍生而取义者也"②。孟子更多地希望"义以制利"，用道义来节制、制衡利益。孔子在"义"和"利"的关系上，坚定地强调要"见利思义"和"见得思义"，强调不要"见利忘义"。但到了董仲舒那里，则完全将"义"与"利"的关系对立、割裂开来，成了"正其谊不谋其利，明其道不计其功"③。而且，到了宋明理学那里就成了"存天理、灭人欲"的禁欲主义观点了，这就把重义轻利的思想绝对化、极端化，走向了否定利的荒唐地步。对"重义"的强调和提倡正展现了先贤圣哲们对国家公利、社会正义高度重视的家国天下情怀。

第二，秉持"谋利必先行义，行义必然生利"的义利统一价值观，展现了

---

① 《论语·里仁》。
② 《孟子·告子章句上》。
③ 《汉书·董仲舒传》。

圣贤先哲们睿智的中华家风和家国情怀。中国古代思想家认为，重义并不是不言利、不要利、舍弃利，相反，重义的好处是可以产生利，可以得到比眼前利益更大的利益。《吕氏春秋·别类》有云："义小为之则小有福，大为之则大有福。"[①]践行义的程度与所获利益和幸福大小程度成正比，倡议人们行大义而获大利。王安石说："义者，利之和。义，固所以为利。"[②]义，就是所有利益之和，和义之利即为义，兴义就是为了得福利。朱熹也认为："利，是那义里面生来底。凡事处置得合宜，利便随之。所以云'利者义之和'，盖是义便兼得利。"[③]由此可见，义是人之道，利是人之用，两者均不可缺少，不可偏废。在义的指引下，足可以产生人们所追求的正当的利益、长久的利益和国家民族的利益。离开义而去谋利，是不可能合法、正当、长久地获得利益的。因此，谋利必先行义，行义定然会生利。古代先哲们对义利辩证关系和秩序的把握显示出他们睿智的家国天下情怀。

第三，坚持"以义取利"的价值标准指导人们对利益的行为取舍，展现出古代先哲们高尚的人格追求和对国民负责的家国天下情怀。所谓"以义取利"，就是根据行为的合义与否标准来决定利益的取舍，合义则取利，不合义就放弃。孔子说："君子有九思：视思明，……见得思义。"[④]这里"得"与"义"的关系就是"利"与"义"的关系。合于义，就可以获得；不合于义，就不能得。王夫之说："义与利，有统举无偏收，有至极而无所中立。"[⑤]"利害者莫大于义。"[⑥]王夫之强调在义利关系上，要以义统利、以义制利、以利制害。由上可知，中国古代先哲所秉持的"以义取利"的价值标准对整个人类社会文明发展、道德风尚的形成都是极为有利的。见利思义、以义取利、义以制利，这是君子与小人的区别，对这些问题的不同态度也把人的道德层次作了划分。我们只有坚持合义则取，背义则弃，秉持"君子爱财，取之有道"[⑦]的正义原

---

① 《吕氏春秋·别类》。
② 《续资治通鉴长编》卷二一九。
③ 《朱子语类》卷六十八。
④ 《论语·季氏篇》。
⑤ 《春秋家说》卷一上。
⑥ 《尚书引义》卷二。
⑦ 《增广贤文》。

则,人类社会才能奔向美好的明天。所以说,坚持"以义取利"的价值标准指导人们对利益的行为取舍,展现出古代先哲们高尚的人格追求和对国民负责的家国天下情怀。

总之,研究中华家风传统和家国情怀传承与创新理论,既可以提升中华民族文化自信、增强文化自信理论解释力,也可以揭示中华优秀传统文化与马克思主义文化相结合的内在原因,从而进一步加速马克思主义理论中国化进程;同时还可以吸收中华传统社会治理制度理念智慧,更加坚强有力地维护社会稳定、创建和谐家国治理环境,这对于传家风立国威、平治天下和践行人类命运共同体、开展全球治理和推进人类社会民主法治文明发展都大有裨益,因此中华家风传承转化理论值得深入研究。

第三节　中华家风研究的理路

研究中华家风首先应明确研究对象,界定基本概念,厘清研究的总体思路,制定科学的研究计划,有步骤地搞清楚中华家风传承和创新的有关规律,搞清楚中华家风传承和创新过程中的诸多学术问题,切实为新时代家风建设和中国梦的实现贡献力量。

一、概念界定

在本著作中,围绕中华家风的研究,用了诸多概念,如家风、家训、家规、家教、家谱、家国情怀、爱国主义、中国精神、家风国魂。其中"家训、家规、家教、家谱"主要围绕家风的文化内核、传承方式的研究而展开论述时用到,"家国情怀、爱国主义、中国精神、家风国魂"主要在阐述家国文化关系时用到。

（一）家风

家风，也叫"门风"，指的是"家庭或家族世代相传的风气、风格与风尚"①，家风涵盖了一个家族长期奉行的道德追求、价值标准、行为原则、气节风骨、生活方式，体现为家庭特有的文化氛围、生活情趣、格调品位、言行习惯、规矩和禁忌等。

（二）与家风承载相关的概念

家风需要通过一定的物质媒介、语言符号和精神文化活动传媒来承载和传播，于是出现了家训、家教、家规、家谱等概念。

所谓"家训"，就是"父祖对子孙、家长对家人、族长对族人的直接训示、亲自教诲"②，也包括夫妻之间的嘱托和兄弟姊妹间的劝勉。它是家族长辈治家认识、体验的总结，反映了家族适应社会发展所秉持的价值原则、文化理念、德行标准，蕴含着对子孙后代的期待与指导。家训属于家庭或家族内部的教育，一般是家庭辈分较高者对辈分低者的教育，往往直面问题，特别是在长辈发现晚辈身上存在的问题（或潜在问题萌芽）时有感而发的训诫直言。家训是家风的直接文化源头，家风的传承依赖家族世代成员对祖辈优良家训的记忆和遵守。

所谓"家教"，就是家庭教育、家庭教养，是子女在家庭接受的影响和教育，家长对子女的言传身教，形成合乎社会文明发展进步要求的道德规范和行为习惯。相比"家训"而言，家教的内容更加丰富，方法更加多样化，语言更加温和。从对人的教育作用和感受而言，家训威而有力，家教柔而有味。

所谓"家规"，就是一个家庭或家族的行为规范和制度标准。家规通过制度性规范条文来传达一个家族和家庭所秉持的价值理念。相比于家训，家规在传承家风价值理念方面更具全员性、严格性、稳定性和持久性。

所谓"家谱"，就是以表谱形式记载家族世系繁衍关系的历史图籍。家

---

① 徐国亮：《中国百年家风变迁的内在逻辑》，《山东社会科学》，2019 年第 5 期。
② 徐少锦、陈延斌：《中国家训史》，陕西人民出版社，2003 年，第 1 页。

谱中往往记载了家族经典家训、家规，是家风传承、变迁的史料载体。

（三）与家国关系相关的概念

家风的传承、变迁与家国关系十分密切，因此研究家风避不开家国关系。一部中华家风史就是中华民族家国关系在更广时空领域的宏阔展现。家风的核心道德标准是"孝"，对国家的道德要求是"忠"，家风的发展历史围绕"孝"与"忠"的道德要求而展开。与此相关的概念有"家国情怀、爱国主义、中国精神、家风国魂"。

"家国情怀"起源于人们对家庭和国家的情感、责任、抱负的理解和理论阐释，反映了具体时代背景下，家庭与国家制度、文化变迁对个体和群体境遇、心理、志向的影响，它是具体历史时代的物质文化、精神文化和制度文化在主体心理上的回顾、激励和综合反应。"家国情怀"既是个体对家庭的依恋与对国家的热爱之情的表现，也是群体对家国共同体意识维存和发展的体现，饱含着家国体制下个体和群体对家国荣辱的情感激荡变化以及对家国共同体集认知、感念、理悟和实践于一体的情怀。与"家国情怀"有关的概念主要有"爱国主义""中国精神""家风国魂"，这些概念都有"爱国"的含义和内容，基本的区别是，"家国情怀"侧重于个体情感，"爱国主义"侧重于理论体系，"中国精神"侧重于精神传承，"家风国魂"侧重于集体价值。"家国情怀是生命主体对家国命运共同体的一种认同和崇奉，表现的是社会成员对民族大家庭的一种坚守和保护，彰显了一种国家纵然置身危亡绝域、民族纵然身处苦难险境而终能慨然不败的精神凝聚力，它展现了人们对国家认同感、归属感、危机感、荣耀感和使命感的高度融汇和系统集成，可谓是一种深层的文化心理密码。"①从文化发生结构看，家国情怀涵纳了恋家情怀、爱国情怀及家国一体情怀；从文化价值结构看，家国情怀统合了家国组织共同体、家国伦理共同体和家国利益共同体。因此，家国情怀是恋家情怀与爱国情怀的辩证统一体，是主体对家和国的思念热爱之情的统一聚合表达，既表

---

① 刘松：《主体自由、民族和睦、文明提升：家国情怀的历史衡量三维标准探析》，《山东社会科学》，2019 年第 5 期。

达了对家庭这个国家基础的重视之情,也放眼国家这个集体利益的升华,追求的是一种家齐国治、国泰民安、互利共兴的和谐境界,其内容再现了家庭与国家这对利益共同体在物质文化、精神文化和制度文化上的辩证统一关系。家国情怀的核心要求是在家尽孝、为国尽忠,是主体对家国关系辩证统一的具象表达,也是对亲情仁爱关系推己及人的社会升华。

　　"爱国主义"和"家国情怀"都与"爱国"有关,都跻身于爱国教育场合,也都可以表达主体对自己祖国所饱含的满腔爱国热情。比较两个概念,它们既有区别,也有联系。从两个概念的不同来看,主要有三点:一是两者的性质不同。"家国情怀"是一种基于价值的情感体系,"爱国主义"则是一种基于情感、关系和价值的理论体系。家国情怀是恋家情怀与爱国情怀的辩证统一体,是主体对家和国的思念热爱之情的统一聚合表达,是其对家国利益矛盾对立统一体在物质文化上的辩证表征,是其对家道观念和国治理念在精神文化上的理论贯通表现,也是其对家道规矩和治国体制在制度文化上的行为选择和价值绽放。家国情怀的核心在于对家之孝与对国之忠,是一种孝忠礼敬的情感表达体系。爱国主义是一种集个体与祖国之间情感、关系和价值的理论体系。二是两者追求的目标各有所侧重。爱国主义追求的目标侧重于国家,认为"家"的利益要绝对服从"国"的利益;家国情怀则侧重于追求"家"与"国"的和谐统一关系,既重视用国家力量来捍卫家庭合法权益,也歌颂个体"舍家为国"的伟大气概和无私追求,但更重在合理权衡两者的关系,追求两者利益和谐统一、互惠共荣。家国情怀不仅回溯过去,而且标指未来。爱国主义则更多地标指未来目标。三是两者内容不完全一样、内容生发的主动性不同。家国情怀是主体由衷的主动感发,其内容包括恋家情怀与爱国情怀以及两者的辩证统一关系,它是家国辩证关系在主体心理情感上的投射和反映,涉及"主体对家国共同体在家国关系、家国结构、家国意识等方面的认知、感念、理悟和实践"①等多方面文化内容,其内容再现了家庭与国家这对利益共同体在物质文化、精神文化和制度文化上的辩

---

① 徐国亮、刘松:《三层四维:家国情怀的文化结构探析》,《四川大学学报》(哲学社会科学版),2018年第6期。

证统一关系。爱国主义虽然也包括主体对祖国的热爱之情,但其重点内容则是由外而内对主体提出的爱国规范和要求。

两者的共同点和联系有三点:一是两者共同为国家繁荣发展保驾护航。不论是爱国主义还是家国情怀,两者的价值理念和目标取向都是激励主体为国效力、报效祖国,因此两者的志向是一致的。二是两者都是保持个人与国家之间热爱之情的有力手段。爱国主义从主体外在要求保持了个人对祖国的热爱之情;家国情怀从主体内在感念生发出对家国的热爱之情,虽然使用的手段和方式不一样,但所要达到的目的则是殊途同归。三是两者都是开展爱国教育的有力武器。开展爱国教育离不开爱国主义的理论宣传,更缺不了家国情怀的情感植入,两者相辅相成,共同为爱国教育提供帮助。在两者的关系上,爱国主义为家国情怀确立主心骨,家国情怀为爱国主义增加宣传感染力;家国情怀以爱国而塑造"爱国主义",爱国主义依家国情怀而广为传播,爱国主义为家国情怀提供了价值标尺和方向指引,家国情怀使爱国主义更加感同身受,能够使爱国主义更加广泛和深入地扎根于每个个体心灵。

"中国精神"和"家国情怀"在精神文化层面有交集。中国精神是"民族精神和时代精神的统一"①。民族精神,是一个民族长期的道德规范、价值取向、思维方式、精神气质的综合体现;时代精神,是一个民族顺应历史发展潮流所呈现的引领时代的精神风貌、价值观念、社会时尚。家国情怀与中国精神既有联系,也有不同。两者的联系有三点:一是从两者的构成与相互作用看,爱国情怀在精神文化方面的追求内容是中国精神的重要组成部分,中国精神为爱国情怀提供了丰富的精神文化方面的理论导向,即家国情怀升华了中国精神,中国精神导引着家国情怀。二是从历史与未来的关系看,两个概念牵连着历史与未来。一方面,历代爱国人士的家国情怀汇聚成为中国历史文化的主流精神,构成了中国精神的鲜明内容,这是着眼于历史文化的传承角度;另一方面,中国精神激励着更多中华儿女为实现伟大的中国梦而努力奋斗,展现新一代中华儿女豪迈的爱国热情和家国情怀,这是着眼于未

---

① 本书编写组:《思想道德修养与法律基础》(2018 年版),高等教育出版社,2018 年,第 45 页。

来发展的角度,即家国情怀的历史汇成中国精神,中国精神激励家国情怀奔向未来。三是从两者的功能看,两者都是开展爱国教育的有力手段。开展爱国教育需要大力弘扬中国精神,也需要激发每个个体内心的家国情怀。不同点有三点:一是两者的性质不同,家国情怀属于情感体系,中国精神属于精神体系。二是两者核心内容与价值追求的具体内容有所不同。家国情怀的核心内容是主体对于家的"孝"和对国的"忠",其追求的价值理想在于"以身报国"和"国泰民安";中国精神的核心内容是民族精神与时代精神,其提出的价值理想追求在于"爱国"和"创新"。三是两者的实践路径有所不同,家国情怀的实践路径在于"修己安人"和"经邦济世";中国精神的实践路径在于"团结统一"和"革故鼎新"。

　　何谓"家风国魂"? 前面已对"家风"作了界定,这里不再赘述。所谓"国魂"是"国家灵魂,国家品格,民族精神,民族传统,国家、民族精粹的艺术表达"①,其核心是爱国主义。由此看出,家风国魂实际上是一个民族在家庭、家族和国家的文化活动中所表现出的价值理想、精神气质、道德规范、风尚格局,其核心在于价值观的传承。家风国魂与家国情怀有三个方面联系:一是两者价值互联,家国情怀积聚家风国魂而载入史册,家风国魂展现出家国情怀的具体形象。二是两者内容互相联系,怀家爱国情铸风魂,兴家泰国魂抒情怀。三是两者传承攸关,践行家国情怀以承家风国魂,宣传家风国魂以育家国情怀。总之,两者在价值追求方面有交集,都传达了爱国惜家、保家卫国的价值理念,都怀有对祖国、对家庭的热爱之情,都依靠教育宣传、修养践行来传扬光大。相比较而言,家国情怀更多侧重于个体在履行家国责任过程中,以情感为主要表达方式的价值观的升华;家风国魂更多侧重于大历史视角的集体价值观的传承和弘扬。家国情怀重在对主体孝亲忠国的情感认同与赞美;家风国魂重在对群体保家卫国、爱国惜家的价值理念的升华与传扬。

　　综上所述,家国情怀、爱国主义、中国精神、家风国魂这几个概念都从不同角度阐释了家国关系,都表达了对家庭、对国家的热爱之情,都倡导忠孝

---

① 杨叔子:《国魂凝处是诗魂》,《华中科技大学学报》(社会科学版),2009年第6期。

和济世的价值理念,都提出了忠孝仁爱的具体要求,都围绕保卫家国利益衍发出了各自具体的实践路径。相比较而言,家国情怀重在情感的表达与渲染,爱国主义重在理论的辐射与践行,中国精神重在精神的凝聚与传承,家风国魂重在家齐国治文化价值气韵的升华和传扬。

二、研究思路

(一)研究内容

本书在梳理"中华传统家风历史渊源""中华传统家风主要内容与核心精神""中华家风历史变迁""新时代中华优秀家风传承与转换现状"等问题的基础上展开研究,从理论上分析中华家风价值认同在家风传承、家国情怀理论中的核心地位作用,探究价值认同通过制度、体制、机制认同对家庭伦理、家国同构、社会稳定、发展建设发生作用的关系与规律,并在历代家风文化演进、中华家风典型案例实证分析基础上得出研究结论并提出相关建议。

中华优秀家风涵养社会主义核心价值观的机制是本书的研究对象。梳理中国历史上家教、家风历史嬗变规律,发掘优秀的中华家教、家风文化资源,实现中华家教、家风文化的创造性转化、创新性发展,使之与社会主义核心价值观相容通。研究重点在于,明析中华优秀家教、家风传承发展的核心规律,探寻中华优秀家风涵养社会主义核心价值观的路径。研究难点在于,中华家风、家国情怀的文化认同与民族振兴责任担当的关联性研究,家风核心要素承继机理研究和家风与国风互耦机理研究。

(二)研究目标

第一,对历史上中华优秀家教、家风典型案例梳理、剖析。中华民族自古以来就重视家庭、家教和家风建设,从周公家训"敬民保德"到孔子"诗礼传家";从东晋玄学家袁宏"家风化导"说到南朝经学家皇侃"家风由父";从唐代诗人柳宗元"嗣家风之清白"到清代曾国藩"家和万事兴",很多案例值得剖析学习。新中国成立以来,从毛泽东到习近平,老一代革命家家教、家风案例为我们作出了很多好的榜样。当代,习氏家风和习近平家国情怀是其勤俭持家、清白做人、清廉朴实家风的体现,也是我国老一辈革命家优秀家风传承发展的代表,它践行了传统"修身齐家治国平天下"的家国理论。中华家风和家国情怀是我国优秀传统文化的宝贵精神财富,也是中华民族文化基因的一部分。习氏家风和习近平家国情怀是引领中华民族复兴的内生动力,它把个体家庭价值目标与国家民族的命运相贯通,把个人梦融入中国梦。

第二,挖掘中华优秀家教、家风中有价值、可传承的内涵,确立有利于涵养社会主义核心价值观的关键因素。中华优秀家教、家风文化核心价值内容为"仁""和""中""正",这些内容与社会主义核心价值观"爱国""和谐""友善""公正"等要求有内在的脉承关系。中华传统家风文化以"儒"为核心,儒家教化理论的核心在于"修己安人",其核心原则是"仁""义""忠""信",从这些核心原则又可以引发出致知之道(博学、慎思、明辨、审问、笃行)齐家之道(亲、别、序、孝、俭)、待友之道(诚、善、信、义)、处世之道(中、正、和、恕)、为官之道(清、慎、勤、耻)。儒家要求修身以"正"、待人以"仁"、治家以"和",这些家风文化核心要素与当前社会主义核心价值观的"公正""平等""诚信""爱国""友善""和谐"等要求是一脉相承的。

第三,探究中华优秀家教、家风核心要素与社会主义核心价值观的涵养路径、方法和手段。中华优秀家教、家风以"仁"为核心的培养路径:"修—齐—治—平",即,通过"童蒙养正"以致"良知",当孩童养成了"正己修身"这一习惯,就能逐渐接受儒家"仁、义、礼、智、信"的德目要求,成年之后则"家齐"。由于"家国同构""家国一体",因此很容易把齐家之道运用于治国和社会治理,达到"国治"和"天下平"。其主要方法有:慈严相济、以身作则、因材施教、循序渐进、环境塑造。在这个培养过程中形成文化认同和责任担当。在当代,这些路径、方法和手段也为涵养社会主义核心价值观的路径、方法和手段提供了有益参考。

第四,中华优秀家教、家风涵养社会主义核心价值观的实践模式研究。当代优秀家教、家风文化模式是在扬弃了中华传统家教、家风文化的基础上,积极吸收时代优秀文化精华——社会主义核心价值观而逐渐创新形成的。在内容上,有别于封建社会伦理道德、纲常名教内容,体现了社会主义核心价值观的新内容;在形式上,现代民主法治理念、"小"家庭结构以及网络信息化交流时代,传统家风的传承形式有别于家族庭训、亲子家书、严苛家法教育时代。这种家风文化模式特点是,以"仁恕敦厚""敬业守礼""和美尚义"为基础,以"爱国爱家、民主法治"为目标,以"向上向善、传承创新"为方法手段。

(三)研究步骤

为了达成上述研究目标,拟采用如下研究步骤:首先,梳理中华家教、家风的有关传统理论,如家庭伦理、家风传承、家国关系的有关理论,为中华优秀家风涵养社会主义核心价值观找到理论基础。这方面的理论主要有:家庭五伦论、仁义为本论、正名安位论、家国一体论、文化认同论、价值认同论、文化涵养论。其次,探究中华优秀家风传承发展的核心规律,为中华优秀家风涵养社会主义核心价值观探寻有效路径。中华优秀家风崇尚"仁"与"和",蕴含着待人以"仁",齐家以"和"的价值观和行为标准。"仁"体现家风"知"的方面核心要素,"和"则体现家风"行"的方面核心要素,"仁"与"和"体现了中华优秀家风知行合一的价值要求。再次,探究中华优秀家风涵养社会主义核心价值观的路径。"仁"的基础在于修身以正,"仁"的路径次第在于"修、齐、治、平",致"和"的方法在于"兼包并蓄"。这些方法路径为涵养社会主义核心价值观个人、国家、社会三个层面价值追求提供了可能性。然后,探究实现中华家风文化创造性转化、创新性发展的机制,找寻作用原理和核心规律。中华优秀家风涵养机制是在中华亿万家庭千百年来形成的,其涵养机制应该包括家风与国风核心要素间的逻辑关系机制、家风核心要素承继机制、家风与国风互耦机制等。最后,剖析中华优秀家风与时代偕行的经典案例,概括出中华优秀家风涵养国家和社会风气的典型模式,为中华优秀家风涵养社会主义核心价值观找到历史依据和有效路径。

三、研究方法

(一)研究切入点:从当前家、国、社会中的基本问题切入

本书拟站在中华文化自信重构的视角,从当前家庭、国家、社会中存在

的基础性问题切入,例如中华家风中宗族观念、家庭道德规范、民族性格、民族习惯、家国意识的一些基础性家国文化要素、基础性家国话语习惯、基础性家国文化思维习惯、基础性家国生活环节、基础性家国活动行为符号以及象征意义入手进行研究。

(二)研究的路径:基本问题—理论探究—实践对策

本书将通过搜索、追踪"中华家风"传承的基础性问题,探究、梳理"中华家风"传承历史理论,推衍、发掘"中华家风"传承历史发展规律、机理,提出"中华家风"传承转换政策措施与建议,从而发挥"中华家风"在涵养中国特色社会主义核心价值观中的作用。

(三)研究方法的选用

笔者准备采用案例分析法、文献研究法、比较研究法、历史与逻辑相结合的研究方法进行研究。通过案例分析法对中华家庭德育思想、家风文化典型案例(家训、家规、家书等)进行翔实、深入的了解和剖析,以客观理性视角加以审视,对其进行新的梳理和探索。通过文献研究法对中华家庭、家教、家风有关内容的历史演变的相关文献进行翔实、深入的了解和剖析,以客观理性视角加以审视,对其进行新的梳理和探索。通过比较研究法完成对研究对象全方位的探寻研究。

四、学术创新

本书在围绕"中华家风的传承与转化"这个中心问题研究过程中,初步回答了"什么是中华家风? 中华家风的主要内容有哪些? 中华家风的核心精神是什么? 中华家风传统有何特征? 其变迁规律是什么? 中华家风具有怎样的文化结构和价值结构? 中华家风文化的基本理论体系有着怎样的内容? 中华家风在传统社会是如何传承发展的? 其发展动力源自哪里? 中华优秀家风在当代如何传承转化与发展?"等基本问题。在如下三个方面作了创新性的努力:一是努力构建具有本研究独特视角的中华家风的基本概念和研究理论体系;二是努力廓清中华家风的历史传承发展过程、揭示其传承转化规律;三是努力探究中华家风在现代传承转化规律,揭示其与当代文化结合发展规律。

(一)学术思想创新特色:承家国文化古韵,发时代文化新芽

在本研究开题立项之初,就打算在传承中华传统家国文化与马克思主义中国化文化结合方面做些创新,并认为,这可能是本研究在学术思想上集古今中外文化学术之精华诠释现代文化的一个学术特色。本研究可望在中华家风文化历史古韵的传承及其理论概括总结方面做些努力,可望给跨越五千年历史文明的中华家风文化精神赋予新的时代内涵,可望在新时代展现出中华家风的现代表达形式,可望在深刻阐明中华优秀家国文化与中国特色马克思主义文化关系方面有所创新。

从实际研究情况看,本研究在传承中华传统文化与马克思主义中国化文化结合方面做了创新,这也可能是本研究在学术思想上集古今中外文化学术之精华诠释现代文化的一个学术特色。本研究不断给中华优秀家风文化赋予了新的时代内涵,厘清了中华家风传承变迁规律,在中华家风文化涵养社会主义核心价值观方面也有所创新。具体表现在以下三个方面:第一,建构了中华家风的"文化溯源理论、文化结构理论、核心精神理论、传统内容理论、传承转化理论",这些理论有助于分析中华传统家风何以能绵延传承至今并开创未来文化发展路向。第二,厘清了中华传统家风传承的历史脉络:亲亲礼民—尊礼治国—纲常道统,这些梳理有助于人们精准把握中华家风历史发展规律。第三,廓清了中华传统优秀家风的时代传承转化:路向传承—文化动力—目标追求,这些分析有助于人们明确中华传统文化未来发展方向。因此,从学术思想特色看,本书具有以古承新的特点。从学术思想内容来看,本书通过传承民俗国礼古韵,发新时代家国礼俗新芽;通过传承家伦国制古韵,发新时代平等法治新芽;通过传承家风国魂古韵,发新时代社会和谐新芽。

(二)学术视角创新：本书从家国互动关系、文化结构、历史主线等视角研究家风传承和变迁规律

在研究开题立项之初，笔者就确信中华优秀传统家风的核心价值理念是："忠""孝""仁""和"，忠孝的理念源自家庭教养，国泰民安需要仁和的理念。在家风核心精神阐发和家国关系互动机制方面确立了这样的研究思路：在疏浚中华家国文化基础上，搞清"孝"与"忠"的逻辑关系与矛盾转化机制、家兴与国泰互耦机制、家风国魂承继机制，就能发现中华家风传承的基本规律，就能明了中华家风传承转化的条件、原理和过程，最终找到新时代家风传承路径，实现中华传统家国文化的现代传承与转化。

在研究的过程中，本书综合运用文献研究法、比较研究法和案例研究法，探索研究了中华家风的传承与变迁。在学术研究的过程中，在以下方面开展了创新性的尝试和努力：第一，从家国关系文化的学术角度系统诠释了"忠孝源家，仁和泰国"的观点，提出了中华家风在家国情怀方面"三层四维"文化结构特征；概括了中华家风的"浑分统和"的历史阶段特征；归纳了"随风而传，应时而化"的传承转化特征，这三大特征的研究为后续掌握家风的传承转化规律打牢了坚实的理论基础。第二，系统总结了"主体自由、民族和睦、文明提升"的中华家风和家国情怀历史衡量标准，这一研究为从历史角度掌握中华家风和家国情怀传承转化规律树立了核心标尺。第三，勾勒了中华家风传承创新的历史主线：从"基于孝、荣于忠、尊于礼"到"平等、自由、和谐"，这一研究将全书内容紧密联系在一起。

第二章 中华家风的传统溯源

　　"绾发绾发,发亦鬓止。日祗日祗,敬亦慎止。靡专靡有,受之父母。鸣鹤匪和,析薪弗荷。隐忧孔疚,我堂靡构。义方既训,家道颖颖。岂敢荒宁,一日三省。"这是西晋文学家潘岳所作的《家风诗》。家风是如何起源的? 家风传统形成的标准是什么? 它经历了哪些发展阶段? 这些问题是研究中华家风传承、历史变迁和现代转换研究首先要解决的问题。要掌握家风的本质内涵,必须系统了解家风传统形成的历史文脉。

第一节　中华家风缘起学说

关于家风缘起学说有四种：位承说、训传说、颂勉说、制度说。位承说认为家风缘起于君位承继；训传说认为家风缘起于家训、家规和家庭教育，并伴随家训而流布；颂勉说认为家风因歌祖颂德以勉后而形成；制度说认为家风是制度的产物，随制度文化变迁。

一、位承说：家风缘起于君位承继

从考古资料看，中国现存最早有记录的家风文化现象可以追溯到三皇五帝时期的世袭之风和尧舜禹之间的禅让之风。《史记·五帝本纪》记载了上古时期君位权力在家族成员中传承的两种方式：世袭制和禅让制。但历史上也有学者对禅让现象提出过疑问。1993 年 10 月，湖北省荆门市郭店村郭店一号楚墓发掘出竹简，共 804 枚。此次湖北考古最新发现，郭店楚简《唐虞之道》①验证了《尚书》中《尧典》《舜典》记载的禅让现象的存在。虽然这时尚没有出现"家风"这个词汇，但已经出现了家风现象。尧改变了权力世袭的做法，禅让位传的家风始现。

禅让溯源。"禅让"何以可能？冯天瑜先生在比较了古中国与古希腊不同的文化国情基础上，提出"禅让"在古中国发生的可能性。他认为，氏族制末期，部落联盟首领的产生，在古希腊上演了多起血腥惨剧，但在古中国上古神话中，却留给人们温情脉脉的"禅让"佳话。何以中西在政治权力传承上有如此之巨的区别？冯先生认为，造成这一政治文化天壤之别的原因有两点，一是中西文化圈的海陆地缘环境差别所致，二是中西文化植根的农牧经济土壤不同所致。从海陆地缘环境看，华人生活在东亚大陆，这里"东渐

---

　　①　马云志：《郭店楚简〈唐虞之道〉的禅让观》，《兰州大学学报》（社会科学版），2002 年第 5 期，第 33～37 页。

于海,西被于流沙,朔南暨声教,讫于四海"①,"南方炎炎千里,北有寒山,增冰峨峨,飞雪千里,还有卓龙(烛龙)翱翔"②。总体来看,中国呈现出"负陆面海"、较为规整的椭圆形大陆板块结构;而古希腊人所居住的欧洲大陆则被地中海、黑海、波罗的海等内海纵深切割,形成了多半岛的"陆-海交错格局"环境结构。欧洲虽然也是"负陆面海"的环境,但是欧洲的海洋宽度和周边陆地距离不足以阻隔木帆船人类文明的交互与发展,于是海运成为最为廉价的贸易发展手段。而东亚大陆濒临的海洋因辽阔无际、波涛凶险而增添了神秘性和征服难度。如果说,易被驾驭的内海——地中海是希腊人、埃及人、腓尼基人、迦太基人、罗马人的交通走廊,那么,难以凭木帆船横渡的"大瀛海"——太平洋则在工业革命未开化时期的中国构成了天然地理屏障。这种屏障一方面保护了中国农耕文明免受外来海上文明的袭扰,另一方面也成为中华文明难以通过海洋走向世界的束缚。从中西文化植根的陆地农牧经济环境看,中国大陆环境孕育了农耕文明并因农而兴,欧洲大陆则缘起于游牧文明。明代人冯应京曾从纬度和地势影响气候的角度对中国大陆进行了这样的分析:"中华地三分:一自汉蜀江南至海,二自汉江至平遥县,三自平遥北至蕃界、北海也。南方大热,北方大寒,中央兼寒热。东西高下亦三别:一自汧源县西至沙洲,二自开封县西至汧源,三自开封县东至沧海。东方大温,西方大凉,寒热不同,阴阳多少不一。"③这种从纬度高低和地势高下来分析气温变化的推理分析为远古时期中华农耕文明发展的必然性作了有说服力的理论铺垫。

东亚大陆的湿润气候,使"草木榛榛,鹿豕狉狉"④,是适合动植物繁殖生长的区域。在气候温和、雨量适中的黄河、长江中下游,华人先民在六七千年前彩陶文化时期进入了农耕文明时代,实现了对狩猎与采集经济的超越。

---

① 《尚书·禹贡》。转引自冯天瑜、何晓明、周积明:《中华文化史》,上海人民出版社,2015年,第36页。

② 冯天瑜、何晓明、周积明:《中华文化史》,上海人民出版社,2015年,第37页。

③ 《月令广义·方舆高下寒热界》,引《内经释》。转引自冯天瑜、何晓明、周积明:《中华文化史》,上海人民出版社,2015年,第67页。

④ 柳宗元《封建论》。转引自冯天瑜、何晓明、周积明:《中华文化史》,上海人民出版社,2015年,第69页。

在这一时期,新石器文化(如仰韶文化)基本实现了渔猎向农耕的过渡,龙山文化期出现了较大、经久的村落,农业生产和居住地得以固定,器物制作(如农业工具、生活陶灶、服饰妆美、图腾祭祀等器物)水平较高,社会组织也变得严密和稳固。中华农耕文明自此肇始。相比于农耕"住国",迁徙无定的游牧国度被《汉书·西域传》称为"行国"。"行国",随畜逐水草往来之国也。长春真人丘处机曾对塞外游牧生活如此感叹:"地无木植唯荒草,天产丘陵没大山,五谷不成资乳酪,皮裘毡帐亦开颜。"①《史记·匈奴传》有云:"匈奴,其先祖夏后氏之苗裔也。……逐水草迁徙,毋城郭常处耕田之业,然亦各有分地。毋文书,以语言为约束。儿能骑羊,引弓射鸟鼠;少长则射狐兔,用为食。士力能弯弓,尽为甲骑。其俗,宽则随畜,因射猎禽兽为生业,急则人习战攻以侵伐,其天性也。……利则进,不利则退,不羞遁走。苟利所在,不知礼义。"游牧民族孔武善战,其流动生活逐渐形成了弱肉强食的霸强征战经济文化,农耕民族安土重迁、和平自守的生活则使得禅让文化有了生长的土壤。冯先生由此总结道:"我们如果考虑到尧、舜时代大约相当于原始公社制末期,而这一时期已被社会学、考古学、人类学证明,确实存在氏族和部落联盟内部的民主制度,因而也存在着以'禅让'方式实现权力继承的可能性。"②

台湾学者陈登原先生曾在《中国文化史》中对"禅让"问题进行了史料学理考证,从情舆辞选角度反驳了荀子"逼宫论"和刘知几的"疑让论"。陈先生首先梳理了史书关于"禅让"一事的记载曰:让国之事,其载于《尚书》者,"帝曰:'格汝舜,……三载,汝涉帝位。'舜让于德,弗嗣。……二十有八载,帝乃殂落。月正元日,舜格于文祖"③。其载于《孟子》者:"舜相尧,二十有八载,尧崩,三年之丧毕。舜避尧之子于南河之南,天下诸侯朝觐者不之尧之子而之舜,讼狱者不之尧之子而之舜,讴歌者不讴歌尧之子而讴歌舜。夫然后之中国,践天子位焉。""昔者舜荐禹于天,十有七年舜崩。三年之丧毕,

---

① 李志常:《长春真人西游记》,商务印书馆,1937年,第6、7页。
② 冯天瑜、何晓明、周积明:《中华文化史》,上海人民出版社,2015年,第206页。
③ 《尚书·尧典》。转引自陈登原:《中国文化史》,商务印书馆,2014年,第109页。

禹避舜之子于阳城。天下之民从之者,若尧崩之后,不从尧之子而从舜也。"①《史记》亦谓:"尧知子丹朱之不肖,不足授天下,于是乃权授舜。授舜,则天下及其利,而丹朱病。授丹朱则天下病,而丹朱得其利。尧曰:'终不以天下之病,而利一人。'乃卒授舜以天下。舜子商均亦不肖,舜乃豫荐禹于天。"②如此循环禅让,得无在人情之外乎?以此一问,又引出了刘知几的《史通·疑古篇》、陈寿的《蜀志·谯周传》、古本《竹书纪年》、梁任昉的《述异记》、韩非的《韩非子·说疑》、《三海经》等著作对于"舜逼尧,禹逼舜"而以禅让之故事美化掩饰其权力争夺的论述,以此提出对禅让史实的疑问。最后,陈登原又以黄宗羲之"人情论"以及梨洲先生"君权君利辞让论"作逻辑推演,认为"如以汉祖、唐宗而视尧、舜,则禅让之事确乎可疑。若以古代政治领域之小而言,酋长权力之薄而言,则禅让自无足疑"③。最后,陈登原得出"事(禅让)有可能,无庸疑怪"④的结论。

世袭传位。"禅让"被世袭所取代。中国历史上的王位传子的世袭传位制度始于禹传启。孟轲的《孟子·万章上》以及司马迁的《史记》卷二《夏本纪》都认为,禹死,传位于益,后来各个家族都拥护启而不拥护益,益乃避居外地,启即天子位。《孟子·万章上》云:"禹荐益于天,七年,禹崩。三年之丧毕,益避禹之子于箕山之阴。朝觐讼狱者不之益而之启,曰:'吾君之子也。'讴歌者不讴歌益而讴歌启,曰:'吾君之子也。'"⑤《史记·夏本纪》记载:帝禹立而举皋陶荐之,且授政焉,而皋陶卒。封皋陶之后于英、六,或在许。而后举益,任之政。十年,帝禹东巡狩,至于会稽而崩。以天下授益。三年之丧毕,益让帝禹之子启,而辟居箕山之阳。禹子启贤,天下属意焉。及禹崩,虽授益,益之佐禹日浅,天下未洽。故诸侯皆去益而朝启,曰:"吾君帝禹之子也。"于是启遂即天子之位,是为夏后帝启。⑥ 这两处的记载,让人感觉不到权力交接过程的暴力争夺,特别是有悖于人们对阶级社会权力移

---

① 《孟子·万章上》。转引自陈登原:《中国文化史》,商务印书馆,2014 年,第 109~110 页。

② 《史记·五帝本纪》。转引自陈登原:《中国文化史》,商务印书馆,2014 年,第 110 页。

③ 陈登原:《中国文化史》,商务印书馆,2014 年,第 114 页。

④ 陈登原:《中国文化史》,商务印书馆,2014 年,第 114 页。

⑤ 《孟子·万章上》。

⑥ 《史记·夏本纪》。

交的常识,让人生疑。马克思曾说过,世袭制最初出现的地方,都是暴力篡夺的结果,而不是人民自由地表示许可的结果。[1] 马克思的这一论断被《战国策》和《古本竹书纪年》的记载所证实。据西汉刘向《战国策·燕策一》记载:"禹授益而以启为吏,及老,而以启为不足任天下,传之益也。启与支党攻益,而夺之天下。是禹名传天下于益,其实令启自取之。"[2]在《晋书》卷五一《束皙传》引《竹书纪年》:"益干启位,启杀之。"[3]但无论在权力交接过程中是否有暴力杀伐,结果是一致的,那就是:禅让被世袭所取代。世袭传位制开启了封建社会几千年"家天下"的家风。

不论是世袭制还是禅让制,无论权力交接过程中是否有暴力争夺现象,都展现了中华丰富的家风文化,由此看出,中华家风文化缘起于权力移交和承续,权力的移交和承续本身就是一种家风的传承。

二、训传说:家风伴随家训而流布

训传家风。从家风发展历史看,家风伴随着家训的产生、传播、发展而逐渐在社会流布。从目前掌握的资料看,中国古代的家训,"萌芽于五帝时代,产生于西周,成型于两汉"[4]。家训是家风传承的载体,家风则伴随家训的传承在家庭的代际之间流布。在夏商周时期,周公姬旦曾作《诫子伯禽》,创仁德保民家风之先河;春秋战国时期,在《论语·季氏》里记载了孔子庭训教子的故事:"鲤趋而过庭。曰:'学诗乎?'对曰:'未也。''不学诗,无以言。'鲤退而学诗。他日,又独立,鲤趋而过庭。曰:'学礼乎?'对曰:'未也。''不学礼,无以立。'鲤退而学礼。闻斯二者。"从此,孔门诗礼传家之风成为孔门家风的传统。及至两汉魏晋南北朝时期,刘邦、刘秀、刘备等帝王都留下了敕训太子读书向学、勤政爱民的家风故事。更有诸葛亮《诫子书》、颜之推《颜氏家训》将家训、家书教子之风吹遍社会家庭每个角落。

---

①　马克思:《摩尔根〈古代社会〉一书摘要》,人民出版社,1978 年,第 123 页。

②　《战国策·燕策一》。

③　《晋书·束皙传》。

④　徐少锦、陈延斌:《中国家训史》,陕西人民出版社,2003 年,第 3 页。

训教结合。从家风流布条件看，家训、家规、家教的结合为家风的传承流布创造了条件。从五帝到西周是传统家风萌生期，禅让帝位与世传家学是其主要表现，这一时期家训的主要内容就是如何当个好君王、如何造福百姓、如何选贤任能传承治理经验。家训大量出现是在商周宗法制度完备之时，这一时期家训的内容主要围绕维护和巩固宗法制度来展开。家风的流布则须臾离不开家训、家规、家教。例如，《尚书》里记载了周公家训"家教关乎国运""敬民保德""以教育德"等内容。春秋战国时期，文化下移，家风、家教传承研究进入民间，孔子以"诗礼传家"。汉代独尊儒术后，家风家训打上了儒家烙印。刘向的《列女传》、班昭《女诫》提出了封建时代妇德、妇节的观念。两晋至隋唐时期，家风及其研究进入成熟期。颜之推的《颜氏家训》以其内容繁富、结构严密被推为"家训鼻祖"。他提出"早教""爱教结合""重实学""虚心勤学""环境习染"等观点，带有明显的封建道德伦理色彩。宋元时期家风建设十分繁盛，朱熹、郑涛等人都有传世家训、家范之作。明清近代以降，因受现代家庭结构、反封建纲常礼教革命运动的影响，家风家训由盛而衰。这一时期家风家教注重民族气节和节操，家族训诫、惩戒和对女子的家训增多，出现了格言、警句、箴铭、歌诀、诗训等形式。王阳明、曾国藩是这一时期代表。民国时期的教育家陈鹤琴在幼儿实验教育中提出"尊重儿童个性"，渗透了现代西方家庭教育观念。革命战争时期，家风具有较强的反封建伦理和革命特色，革命家们崇尚清贫节俭的家风，提出"过好政治关、艰苦奋斗、清白做人"等家训，如毛氏、刘氏、周氏、朱氏、习氏家风家训。可见，家训作为家庭的基本价值观必须与家规家教结合在一起，这样，家风才能得以流布。

父母垂范。从家风流布的内容和特点看，中华家风具有"父母首责、德孝为先、勤俭自强、严邪未萌、蒙以养正、身正垂范"等特征。从家风流布主体责任来看，中华家风具有"父母首责"的流布特征。所谓"父母首责"，也就是说父母作为家庭教育第一责任人，担负着孩子初始生活习惯、基本思维方式、基础价值观念的培养塑造责任。《三字经》有云：子不教，父之过；苟不教，性乃迁。在封建社会，男权统治是社会的支柱，父亲担负着孩子教养的第一责任。《尚书·五子歌》记载了夏启之子追忆先祖大禹三则家教遗训，可以视作早期家风伴随家训流布之嚆矢。孙叔敖尊母训积德行善，诫子孙简朴，"十世不绝"；孔子庭训孔鲤，诗礼传家成美谈；汉高祖刘邦以《手敕太子文》告诫刘盈"汝可勤学习，每上疏宜自书"；司马谈教子《命子迁》，一定要完成续写《史记》的历史重任，司马迁不负所望，完成《史记》编写任务；郑玄教子读《诗经》，晚年还专门编写了《戒子益恩书》以传后人；马援以马革裹尸教子报效国家；诸葛亮教子侄"非淡泊无以明志，非宁静无以致远"；唐太宗李世民著《帝范》12篇教子；柳玭教子高门可畏不可恃；范仲淹教子"先天下之忧而忧，后天下之乐而乐"；欧阳修教侄子以临难死节为荣；司马光以《温公家范》教子；陆游以诗教子爱国收复疆土；方孝孺以"正学"教子；王夫之以"从严"教子；张英以礼让教子，"六尺巷"的故事从此闻名天下；曾国藩教子家书成为近代家教必读书目。除了父亲之外，母亲教子的故事也有不少，比较著名的，如，敬姜以"勤劳有益"教子；孟母三迁、断机杼教子；欧阳修母亲则以画荻教子；岳母教子精忠报国，刺字于岳飞背上。这些母亲成为天下母教典范。

　　正是由于历代中国父母秉持"父母首责论"的观念，谨教不堕，中华家风才能流布至今。从家风流布的内容来看，中华家风具有"德孝为先、勤俭持家、自立自强"的特征。中华家风向来讲究"百善孝当先"，十分注重家庭成员道德素质的习养提升。家庭伦理讲究亲亲尊尊的道德原则，体现在家庭成员敬长爱亲的各个方面，展现为父慈子孝、兄友弟恭、夫妻恩爱、妯娌友善、邻里和睦等各方面。在持家用度和开支方面，提倡勤俭持家，俗话说"勤是摇钱树，俭是聚宝盆"，只有不断开源节流，家庭财富才能逐渐聚集，家庭的发展才能兴旺发达。在家庭成员自身素养和目标方面，强调自立自强、有志有为。中华家风历来鼓励家庭成员成人成才，为国效力。例如，黄石公曾在《素书》中将人才分为"俊、豪、杰"三种，"德足以怀远，信足以一异，义足以得众，才足以鉴古，明足以照下，此人之俊也"，这里就将德、信、义、才、明作为"俊"的标准；"行足以为仪表，智足以决嫌疑，信可以使守约，廉可以使分财，此人之豪也"，这里将行、智、信、廉作为"豪"的标准；"守职而不废，处义而不回，见嫌而不苟免，见利而不苟得，此人之杰也"，这里提出了人杰的标准。从家风流布的方法特征看，中华家风具有"严邪未萌、蒙以养正、身正垂范"等特征。所谓"严邪未萌",就是说当错误的、淫邪的风气还没有形成气候,在其萌芽状态就予以严词拒绝和阻断,把危机控制在萌芽状态。所谓"蒙以养正",就是说在孩子还很小的时候,就用正确的理念和好的习俗来教育孩子,从小养成良好习惯、打好基础。所谓"身正垂范",就是说以身作则,榜样示范,起到身教胜过言传的家风传承效果。

由此看出,中华家风缘起于家训、家规和家庭教育,并伴随家训而世代流布,训传说就此形成理论体系。

三、颂勉说:家风颂祖扬德以勉后

颂祖之德。从词源角度看,"家"与"风"连用有其独特的文化意蕴。汉字属于表意文字中的词素音节文字,中国传统文化往往使用单个汉字,"家"是指有血亲关系的人所组成的共同生活的社会组织,"风"是指风气、习俗。"家"与"风"何时开始连用的?为何要连用?"家"与"风"构成"家风"一词,最早见于西晋文学家潘岳(247—300 年,又名"潘安")的《家风诗》作品中。后来又有了夏侯湛的《周诗》。自此,"家风"一词开始在社会上流行。《周诗》文曰:"既殷斯虔,仰说洪恩。夕定晨省,奉朝侍昏。宵中告退,鸡鸣在门。孳孳恭诲,夙夜是敦。"这首诗通过歌颂祖德、赞扬家族传统以自勉、传扬后人。

尚齿遗风。中华颂祖的家风传承于上古氏族部落时期"尊老""尚齿"之风。远古时期,由于生产力水平低下,人类只有聚居起来才能对抗野兽的侵袭。氏族部落的聚居生活团结了不同年龄阶段的人,为了种族生存和生活效益最大化,就有了渔猎生产、生活的分工。而当渔猎食物收获时,为了照顾老年人和妇孺的牙口,食物中肥美易嚼的部分就主动分给老幼妇孺;而在族群遇到重大外来威胁、灾变、徙居之际,族群议事也以老年有经验的长者意见为主导,于是长者在族群的地位得到尊崇,尊老尚齿之风逐渐形成。《礼记·祭义》有云:"古之道,五十不为甸徒,颁禽隆诸长者,而弟达乎蒐

(sōu)狩矣。"①在《孟子·滕文公下》里有"三达尊"之说,"天下有达尊三:爵一,齿一,德一"②。正是由于长者在族群中具有独特的社会功能,先民在生产、生活实践中形成了尊老尚齿的传统。及至后来家庭的形成,尊老尚齿的习俗得以传承。当中华文明由氏族部落社会逐步进入家国社会,这种尚齿之风得以承袭。《礼记·祭义》有云:"昔者,有虞氏贵德而尚齿,夏后氏贵爵而尚齿,殷人贵富而尚齿,周人贵亲而尚齿。虞夏殷周,天下之盛王也,未有遗年者。"③虞、夏、殷、周四代的价值观和家国礼治系统虽然不完全相同,或贵以德,或贵以爵,或贵以富,或贵以亲,但"尚齿"的观念却一直传承下来,体现了早期先民尊老尚齿的共同价值取向。启建夏国之后,家国同构,尚齿之风成为举国德行,尚齿颂祖之风在最高统治者的身体力行和示范仪式中得以强化。《礼记·王制》有云:"天子五年一巡守:岁二月,东巡守至于岱宗,柴而望祀山川;观诸侯;问百年者就见之。"④《礼记·祭义》亦云:"天子巡守,诸侯待于竟,天子先见百年者。"⑤以此表示对老者的尊重。除了行为和礼仪尊重外,还"等歌《清庙》""下管《象》,舞《大武》"⑥。《毛诗正义》点评道:"祭宗庙之盛,歌文王之德,莫重于《清庙》。"⑦"《象舞》之乐象文王之事,《大武》之乐象武王之事。"⑧通过歌祖颂德,表达天子对于"三老五更"⑨的敬奉。由此可见,中华颂祖赞德以敬奉长老之风久矣,传之后世亦是顺其自然之事。

家风颂祖。"家"与"风"连用盛赞家族祖德丰功伟绩,展现了魏晋时期世家大族式家族步入了国家政治文化中心。原始社会后期,随着生产力的发展,出现了剩余产品,氏族部落首领率先组建了自己的家庭,对内为家长,全权负责家庭事务,对外则为部落族长,家、族权力合一;及至夏朝国族出

---

① 《礼记·祭义》。
② 《孟子·滕文公下》。
③ 《礼记·祭义》。
④ 《礼记·王制》。
⑤ 《礼记·祭义》。
⑥ 《礼记·文王世子》。
⑦ 《毛诗正义·周颂·清庙》。
⑧ 《毛诗正义·周颂·维清》。
⑨ 《礼记·文王世子》。

现，又呈现为家国一体、家国同构，家与国高度合一，宗法制度遂成。在封建宗法制度下，诸侯国以姓为国，于是方国云集，某地风俗则以"国风"称之，不以"家风"作为称谓。所以《诗经》中十五国风展现的各地民风，如魏风、陈风、齐风、曹风等，均是以国姓命名。战国两汉时期血缘关系松弛，独立的个体小家庭普遍化。所谓独立的个体小家庭，就是不隶属于任何家族组织，而直接隶属于国家的一对夫妇和其子女之家。李悝曾谈到社会上的"五口之家"："一夫挟五口，治田百亩"①；孟子谈到的"八口之家"："天下有善养老，则仁人以为己归矣。五亩之宅，树墙下以桑，匹妇蚕之，则老者足以衣帛矣。五母鸡，二母彘，无失其时，老者足以无失肉矣。百亩之田，匹夫耕之，八口之家足以无饥矣。"②这些都表明数口之家的个体小家庭在社会已普遍存在。这些小家庭虽然也是聚族而居，但宗族血缘关系已经让位于地缘邻里关系，宗族组织衰落。两汉时期，"强宗大族"势力威胁到国家经济秩序、地方治安和封建统治秩序，为了巩固中央集权的统治，统治者加强了对强宗大族的打击，或迁徙、或诛杀、或挑动豪强相互仇杀，或制定各种法律（如限占田宅、禁依附贿赂、禁大姓族居）来限制地方豪族势力。在东汉，刘秀凭借豪族势力打下了江山，虽然他也对豪强势力进行了打击，但很不彻底。刘秀所打击的主要是不肯归顺他的豪强势力，而对于南阳、颍川、河北三个近亲豪强集团却网开一面，这三个豪族势力由此发展起来。这也决定了东汉政权与强宗大族势力的妥协和合流，东汉时期开始了家族豪强化发展时期。从刘秀放弃打击豪强政策，到黄巾起义前的一个半世纪中，强宗大族的势力在极为有利的社会政治环境下得到长足发展。东汉末年到魏晋时期，世家大族式家族组织逐步形成。在魏晋时期，这些世家大族式家族完全控制了中央大地方各级政权，形成了门阀士族政治。在这种背景下，众多世家大族式家族登上政治舞台，其家族成员也因此"一人得道，鸡犬升天"。潘岳和夏侯湛就是西晋众多崛起的世家大族式家族的受益者。为了歌颂家祖功德，赞颂家族伟业，传承良好家风文化，潘岳吟诵家族之诗名为"家风诗"，从此"家"与

---

① 《汉书》卷二四《食货志上》载李悝语。
② 《孟子·尽心上》。

"风"开始联用。"家风"一词的兴起,一方面因为潘岳本人乃西晋文学家之
名位,在学术界和社会影响巨大;另一方面因为门阀士族政治大环境的推波
助澜。

由此看出,中华家风缘起于远古社会尊老尚齿之风,而"家风"一词的出
现,得益于魏晋时期世家大族在国家政治文化中心的地位确立。

四、制度说:家风随制度文化变迁

家风显制。所谓"家风显制",指的是家风与社会制度的依伴关系,家风
体现制度的文化与精神。从社会制度、文化变迁对家风的影响看,家风往往
受社会制度影响、受文化左右。"家风"一词和"世族""士族""势族""世家
大族"掌握权力的制度有关。在中国封建社会,王室宗族、官宦世族、地方豪
族、名家大姓通过累世垄断政治、经济、文化资源,并通过制度的传承保护,
固化为民风社风,家风实际上是社会制度传承和变迁的集中体现,正如,"齐
有人焉,于斯为盛。其余文雅儒素,各禀家风。箕裘不坠,亦云美矣"①。因
此说家风起源于社会制度。

风随制迁。所谓"风随制迁",指的是家风与社会制度之间的变动关系,
制度是变化的动因,家风是变化的结果,家风伴随着制度变化而变化。家风
缘起于家族制度并随制度文化发展变迁。中国家族制度从原始社会末期产
生,先后经历了四种制度形式:父家长家族制、宗法家族制、世家大族式家族
制、封建家族制。父家长家族制起源于原始社会末期,这一时期人们对"家"
的概念和"家"居生活方式的认识真正接近了"家"的本义和属性,这时候有
了"公"与"私"的观念区分,剥削现象已然产生,阶级也已经萌芽,土地和其
他不动产仍然公有,但劳动产品已经有了公私之别,对劳动产品的处置权也
有了公私划分,父家长的子孙们已经出现了以个体小家庭为单位的分居各
爨。与此相适应形成了父权继承之风、征服奴役之风、图腾信仰之风。在一
定时期曾兴起权力依贤禅让之风,但最终被父权子承、靠权势实力说话所代

———————
① 《南史》卷二十二。

替。殷周时期的宗法式家族依靠血缘、姻亲紧密交融的政治等级制度来维系和权衡各种关系。其显著特点是政权和族权、君统和宗统结合在一起，按地域划分的国家各级行政组织和按血统划分的大小家族基本合而为一。异姓家族之间是世代姻亲或者统治与被统治关系，同姓家族则用宗法制度规范其各自关系和权利义务。与此制度相适应的家风就表现为以血亲、权位等级为特征的宗族家风。与此同时出现了鉴别正统正宗的谱牒制。前两个时期"家"与"国"没有完全分离开，呈现出家国一体、家国同构、家国权力集于领导者一身的状态，因此国风就是家风，家风就是国风，还没有出现专用于"家"的"家风"这个词汇。战国两汉时期，随着家族组织的衰落，社会上出现了普遍的脱离宗族组织的独立的个体小家庭，这既是宗法家族长期争权夺利、征战不止的结果，也是统治者为了打击地方强宗大族势力、维护中央集权统治的必然结果。东汉以降，豪族势力复兴，朝代政权频更。魏晋至唐代，出现了世家大族式家族，"家"与"国"的概念和利益开始分离，门阀士族制度和家族垄断国家政权的现象开始出现，"家风"一词开始专门用来指称"家"。这一时期的《颜氏家训》达到了家风家训的历史巅峰，并形成完整、成熟的体系。谱牒随世家大族式家族制再次盛行起来。宋代以后至近代奉行封建家族制，基本上都是多个小家庭聚族而居，或是一个大家庭累世同居共财。不论哪种形式，都有严密的组织系统，有严格处理族众关系的管理规范制度，实行族长族权统治，都以祠堂、家谱和族田为主要制度特征，家风也围绕忠孝节义、勤廉志学等内容展开。总之，家风缘家族制度而起，随家族制度变化而变迁。

从以上关于家风缘起的位承说、训传说、颂勉说、制度说来看，家风缘起与以上几个因素均有关系，既与代际权力承继有关，也与歌祖颂德以教子有关，还与社会家族制度变迁有关系，可以说家风的兴起是以上几个方面因素的合力结果。

第二节　家风传统形成的标准

　　何谓"传统"？家风为何能成为"传统"？一般而言，"传"是递送、承继、授留之意，"统"是指事物的连续关系。所谓传统，是指世代相传、从历史沿传下来的思想、文化、道德、风俗、艺术、制度以及行为方式等。传统潜移默化地控制人们的社会行为，既有积极促进的一面，也有保守阻碍的一面。美国学者爱德华·希尔斯在《论传统》中把传统分为两种情况，一种是"代代相传的事物"，在时间的传续上"至少经过三代"，另一种是"指一条世代相传的事物的变体链……围绕一个或几个被接受和沿传的主题而形成的不同变体的一条时间链"。[①] 由此看出，传统是历史与现实之间或者代际之间的具有同一性或者承递性的禀赋气质、思维方式、行为举止、道德规范、礼仪范式关系。家风因在家族、家庭里经过漫长时间得以形成，并在不同代际的家庭成员间互相承接、影响渗透，各代家风同源、相关，具有同一性、相关性和承递性，因而家风能成为传统。

　　中华传统家风文化源远流长，肇始于先秦，经秦汉、魏晋南北朝之发展，到宋明时期达到鼎盛。与此相应，中华家风传统也在这一漫长的历史时期逐步形成。如何判断中华家风传统是否形成了呢？这就要看其外在表现是否有规范的程式化、续传化的礼仪，是否有为家族成员所认同的系统的训导言论，是否能在功能上起到教化全体家族成员，在社会上相似行为是否得到普及化。归结起来就是，中华家风要形成传统必须要满足"礼成、立言、化民"这三个条件。

一、礼成

　　家风形成传统必须披上"礼"的外衣。何谓"礼"？礼在中国古代社会是

---

　　① ［美］爱德华·希尔斯：《论传统》，傅铿、吕乐译，上海人民出版社，2014 年，第 12～14 页。

作为建构国家体制、社会秩序的整体思想理念和指导人们日常生活的具体行为规范而双重存在的。许慎《说文解字》说："礼，履也。所以事神致福也。从示从豊，豊亦声。"郑玄《礼序》亦云："礼也者，体也，履也。统之于心曰体，践而行之曰履。"礼字繁写为"禮"，其意即所谓"事神致富""以奉神人"。从"礼"的造字动机和文化意义来看，犹言人生活在礼仪等级规范中，礼赋予人以地位和尊严。美国学者 Herbert Fingarette 认为："man as a ceremonial bing（人是仪式的存在）。"其实，礼起于节欲，立于成人，成于"三礼"。

（一）礼起于节欲

礼缘何而起？礼的产生与先民的基本生活活动有关。人类历史实践表明，礼始于饮食、缘于娱神、起于治情节欲。起初，礼是作为一种仪式而出现，经过周代"制礼作乐"重人远神的文化发展后，在春秋时期走向系统的成熟。下面从礼的渊源发展作以考证之。

在上古，"礼"即是"仪"，"仪"即是"礼"。在公元前 3000 年左右，礼是原始先民祭神的仪式活动。从文字训诂角度看，"礼"的繁写体"禮"，其形象就是用器皿装两串玉献祭神灵，这一奉祭仪式就是礼。古人举行这些仪式用意何在？《周易·渐卦》曰："上九，鸿渐于陆，其羽可用为仪，吉。"这里的仪就是用来祭祀神灵所跳的舞蹈。古代巫术歌舞祭祀，人们都插着羽毛，犹言像鸟儿一样与神灵齐飞共舞，娱神求安。《说文》曰："仪，度也。"所谓度，就是法制，指社会的法律制度、人们的行为举止规范和标准。段玉裁注云："度，法制也。毛传曰：仪，善也。又曰：仪，宜也。"仪的文化内涵亦有"合宜、适度"的文化意蕴。

周公"制礼作乐"后，原始巫祝仪式演变为重人远神、教化天下的习俗规范系统。这一发展过程在《礼记·礼运》中有所记述："夫礼之初，始诸饮食，其燔黍捭豚，污尊而抔饮，蒉桴而土鼓，犹若可以致其敬于鬼神。……后有圣作，然后修火之利，范金合土，以为台榭、宫室、牖户，以炮以燔，以亨以炙，以为醴酪，治其麻丝，以为布帛，以养生送死，以事鬼神上帝，皆从其朔。……陈其牺牲，备其鼎俎，列其琴瑟管磬钟鼓，修其祝嘏，以降上神与其先祖。以正君臣，以笃父子，以睦兄弟，以齐上下，夫妇有所，是谓承天之祜。……祝以孝告，嘏以慈告，是谓大祥。此礼之大成也。"由此看出，礼从调节人与自然、上苍之间的关系逐渐演变为调节人与人之间的社会关系。周人在社会实践中逐渐认识到"天命在我不在天""惟人万物之灵""天矜于民，民之所欲，天必从之"①，周武王克殷后曾"重民五教，惟食丧祭。惇信明义，崇德报功。垂拱而天下治"②。经过周公的制礼作乐，"郁郁乎文哉"的周代礼制得以建立，西周由此确立了兼具姻亲血统和政治统治的宗法制度。这种以礼为核心的礼仪制度，外调天子与诸侯之间的上下关系，内约家族内部的孝悌长幼关系，成为家国同构模式的核心支柱。

到了春秋时期，"礼"已经具备了"经国家，定社稷，序人民，利后嗣"③的治理功能。但随着诸侯国力量的日益强大，周天子威权统治力的衰微，礼的外在约束力被强化起来的内在凝聚力所袭夺，在天子与诸侯关系方面表现出"礼崩乐坏"的局面，诸侯国之间为了各自利益征战不止。即使在这时，各诸侯国还是十分重视礼的，并注重从增强国力的角度利用礼、贯彻礼。礼，这时沦为诸侯国征战霸强的工具。那么，如何实现这一争霸目标呢？那就是用礼"经国序民"。各诸侯国国君都知道，礼仪的形成源于饮食。百姓们衣食饱暖了，荣辱遵从的观念才能深入人心，才能自发、自觉、普遍地崇尚礼仪、注重礼节、服从诸侯国所制定的等级礼仪的统治。

战国末期的荀子认为礼起于养欲，面对诸侯国之间的混战局面，提出了"礼法并施"以节欲的主张。"礼起于何也？曰：人生而有欲；欲而不得，则不能无求；求而无度量分界，则不能不争；争则乱，乱则穷。先王恶其乱也，故制礼义以分之，以养人之欲、给人之求，使欲必不穷乎物，物必不屈于欲，两者相持而长。是礼之所起也。"④在荀子看来，礼的存在和出现在于礼对人的情感和欲望具有"养"和"节"的双重作用。一方面，"礼者，养也"。因为"刍豢稻粱，五味调香，所以养口也；椒兰芬苾，所以养鼻也；雕琢刻镂，黼黻文章，所以养目也；钟鼓、管磬、琴瑟、竽笙，所以养耳也；疏房、檖貌、越席、床

---

① 《尚书·泰誓上》。
② 《尚书·武成》。
③ 《左传·隐公十一年》。
④ 《荀子·礼论》。

第、几筵,所以养体也。故礼者,养也"①。衣食住行这些生活细节的礼仪讲究就是为了养护人的各方面的欲望,也顺应了人类文明的发展追求。人的地位和尊享也在这些细微精致的差异间有了等级和区别。这也是人类社会无可辩驳的多元性、差异性存在的现实基础和理由。另一方面,"礼者,节也"。对于人的七情六欲,荀子认同先王所采取的"本之情性,稽之度数,制之礼义"②的节制态度。所谓"本之情性",就是说"礼"要根源于人的性情,也就是以人为本,以人的需要和欲求为行事的根本原则。所谓"稽之度数",就是要用法度轨范、命运气数来考核和衡量。所谓"制之礼义",就是要用"人义"去节制和规范人的情欲。这里的"人义"指的是"父慈、子孝、兄良、弟悌、夫义、妇听、长惠、幼顺、君仁、臣忠"③,这里人的情欲指的是"喜、怒、哀、惧、爱、恶、欲"。如何用"十义"来节制人的"七情"?圣人的做法是"讲信修睦,尚辞让,去争夺,……修义之柄,礼之序,以治人情"。对于人情,不是说要一味节制,也需要用礼义仁学乐来涵养陶冶它,即所谓的"治情"也。"故人情者,圣王之田也。修礼以耕之,陈义以种之,讲学以耨之,本仁以聚之,播乐以安之。"④

由是观之,礼始于饮食、缘于娱神、起于治情节欲。

(二)礼立于成人

礼因何而立?"礼"的兴立与人的"成人"有何关系?综观历史,不难看出:礼基人性而立,以礼制性而成人;礼依人情而立,以礼节情而成人;礼尚人格而立,以礼塑格而成人。

礼基人性而立,以礼制性而成人。孔子充分认识到人性对于礼的基础性作用。他认为人性欲望有其合理性的一面,"饮食男女,人之大欲存焉"⑤,但他并不止于满足人性,而崇尚"饭疏食饮水,曲肱而枕之"的"孔颜之乐"。孟

① 《荀子·礼论》。
② 《礼记·乐记》。
③ 《礼记·礼运》。
④ 《礼记·礼运》。
⑤ 《礼记·礼运》。

子也认为"食色,性也"①,他认为礼是人内在心性的表现,提出了"辞让之心,礼之端也"②。汉代《淮南子》有云:"夫物有以自然,而后人事有治也。……民有好色之性,故有大婚之礼;有饭食之性,故有大飨之谊;有喜乐之性,故有钟鼓管弦之音;有悲哀之性,故有衰绖哭踊之节。"③有了健康自然的人性,才可能产生合乎社会发展规律的礼。在礼"养人之欲,给人之求"④的同时,也需要以礼制性而成就人类社会的有序化、综合发展的平衡化。显然,礼的养欲给求功能得益于礼的分界、弭乱、制欲功能。人是伴随着对礼的心性作用的认识以及自觉运用礼来约束自己的心性(言行和思想)而逐渐成长、成熟、成人的。

礼依人情而立,以礼节情而成人。礼对人的表现除了外在形式之外,更重要的在于传达为礼双方内心深处的情感交流。孔子曾对此感喟道:"居上不宽,为礼不敬,临丧不哀,吾何以观之哉!"⑤《礼记·乐记》有云:"民有血气心智之性,而无哀乐喜怒之常,应感起物而动,然后心术形焉。"⑥可见,如果缺乏真情实感,礼就成为虚伪的客套;充满情谊,礼仪才有了灵魂。荀子认为,礼的目的就在于表达情感,使人产生愉悦之感,如果失去了情感,没有了心灵的慰藉和快乐,礼仪就无法长期存在和持续发展,就会失去应有的生命力。因此他认为:"凡礼,始乎棁,成乎文,终乎悦校。故至备,情文俱尽;其次,情文代胜;其下复情以归太一也。"⑦礼的核心原则就在于亲亲尊尊,亲亲常用在家庭和家族,尊尊则常用在社会职场。亲亲是基于血缘代际关系而产生的人与人的情感。在家庭和家族能对亲人表达亲情、感恩亲情,亲友间互相关爱、互相敬重、互相信任,情暖双方心灵,则家礼就能在家庭和家族世代传扬;反之,如果家里徒有家礼,失去了家族和家庭成员之间的相互关爱之情,家礼就会成为家族和家庭成员的负累,最终遭到唾弃。家礼传达的

---

①　《孟子·告子上》。
②　《孟子·公孙丑上》。
③　刘安:《淮南子·泰族训》,岳麓书社,1988年,第2页。
④　《荀子·天论》。
⑤　《论语·八佾》。
⑥　《礼记·乐记》。
⑦　《荀子·礼论》。

亲亲情感就是子女对父母、长辈的仁孝情感以及父母、长辈对儿孙的关爱之情，还有兄弟手足之间互相关爱、体谅。例如，婚礼致喜，生礼致贺，丧礼致哀，祭礼致敬，皆源于对礼亲孝敬之情。《礼记·祭统》有云："是故孝子之事亲也，有三道：生则养，没则丧，丧毕则祭。养则观其顺也，丧则观其哀也，祭则观其敬而时也。"①尊尊是基于身份地位等级差别所产生的敬仰之情，其基本表现就是敬。礼对于尊尊情感的规矩就是对君王、亲长、师长的忠顺和恭让。亲亲尊尊的原则一旦习惯化为人的言语、行为、情感各方面，就意味着这个人"成人"了！《礼记·曲礼上》有云：子女对于父母"出必告，反必面，所游必有常，所习必有业"；在饮食起居言行方面，"为人子者，居不主奥，坐不中席，行不中道，立不中门"，"不登高，不临深，不苟訾，不苟笑"；晚辈对于长辈的言行要注意，"谋于长者，必操几杖以从之。长者问，不辞让而对，非礼也"；学生对于老师更要遵从礼仪，"遭先生于道，趋而进，正立拱手；先生与之言，则对，不与之言，则趋而退"②。这些礼仪规范通过行礼双方言行举止传递了相互亲亲尊尊的关爱之情和礼敬之情。同时，相互关爱之情也成就了礼，故有"礼者，以人情而为之节文"③的说法。伴随着人们之间这些情感交流的深入化和渐进化，孩童在礼文化的情感涵养和节制双重作用的熏陶下，逐渐步入心智和情感的成熟状态，成为"成人"。

礼尚人格而立，以礼塑格而成人。虽然中华礼文化从社会层面看具有宗法等级、封建专制的特色，并且十分注重将个人放在社会群体中来规范和评价，但从个体层面看，礼文化丝毫没有忽视对个人的尊重，更没有忽视对个体人格的塑造，相反，对个体人格的塑造和对个人主体精神的尊重作为整个社会宗法、封建体系的重要基础来看待。《周易》认为："天行健，君子以自强不息。"④这句名言揭示了人作为人的奋发有为的主体精神，塑造了独立不惧的主体人格，展示了对自身价值的反思和对主体精神的觉醒。周人改变以往人神相通的宗教观念，逐渐实现了"由天向人"的根本性转变。在尊重

---

① 《礼记·祭统》。
② 《礼记·曲礼上》。
③ 《礼记·坊记》。
④ 《周易·乾·象辞》。

天命和自然规律的基础上,极大地提升了人的主观能动性。孔子沿着周人
"重人事,安天命"的思路,反思当时的社会现实。他认为,春秋时期战乱频
繁、社会动荡并不是礼制本身出了问题,而是人心的堕落和无节制造成的。
在周天子礼文化统治力日渐衰弱的大环境下,各诸侯国并没有荒废礼制,相
反,还通过礼制增强了本国的征战实力。因此,孔子没有提出改制抑乱的策
略,而把重心转向对人心性人格的研究,通过内在地唤起人的主体自觉、至
仁至圣的人格追求来重建社会道德秩序、挽救"礼崩乐坏"的周朝统治。在
孔子看来,"仁"是成为"成人"的心性标准。这个标准并不是远离人的,也不
是别人强加给你的,而是切近的、由己的。"仁远乎哉? 我欲仁,斯仁至
矣"①,这说明仁就在人的身边、心里;"为仁由己,而由人乎哉?"这表明孔子
为仁由己的认知和态度。如何将"仁"贯穿于成人和家国天下这一系统中去
呢? 孔子提出了"修身齐家治国平天下"的体系路径。孔子的这一思路就将
"仁"对于个人修身成人、齐家治国、安享太平天下统一了起来。"仁"何以能
从修己成人而达济人世呢? 这是由于"仁"具有共通性和及达性。所谓仁的
"共通性",就是说"弟子,入则孝,出则悌,谨而信,泛爱众而亲仁"②,入家和
出世在仁爱方面具有相通的地方,其共同点就在于良善与相亲。所谓仁的
"及达性",就是"己欲立而立人,己欲达而达人"③,以及"修己安人""修己以
安百姓",通过推行善举、义行而使仁由己至人,由家至国与天下。

　　孟子沿着孔子的理想主义方向,进一步发展了儒家的内圣之学。荀子
则另辟蹊径,从现实主义方向,发展了外王之道。荀子认为:"大天而思之,
孰与物畜而制之? 从天而颂之,孰与制天命而用之?"④他还提出了以人参
天、应天、骋能、理物等发挥人的主观能动性的观点,提出"制天命而用之",
而不能消极等待和一味顺从。这是对人的主体性的极大张扬,也是对人的
独立人格塑造理论进行了奠基。儒家认为,人格尊严是成人的重要标志。
孔子认为,人格有小人、君子、贤人、圣人几个等次,一般社会民众的修德成

---

① 《论语·述而》。
② 《论语·学而》。
③ 《论语·雍也》。
④ 《荀子·天论》。

人的标准便是成为"君子"。达到"君子"人格标准,才成为一个合格的"儒者"。"儒者不隈获于贫贱,不充诎于富贵,不恩君王,不累长上,不闵有司,故曰儒。""儒有澡身而浴德,陈言而伏,静而正之,上弗知也;粗而翘之,又不急为也;不临深而为高,不加少而为多;世治不轻,世乱不沮;同弗与、异弗非也。其特立独行有如此者。"①这里,孔子强调了儒者君子的独立人格和坚毅性格。此外,对君子在忠信仁义、持守社稷大义、从道不从君的入仕之道、和谐人际关系和天人关系都有细致而全面的要求。例如,"君子进德修业。忠信,所以进德也;修辞立其诚,所以居业也"②,君子信守忠信仁义之德;"儒者可亲而不可劫也,可近而不可迫也,可杀而不可辱也"③,君子儒者应有特立独行的坚毅性格;有志之士应"立天下之正位,行天下之大道"④;在君子未达成富贵之时,也不能因"贫穷怠乎道",而要"贫穷而志广",当富贵达成后,也要"富贵而体恭,安燕而血气不惰"⑤;君子一旦入仕,就要做到"苟利国家,不求富贵"⑥。在礼文化的熏陶和规制下,人的思想意识和价值取向逐渐走向成熟,成为符合社会需要的人格类型。由此可知,礼尚人格而立,以礼塑格而成人。

总之,礼的兴立基于心性、依于人情、志于人格陶塑,终以制性、节情、塑格而成人。

(三)礼成于"三礼"

礼文化的主要文字载体号称"三礼",即《仪礼》《礼记》和《周礼》。"三礼"于春秋战国时期才得以全部成书,从国家典章制度以及国民道德规矩文字依据角度看,可称得上"礼成"。但此"礼成"还不是家风传统完全意义上的礼成,还需要长期的"化民"实践。只有广泛为民所接受,形成家庭成员主动遵守的内心信念和客观的民俗之风,才可言之为完全意义的家风传统之

---

① 《礼记·儒行》。
② 《周易·乾·文言》。
③ 《礼记·儒行》。
④ 《孟子·滕文公下》。
⑤ 《荀子·修身》。
⑥ 《荀子·儒效》。

"礼成"。

中国古"礼"有典章制度、礼节仪式、道德规范三层含义。典章制度方面的礼主要指有关政教刑法、朝章国典，属"礼制"范畴；礼节仪式方面的礼是指社会交往中人们应遵循的行为、仪节和举止规范，属"礼仪"范畴；道德规范方面的礼是指作为道德律令来遵循的有关礼的准则、教育原则，属于"礼义"范畴。《仪礼》侧重仪式。它规定士以上阶层的冠、婚、祭、乡、射、朝、聘之礼，其内涵具有较高的史料研究价值。《礼记》包含伦理道德、政治法制和社会习俗等规范的广泛内容。《周礼》设官分职是国家政体和社会制度的架构，它所概述的关于国家区域、行政组织、官僚体系、居民组织、农田沟洫等内容是在考察尧、舜、禹三代至秦汉二千多年社会实践的基础上加以理想化的蓝图。这个蓝图的内容有许多被后来的王朝所模仿。它的治国理政的理念成为各代帝王和政治家的人文思想宝库。它关于行政管理、驾驭百官、规范市场、管理府库的制度有永恒的意义。它关于中央与地方关系的畿服制、官员的爵谥制、家族的宗法制、礼乐征伐（法制军权）自天子出以及土地国有、册封、朝觐、贡纳等制度，奠定了中央集权的大一统的国体。

"三礼"之外还有一部《大戴礼记》。《大戴礼记》与《礼记》（又称《小戴礼记》）平行，其内容可作为"三礼"的补益。《论语》可以说是礼文化的灵魂或思想基础。到了魏晋时期，又出现了"五礼"，所谓"五礼"就是"吉礼、凶礼、宾礼、军礼、嘉礼"。"五礼"作为制度始见于魏晋。郊庙祭祀起于商周，属吉礼。秦汉时期，祭祀礼以郊天为主。东汉郊祀渐成儒家礼。魏晋时期，世家大族对国家礼制的参与和推动以及全社会以世族为标准的取向，证明士族社会是以世家家礼指导国礼，以其个人行为影响社会。[①] 随着士族社会的解体，以及佛、道的传播普及，更多宗教和民俗的成分渗入国家正礼。所以，不仅礼制指导民俗，民俗也在更多层面影响礼。

家风传统中的朱子《家礼》成书于宋代，但真正让《家礼》从学术走向实践，成为上至国家朝堂，下至庶民日常生活的士庶通用礼，却是在明代。[②]

---

① 吴丽娱主编：《礼与中国古代社会》（先秦卷），中国社会科学出版社，2016年，第25页。
② 吴丽娱主编：《礼与中国古代社会》（先秦卷），中国社会科学出版社，2016年，第26页。

《家礼》或作为教化手段，或被编入官方的《性礼大全》，或被颁诏推行，至此，完全意义上的家风传统得以礼成。

二、立言

家风要形成传统，必须要有传承的依据，除了程式化、直观化的礼仪之外，最重要的就是要有系统化的理论。抽象理论的载体就是语言文字，因此需要"立言"。古人常说的"三不朽"，指立德、立功、立言。《左传·襄公二十四年》有云："太上有立德，其次有立功，其次有立言，虽久不废，此之谓不朽。"孔颖达疏："立德，谓创制垂法，博施济众；……立功，谓拯厄除难，功济于时；立言，谓言得其要，理足可传。"家风传统不仅通过家训、家谱形成有形文字来立言，而且通过家礼、民俗、国制来立言。家训、家谱将在后面章节详细论述，这里不再赘述，下面就从家礼的角度来谈谈立言教民。

家风传统中的礼是通过"治人情""明人伦"达到立言教民和家齐国治的。首先，家齐国治是通过"修义之柄、礼之序以治人情"实现的。人情之修养犹如农耕之稼穑，"修礼以耕之，陈义以种之，讲学以耨之，本仁以聚之，播乐以安之"①。其次，家风体现在家庭日常生活诸方面的道德德目和行为规范。《周礼·地官》云："一曰，以祀礼教敬，则民不苟。二曰，以阳礼教让，则民不争。三曰，以阴礼教亲，则民不怨。四曰，以乐礼教和，则民不乖。五曰，以仪辨等，则民不越。六曰，以俗教安，则民不愉。七曰，以刑教中，则民不虣。八曰，以誓教恤，则民不怠。九曰，以度教节，则民知足。十曰，以世事教能，则民不失职。十有一曰，以贤制爵，则民慎德。十有二曰，以庸制禄，则民兴功。"②最后，家齐以礼则国治矣，因为礼可以"别嫌、明微，傧鬼神，考制度，别仁义，所以治政安君也"③。

家风形成传统、树"立言之威"，需要"礼"来提供内部动力和外在环境。从内部动力来看，礼能够节制人的过度欲求，将人的欲望限制在合理的界限

---

① 《礼记·礼运》。
② 《周礼·地官司徒第二·大司徒》。
③ 《礼记·礼运》。

内,使人各安其分,这为家风传统的形成提供了内在发展的动力。《荀子·礼论》云:"先王恶其乱也,故制礼义以分之,以养人之欲,给人之求。"①《礼记·内则》说:"礼始于谨夫妇。"《礼记·中庸》载:"子曰:'仁者人也,亲亲为大。义者宜也,尊贤为大。亲亲之杀(差别),尊贤之等,礼所生也。'"《礼记·昏义》则载,子曰:"夫唯禽兽无礼,故父子聚麀(yōu,母鹿,意为群婚)。是故圣人作,为礼以教人。使人以有礼,知自别于禽兽。(婚礼)敬慎重正,而后亲之,礼之大体,而所以成男女之别,而立夫妇之义也;男女有别,而后夫妇有义;夫妇有义,而后父子有亲;父子有亲,而后君臣有正。故曰:昏(婚)礼者,礼之本也。"从外部环境看,家风形成传统还需要社会制度作为外在环境保障。只有稳定的社会制度保护,家风传统才能得以持续传承,如果制度变迁过于剧烈,家风传统有可能随之变迁,传统便不复存在。《礼记·中庸》载,子曰:"宗庙之礼,所以序昭穆也。……敬其所尊,爱其所亲,事死如事生,事亡如事存,孝之至也。""天子立宗伯,使掌邦礼,典礼以祀神为上,亦所以使天下报本反始也。"②由此知,国家宗庙祭祀制度维护了家风孝道传统的延续。故此,家风成为传统既需要礼从内部养欲以提供动力,也需要通过外部礼制环境来维护和传承。

家风传统"立言"还表现在家庭生活中繁多的礼仪。这些立言之家礼主要可以分为德性之礼、伦常之礼、人生之礼。德性之礼是指人的道德品性、人格方面的礼仪和规矩,如修身正己之礼、为人处世之礼、遵道守志之礼、谦恭辞让之礼、忠信气节之礼等。伦常之礼是指人伦秩序方面的礼仪和规矩,如忠贞孝悌之礼、宗族嗣承之礼、长幼有序之礼、尊老爱幼之礼、居住器用之礼、宴饮待客之礼、燕饮聘问之礼、民政社规之礼等。人生之礼是人成长的各个节点所举行的纪念性庆典礼仪。

(一)德性之礼是对道德理想社会化立言

德性之礼着眼于个体道德理想的社会化,通过克己修身的磨炼,使每个

---

① 《荀子·礼论》。
② 《周礼·春官宗伯》。

个体逐步达到谦恭辞让、良善待人，秉持忠信节义、遵道守志的社会所要求的人格理想。因此，德性之礼就是对个体道德理想的社会化而立言。在德性之礼中，修身正己是其首要内容和第一位的功能。不仅如此，修身正己也被看作治国平天下的起点和保证。每个人都有好的品德和思想观念，国家就会兴旺发达，社会就会和谐稳定。"古之欲明明德于天下者，先治其国。欲治其国者，先齐其家。欲齐其家者，先修其身。欲修其身者，先正其心。欲正其心者，先诚其意。欲诚其意者，先致其知。致知在格物。"①修身并非脱离尘世的空谈冥想，修身不能脱离社会实践，而且必须在实践中把对事物的认知理解作为正心诚意致知的基础。这就要求个人必须保持谦恭诚信的态度。《礼记·中庸》载，子曰："诚者，天之道也，诚之者，人之道也。诚者不勉而中，不思而得，从容中道，圣人也。诚之者，择善而固执之者也。"②修身正己为何成为礼了呢？《礼记·聘义》对这个问题有这样的回答："质明而始行事，日几中而后礼成，非强有力者弗能行也。故强有力者，将以行礼也。酒清，人渴而不敢饮也；肉干，人饥而不敢食也；日莫人倦，齐庄正齐，而不敢解惰。以成礼节，以正君臣，以亲父子，以和长幼。此众人之所难，而君子行之，故谓之有行；有行之谓有义，有义之谓勇敢。故所贵于勇敢者，贵其能以立义也；所贵于立义者，贵其有行也；所贵于有行者，贵其行礼也。"③由此看出，礼仪是修身正己、克制肉体惰怠的法器，而这种约束不是来自外界的强力，而是靠内心自我约束。长期的自我修炼，自然而然地形成了修身正己之礼。做到了基本的修身正己之礼，经过进一步修炼，就能逐步达到谦恭辞让、良善待人、忠信节义、遵道守志。于是，为人处世之礼、遵道守志之礼、谦恭辞让之礼、忠信气节之礼逐渐达成，个体的道德理想成为社会化的共识，家风的德性之礼在个体心中立言。

（二）伦常之礼是对宗亲伦理制度化立言

伦常之礼着眼于家族宗亲关系和生活秩序的制度化，通过对家族成员

---

① 《礼记·大学》。
② 《礼记·中庸》。
③ 《礼记·聘义》。

的生活起居言行规范的礼仪规矩的制定和奉行,强化宗亲家族伦理秩序,逐步形成忠贞孝悌、宗族嗣承、长幼有序、尊老爱幼、器用有度、宴客有循、聘问适节、民政合宜的家族风范。因此,伦常之礼是对宗亲伦理制度化立言。在中国古代社会,伦常关系包括君臣、父子、夫妻、兄弟、朋友所谓的"五伦",也包括长幼有序、尊老爱幼等。《礼记·大传》云:"上治祖祢,尊尊也。下治子孙,亲亲也。旁治昆弟,合族以食,序以昭缪(穆),别之以礼义,人道竭矣。"①《礼记·文王世子》云:"有父之亲,有君之尊,然后兼天下而有之。……父子、君臣、长幼之道得而国治。……庶子之正于公族者,教之以孝弟、睦友、子爱,明父子之义、长幼之序。……言父子、君臣、长幼之道,合德音之致,礼之大者也。……正君臣之位、贵贱之等焉,而上下之义行矣。……是故圣人之记事也,虑之以大,爱之以敬,行之以礼,修之以孝养,纪之以义,终之以仁。是故古之人一举事而众皆知其德之备也。古之君子,举大事,必慎其终始,而众安得不喻焉?《兑命》曰:念终始典于学。"②

伦常之礼重在伦常有序。要做到伦常有序,就必须明白各种亲属关系。首先,要明白父祖宗族关系。《仪礼》卷三十三言:"高祖、曾祖、祖父、父、己",这就是五服之内的宗族关系。其次,要明白父子关系。中国古代封建社会实行一妻多妾婚制,所以父子关系也变得复杂。在父子关系中,子又分为嫡子(原配正室所生)、庶子(妾或适妻所生)、适子(后续适妻带来之子)。再次,要明白母子关系。《仪礼》卷三十言:"父卒则为母。"在家庭关系中,父死后子备三母:慈母、保母、乳母。继母如母,慈母如母,生礼死事皆如母。妾无子,其他子称慈母。出(离异)妻之子为母。最后,伦常有序要明白性别尊卑和男女大妨。中国封建社会奉行男尊女卑的伦理秩序,女性饱受男权思想的压迫和束缚。关于男尊女卑的伦理秩序,中国古代有一整套言之凿凿的说词。《易·说卦》载:"咸,感也,以高下(谦恭)下,以男下女,柔上而刚下。聘士之义,亲迎之道,重始也。礼者,人之所履也,失所履,必颠蹶陷溺。"③在男女大妨方面,则有十分细致的礼仪规范。例如,《礼记·曲礼上》

---

① 《礼记·大传》。

② 《礼记·文王世子》。

③ 《易·说卦》。

云："男女不杂坐，不同椸枷，不同巾栉，不亲授"①；"女有家，男有室，无相渎也，谓之有礼，易此必反"②。所谓"渎"，就是女安夫之家，夫安妻之室，违此则为渎。"妇人，从人者也。幼从父兄，嫁从夫，夫死从子。"③伦常有序不仅是家族和睦有序的大事，也事关国本，成为国家大事。"礼之可以为国也久矣。与天地并。君令臣共，父慈子孝，兄爱弟敬，夫和妻柔，姑慈妇听，礼也。"④要做到伦常有序，就必须遵循儒家所提倡的"五伦之德"：父慈、子孝、兄恭、弟敬、朋友诚信。

伦常之礼广泛体现在日常生活的各种礼节。尊敬长辈、赡养老人是礼所规范的社会公德，也是家风礼法的重要内容。《礼记·乡饮酒》云："六十者坐，五十者立侍，以听政役，所以明尊长也。……所以明养老也。民知尊长养老，而后乃能入孝弟。民人孝弟，出尊长养老，而后成教，成教而后国可安也。君子之所谓孝者，非家至而日见之也；合诸乡射，教之乡饮酒之礼，而孝弟之行立矣。"⑤《礼记·曲礼上》云："谋于长者，必操几杖以从之。长者问，不辞让而对，非礼也。……群居五人，则长者必异席。为人子者，居不主奥，坐不中席，行不中道，立不中门。食飨不为概，祭祀不为尸。听于无声，视于无形。不登高，不临深。不苟訾，不苟笑。"⑥这些细致具体的生活言行要求，时时处处都体现了伦常之礼，展现了家风传统立言覆盖了生活细节的方方面面。

（三）人生之礼是对个体生命具象化立言

人生礼仪实践活动是对生命阶段发展的礼赞和立言，也是家风形成传统的重要环节。中国文化十分重视诞生、成年、结婚、死亡这四个环节，主要有诞生礼俗、成年礼俗、婚姻礼俗、丧葬礼俗。在生命出生之前，首先有一个礼俗称为祈愿孕育礼俗。《礼记·月令》中记载有君王率领后妃挂上弓矢以

---

① 《礼记·曲礼上》。

② 《左传·桓公十八年》。

③ 《礼记·郊特牲》。

④ 《左传·昭公二十六年》。

⑤ 《礼记·乡饮酒义》。

⑥ 《礼记·曲礼上》。

求子的礼仪:"仲春之月……玄鸟至……天子亲往……授以弓矢,带以弓韣于高禖之前。"①从汉代开始,婚礼上就流行撒谷豆和果子的仪式。诞生养育期的礼仪就更复杂了,例如抓周,又称试儿、试晬、拈周、试周。这种习俗在民间流传已久,是小孩周岁时的仪式,其核心是对生命延续、顺利和兴旺的祝愿,反映了父母对子女的舐犊深情,具有家庭游戏性质,是一种具有人伦味、以育儿为追求的风俗,也在客观上检验了孩子出生一年来母亲是如何养育孩子的,如何启蒙教育孩子的。"抓周"的仪式一般都由大人将小孩抱来,令其端坐,不予任何诱导,任其挑选,视其先抓何物,后抓何物。以此来测卜其志趣、前途和未来职业。再如,冠笄礼,"中国冠笄,越人劗发"②。汉族是男子20岁行加冠礼,女子15岁行加笄礼。吴越国青年则通过凿齿、断发文身表示成人,参军报国。由此看出,成年礼仪洋溢着离开家庭、报效祖国的家国情怀。婚礼,古今中外,都被视为人生仪礼中的大礼。中国古代"婚礼"包括纳采、问名、纳吉、纳征、告期和亲迎六个程序,也称"六礼";另有聘书、礼书和迎亲书等"三书"。聘书,就是订亲之书,男女双方正式缔结婚约,纳吉(过文定)时用。礼书,为过礼之书,即礼物清单,详尽列明礼物种类及数量,纳征(过大礼)时用。迎亲书,即迎娶新娘之书,结婚当日(亲迎)接新娘过门时用。此所谓"三书六礼"。此外还有葬礼,汉人葬礼习俗以"隆丧厚葬,香火永继"为主流。中国之大,各地丧葬礼俗各不相同。这里,我们以"摔丧盆"习俗为例分析一下。摔丧盆亦称"摔大盆"。这个盆叫"阴阳盆",俗称"丧盆子",不过也叫"吉祥盆"。盆底有洞,寓意就是逝者在喝孟婆汤的时候,可以漏掉一些,这样对亲人的记忆就会保存,不至于全部忘记。孝子在起大杠前,举丧盆向砖上猛摔,号啕大哭,起行。"摔盆",即把灵前祭奠烧纸所用的瓦盆摔碎。摔盆讲究一次摔碎,甚至越碎越好,因为按习俗,这盆是死者的锅,摔得越碎越方便死者携带。因此,摔丧盆礼俗还暗含另一个深意:为逝者祝福和祈祷,让其记得亲人。人生成长发展四个环节礼俗折射出人们对生命的礼赞,是家风传统对个体生命具象化立言。

---

① 《礼记·月令》。
② 《淮南子·齐俗训篇》。

家风传统的形成不仅体现在"礼成""立言"这两个方面,更重要的在于其实践层面——"化民"。

三、化民

家风必须起到化民作用,才能自发形成传统并普遍在社会上推行。家风传统需要从国家制度和社会风俗两方面相互作用来教化民众。国礼通过制度来正名定分以固化民风,社会风俗通过家礼、家祭、乡庆累世传递以使家风传统习俗化、节日化来教化民众。

(一)国礼正名定分以化民

国家典礼实践活动是国家民族层面对家风传统的整体意向化表达,也是国家层面的"以礼化民"。国家典礼为何具有治国安邦和化民作用?这是因为国礼具有从宏观和整体层面正名定分、辨明和维护等级的特性。"夫礼,国之干也"①,"礼,政之舆也"②,这里的"礼"都指的是国礼。《礼记·礼运》有云:"礼者,君之大柄也,所以别嫌明微、傧鬼神、考制度、别仁义,所以治政安君也。"③司马迁在《史记》中对国礼治国安邦和化民的功能给予高度评价:国礼乃"治辨之极也,疆固之本也,威行之道也"④。国礼之所以重要,核心就在于国礼具有"正名""定分"的功能作用。这里的"名"不仅仅是称谓,更是一种社会等级序列中"名位"和"名分"的权威界定。在等级森严的阶序社会,名位就是爵位,爵位就规定了人的经济待遇、职责义务和社会名望、尊崇。因此,"名者,人治之大者也"⑤,"礼失则坏,名失则愆"⑥。正名、定分的目的就是对社会成员实施分等、定序的社会治理。那么,如何对社会成员进行分等、定序呢?荀子提出"惟齐非齐"的原则。"惟齐非齐"出自

---

① 《左传·僖公十一年》。
② 《左传·襄公二十年》。
③ 《礼记·礼运》。
④ 《史记·礼书》。
⑤ 《礼记·大传》。
⑥ 《大戴礼记·虞戴德》。

《尚书·吕刑》，意思是要做到"齐"，就必须用"不齐"的政策和手段。《荀子·王制》对此有云："分均则不偏，势齐则不壹，众齐则不使。……势位齐，而欲恶同，物不能澹则必争，争则必乱，乱则穷矣。先王恶其乱也，故制礼义以分之，使有贫、富、贵、贱之等，足以相兼临者，是养天下之本也。《书》曰：'惟齐非齐'。此之谓也。"①从"惟齐非齐"这一原则出发，荀子还提出了"明分使群"的主张，认为只有明确分际差异，确定明分等级，制定礼仪规范，使人们在群体各安其位、各得其分、各尽所能、各享其成。这样，就成就了"义以分则和，和则一，一则多力，多力则强，强则胜物"②的人群和谐共处的化民目的。

　　国家典礼实践活动主要表现在封禅、国祭、军礼、宾礼几个礼俗活动。在古代，由于人对自然的认识能力和改造能力有限，所以不得不求助于鬼神，心怀敬畏。为了保佑国家繁荣昌盛、执政地位不丢失、垄断家族子孙的皇权继承，历代皇帝都敬事鬼神，因此祭祀成为与军事同等重要的大事，即所谓"国之大事，在祀与戎"③。民间百姓为了平平安安生活一辈子，子孙富贵吉祥，也对鬼神虔敬有加。封禅，是指帝王祭祀天地的大型典礼。自秦始皇起，封禅活动便成为强调君权神授的重要手段，其实质则为巩固皇权，粉饰太平，带有一种君权神授的意味。凶礼，是应对不祥，表示哀悼、抚恤、慰问的礼仪，包括丧礼、吊礼、荒礼、襘礼、恤礼。丧礼是对一个人生前的德行进行追忆和总结，表达亲人或幕僚、臣属对死者生前为家庭、为国家所做贡献的敬意，同时教育生者继承死者遗愿继续奋勇前行，为幸福的家庭生活和美好的国家未来继续奋斗。因此，丧礼传达的是为理想而接续奋斗的价值观，展现了家国情怀所蕴含的价值理想在代际之间的传承。吊礼是对死丧的凭吊或者灾害的慰问。在古时，如果一国重要人物去世，邻国要来吊唁。如果发生灾异，国君要派人去慰问，包括邻国之间的互相慰问，家庭之间的互相体恤慰问，都属吊礼。荒礼是年岁收成不好或者瘟疫流行时的礼仪。襘礼是为了消灾除病，汇集物资以救灾的礼仪。恤礼是国内外发生战乱时

---

① 《荀子·王制》。
② 《荀子·王制》。
③ 《左传·成公十三年》。

举行的救助、慰问、存恤之类的典礼。总之，吊礼、荒礼、禬礼、恤礼所要表达的都是家国之间相互关爱、互相扶助的关系，展现了人类互相关爱体恤之情，这种互相关爱、感同身受、互相扶助的现象展现了人类社会紧密联系、互爱互助式家国情怀的传承。军礼，是旧时军中的礼仪。军礼表现了君王鼓舞将士作战士气、激励将士苦练杀敌本领、祈祷作战胜利、保佑将士平安归来、奖励军功、宽赦战俘、宣示主权威仪和疆界不容侵犯的家国情怀。军礼传承至今（如国庆阅兵、航母潜艇飞弹等重大武器入列仪式），仍然有激士气、壮国威的作用，展现了军礼价值的历史时代传承。宾礼，是邦交待客之礼。宾礼展现了国君对臣子看重和关爱之情、虚心征讨国策礼贤下士之胸怀、善待友邦四邻之天子威仪，同时展现了天子海纳百川、心怀天下的胸怀与豪情，也展现了天子宽广的视野、仁德的胸怀在家国情怀中的世代传承。嘉礼是联络感情、和合人际关系的礼仪。它属于民俗性礼仪，后文将详细介绍，这里不再赘述。总之，"礼"要靠"仪"来体现，"仪"则必须贯彻"礼"的精神。"礼"没有"仪"的形式作为载体，就无法表达"礼"的价值观，"礼"就会变成空疏的抽象价值，变得无法接受；"仪"如果脱离了"礼"的精神实质，只注重揖让周旋、华服章制等外在形式，就会失去其价值意义，让人变得空虚烦琐。总之，礼以伦理道德的外化形式对人们的行为进行规范，不仅积累了文化，而且成为社会秩序稳定的保障。国家典礼所要传达的精神实质在于凝聚民心，整合国民价值理想，使其与以君王为代表的统治阶级价值理想保持一致。由此看出，国家典礼实践活动是国家民族层面对家风传统的整体意向表达，也是一种旨在化民的国家制度。

（二）乡礼敬祭乐俗以化民

民俗礼仪实践活动是社会层面对家风传统的多维丰富表现，也是家风传统真正形成化民作用的具体表现。社会民俗实践活动包括家祭、民间饮食、服饰、居所、节庆日常生活活动等各方面礼俗活动。以礼乐教化民众是古代统治者治国安邦、化民成俗的重要手段。其中，家祭教乡民以敬、乐教致民以和最有代表性。

家祭教乡民以敬。在民俗礼仪实践活动中，"施十有二教"的制度在化民成俗方面作用巨大："一曰以祭礼教敬,则民不苟。二曰以阳礼教让,则民不争;三曰以阴礼教亲,则民不怨;四曰以乐礼教和,则民不乖;五曰以仪辨等,则民不越;六曰以俗教安,则民不偷;七曰以刑教中,则民不虣;八曰以誓教恤,则民不怠;九曰以度教节,则民知足;十曰以世事教能,则民不失职;十有一曰以贤制爵,则民慎德;十有二曰以庸制禄,则民兴功。"①民俗礼仪化民作用首先表现在祭礼中。家庭重视祭祖是因为"万物本乎天,人本乎祖"②,祭祖的民俗礼仪是让人们"反古复始,不忘其所由生也"③。《礼记·祭统》谈道:"祭有十伦焉:见事鬼神之道焉,见君臣之义焉,见父子之伦焉,见贵贱之等焉,见亲疏之杀焉,见爵赏之施焉,见夫妇之别焉,见政事之均焉,见长幼之序焉,见上下之际焉。"④祭礼将"十伦"融入祭祀全过程,以范式化流程秩序来化民成俗,其核心的化民作用在于维护宗法等级制,尊重父权、君权,服从宗统、君统,进而对家族、民族、国家生发凝聚力和向心力。除了祭礼之外,嘉礼更有浓厚的民俗意味。何谓"嘉"?郑玄注:"嘉,善也,所以因人心所善者而为之制。"嘉礼旨在规范秩序与导正人心。此外,民俗礼仪文化活动还用乡射礼、乡饮酒礼之类的阳礼教化民众互相谦让,用婚礼等阴礼教化民众相亲相爱,用乐教民和睦,用刑法教民就不会暴乱。如果说礼教通过明分别等教人以敬的话,乐教则通过和化异同教人以和。

乐教致民以和。为何在开展礼教的前提下还要开展乐教呢? 这是由于乐教是礼教的重要补充。

首先,乐教具有礼教难以囊括的内在和顺教化作用。《礼记》有云:"致乐以治心""致礼以治躬则庄敬"。⑤ 这里谈到礼乐教化,礼教教人以敬,乐教则用音乐激荡舒缓情感、陶冶道德情操。《尚书·尧典》详述了乐教的目的:尧帝命夔典乐教子,"直而温,宽而栗,刚而无疟,简而无傲,诗言志,歌咏言,声依咏,律和声;八音克谐,无相夺伦,神人以和"⑥。乐教何以能治心、安心?

---

①　《周礼·地官·大司徒》。

②　《礼记·郊特牲》。

③　《礼记·祭义》。

④　《礼记·祭统》。

⑤　《礼记·乐记》。

⑥　《尚书·尧典》。

《礼记》有云:"致乐以治心,则易直子谅之心油然生矣。易直子谅之心生则乐,乐则安,安则久,久则天,天则神。"①这里谈到了心态如何能达到平和慈爱状态的方法。可以看出,音乐有如下作用:当我们静心修内时,正直、慈爱、平易、诚信之心态就出现了。反之,如果心态不平和、不快乐则"鄙诈之心入之矣";"外貌斯须不庄不敬,而易慢之心入之矣。故乐也者,动于内者也;礼也者,动于外者也"。② 由此看出,只有"近乎义"的礼与"近乎仁"的乐兼备的时候,人才能"内和而外顺",社会才能和谐有序。

其次,乐教统合了"声、音、乐"以和人情。"乐"源于人的情感,而又与情感互动,因此"乐"是心思之声音、情绪之运动、情感之应和。《礼记·乐记》从乐与人的情感关系角度将"声""音""乐"进行了细致区分:"凡音之起,由人心生也;人心之动,物使之然也。感于物而动,故形于声。声相应,故生变;变成方,谓之音;比音而乐之,及干戚羽旄,谓之乐。"③当人有不同的情感,乐所表现出来的声音有不同的特征:如果心情"哀",则"其声噍(jiāo,焦急)以杀(sāi,衰弱)";如果心情"乐",则"其声啴(chǎn,宽缓)以缓";如果心情"喜",则"其声发以散";如果心情"怒",则"其声粗以厉";如果心情"敬",则"其声直以廉";如果心情"爱",则"其声和以柔"。这六种声音,展现出噍、啴、散、厉、廉、柔不同的特征,并非天性如此,而是受到外物的刺激,产生了哀、乐、喜、怒、敬、爱等不同感触。由此可见,乐乃情之表也。由于乐与情有这层互动关系,也可以"以乐动情"。"夫民有血气心知之性,而无哀乐喜怒之常,应感起物而动,然后心术形焉。是故志微、噍杀之音作,而民思忧。啴谐、慢易、繁文、简节之音作,而民康乐。粗厉、猛起、奋末、广贲之音作,而民刚毅。廉直、劲正、庄诚之音作,而民肃敬。宽裕、肉好、顺成、和动之音作,而民慈爱。流辟、邪散、狄成、涤滥之音作,而民淫乱。"④从这里看出,乐教可以通过调节民众的情绪、情感、心绪来起到动员民众、鼓舞民众、安抚民众、稳定人心的重要作用。那么,如何在民间社会实现乐的功能呢?

---

① 《礼记·乐记》。
② 《礼记·乐记》。
③ 《礼记·乐记》。
④ 《礼记·乐记》。

这就需要教民以各种乐教内容。从宫廷礼乐逐渐向社会民间节庆活动渗透普及。《周礼》中记载了乐教的具体内容："大司乐……以乐德教国子：中、和、祗、庸、孝、友；以乐语教国子：兴、道、讽、诵、言、语；以乐舞教国子，舞《云门》《大卷》《大咸》《大磬》《大夏》《大濩》《大武》。以六律、六同、五声、八音、六舞、大合乐。以致鬼、神、祗，以和邦国，以谐万民，以安宾客，以说远人，以作动物。乃分乐而序之，以祭、以享、以祀。"①

　　再次，乐教可通人伦、治政和。乐教何以通人伦？《礼记·乐记》有云："乐在宗庙之中，君臣上下同听之，则莫不和敬；在族长乡里之中，长幼同听之，则莫不和顺；在闺门之内，父子兄弟同听之，则莫不和亲。故乐者，审一以定和，比物以饰节，节奏合以成文。所以合和父子君臣，附亲万民也，是先王立乐之方也。"②由此知，乐教能使君臣和敬、能使长幼和顺、闺门和亲，从而社会人伦得适。乐教何以治政和？《礼记·乐记》有云："治世之音安以乐，其政和。乱世之音怨以怒，其政乖。亡国之音哀以思，其民困。声音之道，与政通矣。"由于"声音之道与政通"，音乐所表现出来的哀怨情感则与国家治乱相应和，所以通过对国民实施有目的的乐教可以达成国家治理的宣传目标。古之圣者皆把乐教融于国家社会治理的实践过程中："夫古者天地顺而四时当，民有德而五谷昌，……然后圣人作，为父子君臣，以为纪纲。纪纲既正，天下大定。天下大定，然后正六律，和五声，弦歌诗颂，此之谓德音；德音之谓乐。"并进一步将五音比拟社会治乱五个因素："宫为君，商为臣，角为民，徵为事，羽为物。五者不乱，则无怗懘之音矣。"在国家治理中，"先王耻其乱，故制雅颂之声以道之，使其声足乐而不流，使其文足论而不息，使其曲直、繁瘠、廉肉、节奏足以感动人之善心而已矣。不使放心邪气得接焉，是先王立乐之方也"。由此可知，乐教可通人伦、治政和。

　　最后，乐教能和天地、化异同、成天下。相比于礼的"明名分""别异等"功能，乐具有"和天地""化异同"的教化功能。从礼乐的社会治理功能看，"乐统同，礼辨异"③，从礼乐在社会治理中的辩证关系看，"礼以中为体，乐以

---

① 《周礼·春官·大司乐》。
② 《礼记·乐记》。
③ 《礼记·乐记》。

和为德,礼乐相反相成,以调和矛盾为最高原则"①。因此,从社会治理规律看,"大乐与天地同和,大礼与天地同节。和故百物不失,节故祀天祭地。明则有礼乐,幽则有鬼神。如此,则四海之内,合敬同爱矣。礼者殊事,合敬者也;乐者异文,合爱者也。礼乐之情同,故明王以相沿也。故事与时并,名与功偕"。可见,乐教能和天地、化异同、成天下。

综上所述,以家祭为代表的礼教和以乡俗宴饮、节庆为内容的民间乐教等民俗礼仪文化活动承载着中华传统文化的重要价值精神,是一种寓教于美的文明教化方式,有着中华民族特有的人文传统,是社会民众层面对家风传统的多维丰富表现。

第三节　家风传统形成的历程

中华家风传统伴随着礼文化的发展而逐步形成,大体经历了五帝时期"亲亲以礼和民"的家风萌芽阶段、夏商时期"尊尊以礼治国"的宗族血统家庭家风成长阶段以及周代"孝忠尊礼化民"的家风基本形成阶段三个过程,后世各代又不断传承、变迁,延续至今。

一、家风萌芽于"亲亲以礼和民"

家风传统起于恋家情怀,而恋家情怀则源于对亲亲之孝。"孝"的意识源于原始社会敬老、尚齿之风。由此可见,亲亲以礼源自上古家和的习俗。

(一)家风传统萌于"以礼和民"的氏族之家

先祖帝王的家风传统最早可追溯到原始时期氏族家庭初萌"以礼和民"之时。旧石器时代,山顶洞人就出现了"饰终的仪式",展现其"爱美的观念";新石器时代,仰韶及半坡遗址考古出土场景展示了当时社会生活是"井

---

① 庞朴:《儒家辩证法研究》,中华书局,1984 年,第 46 页。

井有条"的、社会秩序是"有条不紊"①的。这些都表明原始先民家庭社会已经有了"以礼和民"的家风萌芽。

家风传统有着考古学"饰终以礼"和墓葬规制的证据。距今约五万年的山顶洞人(属旧石器时代)在其"人骨化石旁散布着赤铁矿粉粒,似乎已有饰终的仪式","装饰品中有穿孔的兽齿、鱼骨、介壳和海蚶壳,还有用赤矿染红的石珠,似乎已有爱美的观念"。② 古代先民质朴,饥食鸟兽,渴饮雾露,死则裹以白茅,投于中野。"孝子不忍见父母为禽兽所食,故作弹以守之,绝鸟兽之害。"③由此观之,庐墓三年之礼源于以弹保尸守孝之遗风。"上世尝有不葬其亲者,其亲死,则举而委之于壑。他日过之,狐狸食之,蝇蚋姑嘬之。……盖归反虆梩而掩之。"由此,土葬之礼乃起。"吊,今亦为礼俗之一。然《说文解字》则谓:吊,问终也。古之葬者厚衣之以薪,从人,持弓,会驱禽。"由此看出,吊唁之礼,即祭奠死者生前功绩、告慰灵魂并慰问其家属从古有之。家风传统不仅表现在临终的祭奠、美饰礼仪中,而且表现在墓葬制度中。考古墓葬挖掘发现,"旧石器时代的墓葬多为合葬,同一墓中不分性别年龄。新石器时代墓葬形式有了改变,从西安半坡等地的发掘来看,多为男女分区单身葬和男女性别合葬。反映氏族内部的男女不具有性关系,于是在氏族公墓中只能分区埋葬,这是与族外婚制一致的葬式。……在另一类型的多人合葬中,有一具女性为一次葬,其他男子均为迁移而来的二次葬,应为以男子附葬女子,反映了女性在氏族内部地位高于男性"。"父系氏族时代……出现了一对成年男女的合葬墓和个别一男二女的合葬墓。……甘肃临夏齐家文化遗址发掘十余座成年男女合葬墓,男子居右,仰卧直肢,女子居左,侧身屈肢面向男子。甘肃武威皇娘娘台发现一座一男二女合葬墓,男子居中仰卧直肢,女子侧身屈肢于左右两侧面向男子。"④这种男女合葬墓模式表明以男子为核心的家庭出现了,男子在家庭中居于统治地位,女子居依附地位,父权制对偶婚家庭逐渐向一夫一妻制家庭过渡。这些墓葬礼仪文献记

---

① 范文澜:《中国通史》(第1册),人民出版社,1994年,第5页。
② 范文澜:《中国通史》(第1册),人民出版社,1994年,第5页。
③ 《吴越春秋·勾践外传》。转引自陈登原:《中国文化史》,商务印书馆,2014年,第100页。
④ 张怀承:《中国的家庭与伦理》,中国人民大学出版社,1993年,第24~25页。

载以及考古学证据表明家风传统萌于"以礼和民"的氏族之家。

(二)家风践于三皇五帝的率民尚礼

率民尚礼的家风在三皇五帝时期的生产、生活实践中逐渐形成。唐代杜佑在《通典》中对原始先民家庭社会尚礼之风这样描述:"伏羲以俪皮为礼,作瑟以为乐,可为嘉礼;神农播种,始诸饮食,致敬鬼神,禘为田祭,可为吉礼;黄帝与蚩尤战于涿鹿,可为军礼;九牧倡教,可为宾礼;《易》称古者葬于中野,可为凶礼。……故自伏羲以来,五礼始彰。尧舜之时,五礼咸备。"①或许杜佑所言"五礼咸备"意指"五礼"之形式与所倡精神已经具备了后世"和民"的初始形质。这一观点在《尚书》和《史记》等典籍中得以验证。《尚书·舜典》有云:"帝舜,曰重华,协于帝,浚哲文明,温恭允塞,玄德升闻,乃命以位。慎徽五典,五典克从。"②舜帝名叫重华,与尧帝合志。他有深远的智慧,经天纬地的文化,照临四方的胸怀,文德辉耀,温和恭敬、诚实厚道。他的潜在德行上传到尧帝耳朵里,尧帝于是授给了舜帝位。舜慎重地赞美五种常教(父义、母慈、兄友、弟恭、子孝)的做法,人们都能顺从。唐代孔颖达作《孔疏》释义"文明"二字,"文"的意思是"经纬天地","明"的意思是"照临四方"。这是中国文化典籍对"文明"的最早解说,体现了"文明"者,必为非凡之辈,典型地表达了中国文化的民族特色,用最华美的文辞来宣传帝王集权统治的威仪,是先王集权统治需要的一种伦理思维表达。

母系氏族食色之礼初步实践。在盘古开天之后,人类社会在抗击自然灾害和野兽侵袭的漫长岁月中逐步进入混性群居时代。对人类社会而言,最重要的有两件大事:"食、色,性也。"③食,事关人类的生存;色,事关种族的延续。所谓"食色之礼",这里指的是原始先民对生产劳动合理分工、对劳动所得食物合理分配的制度习俗以及对婚配禁忌制度、婚配许可和过程制度习俗的统称。在饮食生活和劳动生产实践方面,从"未有火化,食草木之实、鸟兽之肉,饮其血,茹其毛",到后来"修火之利""以炮以燔,以亨以炙,以为

---

① 《通典·礼典》。
② 《尚书·舜典》。
③ 《孟子·告子上》。

醴酪";从全民齐上阵"作结绳以为网罟,以佃以渔""全民合猎"到男女生产分工合作——男子外出渔猎,女子在家豢养牲畜、采摘、养护老小,以及在"尚老尚齿"观念下妥善分配食物——在"食"的来源、去向配置上已经有了长期的礼俗实践。在"色"方面,逐渐由自由群婚发展到"血族群婚"以及"族外群婚"。所谓"血族群婚",就是排除代际之间的性关系,实行兄弟姊妹之间的行辈群婚。所谓"族外群婚",是指同一氏族内部禁止通婚,实行部落联盟内的不同氏族之间的一群兄弟与另一氏族内的一群姐妹之间相互群婚。母系氏族之前,"聚生群处,知母不知父,无亲戚、兄弟、夫妻、男女之别,无上下、长幼之道,无进退、揖让之礼,无衣服、履带、宫室、畜积之便,无器械、舟车、城郭、险阻之备"①。经历了漫长的原始杂交之后,在自然选择和物种进化的潜在规律支配下,人类社会进入到母系氏族社会。

在母系氏族社会,氏族内部禁止婚姻,集体劳作,劳动产品有计划地合理分配给氏族成员。从伏羲与女娲之间的兄妹婚配神话故事来看,伏羲与女娲自认为兄妹通婚是羞耻之事,也有违氏族婚配禁忌,故有《独异志》所云故事:"昔宇宙初开之时,止女娲兄妹二人在昆仑山,而天下未有人民。议以为夫妇,又自羞耻。兄与其妹上昆仑,咒曰:'天若遣我二人为夫妇,而烟悉合;若不,使烟散'。于烟悉合,其妹即来就兄,妹以扇蔽面。"故事里所谈及的兄妹婚制禁忌和羞耻意识反映出母系氏族社会人们对婚制礼俗的实践情况。古文献里姻亲关系的称谓和故事也透露出母系氏族婚制礼俗实践痕迹。如殷之始祖契,系其母简狄吞食了玄鸟之卵所生(详见《诗经·商颂·玄鸟》:天命玄鸟,降而生商);周之始祖弃,则是其母姜嫄踏了巨人足迹而生(详见《诗经·大雅·生民》:厥初生民,时维姜嫄),这些故事都印证了群婚礼俗。再从古人称谓来看,古人男子称姊妹之子为"出",女子称兄弟之子为"侄";称"出"之子为"离孙",称"侄"之子为"归孙"。因为姊妹之子在母系氏族时代必定要出嫁到别的氏族,所以称"出";兄弟之子随其母属于别的氏族,最终必定要嫁回来,所以称"侄","侄"者,至也。"出"之子生于他氏族,故称"离孙";"侄"之子生于本氏族,故称"归孙"。在《尔雅·释亲》里记载

①　《吕氏春秋·恃君览》。

着古人称妻之父为"外舅",称妻之母为"外姑";妇称夫之父曰"舅",称夫之母曰"姑"。这种情况就说明两个氏族存在按辈分相互为婚的习俗。

父系氏族权位之礼初步实践。三皇五帝中哪些属于母系氏族社会、哪些属于父系氏族社会?按照冯天瑜等学者的学术观点,"母系氏族社会从旧石器时代晚期开始形成……女娲氏、庖牺氏、神农氏、有巢氏、燧人氏,是这一时期……神的人格化的代表。……父系氏族社会,……指黄帝、颛顼、帝喾、唐尧、虞舜这五位上古帝王"①。《风俗通义》中的《皇霸》引《春秋运斗枢》说:"伏羲、女娲、神农,是三皇也。"《史记·三皇本纪》谈及的三皇为:"太皞庖牺氏、女娲氏、神农氏",而《礼含文嘉》等典籍认为三皇为:"虑戏(即伏羲)、燧人、神农。"②张春光先生认为,《吕氏春秋》将太昊、伏羲视为一人,以"太昊伏羲氏"相称,因《周易·系辞》谈及包牺氏观天象始作八卦,于是认为"伏羲氏"又作"包牺氏""庖牺氏""虑(fú)戏氏""宓羲氏"。③ 当代易学家杨复竣先生在其著作《中华始祖太昊伏羲》中称"太昊伏羲氏开辟了父系氏族社会,方有'氏'的诞生,男子称氏。从太昊伏羲氏始以降,才有炎帝神农氏、黄帝轩辕氏等之传"④。唐代历史学家司马贞《补史记·三皇本纪》云:"太皞庖牺氏,风姓,代燧人氏继天而王。母曰华胥,履大人迹于雷泽,而生庖牺于成纪。蛇身人首,有圣德。仰则观象于天,俯则观法于地,旁观鸟兽之文与地之宜,近取诸身,远取诸物,始画八卦,以通神明之德,以类万物之情,造书契以代结绳之政,于是始制嫁娶,以俪皮为礼,结网罟以教佃渔,故曰宓牺氏,养牺牲以庖厨,故曰庖牺。有龙瑞,以龙记官,号曰龙师。作三十五弦之瑟。"⑤虽然学术界对于父系氏族社会到底从伏羲氏开始还是从黄帝开始、三皇人选和排序等问题上还存在争议,但都认为三皇皆是母系氏族向父系氏族社会过渡的重要人物,在中华远古社会人类文明开辟方面都做出了各自的贡献,特别是在家庭礼俗方面进行了广泛的实践。杨复竣

---

① 冯天瑜、何晓明、周积明:《中华文化史》,上海人民出版社,2015 年,第 205 页。
② 《礼含文嘉》。转引自张春光:《华夏人文根源探寻》,齐鲁书社,2011 年,第 39 页。
③ 张春光:《华夏人文根源探寻》,齐鲁书社,2011 年,第 40~41 页。
④ 杨复竣:《中华始祖太昊伏羲》,上海大学出版社,2008 年,第 47 页。
⑤ 《补史记·三皇本纪》。

先生引宋代罗泌的《路史·太昊纪上》有关伏羲"正姓氏"的记载:太昊伏羲"正姓氏,通媒妁,以重万民之俪,俪皮荐之以严其礼,示合姓之难,拼人情之不渎。法乾坤以正君臣、父子、夫妇之义"①。这段论述实际上是在谈伏羲氏利用"正姓氏"来论证父系氏族代替母系氏族的历史必然性与父系掌权的合理性、合法性。战国史官的《世本·作篇》记载:"伏羲制以俪皮嫁娶之礼。""制嫁娶"的本质是男女天性的交媾,而正姓氏的实质正是这个本质的反映。《易经·系辞下》曰:"天地之大德曰生,生生之谓易。"②《中庸》亦云:"天命之谓性。"可见,喜、惧、哀、怨、交媾、生殖,是人之"天性"。

　　人类在六千多年前,伏羲统一了华夏部落万邦,创立了昊昊王业,如何完善多少万年来的群婚、肆性而推进人类的文明,是摆在他面前的一个重要问题。伏羲的方案是"以卦治天下"。伏羲所创八卦以象、数、理的特点"与天地准"。为何要"正姓"呢? 人类天性繁衍的交媾,要想生生不息,就得符合天道规律,要合天象、天数、天理,于是:天对地,阴对阳,男配女,一对一,"正性"即"正姓"。为何要"正氏"呢? "正氏"是"正男子"的意思,其目的在于"正父系社会"(确立父亲在氏族中的绝对地位)、"正女随男"(确立以男方为主的婚制和家庭生活方式)。伏羲的"正姓氏"就是宣誓父权和男权在社会中的主导地位。为了巩固和治理好父权主导的人类社会,伏羲采取了九大措施:一曰卜筮之礼;二曰网罟渔猎;三曰嫁娶之礼;四曰豢养牺牲;五曰礼乐人伦;六曰冶金炮食;七曰历法文契;八曰尝草拯民;九曰龙族图腾。这九大措施以卜卦礼法为统领,四大物质生产、生活措施作为社会发展的物质基础,四大宗教文化措施为父系氏族社会统治的上层建筑。其核心目的在于以经济文化实力夺取文明领导的权位。自从性别等级权位建立起来后,其他等级权位应势而渐生。汉代应劭《风俗通义》云:"天地开辟,未有人民。女娲团黄土作人,剧务,力不暇供,乃引绳于泥中,举以为人。故富贵者,黄土人;贫贱凡庸者,引絙人也。"③造人过程明显带有等级社会"上智下愚"的级位观念。由是观之,伏羲卦治天下、女娲造人补天、神农掌火务农、

① 《路史·太昊纪上》。
② 《易经·系辞下》。
③ 《太平御览》卷七八引《风俗通》。

黄帝铸鼎立国、颛顼绝地天通、尧舜禅让礼贤名威天下,都是围绕巩固父系氏族权位而进行的各种礼治实践。由此可知,率民尚礼的家风在三皇五帝的生产、生活实践中逐渐形成。

(三)家风生成于尚礼为德的亲亲之家

亲亲家风,尚礼为德。中国传统社会认为"德"是主体的情感愿望和行为举止约之于"礼"的理性状态。那么"德"有哪些具体内涵与品性呢?《尚书·皋陶谟》概括出人的九种美德内涵与品性:"宽而栗,柔而立,愿而恭,乱而敬,扰而毅,直而温,简而廉,刚而塞,强而义。"①做人的德行要讲究:宽宏大量却又谨小慎微,性格温顺却又独立不移,提出愿望要求但又态度谦恭,有治理才干又心存敬畏,柔和驯服却又刚毅果断,为人耿直却又待人和气,志向远大却又注重小节,刚正不阿却又实事求是,坚贞不屈却又符合道义。这九种美德展现了先王帝圣对家国伦理道德的思考和追求,是先王帝圣家国情怀之表现。司马迁在《史记·五帝本纪》中有对尧舜"以礼和民"、尧以"礼"考核虞、舜的故事。这段故事既表明舜帝高尚的道德节操,也表明尧在家族部落治理方面"以礼和民""以礼齐家""以礼教民""以礼禅位"的"亲亲"治家风范。后来,舜帝也传承了这种"亲亲以礼和民"的精神,又将帝位禅让给禹,传承了和平交接权力的家风传统。尚礼为德的家风体现在五帝先贤们"修德振兵,蓺种抚民""孝感动天,承德禅让""惟德动天,无远弗届"的故事中。

修德振兵,蓺种抚民。尚礼为德的家风传统始于黄帝。黄帝为了"君臣上下之义,父子兄弟之礼,夫妇匹配之合"②,开启了中华民族"家庭教育"的先河。③《史记·五帝本纪》记录了黄帝的德行伟绩:"轩辕之时,神农氏世衰。诸侯相侵伐,暴虐百姓……轩辕乃修德振兵,治五气,蓺(yì)五种,抚万民,度四方,教熊罴(pí)貔(pí)貅(xiū)貙(chū)虎,以与炎帝战于阪泉之野,三战,然后得其志。"黄帝领导部族大力发展农业生产,种植黍、稷、菽、麦、稻

---

① 《尚书·虞书·皋陶谟第四》。
② 《商君书·画策》。
③ 徐少锦、陈延斌:《中国家训史》,人民出版社,2011 年,第 46 页。

五谷,将强悍的熊、罴等六氏族编成氏族武装,精心教练,与炎帝战于阪泉之野,最后定鼎中原。黄帝统一全国后,延揽四方人才,"举风后、力牧、常先、大鸿以治民"、命仓颉造字、嫘祖养蚕、"时播百谷草木,淳化鸟兽虫蛾,旁罗日月星辰水波土石金玉,劳勤心力耳目,节用水火材物。有土德之瑞,故号黄帝"①。黄帝在位期间,播百谷草木,大力发展生产,始制衣冠、建舟车、制音律、作《黄帝内经》,功勋卓著,为尚礼为德的亲亲家风做出了表率。汉代韩婴在《韩诗外传》里赞道:"黄帝即位,施惠承天,一道修德,惟仁是行,宇内和平。"②

孝感动天,承德禅让。《史记·五帝本纪》记载着舜帝的德操孝行:"舜父瞽叟顽,母嚚,象傲,皆欲杀舜。舜顺适不失子道,兄弟孝慈。欲杀,不可得;即求,尝在侧。"面对父亲、后母、弟弟的多次恶意刁难,舜不改孝道本色,善待家人如故。"舜年二十以孝闻。三十而帝尧问可用者,四岳咸荐虞舜,曰可。于是尧乃以二女妻舜以观其内,使九男与处以观其外。舜居妫汭,内行弥谨。尧二女不敢以贵骄事舜亲戚,甚有妇道。尧九男皆益笃。"舜在 20 岁的时候,就以孝闻名四方,得到了四岳的推荐。尧将自己的两个女儿嫁给舜,用以考察舜的齐家之德,派了九个男丁与舜交往,考察舜的人际关系德行。在舜的影响下,尧的两个女儿不敢因为自己出身高贵就傲慢地对待他人,很讲究为妇之道。尧的九个儿子也更加笃诚忠厚。后来,舜在历山耕作,在舜的德行带动下,历山人都不争夺有利的种地资源而是互相推让,把好地界让给他人;舜在雷泽捕鱼,在舜的德行带动下,雷泽的人都能将有利于捕鱼的位置让出来给他人;舜在黄河岸边制作陶器,在舜的德行感召下,制陶人干活更加仔细、卖力,那里就完全没有次品了。舜还带领人们发展经济,建设和谐社会,越来越多的人聚集到这里,一年的功夫,舜所住的地方就发展成为一个村落,两年就发展成为一个小城镇,三年就具备大都市的模样了。尧年事已高,让舜代行天子之政,巡视四方。舜被举用掌管政事 20 年,尧让他代行天子的政务。代行政务八年,尧逝世了。服丧三年完毕,舜

---

① 《史记·五帝本纪》。
② 《韩诗外传》卷八第八章。

让位给尧的儿子丹朱,可是天下人都来归服舜。舜即位后,任用贤能,使高阳氏才子"八恺"主持农事;任命高新氏"八元"布教善导四方,传递好家风,做到父慈母爱、兄弟恭亲、子女孝顺,内心平和,为人成稳。将"四凶"流放边疆、劳动改造,于是"四门辟,言毋凶人也"。舜还继承了尧的禅让之德,将帝王之位禅让给禹。

惟德动天,无远弗届。《史记·夏本纪》记载:"禹者,黄帝之玄孙而帝颛顼之孙也。"当尧帝在位的时候,洪水滔天,浩浩荡荡,包围了高山,漫上了丘陵,百姓都为此非常忧愁。尧派禹的父亲鲧治水九年,"水不息……舜举鲧子禹"继续治水,"禹为人敏给克勤,其德不违,其仁可亲,其言可信;声为律,身为度,称以出;亹亹穆穆,为纲为纪"。接到治水任命之后,"禹伤先人父鲧功之不成受诛,乃劳身焦思,居外十三年,过家门不敢入。薄衣食,致孝于鬼神"。有人问禹何以能治水成功,禹回答说,从齐家的角度看,他在娶涂山氏的女儿时,只过了四天婚期就又去治水了,他的孩子启从生下来他就未曾亲自抚育过。从治国的角度看,"帝念哉!德惟善政,政在养民。水、火、金、木、土、谷,惟修;正德、利用、厚生、惟和。九功惟叙,九叙惟歌。戒之用休,董之用威,劝之以九歌俾勿坏"①,所以才能成功平治水土。因治水有功,舜将帝位禅让给禹。有人在《尚书·大禹谟》赞扬禹的德行:"益赞于禹曰:惟德动天,无远弗届;满招损,谦受益,时乃天道。"②从以上先帝德行传承的故事中不难看出,家风生成于尚礼为德的亲亲之家。

二、家风成长于"尊尊以礼治国"

夏王朝是中国历史上出现的第一个国家政权。它标志着史前社会即原始社会的结束,也标志着阶级社会的诞生。从公元前21世纪夏朝建立到公元前3世纪后期秦始皇统一六国的1800多年里,经历了夏、商、西周、春秋、战国,史称先秦时期。这一时期从奴隶制国家的形成、发展、鼎盛、瓦解到大

---

① 《尚书·大禹谟》。
② 《尚书·大禹谟》。

一统封建制帝国的确立,社会制度发生了巨大变化,家风传统也伴随着礼文化发生了诸多变化,对"和"的追求也更加迫切和强烈了。

(一)天下为家,礼尊始现

夏朝处于由原始社会向奴隶社会转型期,夏礼突出了宗法和神道的作用,将禹以前的"天下为公"变成了"天下为家",将"人人平等"的氏族之家变为君臣等级宗族家国。在这种家国一体的社会中,"礼"一方面还蒙有家庭温情的面纱,另一方面也成了仅次于强权政治和武力的维护阶级社会等级统治的工具。对民的"忠"的要求已经提出,但孝亲还是最基本、最首要的要求,统治者亲而不尊,百姓质朴不文。到了殷商时期,重鬼神轻礼教,尊而不亲,百姓放荡不羁,不知廉耻。到了周代,尊礼而远鬼神,近人而作忠,统治者亲而不尊,百姓好利乖巧。孔夫子对夏、商、周三代在遵天命、近人事、利禄赏罚、尊与亲等方面以及民敝方面作了系统比较:"夏道尊命,事鬼敬神而远之,近人而忠焉,先禄而后威,先赏而后罚,亲而不尊;其民之敝:惷而愚,乔而野,朴而不文。殷人尊神,率民以事神,先鬼而后礼,先罚而后赏,尊而不亲;其民之敝:荡而不静,胜而无耻。周人尊礼尚施,事鬼敬神而远之,近人而忠焉,其赏罚用爵列,亲而不尊;其民之敝:利而巧,文而不惭,贼而蔽。"[①]孔子的认识和总结,道出了社会制度与人群特质之间存在的对应关系。

(二)殷商尊神拜祖以礼,敬祈为用

到了商朝,"礼"字频现于钟鼎龟骨之上,传达出统治阶级对"礼"的观念意识与殷殷家国情怀。殷商时期,帝王崇占,民间拜鬼。《诗经》有云:"巧笑之瑳,佩玉之傩。"[②]这里"傩"的意思是"驱鬼逐疫"。傩仪和傩祭是中国古老的巫术文化现象,其形成和发展在殷商时期。殷商时期,这种巫术活动在广大的中原地区十分盛行,其仪式也被传承下来,现在蜀地边远山区、汉水

---

① 《礼记·表记》。
② 《诗·卫风·竹竿》三章。

源头宁强地区还有"傩舞"流行。《乐府杂录》曰："驱傩用方相四人，执戈扬盾，口作傩傩之声，以除逐也。"①傩祭有国傩和乡傩之分。国傩如《礼记》云："天子居玄堂左个，乘玄路，驾铁骊，载玄旂，衣黑衣，服玄玉，食粟与彘，其器闳以奄，命有司大傩旁磔，出土牛，以送寒气。"②南唐陈致雍曾作《大傩议》以述此遗风。时人按《周礼》所云施傩祭："方相氏掌蒙熊皮，黄金四目，元衣朱裳，执戈扬盾，帅百隶而时傩，以索室驱疫。"何谓傩耶？傩，却也，却逐疫疠凶恶。为何要举办傩祭？夫阴阳之气，不即时退，疠鬼随而为人作祸。月令，季春命国傩，谓阴气至不止，害将及人，故傩阴气。仲秋天子乃傩，阳气不衰，亦将害人，故傩阳气。阳，君也，臣无傩君之道，故称天子。此二傩，皆为阴阳气不退，故国家以礼傩之。季冬命有司大傩，强阴用事，疠鬼随出害人，故作逐疠之方相，犹仿想也。仿想，畏怕之貌也。傩祭其实就是一种调节人神关系的礼仪，表达了殷商时期人们对鬼神的敬畏崇拜、祈求平安之情。商汤担心别人误会自己的讨伐行为是犯上作乱，于是在出征祭祀大典上顺应百姓"时日曷丧？予及汝皆亡"的呼声，作此誓言。这一方面反映了商汤顺应民意、尊崇天德信誓旦旦的人民情怀和天下情怀，另一方面展现出开明的政治家强调执政的礼仪修养、严格尊崇君臣上下的礼法观念和等级意识，展现了君王尊尊的国家情怀。

（三）周人尚礼，远神近人，惟德是辅，家风成统

《尚书·周书·洪范》载曰："武王胜殷，杀受，立武庚，以箕子归。作《洪范》。"③该文阐发了君权神授的思想，以此证明政权的合法性。在该文中，殷纣王亲属及大臣箕子禀告周武王治国安民之道，归纳为九大范畴：五行、敬用五事、农用八政、协用五纪、建用皇极、乂用三德、明用稽疑、念用庶征、向用五福，威用六极。由此看出，殷商尊崇鬼神、用人神关系来导化人世间人际关系的思维发展到西周，已经开始注重用"礼"来规范和调节君臣国家之间的等级关系。西周时期，在殷礼基础上建立了"周礼"，史称"周公制礼"。

---

① 《乐府杂录》。
② 《礼记·月令·孟冬之月》。
③ 《尚书·周书·洪范》。

周礼既实现了中国文化的重大转型,从人鬼之礼转为人际之礼,又实现了从亲亲到尊尊的平稳传承与转换。春秋战国时期,虽然维护周天子的周礼"崩坏"了,而诸侯和卿大夫的"尊尊"权威实际上是在提高和强化。"尊尊"的实质精神得到传承和巩固,形成了一套代表新兴地主阶级的"僭礼"[①],即新兴地主阶级传承奴隶主贵族阶级礼制中"尊卑等级"的核心精神,再造了新的尊尊等级制度。新兴地主阶级顺应时代富于创新的家风传统初成。

三、家风统成于"孝忠尊礼化民"

宗法世袭时代对家风传统的传承不同于帝王禅让时代,它依托于"礼"的传承,而"礼"的传承中最核心、最基本的道德要求就是"孝"与"忠"。下面就从家国情怀的制度传承与转化角度系统剖析"孝"与"忠"的制度传承与转化过程。

(一)家风孝始

"孝"意识初萌于上古尊老、尚齿观念,成熟于春秋战国时期。"孝"的概念从生发到成熟经历了四个发展阶段。

第一,"孝"意识的产生源于上古尊老、尚齿观念。随着氏族婚制的发展,家庭的出现,尊老、尚齿的一般性观念被具体化为宗族和个体家庭伦理道德。在早期祖先崇拜和各种祭祀活动中,逐渐演化成对先祖和长辈的"孝"意识。

第二,"孝"意识被殷人崇神拜祖的敬畏心理所放大。殷代是个崇神拜祖的社会,对帝神和祖先的崇拜、敬奉和祭祀活动是殷人社会生活的主要内容。在殷人的精神世界里,还没有善意神的观念,拜神只是为了消除对灾异、死亡的恐惧。殷人把祖先神看作是自己向帝神提出护佑要求和表达敬畏以及传递天神回应的媒介。在这种情形下,对先祖的"孝"意识被殷人崇神拜祖的敬畏心理所放大。

---

① 杨宽:《战国史》,上海人民出版社,1980年,第253页。

第三,"孝"观念被周人转化为人伦道德规范。相对于殷人的零散祭祀体系,周人的祭祀体系更加完备和系统化了。但随着人类认知能力的提升,神灵的权威地位让位于人类的理性和德性。周人不再像殷人那样对帝神戒惧、拜祖只为求得赐福,而是在内心生出对帝神和先祖的感恩之情。在这一时期,"孝"意识逐渐在宗法制度下演化为"孝"观念。所谓"宗法",即宗族之法。"孝"的观念就是在宗族"心理—情感"特征中被强化,其具体要求又反过来稳固了宗法关系和宗法制度。于是,"孝"观念成为周天子治理天下国家的有效工具,成为西周时期最重要的"德性"观念。《礼记·祭统》曰:"祭者,所以追养孝也。"①追养继孝的意思就是说,养者是生时养亲,孝者生时奉亲,亲既没,设礼祭之,追念生时之养育之恩,承继生时之孝。《尔雅·释诂》以孝释享,认为"享,孝也"。"享"的主要内容是向亲人奉献祭品,表达敬意,其基本功能也在于祭祀。周族建国后,在宗族内实行严格的宗法制度,以此维护和稳固本族内部生活秩序,依靠血缘关系加强宗族内各单位及个人相互认同感,于是"大宗""宗室"也逐渐成为族人享孝的对象。《礼记·大传》云:"人道亲亲,亲亲故尊祖,尊祖故敬宗,敬宗,尊祖之义也。"②

第四,"孝"理论在春秋、战国时代发展成熟。春秋时期,王权兴起,君父同位,"孝""忠"合一,"孝"德从贵族走向民间大众,于是"孝"的理论逐渐完善。特别是孔子、孟子、荀子接续完善了"孝"的伦理理论体系。

(二)移孝为忠

"忠"从春秋时期一般性道德观念逐渐发展为对宗族、君王的道德观念,最后在战国后期被法家绝对化为"忠君"观念。《诗经》中出现大量"孝"字,却没见到一个"忠"字。但在《左传》《国语》《论语》中出现了"忠"字。例如《左传》云:"忠、信、笃、敬,上下同之,天下之道也。"③此处的"忠"是共同德性要求。《国语》云:"天事武,地事文,民事忠信。"④这里的"民"是包括天子

① 《礼记·祭统》。
② 《礼记·大传》。
③ 《左传·襄公二十二年》。
④ 《国语·楚语下》。

在内的社会各阶层成员,"忠"实际上是对所有社会成员的道德要求,并不单指对君臣的道德伦理关系。关于"忠"的内涵和道德伦理要求将放在后面章节详细论述,这里不再赘述。

从周代历史看,所有家风道德、规矩都是礼教制度在家庭生活场景的再现和具体化,因此可以说家风传统因循"三礼"的成典而奠基成型。与传统礼法相比,呈现在具体家规、家训当中的礼制表现出更强烈的现实性和可操作性,也正是传统家风对于礼制的不断发展与实践,才使得中国传统的礼乐文明能够不断指导现实、回应现实。应当说,正是借助于家风的实践与传承,中国礼乐文化才得以不断丰富和发展,并保持了鲜活的生命力。礼制本身对于传统家风的形成起着"经国家,定社稷,序民人,利后嗣"[1]的引导、示范作用。一方面,我们应当看到礼制本身对于中国传统家风的形成起到了关键性的塑造作用,另一方面,随着家风的形成和发展,家礼本身又促进了礼制的完善和发展。比如在唐宋时期,特别是宋代涌现出大量的家训、家规,而它们的出现不仅标志着中国传统家风的成熟与完善,同时更是对传统礼制的补充与发展,重建家礼的目的就是纠正当时流行的种种恶俗陋习。司马光的《书仪》和朱子的《朱子家礼》引领了近千年来东亚普遍流行的家礼,形成了冠、婚、丧、祭等礼仪格局,加上祠堂制度的助推,家礼流行开来。从渊源上讲,家风统成还是得益于"三礼成典"。礼制还集中表现在传统家法族规对于强化日常教化的作用。比如仪式教化,礼仪既可表现人的仁义忠孝,也是教化人的一种方式,传统家风礼制往往重视从小接受祭祀礼仪的教化。正是这一系列具体的礼制规定,使得家风传统得以形成。

（三）风随礼成

所谓"风随礼成",指的是家风传统伴随着周朝礼法制度的形成而逐渐稳定下来。孔、孟、荀创立、发展并完善了"礼"的理论。自此,"三礼"的理论传承形态始现。中国"礼治"思想的形成得益于孔子、孟子和荀子。孔子礼学思想有三大历史性贡献:礼仁结合、礼遍天下、礼由损益。孔子开启了"礼

---

[1]　《左传·隐公十一年》。

下庶人"的历史进程,将限于贵族社会的"礼"推向社会各阶层。因为礼有损益,而在历史中传承发展。孟子将"礼"德推向礼治实践,提出行王道、施仁政。荀子以法释礼,以法充礼,实现了礼法结合。他认为:"由士以上则必以礼乐节之,众庶百姓则必以法数制之。"①经过三圣推进,礼文化成型的标志性成果——"三礼"基本成型。《周礼》成于战国,集西周、春秋礼制之大成;《仪礼》是孔子对先秦礼仪之汇编;《礼记》属孔子后学所作,作于先秦,成于西汉。"三礼"的成型为中国大一统封建社会的国家治理奠定了理论基础,也为后续魏晋南北朝隋唐时期"五礼"的实践提供了理论指导。

"三礼"基本成型、礼文化成典后,家风传统也伴随着家国礼法制度的广泛推行,逐渐形成稳定的民俗和生活习惯延续下来。从这个意义上看,从周文王、周武王到周公、周成王,不仅是一个王朝的缔造史,也是一个家族的兴起史,更是礼法制度和家风传统的肇始史。周公是这个家风传统兴起历程的引导者,也是这个家族的守护者。一代英雄曹操曾用"周公吐哺,天下归心"表达了求贤若渴的强烈愿望。"周公吐哺"典出《诫伯禽书》。周公教育子侄保持勤俭、敬畏、谦虚等品格,要顾全大局、忠诚无二,这些训诫都对后世的家风传统影响深远。关于"风随礼成",还有个故事。周公命儿子伯禽代替自己做鲁公。伯禽三年后回京师向周公汇报。周公问他为什么这么晚才汇报?伯禽说:"变其俗,革其礼,丧三年然后除之,故迟。"意思是,我到任后,改变他们的风俗,革新他们的礼仪,给他们定三年之丧。等到他们除丧,礼仪的变革才结束,所以迟了。与此相对的是,姜太公封到齐国,五个月就回朝廷来汇报。周公问他为何这么快,太公说:我自然是为政简易,随顺当地风俗。这里姑且不争论齐、鲁的管理方式谁优谁劣。应该看到的是,伯禽和姜太公其实都忠实地传承了周礼的精神——重视礼乐文明以及其移风易俗的作用。家风传统是因循礼乐制度文化逐渐形成的。这里的"周礼精神"实际上就是指周公"制礼作乐"、移风易俗、以礼治国的礼制文化精神。从历史发展角度看,周公最大的贡献,除了具体的政事实践,乃在于他"制礼作乐"、移风易俗、以礼治国,使周代文物大备,也影响了中国千百年的封建家

---

① 《荀子·富国》。

国治理历史。现在十三经之一的《周礼》,就是周公平定叛乱之后,制礼作乐、致太平盛世之书。周礼与周公,紧密联系在一起,周公成了周礼的象征。周公的封地在鲁国,自然也传承了其礼乐文化。伯禽秉承周公的礼乐文化教育,在鲁地推行周礼,三年之后取得了成功,从此鲁国变成礼仪之邦。到春秋时代,礼崩乐坏,列国不秉周礼,而鲁国成为保存礼乐文化最完备的国家。鲁襄公当政的时候,吴国的季札到鲁国游历,听到太师演奏的礼乐之后,十分慨叹。鲁昭公当政的时候,晋国的大夫韩宣子到鲁国,见到了《易象》和《鲁春秋》,他便感叹:周礼都保存在了鲁国啊,我现在终于明白周公的德行和周朝之所以能成就王业的缘故了。晋与鲁,同为姬姓诸侯国,晋国离周王室更近,但晋国的大夫却羡慕鲁国礼乐的完备,可见鲁国对周公之礼传承得十分周详。

(四)礼护门风

所谓"礼护门风",指的是礼教制度对家风具有维护和引导作用。鲁国的历代国君奉行周礼,还能挽救国家的危亡、避开了战乱;相反,如果不尊周礼,则祸乱连连。据载,鲁庄公的夫人哀姜与当时的公子庆父私通,庄公死后,公子般即位,庆父唆使人弑杀了公子般,让闵公即位。齐国的仲孙年去鲁国访问,回国后,齐桓公问仲孙年鲁国的情况,仲孙年回答说:庆父不死的话,鲁国祸患就不会结束。齐桓公又问:现在可不可以灭掉鲁国呢? 仲孙年否定了齐桓公的想法,其理由就是鲁国还没有放弃周礼,周礼是鲁国的根本,现在鲁国的根本还没失去,就不可能灭亡。这个事例说明,周礼救了鲁国,使其避免了一次灭国之战。鲁国的君主因不循礼法而导致身死家破的也不少。比如,鲁桓公弑兄而立,自己的夫人文姜与兄长齐襄公私通,鲁桓公最后在齐国被齐襄公杀死。鲁桓公的儿子鲁庄公,忘记了父亲的大仇,又娶了齐国的哀姜,哀姜与公子庆父私通,虽然没有杀庄公,却连续杀死了庄公的两个儿子,直到齐桓公把哀姜杀掉才平息了这场祸乱。桓公、庄公不秉持祖先制定下的礼法,莽撞妄行,故而酿成弑君之祸。这些事例都说明了一个道理,如果有周礼的护持,国家就能免于战乱和危亡;如果失去了周礼,家国都会处于危险的战乱、灭亡境地,可谓"尊礼则家国存,礼乱则家国亡"。

礼教制度不仅能护持门风、保家卫国，还能引导民俗民风向着文明方向发展。从民俗民风化导角度看，伯禽在鲁地所推行的周公之礼教是成功的。因为整个鲁地的百姓笃守礼仪，爱好经学。在周礼的化导影响下，这里才诞生了颜徵在、孟母等伟大的母亲，才培育出孔子、孟子这样的圣人。不管是秦灭鲁，还是后来刘邦取鲁，这里都能弦歌不绝，以至于司马迁感叹："齐鲁间之于文学，盖天性也。"其实不是天性，而是周公和孔子的礼教流风余韵所致。民间有一种说法，叫"万事问周公"。同孔子一样，周公也是中华儿女心目中最有德性、最有文化的人。与孔子稍不同的是，周公还有摄政王、鲁国先祖等较高的政治地位，参与了许多政治实践，因此他的家训多上升到国家的层次。这些训诫能施之于国家，同样可以施之于家族。一个国家的兴衰，与一个家族的兴衰，虽规模有所不同，其治理智慧却可以相通。忠信为家（国）、谦虚待人、无逸戒惧、秉持礼义，这些都已成为塑造中华家风的基本元素。周公的影响，可谓深远长久！

综上所述，宗法世袭时代家风传统传承的核心精神与价值理念就是追求"和"，追求以和平的方式传继权力，以"孝""忠"为手段维护社会秩序的稳定，以"礼"治天下国家。

第四节　中华优秀家风的传统典范

中华优秀家风传统源远流长，最令人推崇的莫过于五帝禅让之风、周公守中之风和孔门诗礼传家之风。

一、五帝禅让之风

"禅"就是"在祖宗面前力荐"，"让"指"以和平方式承继帝位"。所谓"禅让"，就是氏族贵族首领经过考验，选择符合心意、德行高尚和能力较强的后代来继位的制度。禅让制规定，帝王的子孙或者幼弟如果不遵循父祖、兄长之训，缺乏德行，是不能承继大位的。据《史记》记载，黄帝共生了25个儿子,在众多的儿子中,由谁来继承首领的地位和权柄? 如何培养继承者的良好领导素养? 根据什么标准来选择继承者? 实行何种制度来平稳交接权力而又能教育潜在的权力继承者? 五帝时期出现的禅让制以及围绕禅让对象的德行训诫实践活动创造性地回应了这些问题。据《史记·五帝本纪》记载,继黄帝之位的昌意之子帝颛顼有"圣德","静渊以有谋,疏通而知事;养材以任地,载时以象天,依鬼神以制义,治气以教化,絜诚以祭祀"①,不仅如此,他还能认真践行祖训游历四方、探访民情;无独有偶,继高阳之位的帝喾高辛,也能牢记祖训和父辈教导,"普施利物,不于其身。聪以知远,明以察微。顺天之义,知民之急。仁而威,惠而信,修身而天下服"②。然而,高辛帝长子帝挚没有严格遵循祖训和父辈教导,综合表现"不善",其位便由其弟放勋帝尧所取代。因为尧继承了祖训和父德,"其仁如天,其知如神""富而不骄,贵而不舒""能明驯德,以亲九族",所以"百姓昭明,和合万国"。但尧之子丹朱不遵祖训、常违父命,表现"顽凶",不像尧那样有德行。尧决定不能"以天下之病而利一人",于是经过多方考察后,将帝位传给了舜。舜之子"商均亦不肖"③,因而舜将帝位传给了禹。"禹者,黄帝之玄孙而帝颛顼之孙也。""禹为人敏给克勤;其德不违,其仁可亲,其言可信;声为律,身为度,称以出;亹亹穆穆,为纲为纪。"④虽然禹的德行高尚,但舜还是对禹进行过训诫。舜对禹说:你千万不要像丹朱那样骄傲自大,只爱荒诞佚游,在家中聚众淫乐。我不能放任他这种不肖的行为,因而断了他的爵位。氏族贵族的不肖子孙不仅不能继承父祖之位,而且其中的凶恶者还要遭到惩处。由此看出,五帝对子孙要求较高,传位之前都要经过严格考察和训导,禅让之风遂成。

---

① 《史记·五帝本纪》。
② 《史记·五帝本纪》。
③ 《史记·五帝本纪》。
④ 《史记·夏本纪》。

二、周公守中之风

"周公守中",这里的"中"既有"中庸之道""稳衡持中"之意,也有"忠信爱民""忠君报国"之意。周公,姬姓,名旦。他是周文王姬昌的儿子,武王姬发的弟弟,成王姬诵的叔父,鲁公伯禽的父亲。在政治方面,他辅佐武王一举灭商,统一天下,建立周王朝;武王去世,又辅佐周成王,营建洛邑,东征平定三监之乱,是周朝初年稳定政权的奠基之人。在文化方面,周公制礼作乐,使周代文物大备,奠定了周代的文化和制度基础并且影响后世家风传统。在孔子看来,周公堪为"德""礼"的典范,因此孔子常常梦见周公。晚年时,孔子将无法梦见周公视为自己的衰老和无力,他感慨地说:"甚矣,吾衰也久矣! 吾不复梦见周公。"

(一)忠信传家远

中国先秦社会是个家国同构的社会。在郡县制彻底推行之前,这种特色尤为明显。正因为家国同构,才有了"修身—齐家—治国—平天下"的家国治道理论传统,帝王的家事即是国事,国事亦与帝王的家事相关联。而周公对武王、成王的辅佐,既体现了对国的忠诚,也体现了对家族的忠诚。周王朝是由一个小部落发展起来的。在商朝强大的时候,周是臣服于商的异姓侯。商纣王在位时,姬昌为西伯侯。他修德睦邻,发展生产,巩固团结,使周成为众多诸侯国中实力最强、最有威望和号召力的国家。许多人才和诸侯纷纷归顺西伯侯,以至于当时周达到"三分天下有其二"的程度。不过文王仍然恪守臣节,保持对纣王的忠诚。文王死后,武王即位,此时的纣王荒淫无度,人神共愤。武王便联合各诸侯国起兵伐纣。商郊牧野之战,殷军倒戈,纣王自焚。武王灭商后,由于劳累过度,患了重病,宫中和朝堂无主,周氏王权陷入了严重的治理危机。这时,周公站了出来。他觉得作为武王的弟弟,要对兄敬;作为武王的肱股之臣,要对君忠。于是他建立了三个祭坛,向太王、王季、文王祈祷,祈求让自己代替武王去死,以安天下。太王、王季、文王是武王、周公的先祖。那时的人认为,有德的帝王死后,其灵魂将升天,成为天帝的辅助（所谓"宾于帝"）。后世子孙向祖先和天地祷告,可以获得赐福。太王就是古公亶父,是周族兴盛的鼻祖。他有三个儿子:泰伯、仲雍、季历。季历的儿子便是姬昌。太王看到姬昌出生时有祥瑞之兆,知道他将来是圣王,因此有意传位给季历,以传孙姬昌。但根据商代的嫡长子继承王位的宗法制度,不能直接传位于季历。泰伯、仲雍知道了父亲的心意,故意逃到吴越地区。那时的吴越还是未开化的地方,泰伯、仲雍割断头发,身体文上少数民族的纹饰,表示自己已混同于蛮夷,不具备继承的资格。泰伯、仲雍这样做,既实现了父亲的愿望,又不使父亲为难,免使父亲陷于不义之境。正是如此,孔子赞叹:"泰伯,其可谓至德也已矣! 三以天下让,民无得而称焉。"大意是:泰伯真让我刮目相看。他无私地让出天下,人民都找不到语言来称赞他。

　　周朝能够兴起,与其家族成员的忠诚、和睦是分不开的。这种忠诚也延续到了周公身上。周公向太王、王季、文王祷告,祈求他们保佑武王健康平安。他的祷辞是这样说的:"若尔三王是有丕子之责于天,以旦代某之身。予仁若考,能多材多艺,能事鬼神。乃元孙不若旦多材多艺,不能事鬼神。乃命于帝庭,敷佑四方,用能定尔子孙于下地,四方之民罔不祗畏。呜呼! 无坠天之降宝命,我先王亦永有依归! 今我即命于元龟。尔之许我,我其以璧与珪,归俟尔命。尔不许我,我乃屏璧与珪。"①这是在向祖先祈求,希望自己能代周武王去死。于国而言,是臣子尽忠;于家而言,是弟弟尽悌。后来武王暂时恢复了健康,周公命人将这个祷辞封在盒子里。不过好景不长,不久武王还是去世了。这时成王年幼,周公与召公奭(shì)共同辅政。以周公为主导。历史上甚至有人认为,周公当时是摄政王。他大权在握,又有人望,而成王年幼,难免会有人对他产生猜忌。周公的兄弟管叔、蔡叔和霍叔便对周公的掌权不服,散布谣言,说周公将对小皇帝图谋不轨。还勾结纣王之子武庚,煽动东夷几个部落发动叛变,史称"三监之乱"。周公由此作《大诰》,率军东征。杀武庚、诛管叔、放逐蔡叔、贬霍叔为庶人,还消灭了参加叛乱的五十多个小国,将周朝的统治地区延伸到东部沿海,大大地稳固了周朝

---

①《尚书·周书》。

的统治。从周氏家族历史看,周武王完成了灭商的功业,周公则为周朝的统治添上了最坚固的柱石。创业维艰守业难,家庭也是如此,需要每一代人的坚持与努力,需要每一个成员对家族和事业的忠诚。周公还政成王后,为避免猜疑,他一直居住在东方的洛邑,守护东方国土。周公后来病死,遗言是想葬在成周,以默默守护自己的侄子成王,但成王把周公葬于毕,使周公侍文王。这一年秋天,周出现了异象:庄稼谷粒饱满,一看就是丰收之景,然而未等人们收割,忽然狂风大作,庄稼倒伏,大树被连根拔起,天空中电闪雷鸣,人们非常恐惧。成王这时候打开封在盒子中的祷辞,才知道周公当年尽忠的那段真相。他对自己怀疑周公的事懊悔不已,于是按周公的遗愿改葬,并亲自去郊外迎接周公的神主。据史书记载,这时天空忽降细雨,风改变方向,把吹倒的庄稼又吹起来,周朝获得了大丰收。周公在国家危难之时,临危受命,作为摄政王,单凭行为确实很难判断他是忠臣还是摄国之佞臣。周公曾经向姜太公和召公奭表达过他的忠诚和志向,并获得了他们的认可。这种忠诚,既是对家庭的忠诚,也是对国家的忠诚。这种忠诚,不仅维护了周王室的长治久安,也使周公自己的家族获得了赞誉。成王把周公当作君王一样看待,赐给鲁公伯禽天子礼乐,使鲁国君主能以天子礼祭祀周公,这是其他诸侯国难以想象的。周公的忠心给家族带来了善报,也形成了值守忠信的家风传统。

(二)谦谨得民心

周公有一篇著名的家训,即《诫伯禽书》。当时,周公被封为鲁国的诸侯,但成王年幼,国家政权不稳定。周公便留在王都辅佐成王,让长子伯禽代他去鲁国。临行前,周公告诫伯禽说:"子之鲁,慎无以国骄人。"①周公的意思是,我作为文王的儿子,武王的弟弟,成王的叔父,按权力、声望和地位来说,也不算卑微了。但我仍然在洗头的时候三次握起湿着的头发,吃饭的时候三次吃进去,又吐出来。这是因为如果有贤能之士来见我,我就会马上出去接待他们,不敢怠慢。这样才能够不失去天下的人才,得到人们的信

---

① 《诫伯禽书》。

任。你到了鲁国,千万不能因为自己是一国之主便傲视国人啊。周王朝以宗法制和分封制统治天下。嫡长子继承天下,成为王;庶子被分封到其他地方,成为诸侯王。那时的周王朝,还没有强大到将其他所有部族纳入自己的统治范围。为了维持王朝的统治,周天子不仅分封同姓诸侯,还分封异姓诸侯。异姓诸侯国,一般是灭商的联盟诸侯国,或者是周王室的功臣,比如姜太公被封于齐。周王室常用通婚的方法联络异姓诸侯,以婚姻"合二姓之好",所以周王室以及姬姓的诸侯国,便与异姓诸侯国结成甥舅关系。也就是说,当时的周王朝,就是一个共主的亲缘大家庭:同姓的属于宗法血亲关系的范畴,异姓的多是姻亲。周天子于天下而言是君主,于家庭而言则是家长。大夫对于诸侯,诸侯对于天子的效忠,既是政治上的,又是家庭伦理上的。异姓诸侯作为姻亲之国,一方面辅助周王朝的统治,一方面也给周王朝带来了新的文化和力量。所以,如何团结异姓诸侯,也是周天子必须考虑的治国方略。周天子非常明白,仅靠姻亲来联络诸侯国是远远不够的,因此在治国治家时还表现出另外一个特点,即"谦谨尊贤"。姜太公是当时非常有才能的人,故文王谦虚地向他求教,"学焉而后臣之",终于获得姜太公的辅佐而一匡天下。

要获得其他人的支持,首先要谦虚谨慎。周公每天兢兢业业,日理万机,但遇到有贤能的人来拜访,必定中断饮食或沐浴而去接待,正是这种礼贤下士的谦虚态度,使他获得天下贤才的信任。老子说:大海之所以能让千万条溪流都朝向它,正是因为它处在最低下的地方。周公的谦以待人,正是如此。后来曹操读了周公的《诫伯禽书》,写下了"山不厌高,海不厌深。周公吐哺,天下归心"的名句,是对周公善待贤能的最佳总结。对于一个新封的诸侯王来说,谦虚谨慎尤其重要。伯禽被封在鲁地,这个地方的土地较齐国稍丰厚,人口更多,民风也更为淳朴。但伯禽没有因民风淳朴而轻视这里的民众,因为他知道在一个地方开辟国家,尽管有周天子的授命以及赐予的士卒、人民和礼器,但仍需虚心地接受当地贤人的意见,才能与当地融为一体。伯禽礼贤下士,使鲁国大治。当时淮夷、徐戎叛乱,伯禽配合成王,讨伐徐戎,一举而定鲁,也使周王朝获得了稳定和统一。伯禽的后代在鲁地的统治,相较于其他诸侯国,基本是忠厚、稳固的。周公不但以此教育儿子伯禽,也以此教育侄子周成王。他告诫成王说,千万不要慢待贤人,欺侮老幼。谦虚谨慎,不仅包括对于其他人的尊重,还包括对于上天的敬畏。内心无所敬畏的人是可怕的,因为他们往往会肆无忌惮。如商纣王,当各地诸侯都已反叛的时候,他还以一种傲慢的口气对臣民们说:"呜呼!我生不有命在天。"意思是我做帝王的命运是天定的,叛贼能奈我何呢?他认为自己不管做什么坏事,上天都站在他这一方,对上天无所敬畏,肆无忌惮。而周文王则小心翼翼,昭事上天。他们认识到,上天对于一个家族、一个国家的赐予或帮助,不是无条件和永恒的。文王、武王、周公一直以"小邦周"自居,称殷商为"大邑商"。文王三分天下有其二,仍然向纣王称臣,不放弃劝说纣王的努力;武王会八百诸侯,观兵孟津,感觉天命未到,仍不轻易冒进,重新整顿力量。这些都是谦虚、敬畏的体现。在当今社会,我们未必信奉上天和神灵,但须知内心的敬畏,须有道德的底线。只有如此,才可以"自天佑之,吉无不利"。与此相反,则是天怒人怨、众叛亲离。国如此,家亦然。

(三)无逸保家业

《周易》的乾卦,其《大象传》十分有名:"天行健,君子以自强不息。"有人认为《大象传》是孔子所作,但他传达的是周代特别是周公的精神。《周易》的爻辞据说是周公所作。乾卦九三爻的爻辞有言:"君子终日乾乾,夕惕若厉,无咎。"意思是说,君子一天到晚都奋发有为,到了晚上仍十分警惕,就好像遇到危险一样谨慎。君子保持这种状态,就没有咎灾。这种忧患意识最集中的表现便是周公。前面说到他"一沐三捉发,一饭三吐哺",既是谦虚之故,也是忧患意识使然。创业是艰难的。古人常用"筚路蓝缕,以启山林"来形容。但基业建立之后,家族或国家的继任者们往往体会不到当时的艰苦,认为财富和权力的拥有是理所当然的,容易骄奢淫逸。周公追随文王、武王,知道家族创业的艰辛,更知道维持这份事业的不易。周代分封诸侯,往往赐给他们青铜礼器,上面常刻有一句话:"子子孙孙永保用。"这句话的重点不是青铜器的长久保存,而是祈求子孙绵延和事业长久。周武王去世的时候,据《史记》记载,成王尚在襁褓之中。在和平时代成长起来的君主,容易贪图享乐。周公非常注重成王的教育。为了使成王成为一代明君,继承乃祖乃父的基业,周公给成王作了各种训诰,这些训话被史官记录、整理下来,便是《尚书》中的许多文章。其中《无逸》就是其中最有名的一篇。《无逸》的一开头便告诫成王,居于天子之位,一定不要贪图安逸,要"先知稼穑之艰难"。周的祖先后稷,是舜禹时候的农官,他教导百姓种植庄稼,人民不再因只吃鱼虾而生病。《诗经·生民》记载:(后稷)生下不久就能种大豆。种的禾粟嫩苗青,麻麦长得又旺盛,瓜儿累累果实成。后稷稼穑,善于辨明土地特性,让五谷按照其特性繁茂生长,人民喜获丰收。自后稷开始,周人比其他部落更了解稼穑的艰难。那时还没进入铁器时代,青铜器贵重,耕种主要靠木、石、骨制成的工具,"刀耕火种"是那个时候的常态。一个农夫一年劳动所得,除去勉强维持温饱外,能交给王室和诸侯的并不多。如果王室的赋税再重一些,很多人便食不果腹。

王制对社会耕种的影响主要有两个方面,一是赋税,一是徭役。其中徭役对于正常的生产破坏极大。一般说来,动用民力筑城、修路、固堤、清淤等活动,最好是在秋收之后进行,以做到"不违农时"。但骄奢淫逸的君王则不管这些。大的建筑工程,不仅需要的人多,而且耗时长久,必然耽误农时。除了追求壮丽的宫室,历史上还有很多君主、贵族变着花样玩耍。比如尧帝的儿子丹朱,居然喜欢在地上坐船。地上如何能行船?当然是让民夫在旱地拖着船走,荒唐之极。无怪乎尧没有把王位传给他,而是给了舜。骄夸的人,整日游手好闲,想着如何打发光阴,如何满足自己的各种欲求,必定会疏于政务。在《无逸》中,周公给成王举了四个勤政的模范:殷商的中宗、高宗、祖甲以及成王的祖父周文王。殷中宗敬畏天命,在治理民众方面不敢有丝毫的懈怠,最后享国七十五年。殷高宗在父亲死的时候,守丧三年,居住在庐棚里,一言不发,将国家大事委托给冢宰,他亲政之后也不随便发言,一发言便直中要害,使商朝获得中兴,他在位五十九年。祖甲曾在民间生活,深知民众疾苦,即位后特别体恤民众,不敢逸豫,从不歧视孤寡之人,他在位三十三年。此后商朝的国君一个比一个放纵,享国也短,最后使成汤的基业毁于一旦。周文王善仁谦恭,安抚庶民,施德孤寡,从早晨到中午再到太阳偏西,几乎没有工夫吃饭,全用于造福万民,从不敢懈怠,恭恭敬敬操劳政事。文王中年即诸侯之位,在位五十年。

周公给成王树立了四个正面典型，又列举了纣王这个反面例子。除了骄奢，还"酗于酒德"。不酗酒为何在"无逸"的要求中如此重要？这有两个原因：一是酒是消耗品，酿酒需要大量的粮食。在生产力不高的时代，这显然是比较奢侈的，即便到了宋代，司马光在《论风俗劄(zhā)子》里面还提到，饮酒之风不利于农粮的丰赡。二是饮酒过度会乱德。古人对于酒的主要用途是礼。祭祀上天、祖先，都要用酒。君主宴请贤人，乡里增加情谊，也需要酒。但喝酒的场合、对象和数量，是有节制的。过度饮酒，狂醉迷乱，是对礼法的极大破坏。据说纣王建造了"酒池肉林"，男女裸体追逐其间。有这样的国君，国家如何不败亡？周公也是有鉴于此，而以勿酗酒训诫成王。殷商人喜好饮酒，亡国之后此风仍不衰。当时殷商遗民居住在卫地，饮酒不辍，周公把康叔封在卫地后，给康叔作《酒诰》，让他限制本国的饮酒风气。事实证明，周公的教育非常成功。周成王最终成为一个勤勉有为的君主。他在位期间，联合堂兄鲁公伯禽东征淮夷、徐戎，大获成功，四方皆归顺，同时他还兴礼乐，民众和睦，百姓纷纷称颂其功业，周朝无逸爱民、忠君爱国、持守中道、谦逊礼贤的良好家风传统得以传扬。

三、孔门诗礼之风

孔府，又称为"圣府"，位于山东曲阜，有"天下第一家"的美誉。从孔子庭训孔鲤学诗学礼，到明万历十一年孔尚贤制定了具有纲领性的族规《孔氏祖训箴规》，再到此后的不断传承完善，孔氏子孙始终注重家教，恪守家训，以"礼门义路家规矩"著称于世。

（一）孔子教子

孔子家风的源头要从孔子对儿子孔鲤的教育说起。这个故事在《论语》中有明确的记载。孔子的儿子叫孔鲤，传说这个孩子出生的时候，鲁国国君派人给孔子送来一尾鲤鱼以示祝贺，孔子非常高兴，因此给儿子起名鲤，字伯鱼。孔鲤是孔子的独子，他长大后和孔子的诸多弟子在一起学习。有一天，孔子的学生陈亢拦住了孔鲤，问："伯鱼啊，老师有没有背着我们教你一点什么别的东西啊?"孔鲤说:"没有啊! 和大家都是一样的。不过,有一次,我看见父亲独自一人站在庭中,我就小步快跑到了父亲跟前。父亲说,'伯鱼,最近学《诗》了吗?'我说,'没有。'父亲说,'不学《诗》,无以言。'我就赶紧回去读《诗》了 。又有一天,还是在中庭,父亲问我,'伯鱼,最近学《礼》了吗?'我说,'没有。'父亲说,'不学《礼》,无以立'。我就赶紧回去学《礼》了。"陈亢一听,觉得老师确实没有给伯鱼"开小灶"。为什么这么说呢,因为在当时孔子的教育体系当中,《诗》《礼》都是孔门弟子的必读书目,陈亢和孔鲤学的都是一样的。而且,在孔子身后,后代子孙牢牢记住了孔子对孔鲤的训诫,并把这种训诫的方式称为"庭训"。孔门家风,开宗明义就是学《诗》、学《礼》,这成为历代孔门子弟自我修养与教育后代最为重要的一条训诫。

(二)诗礼立人

"不知《诗》,无以言",这是孔子对《诗》的评价。春秋时代,贵族人物之间的对话有引用《诗》的习惯,以《诗》的内容表达自己的情感与诉求。例如《左传》中记载了这样一个故事。晋文公重耳在获得王位之前,曾经遭人诬陷,被父亲猜忌险些丧命,为了逃避仇杀,他不得不选择流亡国外。经历了多年的颠沛流离之后,重耳来到了秦国。当时主政秦国的是秦穆公,他非常欣赏重耳,热情款待,甚至把自己的女儿嫁给了他。在一次宴会上,重耳对秦穆公说:"沔彼流水,朝宗于海。"这出自《诗》中的《沔水》。重耳借着诗句表达心愿:我重耳就是河水,愿依附您这个浩荡海洋。穆公听出了重耳的心意,回应了一首《六月》。《六月》也是《诗》中的一篇,讲述的是周宣王庆祝大臣凯旋的故事。穆公用这首诗歌作答,表示自己对重耳的欢迎,以及将来对重耳的支持。这一颂一答,不懂《诗》的人会觉得两人什么都没说,而熟悉《诗》的人都明白,两个人已经把自己的心迹表露无遗。这样的例子,在春秋的政治生活中并不少见。"诗三百"就是我们今天读到的《诗经》,是孔子删定而成。"《诗》三百,一言以蔽之曰:思无邪。"这说明,《诗》在孔子的眼中,不仅可以用来与人对答,还可以陶冶人心。学《诗》也不仅是学会说话,而且可以学会从内心生发出道德力量,所谓诗教就是从此而来。所以,学《诗》对于后代来说,更是一种道德情操的陶冶与修养了。

"不学《礼》，无以立"，则是孔子在向儿子强调礼的重要性。可以说，《礼》和《诗》是相辅相成的。《诗》陶冶人的内在道德情操，而《礼》规范人的外在行为。大而言之，礼是一个社会能够正常运行的法则；小而言之，礼是一个人能够在社会中自处的规范。孔子非常重视"礼"的意义，这从他一生的重大选择中可以看出。孔子一生两次离开鲁国，可以说都与"礼"有关。第一次出走是孔子三十五岁那年，鲁国贵族季孙氏，"八佾舞于庭"，就是观看六十四个舞位的舞蹈。孔子得知后，说"是可忍，孰不可忍！"①为此，孔子第一次远走他乡。人们可能要问，为什么一段舞蹈让孔子如此愤怒呢？这就涉及当时的"礼"制。按"礼"，天子用八佾，诸侯用六佾。而作为贵族的季孙用八佾，就是对"礼制"的僭越，这是孔子绝对不能容忍的。第二次出走发生在孔子做鲁国大司寇之时。孔子之所以能够出任大司寇，主要的原因是鲁国的掌权者季桓子的支持。但是，正当孔子干得风生水起时，邻国齐国有点怕了，就给季桓子送了一大批美女。于是，季桓子整日沉迷女色，三日不问政事，国事眼看就要荒废了。这时孔子的学生子路有点坐不住了，就对孔子说："夫子可行矣。"从对话中可见，师生两人对于这件事情早有讨论。但是，孔子却说再等一等。等什么呢，原来，马上就要春祭了。按"礼"，季桓子在春祭时要按照礼制送给孔子一块肉。"鲁今且郊，如致膰（fán）乎大夫，则吾犹可以止。"②孔子依然希望，季桓子能够按礼制送给他祭祀的熟肉，如果季桓子真的这么做了，孔子觉得季桓子还遵礼行事，是可以劝说他重新走上正途的。然而，春祭的日子到了，肉却没有送来。孔子终于下决心第二次离开鲁国，开启了他十四年的周游之旅。这时，又有人难免疑惑：季桓子沉迷女色都无法让孔子下决心出走，为什么一块肉就让孔子这么决绝呢？孟子解释说，"不知者以为为肉也，其知者以为为无礼也"③。可以看出孔子最终看重的还是"礼"。

---

① 《左传·昭公二十五年》。
② 《史记·孔子世家》。
③ 《孟子·告子章句下》。

　　（三）诗礼传家

　　历代孔门子弟都非常清楚孔子在"诗"与"礼"上所倾注的心血,这是孔子对人内在修为与外在行为的基本要求,同时也是最高期待。所以,"诗""礼"传家,当仁不让成为孔门家风中第一条训诫,这也成为孔门家风的源头,当然也为后世无数的孔门子弟亲身实践。秦时孔鲋,饱读诗书,"藏书鲁壁",舍家举义,践行了"道不同,不相为谋"①的祖训;东汉孔融四岁让梨传美谈,他与兄长孔褒冒险收容忠臣张俭,上演了与母亲"一门争死"的壮举,践行了"君子喻于义"②的祖德;明万历十一年,孔尚贤颁布《孔氏祖训箴规》,秉承了先祖"克己复礼"③的教诲;六十七世孙孔毓珣为官造福地方,受到朝廷和百姓褒赞。正是由于历代孔氏后人秉持祖训、好礼尚德,雍正皇帝在召见孔子七十世孙孔广棨(qǐ)时说道:"至圣先师后裔当存圣贤之心,行圣贤之事,一切秉礼守义,以骄奢为戒。"礼乐传家久,诗书继世长。孔子的诗礼庭训、孔氏的祖训箴规早已融入孔氏族人血脉之中,熔铸成中华家风传统。

---

　　① 《论语·卫灵公》。
　　② 《论语·里仁》。
　　③ 《论语·颜渊》。

第三章 中华家风的文化结构

家风文化结构由价值理念要素、仪式活动要素、居所环境要素所组成。家风的价值理念要素是家风文化的精神内核，它依靠家训、家规、家谱等家风文化物质外壳来承载和表达，依赖家教、家仪、家祭等仪式活动来传递、开新和发扬光大，依托家庭居所环境来呈现、渲染和熏陶。

第一节 家风的价值表达

家风是一个家庭的精神内核和道德源头,其核心和关键要素在于价值理念。家风价值理念既需要语言文字符号来明晰确立,也需要行为仪式活动来反复稳固强化,还需要居所环境场域来渗透烘托。相比较而言,在承载和传递家风价值理念方面,语言文字符号更为基础。人的思维意识最容易通过语言来交流和传递,语言常常充当了思想的物质外壳,因此语言文字符号是承载家风价值理念的基础。家风价值理念的语言表现形式主要有家训、家规和家谱,当然也表现在家教读本、家仪导语和家居书法楹联等形式中。家训以语言和对话的训诫形式承递家风价值理念;家规以制度性文字律条来规范、禁止或倡导、化导家庭成员的思想言行;家谱以家族血亲世系的良好家风事迹来隆盛族亲世代历史名望。

一、家训倡德

家训是家族祖先长辈、父母兄长训诫子孙、家人德性修身、持家志业的诲导之言,也包括兄长对弟妹的劝勉、夫妻之间的嘱托。它既是对家族长辈治家认识、体验的总结,反映了家族适应社会发展所秉持的价值原则、文化理念、德行标准,也蕴含着家族对子孙后代的期待与指导。家训教育形式只指向家庭、家族内部成员,教育内容围绕着家庭生活、立德修身、习养齐家、依循族俗、彰显姓氏独特风尚来进行,家训的教育方法手段往往具有独特的家族特点和家庭风范。

(一)家训塑造人性

人性之核,乃社会性。人都有动物性和社会性,马克思认为,人的本质在于社会性，"人的本质……是一切社会关系的总和"①。人性是在人类社会实践活动逐渐形成，经家训得以塑造。所谓人性，指的是人的社会德性，是区别于动物的群体本质属性。家训是伴随着家庭的产生而出现的一种教育形式。在远古群婚杂居时期，还没有出现相对固定的家庭，因而也无所谓家训。到了原始社会后期，出现了剩余劳动产品，家庭逐渐开始出现。最初的家有氏族、贵族等形式。东汉郑玄《昏礼注》云："天地初分之后，燧皇之时，则有夫妇。"又据《古史考》载："伏羲制嫁娶，以俪皮为礼。"这一时期正值距今约一万八千年的山顶洞人时期，我国处于母系氏族时代。由于这一时期还不是严格的一妻一夫婚制，一母所生的子女属于多个父亲，"人但知其母，不知其父"②，家庭雏形具备，家训内容涉及子女跟着母亲接受传统、习俗和简单的生产劳动教育，家训所传达的价值理念涉及原始家庭成员的劳动光荣、征战神圣、平等和睦、敬母爱长、长幼有序等内容。在家训的教导塑造下，人类从原始的动物性生存逐渐变成具有一定社会秩序和社会道德的群居社会性生存。大约距今六千至五千年左右，随着生产工具的改进，磨光石器和弓箭、梭镖的普遍使用，男子在劳动中的作用不断提升逐渐取代了妇女在劳动生产中的主导地位。这种变化引起男子谋求私有财产的占有权与家庭生活的统治权，并把这种占有权和统治权按照自己的意愿传给自己的子女。于是，我国的母系氏族公社就被父系氏族公社所代替，对偶婚家庭就被一夫一妻制家庭所取代。以炎帝和黄帝为代表的的氏族部落就是我国父系氏族公社的典型组织。后来，黄帝战胜了炎帝，成为中原地区部落首领。黄帝为了"君臣上下义，父子兄弟之礼，夫妇匹配之合"③，从此有了正式的家庭教育，人的社会性特征逐渐取代了原始的动物性本能。人的社会性意识表现在社会组织的秩序性、等级性和伦理性。在这一人性改造过程中，家训就是当时社会家庭教育的主要形式。

家庭之始，德性训立。人的社会德性是在家庭实践活动中得以体现和传承的。在中华父系氏族时期，帝权位传往往训之以德，传之以贤。据《史

① 《马克思恩格斯选集》（第一卷），人民出版社，2012年，第135页。
② 《白虎通·号篇》。
③ 《商君书·画策》。

记·五帝本纪》载,继黄帝之位的颛顼帝高阳有"圣德","静渊以有谋,疏通而知事;养材以任地,载时以象天,依鬼神以制义,治气以教化,絜诚以祭祀"①。继高阳之位的帝喾能"普施利物,不于其身。聪以知远,明以察微。顺天之义,知民之急。仁而威,惠而信,修身而天下服"。帝喾之长子挚"不善",于是帝尧取而代之。因为帝尧"其仁如天,其知如神""富而不骄,贵而不舒""能明驯德,以亲九族",所以"百姓昭明,合和万国"。但由于尧之子丹朱"顽凶","尧知子丹朱不肖,不足授天下,于是乃权授舜"。由此观之,掌管天下的权柄在家族成员中传递都是以德性为标准,这种位传规则和行为其实就是一种家训的传承。

(二)家训教人生存

家训之初,教人谋生。家训初萌时期所传达的价值理念在于教人与自然抗争。家训初萌的五帝时期教育的内容涉及农业知识、气象知识、水利知识、天文历算知识、手工业制造技术知识、家庭婚姻与相关制度知识、医学知识、社会治理初步知识以及权力更替知识。这一时期家训所传达的核心价值理念在于教导家人与自然抗争,求得生存保障。黄帝之所以能战胜炎帝部落一统中原,后来又征服东夷、九黎族而统一中华,核心原因就在于他带领家族部落掌握了基本的生存、征战和社会治理知识,并能训导家族成员世代相传。黄帝是少典与附宝之子,本姓公孙,后改姬姓,居轩辕之丘,故号"轩辕氏",人称"姬轩辕",因有土德之瑞,中土色黄,故被尊称"黄帝"。黄帝部落建都于有熊,黄帝亦称"有熊氏"。也有人称之为"帝鸿氏"。《史记·五帝本纪》载,黄帝"生而神灵,弱而能言,幼而徇齐,长而敦敏,成而聪明"②。黄帝在位期间,播百谷草木,大力发展生产,其制衣冠、建舟车、制音律、创医学等"家学"渐成传统在后世流传。黄帝曾孙帝喾元妃姜原"清静专一,好种稼穑",以植麻、种菽为游戏育儿,教其子弃"种树桑麻。弃之性明而仁,能育其教,卒致其名"③。弃能参透化育母教,成人后"遂好耕农,相地之宜,宜穀

---

① 《史记·五帝本纪》。
② 《史记·五帝本纪》。
③ 《列女传·母仪传》。

者稼穑焉,民皆法则之"。弃的事迹被尧获悉了,尧任命弃为"农师",主管全国的农业生产,"天下得其利,有功"。后来被舜赐邰地(今陕西武功县)立国,"号曰后稷,别姓姬氏"①。后稷沿袭家学传统,把务农技艺传给其子不窋,不窋也以农继位。后来夏禹的孙子"太康失国,废稷之官,不复务农"。不窋失官,奔走于戎狄之间。至其孙公刘时,"复修后稷之业,务耕种,行地宜,自漆、沮度渭,取材用,行者有资,居者有畜积,民赖其庆。百姓怀之,多徙而保归焉。周道之兴自此始"②。周以农立国,其农业技艺溯源于姜嫄、后稷、公刘,其功业得到百姓、士人拥戴,"至周文、武而兴为天子"③。

除了农业种植技术,物候气象知识也是五帝时期看重的家学训导内容。传说舜的祖先"虞幕能听协风,以成乐生物者也"④。虞幕候风气象技艺有助于农耕,得到人们的拥护。舜的父亲瞽瞍继承了这一家学技艺,故世袭虞君。舜继承了父辈的候风知识,故"尧使舜入山林川泽,暴风雷雨,舜行不迷。尧以为圣"⑤。与气象知识一样,水利知识也是五帝时期看重的家学训导内容。帝尧时洪水时有泛滥,百姓深受其害。鲧被人们举荐去治水。鲧治水"九年而水不息,功用不成",鲧之子禹"续鲧之业",改筑坝"堙洪水"为疏导,终于取得成功。疏浚治水之法也因此作为家学重要内容流传后世。此外,天文历算知识也是五帝时期家庭所看重的家学训导内容。据《史记·历书论》载,黄帝"考定星历,建立五行,起消息;正闰余,於是有天地神祇物类之官"⑥,并把天象与官职联系起来。黄帝之孙颛顼帝高阳登位后,"命南正重司天以属神,命火正黎司地以属民,是谓重、黎绝地天通"⑦。尧登位后,命重、黎之后羲、和"钦若昊天,历象日月星辰,敬授民时"⑧。至夏代,羲、和的后代承袭家学渊源,仍为主管天地四时历数之官。手工业技术一般为

① 《史记·周本纪》。
② 《史记·周本纪》。
③ 《列女传·母仪传》。
④ 《国语·郑语》。
⑤ 《史记·五帝本纪》。
⑥ 《史记·历书论》。
⑦ 《国语·楚语》。
⑧ 《尚书·虞书·尧典》。

工奴所掌握,其位卑下,史籍笼统称之为"百工",尧时已设"工师"一职,以监管百工器物制作。其传承形式也是父子相传。由此看出,家训初萌的五帝时期,家训的内容主要是劳动生产技术知识和家庭生活技艺,其核心价值理念在于教导家族成员与自然抗争,求得生存与繁殖的基本保障。

(三)家训教人处世

家训之要,教人处世。如果说家训之基在于教人生活,家训之核在于以德为心的话,那么家训的重要内容就在于教人学会为人处世,在社会中处理好各种关系,如人与人的关系,人与社会的关系、人与自然的关系、人与自己内心的关系。文王家训见之于《尚书·酒诰》和《逸周书》。文王家训的重点是太子姬发。"文王诰教小子有正、有事:无彝酒。越庶国:饮惟祀,德将无醉。……惟土物爱,厥心臧。"①在《逸周书》卷三《文儆解》和《文传解》中详细记录了文王训诫五项内容:一是要以礼义引导民众,引导民众"非利""非私",预防争夺与乱亡发生;二是厚德广惠,为民爱费,惠施百姓,要做到"工匠以为其器,百物以平其利,商贾以通其货。工不失其务,农不失其时",这才是"和德";三是忠信爱人,"凡土地之间者,胜任裁之,并为民利";四是节俭不靡,"不为骄侈,不为泰靡,不淫于美,括柱茅茨,为民爱费。山林非时,不升斤斧,以成草木之长,川泽非时,不入网罟,以成鱼鳖之长。不麛弭不卵,以成鸟兽之长,畋渔以时,童不夭胎,马不驰骛,土不失宜。土可犯材,可蓄润湿,不谷树之竹苇莞蒲,砾石不可谷,树之葛木,以为缔绤,以为材用";五是积聚财富,备荒备战。他告诫太子"天有四殃,水旱饥荒,其至无时,非务积聚,何以备之";"有五年之积者霸""有十年之积者王""无一年之积者亡";"兵强胜人,人强胜天,能制其有者,则能制人之有"。②

武王继位时,其子姬诵尚幼,无法授教君道,为传位万世,便将自己的心迹以格言形式铭刻于家庭器物上,以使他长大后接受训诫。其席四端依次铭曰:"安乐必敬""无行可悔""一反一侧,亦不可忘""所监不远,视迩所

---

① 《尚书·酒诰》。
② 《逸周书·卷三·文传解》。

代"。其几、镜、盘分别铭曰:"皇皇惟敬,口生垢,口戕口。""见尔前,虑尔后。""与其溺于人也。宁溺于渊。溺于渊,犹可游也;溺于人,不可救也。"①此外,在楹、杖、带、弓、矛、剑、履等饰物、生活用品上皆有各种铭文。这些铭文的主要意思就是要子孙以殷商的衰败为鉴戒,要依道而行,敬谨谦恭;忍忿制欲,伸屈兴废;修身醒过,慎言语,免招辱;毋残害,杜祸患;尊长养老,奉行孝悌,从而永保周室。

从训诫的对象来看,周公家训可以分为对子、侄、弟三方面内容。首先,周公诫子伯禽"无以国骄人"。周公认为伯禽"彼其宽也,出无辨矣""彼其好自用也,是所以窭小也""彼其慎也,是其所以浅也",于是有针对性地教他要礼贤下士、培育谦德。人的谦德有六种情况:"德行宽裕,守之以恭者,荣;土地广大,守之以俭者,安;禄位尊盛,守之以卑者,贵;人众兵强,守之以畏者,胜;聪明睿智,守之以愚者,哲;博闻强记,守之以浅者,智。"②其次,教侄成王勤政毋逸。成王姬诵是武王之子,周公既是成王之叔,也是成王之师,肩负有重要的教育责任。据《礼记·文王世子》记载,成王年幼时,周公让成王与伯禽一起接受教育,成王长大后,周公"还政成王,北面就臣位",还不失时机劝诫成王吸取夏商兴衰存亡的经验教训,牢记先王创业立国的艰辛,教诫成王戒逸乐,恤百姓,健全管制,任人唯贤,同时做到言而有信,保持君王的威严。再次,劝导同母弟康叔勤政爱民。康叔是周武王同母兄弟,十个兄弟中排行第九。周公作《康诰》《梓材》《酒诰》对康叔进行训导,其内容有四:一是勤国事,勿贪逸;二是敬天爱民,尚德重教;三是明德慎罚,义刑义杀;四是厉行禁酒,破除恶习。周公说,治国"若作室家,既勤垣墉,惟其涂塈茨。若作梓材,既勤朴斫,惟其涂丹雘"③。治国好比造房屋,既已勤劳地筑起了墙壁,就应当考虑完成涂泥和盖屋的工作;好比制作梓木器具,既已勤劳地剥皮砍削,就应当考虑完成彩饰的工作。只有按计划、依步骤地艰苦工作,不偷一点懒,才能把家国治理好。要像父亲文王那样,"庸庸,祗祗,威

---

① 《大戴礼记·卷六》。
② 《周公诫子》,又见《韩诗外传·卷三》和《戒子通录》。
③ 《尚书·梓材》。

威,显民"①。周公教导康叔去卫国后,要重教化,"必求殷之贤人君子长者,问其先殷所以兴,所以亡,而务爱民"②。要教育百姓"无胥戕,无胥虐",对待犯罪的臣民也要"罔厉杀人",要告诫各级官员"汝劼毖殷献臣、侯、甸、男、卫,矧太史友、内史友、越献臣百宗工,矧惟尔事服休,服采,矧惟若畴,圻父薄违,农夫若保,宏父定辟,矧汝刚制于酒"③。周公开启了仕宦家训大门,更具有广泛的社会意义。其所采用的以物喻理、榜样引导、率先垂范、亲情感染、鞭笞惩戒等家训方法也启迪后人效仿,由此开创了中国帝王仕宦家训倡德之先河。

二、家规止禁

所谓"家规",就是一个家庭或家族的行为规范和制度标准。家规通过制度性规范条文来传达一个家族和家庭所秉持的价值理念。相比于家训,家规在传承家风价值理念方面更具全员性、严格性、稳定性和持久性。

家规与家训相比,有传递家风价值理念方面的共通性,也有各自的独特性。共通性表现在三个方面:其一,价值同向,家规和家训都表明了家风价值取向;其二,风纪共担,家规和家训都承载着家风的具体内容;其三,迁移同步,家规和家训都会随着时代的发展、环境变迁从而展现家风的变化。家规和家训各自独特性有三个方面表现:其一,历史不同,家训出现的历史要比家规长。一般一个家族的家训经过一代或者几代人的传承、实践检验和历史考验,才会作为家规固定下来、传承下去。也就是说家规是家训"成熟"的表现。其二,关系分殊,主客体关系不尽相同。从主体来看,家训的主体往往是在世的家长或者家族内有权威之人,当然也可以是祖上某位德高望重之人;家规的主体往往泛指祖上,当然也可以是现世刚刚制定家规的个人或集体。从客体来看,家训的客体往往是被训诫的对象,是某个人或者某类人,训诫的主体可以不属于被训诫的对象,也可以训诫人自己以身作则将自

---

① 《尚书·康诰》。
② 《史记·卫康叔世家》。
③ 《尚书·酒诰》。

己纳为被训诫对象范围,其训诫对象的归属性由训诫主体来确定;家规的客体则包括家族或家庭所有成员,每位家庭成员都须遵守,因而也称"家法"。从主客体关系看,家训在主客体关系上表现为"单向性""针对性",家训是主体对客体有针对性地、单向地提出训导和要求,希望被训导对象听从和接受训导者所提出的训导内容,向着所训导的方向发展;家规在主客体关系上表现为"公约性""世代性",家规往往是已过世的先祖们对后代人(主要是现世活着的几代人)的要求和规范,现世所有家庭成员均应平等遵守家规。其三,特点各异,家训往往是行为的原则、方向的倡导,具有原则性、抽象性;家规往往细化到行为原则的节点、分界,具有操作性、标度性。家训重动机,喜欢从正面倡导;家规重效果,偏好从反面禁止;家训往往首先着眼于某个具体对象,从个别对象推广到一般对象;家规往往着眼于某类一般对象,从一般行为要求到每个具体个体落实;家训往往是训导者对过往实践经验的总结,是对被训对象充满柔情的善意提醒,也对被训对象提出了未来的希望;家规是前人多代智慧的实践积累,往往具有刚性,往往通过严苛的惩戒手段在被训对象心里树立不可撼动的权威形象。它往往用制度的理性约束人心底的魔性,从而成就家族家风的品格和辉煌。

(一)家规制伦范行

家规治家以法。家规在历史上也称为"家法",是家族或家庭核心的"法",是每个家庭成员行为的准确度量,对整个家族都有着非常重要的规范和凝聚作用。"家法"一词,始见于《后汉书·儒林列传》。东汉光武帝刘秀建立政权之后,"爱好经术",四方学士便纷纷带着经书云集京师,"五经博士,各以家法传授",分别教授《施氏易》《孟氏易》《京氏易》《欧阳(尚)书》《大夏侯(尚)书》《小夏侯(尚)书》《齐诗》《鲁诗》《韩诗》《大戴礼》《严氏春秋》与《颜氏春秋》,史称"五经十四博士"。这里的"家法"指的是一家之言、各门派独特学说之意。真正具备家族、家庭规范、律法意义的"家法"是"陈纪门法"①。南北朝时,家法的家规意义变得具体明确。《宋书·王弘传》载,

---

① 《魏书·杨播传》。

南朝宋王弘"造次必存礼法,凡动止施为,及书翰仪体,后人皆依仿之,谓为'王太保家法'"①。

　　家规以戒立范。家规的核心内容是封建纲常名教,其作用在于"制伦范行"。浙江浦江县郑氏家族是经历了宋、元、明三代的封建大家族。该家族从南宋建炎初年(1127 年)郑绮开始,就聚族而居,同灶共食,冠婚丧祭,遵朱熹《家礼》而行,凡三百年,曾被元武宗旌表为"孝义门"(1311 年)、明洪武十八年(1385 年)被朱元璋赐"江南第一家"美称、洪武二十三年(1390 年)又获皇帝御赐"孝义家"称号。该家族的《郑氏规范》是该家族共同遵守的家规,初订于郑绮的六世孙郑文融(字太和),初订家规五十八则,后经几代孙累世修订,成一百六十八则《郑氏规范》(见《明史》卷二九六),此家规为八世孙郑涛主持修订,是流传最广的家规版本。《郑氏规范》的内容非常具体、丰富,从日常行为举止到冠婚丧祭礼仪,从饮食服饰之制到为人处世之道,从理财治家经验到家庭教育理念,无所不包。郑氏家族的这一家规内容主要依循朱熹的《家礼》。朱子《家礼》内容共分五卷,其核心内容是封建纲常名教,其作用在于"制伦范行"。朱子《家礼》有云:"凡礼有本、有文,自其施於家者言之,则名分之守、爱敬之实,其本也。冠婚丧祭,仪章度数者,其文也。其本者,有家日用之常,礼固不可以一日而不修;其文,尤皆所以纪纲人道之始终。"②由此观之,朱子《家礼》和郑氏家规都是通过教化和规制,保证家长"至公无私""至诚待下""谨守礼法"身正范下,同时引导家族全体成员如何做到"忠义孝悌",如何遵从长幼尊卑、夫唱妇随等礼节礼仪。

　　从家规以戒立范角度看,《郑氏规范》在立戒行范的方法上有三大特色:一是戒规明确,便于操作。例如在子孙品德修养教育方面强调时时以"仁义"二字铭心镂骨,言谈举止要合乎礼仪,"不得谑浪败度,免巾徒跣",不宜"掉臂跳足,以蹈轻儇",不得"引进倡优、讴词献技,娱宾狎客";在座位规制行为上"子侄非六十者,不许与伯叔连坐";族人参加祭祀时,衣冠整洁,不嬉笑,不交谈,行礼时毕恭毕敬,不随意退席,不能伸懒腰、打呵欠,乃至不能打

---

① 《宋书·王弘传》。
② 《家礼》。

喷嚏、咳嗽。遇先人忌日不饮酒吃肉，不听音乐，不与妻子同房。又如，家政管理方面，设"家长一人"，总治一家大小事务，家长每月初一、十五"检点一应大小之务"；设"典事二人，以助家长行事"；另设"监视一人"，四十岁以上，且每两年轮换一次；设"主记一人"，负责谷粟出纳、粮仓封记、保管仓库钥匙等具体职责；设新管、旧管各两人，新管负责"掌管新事，所掌收放钱粟之类"，旧管负责"掌管旧事，所掌冠婚丧祭及饮食之类"；设"羞服长一人"，专掌男女衣资之事，四月发夏衣，九月发冬衣，对不同年龄阶段人员发放衣资、首饰、化妆品等的数量均有详细规定；此外还设有"堂膳两人""掌钱货两人""掌营运两人""掌树艺一人""知宾两人""掌门户一人"等。又如，对于防火用品的规定，"凡可以救灾之具，常须增设（若油篮系索之属）。更列水缸于房闼之外（冬月用草结盖，以护寒冻）。夏于空地造屋，安置薪炭。所有辟蚊蒿烬，亦弃绝之"。这些家规戒条都很细致，便于家政管理人员操作施行。二是恩威并施，奖惩有据。《郑氏规范》有云："立家之道，不可过刚，不可过柔，须适厥中。"例如，对于家族成员"立心无私，积劳于家者，优礼遇之，更于《劝惩簿》上明记其绩，以示于后"；又例如，《郑氏规范》规定家族成员"毋徇私以妨大义，毋怠惰怡荒厥事，毋纵奢侈以干天刑，毋以横非而扰门庭，毋耽曲蘖以乱厥性……""子孙以理财为务者，若沉迷酒色、妄肆费用以至亏陷，家长覆实罪之……"新管所管谷麦收晒不及时，造成霉烂的，"罚本年衣资"；还规定造"劝""惩"两牌，将功过分别写在上面，挂在家族聚会处，以示赏罚。三是立制戒范，管理民主。《郑氏规范》对生活各项活动进行了细致规制，言行举止、取物用度、大小事宜都有量度规范，这就划定了各种事项的底线，对各种事项界定了奖惩规则，有效地止住了人心底的"私"与"恶"，对已然发生的事情规定了惩戒的具体细则，适度地惩戒作恶，让恶行付出应有的代价。同时，在家政管理方面，发动族中成员勇挑责任重担，民主监督、民主管理，调动了全族主人翁责任感，为修身齐家养成了制度思维习惯，为家族成员走出家族、实现治国平天下的抱负奠定了基础。《郑氏规范》的教化实践活动，为封建家族社会推出了为数不少的"义家气象"楷模，为社会稳定做出了重要贡献。自宋以来,"聚众数百指"①"家之食口数百"的大家族越来越多,特别是到了明代,累世同居的大家族更多。《明史》载四世、五世、六世、七世、八世"同居敦睦者",并被黄帝旌表的"义门"就有数十家之多。② 世代同居、共财和睦的大家庭模式及家训教化,加速了封建社会后期儒家伦理为家风核心内容的纲常名教世俗化过程。

(二)家规法威全族

家规以严生威。具有严格特征、条例清晰的成文家法,确立于唐代。《新唐书·张知謇传》载,唐武则天时期大臣张知謇对子孙要求:"经不明不得举",被时人誉为"家法可称"。唐肃宗时期,大臣韦陟督子读书,子用功读书,韦陟就和颜悦色,子怠惰则罚站堂下,宾客来访皆由儿子来接待,被来访者赞为"家法修整"③。"贞元(672—739年)间,言家法者,尚韩、穆二门云。"④至唐昭宗(889—904年在位)时,陈崇制定了成文家法《陈氏家法三十三条》,⑤真正家规意义上的"家法"才宣告正式诞生。韩休训子以"俭德"为法。韩休虽官至宰相,生活却十分俭朴,教子甚严,所生七子"皆有风尚"。据《旧唐书·韩滉传》记载,韩休之子韩滉有父风,"性持节俭,志在奉公,衣裘茵衽,十年一易,居处陋薄,才蔽风雨。弟洄常于里宅增修廊宇,滉自江南至,即命撤去之,曰:'先公容焉,吾辈奉之,常恐失坠,所有摧圮,葺之则已,岂敢改作,以伤俭德。'自居重位,愈清俭嫉恶,弥缝阙漏,知无不为,家人资产,未尝在意"⑥。由此看出,韩休家法核心内容在于"奉公节俭,严于律己"。比韩休、韩滉稍晚的穆宁(716—794年)也以教子甚严、"直道"为法著称。据《旧唐书·穆宁传》记载:穆宁"善教诸子,家道以严称,事寡姐以悌闻"。常训诫儿子们说:"吾闻君子之事亲,养志为大,直道而已。慎无为谄,吾之

---

① 宗泽:《宗忠简公集》卷三,《陈八评事墓志铭》,《丛书集成初编》第1933册,中华书局,1985年,第50页。
② 《明史》卷二九六《孝义传》。
③ 《新唐书·韦陟传》。
④ 《旧唐书·穆宁传》。
⑤ 载平江江州义门陈氏聚星堂民国丁丑《义门陈氏家乘》。
⑥ 《旧唐书·韩滉传》。

志也。"①由于穆宁家法严,四个儿子均"以家行人材为缙绅所仰""皆以守道行谊显"。时人赞曰:"赞俗而有格为酪,质美而多人为酥,员为醍醐,赏为乳腐。近代士大夫言家法者,以穆氏为高。"②

除了韩休、穆宁以外,唐末柳玭(pín)的柳氏家法也为世人所关注。柳氏家族世代高官,门第显赫。其家法:"在官不奏祥瑞,不度僧道,不贷赃","此柳氏家法之足垂后世者"。柳玭的家法思想就是在记述父祖身教言传与总结实际生活中逐步形成的。柳氏家法归纳为五个方面:一是孝勤立身;二是和顺肥家;三是谦恭交友;四是言行缜密;五是为官廉简。从韩休到柳玭的"家法",并非用外在强制力推行,主要还是依靠德训教化。而法律强制意义上的成文"家法"则是《陈氏家法三十三条》。其主要内容有五个方面:一是建立家族组织,各司其职;二是建立书堂、书屋,实施家族教育;三是守护先祖道院、筮法;四是医食同治,财资共享;五是劝勤责懒,奖功惩过。其法律强制意味在于"立刑杖厅一所,凡弟侄有过,必加刑责,等差列后"。这些家法规定对于维护家长权威、约束家庭成员不良行为、养成良好家庭生活和勤劳生产习惯,防止破败家业行为发生,无疑具有重要作用。

(三)家规齐同行止

家规以制一行。统一的家规通过家族规章制度能使全体家族成员行动步调一致,责任共担,价值相和,情趣相投,追求同向,和谐向上的家风就此形成,并能代代相传,家族持续兴盛。例如,浙江浦江郑氏家族以孝义传家,绵延千年,成为"江南第一家",其秘诀就在《郑氏规范》。浦江郑氏通过168则细致家范,以使全族在敬祖尊长、齐家置业、重义戒奢等方面达至行动的一致。

综上所述,家规自唐代"家法"的从理论到实践,反映了封建仕宦家训渐趋法律化的发展方向。经宋、元、明时期的发展,从仕宦家族到普通平民家庭广为延展传播,至清代更胜。清代一些家族的"宗族法"条文细致周详,呈

---

① 《旧唐书·穆宁传》。
② 《旧唐书·穆宁传》。

现出家教的专制性加强和道德教育、法律教育相融合的倾向,以系统管治家庭、家族事务、传承家族文化和财产,传承和彰显家族历代价值观念的世代谱系的文本——家谱,呼之欲出。

三、家谱荣族

"家谱",就是以表谱形式记载家族世系繁衍关系的历史图籍。家谱中往往记载了家族经典家训、家规,是家风传承、变迁的史料载体。

(一)彰耀门楣

家谱能够继承文化传统、彰显不同姓氏家族独特价值观念。早在母系氏族社会,就有口传家谱和结绳家谱。进入文明社会以后,语言文字成为人类社会信息交流的重要载体,由于文字较语言更具有稳定性和传承性,商代出现了甲骨文和青铜铭文。王室统治阶级实行分封世袭制,需要对王室世系和血缘亲疏关系进行文字记载,这既是适应分封世袭政治制度的需要,也是社会资源分配和传继的标准。于是出现了以甲骨文和青铜铭文为形式的文字家谱。周代出现了官修家谱。到魏晋南北朝时期,家谱的记述范围扩大、体例出现新变化,出现了修谱高潮。隋唐时期,随着民族大融合、文化大发展,新兴统治者为了维护统治地位的合法性,积极推崇家谱。宋元时民间私修家谱盛行,几乎家家户户都修谱。明清以降,谱牒形成了理论体系,成为一门独立的学科。家谱最核心的作用在于彰显家族秉持和传承独特的价值观念。

例如,山东省日照地区《日照刘氏族谱(孝思堂)》所载祖训有云:"建祠宇,谨祭祀,孝父母,和兄弟,睦宗族,训子孙,绍书香,务生理,毋非为,戒词讼。"《草涧刘氏家谱》(选自元代《莒县峤山镇小刘沂水村刘氏祖林碑文》):"夫德布于先者,必获于后。行施于昔者,福必受于近。其应也。如响之不能缓其声,其从也;影之不能违其形,何哉也。盖充于内而发于外,起乎近而达乎远,此理之必然也。奚足疑哉?古人有云:以根之深者柯必茂,以源之潜者流必长。又曰:修德而后必有兴,积善而世必有延,著斯言也。"《鲁莒大店庄氏族谱》载有修身治家五项十条："勤俭持家,读书为本;兄友弟恭,尊老孝亲;爱国利民,敬业乐群;为官清正,和睦乡邻;热心公益,乐于助人";族人庄瑶曰:"读好书,说好话,行好事,做好人";族人庄说曰:"人生世上,孝友为先,耕读次之。存心忠厚,处世和平,乃不愧先世家风。"《臧氏族谱》祖训:"崇德尚善,同心合德;治家有道,教子有方;笃修勤学,善言敏行;蓄势图强,广结善缘;英气华表,子孙记牢。"《日照辛氏族谱》家训:"孝为先,和为贵;勤为宝,俭为德;诚为本,国为家;善为福,仁为寿。"《日照高氏家乘》家训:"拜祖茔,敬长辈;侍父母,恭兄弟;崇师友,重纲常;立正业,节财用;完国赋,倡公善。"《日照董氏族谱》祖规:"继祖功德,崇尚文明;见贤思齐,业勤学精;睦邻亲友,博施济众;孝善为先,创业垂统;宁静致远,克己奉公;爱国爱家,诚信永恒。"其家训:"崇尚自然,睦族敬先;忠国爱家,父惠子贤;勤奋耕读,德道为范;礼智诚信,祖誉永传。"《海曲袁氏族谱》载袁氏戒约法:"第一勤农完税;第二读书养性;第三臣忠子孝;第四扶困济危;第五兄友弟恭;第六勿令妇人持家,勿听小人谗言;第七远佞人近君子;第八敬上柔下;第九息讼忍辱;第十淡饭布衣。"《海曲申氏家乘》收录《劝孝歌》云:"我劝世人孝爹娘,爹娘之恩不能忘;骨血皆从爹娘分,亲爱谁比爹娘强;爹娘恩比天来大,终身不能报毫芒;人若不把爹娘孝,便是山中豺与狼。"收录《自警词》云:"不愧屋漏是敬鬼神,不昧良心是报天地;爱其身体是孝父母,守尊王法是重朝廷;不负诗书是尊圣贤,不忘道义是念师友;富贵而好施,贫贱而好守。"《琅琊王氏江苏赣榆支系山东日照分支宗谱》家训:"以孝悌为先,以谦逊是尚。"《两城张氏家乘》祖训:"对上以敬;对下以慈;对人以诚;对事以真。"《海曲韩氏家乘》家训:"宗亲邻里实意和谐;穷亲故旧倍加用情;欲断他非先自正,喜人规谏方知过;修身莫若谨,避强莫若顺;遇大事确有主张,临小节反要持重;毋以小嫌而疏至戚,毋以新怨而忘旧恩;量宽足以容众,身先自能率人。"《乐安孙氏家谱》(选自民国二十四年续修谱《又序(孙家鼐)》):"得天地之气以成形;得天地之理以成性。"《海曲贺氏家乘》:"报祖宗之功德;启子孙之孝享"(选自《创修先祠记》);"诗书为务,礼让为先"(选自《贺氏家乘序》)。《海曲厉氏家乘》(选自《赠言》):"事必就质,容必尽恭。"《海曲许氏族谱》族规:"忠孝为本,仁贤持家;尊祖敬老,长幼有序;扶危济困,乐善好施;报国为民,先人后己;立人之道,莫大于爱亲;睦族之方,莫大于美德。"《阎氏族谱》(选自清乾隆五十一年续修谱序):"族无大小,得人则昌;人无智愚,自爱则良;富贵无捷,获之术耕;读垂不易,之经凡我。"《海曲时氏族谱》祖训:"崇真尚善,明理厚德,励学睿智,本正义方。"《日照乔氏族谱》(选自中华民国十二年续修谱序):"敦族睦族,颇称古道。"《葛氏支谱》(选自清光绪二十四年《续修葛氏支谱合订续》):"报本返始,躬行孝悌;培基于前,式毂于后。"《徐氏宗谱(学堂村)》族规庭训:"没有规矩,不成方圆;族规庭训,历代有传;节俭持家,勤劳在先;自食其力,戒盗戒贪;督课子孙,做人模范;见贤思齐,崇仁尚贤;远离浮躁,与书结缘;通情达理,拒绝凶顽;孝亲敬老,百善之先;悉心赡养,理所当然;遵纪守法,牢记心间;为民忠诚,为官清廉;扶贫济弱,好施乐善;见义勇为,不畏强悍;和亲睦族,知近知远;团结邻里,和谐共建;爱岗敬业,争做状元;与时俱进,科学发展;祖宗建树,勿伐勿剪;循规蹈矩,以续永年。"《海曲田氏族谱》(选自万历年间谱序):"礼仪炼性,诗书束躬。"《海曲杨氏家乘》(选自《海曲杨氏族谱新修谱序》):"勿慕时趣而背厚德,勿因小念而废懿道。"从这些家谱所载训言可知,家谱继承了中华文化传统,也彰显了家族的独特价值观念。

(二)蕴集文化

　　家谱蕴藏着丰富的中华传统文化资源。家谱是一个家族的百科全书,内容丰富,覆盖社会生活的各层面,涉足政治、经济、文化、民俗等多种学科。上海图书馆收藏的家谱达 11700 种,10 万余册,新家谱已达 1400 多种。中国家谱记载的资料主要有姓氏文化、地情文化、人口文化、经济文化、伦理道德与教育文化、家庭婚姻文化、人物传记文化、宗族文化资料。家谱记述了家族得姓的缘由、途径、姓氏演变历史,为研究"姓氏源流"提供依据。地情文化指的是始祖或始迁祖定居地的资料。家谱世系图表、世系录是家谱的主体,它记载了家族妻子、产女的婚配情况,反映出一个家族出生率、死亡率、平均寿命以及各个时期人口数量及变动情况。家谱人物传、住地概况记述了一个家族在各个经济领域企业的资料;家谱的谱序、凡例、字辈谱、家训族规大量反映了封建宗法社会伦理道德的资料。家谱的家训族规、世系、传记提供了多方面的家庭婚姻资料,对家庭结构、规模、功能、管理、伦理道德都有记载。人物传是家谱的重要内容,对研究重要人物生平、事迹、思想观点和著述能提供较详细的资料。此外还有宗族管理制度等方面资料。总之,家谱是个家庭文化的"大花园"。

(三)传续世系

为了续传家族的独特价值理念,需要在新的时代续编新的家谱。家谱虽然植根于封建的宗法社会,具有封建色彩和消极的一面,但它也包含了许多珍贵的历史文化资料,其中许多是官方历史和地方志所没有的,只要我们以科学的态度批判性地继承和发展我们的传统,家谱将有助于中华文化的传播,加强中华民族的团结,加强社会主义物质文明、政治文明和精神文明建设。20世纪90年代以来,一些学者开始在报刊上发表有关家谱的文章,中国家谱学会出版《谱牒学研究》,刊发了三百多篇有关家谱的研究文章。文化部和档案局已发出通知,由当地图书馆提供资料,上海图书馆承担中国家谱总目的编纂工作。新家谱的编纂工作,首先在福建、浙江、江苏、江西、安徽等沿海发达地区形成了蓬勃发展的局面,在全国范围内展开。编修新家谱的群众性文化活动正在方兴未艾,家谱也乘着时代东风为续传家风价值理念发挥着新的文化传承作用。

第二节　家风的价值实践

中华传统家风文化,不仅表现在家训家规等精神理论层面,也表现在习俗化的日常活动和制度化的生活仪式层面。这些旨在强化和传承家风价值理念的实践活动就属于家风的仪式活动要素。常见的家风仪式活动有拜祠祭祖、隆礼生卒、礼庆婚寿、礼倡义行、编修家谱等。

一、拜祠祭祖

拜祠祭祖在中国有着久远的历史。宗祠起源于氏族社会逐渐解体后，是同祖同宗、各自的血统及地域组织体系发展成的一个宗族组织，是祖先崇拜、敬德、敬神的场所。祠的正式名称出现在汉代。宗族以祭祀祖先的方式体现了封建宗法祖先崇拜，宗族权力表现为宗族至上，继承了孝敬祖先的精神。随着封建宗法社会的发展，祠堂成为宗族祭祀的圣地，象征着宗族的团结和权力。地方宗族组织活动延续了国家在基层的统治，巩固了地方基层政权。宗族祠堂属于县域治理层级，它有效补充和拓展了封建帝制法律体系制度，在治国安邦方面起着基础、长期的稳固作用，受到历代统治者的重视。宗族祠堂治理基层社会是以传统文化本身为基础的。

(一)尊贤敬祖、传承孝道

家祠敬祖。祠堂祭拜文化的核心在于尊贤敬祖、传承孝道。祠堂文化在中国几千年的封建统治中得到了长足的发展。祠堂祭拜文化、族谱文化、中国国史文化和地方志文化汇成传统文化主流。祖先崇拜文化的核心在于尊贤、敬祖，通过包容、吸收、滋养等手段整合地域文化和历代宗族文化资源，实现祖先文化在精神和信仰上的有序性和丰富性。宗祠文化基于血缘，缘于地域，依谱牒文化教化家族子弟和成员，形成爱家护国之风，从而协调、稳定社会。在封建社会，祭祀是国家最重要的事情，是古代五礼之首。因此，这无疑也成为家族中最重要的事情。民族历史、方志、谱牒、礼仪、祭祀等传统文化就这样形成了。

乡俗祭社。岁时祭祀是民间自发产生的、世世代代传承下来的祭祀习俗。《吕氏春秋·仲春纪》有云："择元日，命人社"，"是月也，玄鸟至，至之日，以大牢祀于高禖。天子亲往，后妃率九嫔御，乃礼天子所御，带以弓韣(dú)，授以弓矢，于高禖之前"。[①] 此所谓"祀社"与"高禖"之礼，源于远古春

①　《吕氏春秋·仲春纪》。

社之俗。远古春社乃祭祀大地母神、生殖婚姻女神之节庆，此种节庆习俗一直盛行于先秦民间。《周礼·地官·媒氏》云："中春之月，令会男女。于是时也，奔者不禁。"①列国男女仲春聚会各有其所，"燕之有祖，当齐之社稷，宋之有桑林，楚之有云梦也，此男女之所属而观也"②。仲春祭社活动规模宏大，气氛热烈，"众人熙熙，如享太牢，如登春台"③。太牢是祭献高禖的三牲，春台即阳台、阳云之台、云梦之观。古代官方的岁时祭礼后来以民俗形式进行了传承，并转化成节日。一些官定祭礼与除疫活动，演化为秦汉腊祭节日的重要内容："命有司大傩，旁磔（zhé），出土牛，以送寒气。征鸟厉疾，乃毕行山川之祀，及帝之大臣、天地之神祇（qí）。"④由上可知，无论是"家祠敬祖"，还是"乡俗祭社"，都饱含着尊贤敬祖、传承孝道的文化意蕴。

（二）慎终追远、感恩造化

感念先祖。拜祠祭祖在家风传承上具有"慎终追远、感恩造化"的文化意蕴。《论语》云："慎终追远，民德归厚矣。"⑤传统社会十分重视祭祀天地、祖先，重视家族历史的追溯，并通过这些活动进行文明教化。历史上最流行的民间家庭祭祀，大多是仿照宋代朱熹创立的《家礼》中的家庭仪式，通常在重大节日或重大家庭活动期间举行，以表达水木之源思想，谨慎终追远义。在祭祀仪式中，有三种不同形式的祭祖的立意：一是岁时祭祀，祈祝农耕；二是年节祭祀，团结族众；三是人事祭祀，告祖显荣。例如，湖北咸丰县土家族是多神信仰，崇信祖先，迷信鬼神，尚巫术，打猎祭"梅山"。以前，土家村家家户户堂屋都设有神龛，供奉"天地君亲师"牌位，每年新年一大敬，初一、十五一小敬，有的餐前还要默念祖先。这是敬各家近祖的一般情形。至于整个土家族的基本信仰，则是"白帝天王"和覃、田、向三位土王，这与"廪君死，魂魄世为白虎""三位土王生有德政，民不能忘"的传说密切相关。以前在十

---

① 《周礼·地官·媒氏》。
② 《墨子·明鬼》。
③ 《老子·二十章》。
④ 《吕氏春秋·季冬纪》。
⑤ 《论语·学而》。

字路的高滩、土地坪的斋公堡,都建有白帝庙、向王庙、白帝天王庙,内供白面、红面、黑面三尊神像。白面神为廪君,是主神,居中;红面神代表赤色一系,居左;黑面神代表黑穴四姓,居右。说明了土家族出自巴人,应有信仰上的支持。咸丰县的苗族在历史上饱受战争掠夺和民族压迫,迁徙频繁,灾难深重。为祈求吉祥安定的生活,便产生了崇拜祖先、祭祀鬼神、不敬君王、不奉先师的共同信念。部分苗族堂屋也有设神龛,上供"某某氏堂上历代昭穆祖先",显然已经属融合了的民族文化。[①] 无论是岁时祭祀,祈祝丰收,还是年节祭祀,祈盼族睦,抑或是人事祭祀,祈祝祖荣,都表达了族人"慎终追远、感恩造化"的感念。除了感念先祖外,还对各种岁时活动心存感恩。

感怀岁时。岁时活动随着季节的变化,时间的流逝和物候的转换而展开活动。原始的岁时活动,没有准确日期,只有大致时间。在殷周时期,一些岁时活动通过礼制确定在相应的干支日或节气,而另一些活动则通过家族国朝临时占卜来确定。上古岁时活动大致分为六类:岁时祭祀、岁时禁忌、岁时庆典、岁时歌舞、岁时饮食、岁时农事。经过传承演变,有的形成为早期的节日,有些则成为文化基因融渗到后世节日之中。如《夏小正》:"初岁祭耒(lěi)"。纳西族正月"农具会"便是夏代"祭耒"的遗存。在周代,此项岁时活动演变为立春日的春籍礼和春祈礼,由祭农神、祈谷、聚族饮酒等仪式构成,后来演变为我国传统的春节(元旦[②])。例如,土家族传统过春节的基本程序包括:送火神,占岁,取腊水;腊月八日吃腊八粥、妇女穿耳,忙年打糍粑、浇蜡烛、杀年猪、做团馓;腊月二十给雄鸡戴花、烧纸钱;腊月二十三打扬尘、送灶神;腊月二十四小团年、送年节、感恩、祭年;腊月二十八过赶年、洗邋遢;腊月二十九祭小神子、压岁、洗腊狗;腊月三十插白梅、更换春联、正火、贴门神与年画、祭祖先、祭土地、上坟、迎年等;正月初一迎春日、烧门神纸、出天行、祭祖先、祭天地,送财神、拜年等;立春前后迎春、讲春、打春、送春、占春等;正月初三消虫灾、跳摆手舞;正月初五过米生、破五日、开市、忌动土;上九日祭天日、记年、请七姑娘、玩龙灯;正月十五吃元宵、祭祖、

---

① 萧洪恩、石白玉编著:《文化丁寨》,中国言实出版社,2017 年,第 28 页。
② 元旦:此处并非指公历的 1 月 1 日。在我国,"元旦"一词古已有之,通常指的是"正月初一"。但"正月"的计算方式在汉武帝以前并不统一,因此历代的"元旦"日期并不一致。——编辑注

赏灯、闹元宵、烧毛狗棚、吃爬坡饭,经过这些仪式,土家族人心中春节才算真正意义上结束。[①] 除了春节外,还有过春社、清明节、牛王节、端午节、药王节、中元节、中秋节,重阳节等,此外,伴随着岁时节令还有二月初二、射虫日、惊蛰节、二月十五、三月三、寒食节、四月初八、四月十八、谷雨节、立夏、五月十三、城隍日、趁虫节、六月六、乞巧节、月半节、女儿会、祭社、朔日、立冬、下元、寒婆婆日、三一占岁、冬月节、太阳日、冬至等。几乎每月都有节日,表现出土家族人对自然的崇拜、信仰和对岁时节令、自然造化的感恩。

(三)仪制宗族,家国同风

拜祠祭祖具有庄严隆重的仪式感。祠堂是祖宗神灵聚居的地方,供设着祖先的神主,拜祠祭祖是每个家族最神圣、最重要的仪式活动。岁值春秋祭祀,族人齐聚宗祠,供奉祭品,依序拜祖行礼。清明时节,入祠拜神后,各自祭扫墓地。通过祭祀祖先,拉近心理距离,增强家庭团结,维系宗族制度,巩固族权地位,此谓"敬宗收族"。据 1917 年铅印版《沈阳县志》礼俗卷记载,"沈阳为有清丰沛故都? 部民典祀,多从旧俗。民籍祀祖祢,设神龛或木主。旗籍则设神杆及神板,祭仪略同曼殊、震钧《天咫偶闻》纪(记):'满洲家祭多与《仪礼》合。'略云:室中以西为上,即室中之位也。庋板为神位,宗祐之遗也。设几于地,古之席也。植杆于庭,贯以锡盘,丧礼之重也。古以代主,既虞废之。满俗初无神主,故奉以为常。祭用特豕,特牲馈食也。祭前斋戒。届期,凤兴陈祭品,主人拈香,巫祝歌词迎神,佣人置牲于槺,灌酒猪耳,牲鸣振,俗谓'领牲',示神明歆享也。主祭以下,免冠拜。宰牲、献生、荐熟如仪。礼成,馂飨宗族亲宾,谓之'食神余'。此祭先礼也。祀天,设神案,仪同前。唯满俗每祭取牲血衅杆,贯以颈骨,再祭乃易之。置肉锡盘,以饲乌鹊。……按,满俗奉祀神杆,由来已久。《后汉书》:'三韩诸国邑,各以一人主祭天神,号位天君。立苏涂,以悬铃鼓,事鬼神。'满俗凡祭,家设司祝,与一人主祭者相合。又,满语称神杆位索摩,与苏涂音亦相近。……索摩之制,盖兼祀天神、人鬼矣。四民崇信神教,报德祈福,皆奉家神。祀关圣

① 萧洪恩、石白玉编著:《文化丁寨》,中国言实出版社,2017 年,第 81 页。

者最多;大士(佛教称佛和菩萨为大士)次之;证功果、御灾患又次之,岁时祭享同前。满、蒙则供奉神板,亦有绣像者,悬黄云缎帘幔,列香盘四或五,如木主座。说有异同。也谓清太祖(努尔哈赤)请神像于明,明与后土(土地神),识者为献地之兆;再请,又与观音、伏魔画像。故宗祀之一为朱果发祥女(满族民间故事称,三仙女佛库伦吞朱果生布库哩雍顺,为爱新觉罗氏始祖),一为完立妈妈,此列祀五位者之所宗也。……满蒙所奉家神,系肇、兴、景、显四祖,故曰四位神……从龙之族,师沿旧俗,推其敬爱所报,遂使家国同风"①。

二、家教礼庆

家风仪式活动还体现在家教、家族庆典活动方面。许多家族盛大庆典、家教、词讼都在祠堂中进行。如家教助学育才活动、礼法宣讲学教活动、族内重大事务的研讨、筹商活动(如推选族长、兴建祠堂、维修家变、购置大片族产、同邻族打官司等)、族内词讼活动。

(一)礼致族睦

仪亲睦族。所谓"仪亲睦族",就是说在祠堂举办的家风仪式活动可以使家庭成员亲友之间的关系更加亲密,可以使家族关系变得更为和睦。旧时家族聚会往往在祠堂举行,在活动仪式之前,司祭专职人员会宣读家谱、家规,宣讲戒律,诵读祖先语录,讲述家族祖先发家故事,歌颂先人辛勤劳动史。在这些故事和讲述中,有意识地灌输封建纲常名教和伦理道德,统一家庭成员的思想和行为,促进亲戚亲情联系,加强家庭团结。例如,拜年礼就有效实现了亲情睦族的目的。拜贺新年仪俗初步成型于汉代,一般在腊月和元旦。东汉崔寔(shí)《四民月令》云:"过腊一日,谓之小岁,拜贺君亲。"这里的"君",指天子、王侯和各级长官;这里的"亲",则指九族中的尊长。拜年贺岁传达的是一种亲情相思、互致敬意、恭祝幸福之意。晋葛洪《神仙传》

---

① 刘庆华:《满族民间祭祀礼仪注释》,辽宁民族出版社,2013年,第212~213页。

中则记载了后汉朝廷于元旦赐群臣饮新年酒，"栾巴喷酒"化雨灭火之故事。这里的"栾巴喷酒"指的是东汉成都人栾巴于朝会时漱酒喷向西南方,化雨熄灭成都火灾,后成为年节贺咏道术或祭拜咏酒的典故。到了晋代、南朝,贺岁拜年的时间逐渐固定于正月初一。大家族众多成员如何互相拜贺新年?《荆楚岁时记》说:正旦"长幼悉正衣冠,以次拜贺"。后世遂相沿在正旦之后进行拜贺活动。《清嘉录·拜年》记载:"男女以次拜家长毕,主者率卑幼出谒邻族戚友,或止遣子弟代贺,谓之拜年。至有终岁不相接者,此时亦互相往拜于门。"《东京梦华录》记:宋东京开封府元旦"放关扑三日,士庶自早庆贺"。宋《惠泰会稻志》云:"元旦男女夙兴,家主设酒果以奠,男女序拜,竣乃盛服,诸亲属贺,设酒食相歆,曰岁假,凡五日乃毕。"①宋代还产生和流传着送"送门状"(亦称"投帖""飞帖")拜年之礼仪,此种拜年方法往往用在主人不便亲往或者因时间限制不能同时亲往数个亲友驻地之时。此种拜年方式也表达了相互挂念、亲和睦族之礼节和心意。有的官宦人家,因为人员关系烦杂,礼节又不可不止,主人不胜其烦,于是只择至亲亲往拜年,其余则代飞帖拜年。如宋周辉(huī)《清波杂志》云:"至正交贺,多不亲往。有一士人令人持马衔,每至撼数声,而留刺字以表到。"正如《燕京岁时记》所言:"亲者登堂,疏者投刺而已。"由此,可见关系亲疏远近。清周询《芙蓉话旧录》卷四《度岁》云:"元旦彼此贺年,除至亲密友须亲到外,余多遣人投名片。……铺户无司阍人投片者皆随带表糊少许,将片粘悬其门外,以示曾到。"随着信息化时代的到来,"名片拜年""书信拜年"逐渐被"电话拜年""短信拜年""微信拜年""抖音拜年""短视频拜年"所取代。但不管拜年礼的形式如何变换,其中蕴含的"仪亲睦族"、互致敬意的文化意蕴是不变的。

仪庆乐族。所谓"仪庆乐族",就是说在祠堂举办的家风庆典仪式活动可以使家庭成员更加快乐、融洽,使家族环境变得祥和喜乐。每当有习俗节日或重大节日活动在家族内部举行时,家族祠堂便成为一个大家庭庆祝或娱乐的场所。面积较大的祠堂,通常有舞台建筑、戏台,既可供表演,也可供部族男女老幼观看。在丰收季节,所有的祠堂,大大小小都成了仓库或临时

---

① 《惠泰会稻志》。

的收获堆。在战争或紧急情况时刻,宗祠成为家族紧急指挥的中心。祠堂成为一个地域家族生产、生活活动的中心。在众多家族仪庆活动中,中秋节可谓是最典型的家族仪庆活动,中秋月圆,在家族庆丰收、赏月活动中感化出家族成员的团圆文化意向。历代文人墨客无不诗意赞中秋,唐代诗人殷文圭作《八月十五日夜》云:"万里无云镜九州,最团圆夜是中秋。"唐王建《十五夜望月寄杜郎中》诗云:"中庭地白树栖鸦,冷露无声湿桂花。今夜月明人尽望,不知秋思落谁家。"这些诗都表现了散落在天涯的游子盼团圆的心情。宋孟元老《东京梦华录》卷八"中秋"条记北宋东京开封过中秋节的市井仪庆乐族情景:"中秋节前,诸店皆卖新酒,重新结络门面彩楼,花头画竿,醉仙锦旆(pèi)。市人争饮,至午未间,家家无酒,拽下望子。是时螯蟹新出,石榴、榅勃、梨、枣、栗、孛萄、弄色柑橘,皆新上市。中秋夜,贵家结饰台榭,民间争占酒楼玩月,丝篁鼎沸。近内庭居民,夜深遥闻笙竽之声,宛若云外。闾里儿童,连宵嬉戏。夜市骈阗,至于通晓。"

不止市井如此繁华喜乐,村镇农户也热闹非凡。在中国农村社会,适逢中秋有庆丰收,迎神赛会的民俗。中秋节对村镇农民而言是个重大的日子,认为一年的辛勤劳碌有了丰硕的收获,应该对土地神和暗中保佑他们的祖先表示一番谢意。八月十五日是土地神的生日,故在这日庆丰收和举行迎神赛会。汉班固撰《白虎通义》卷三《社稷》引《援神契》有云:"仲春祈谷,仲秋获禾,报社祭稷。"祭社稷的祭品,为牛羊猪,即为太牢。对黎民苍生而言,五谷丰收"重功故也",必须举行隆重庆典。宋孟元老《东京梦华录·秋社》有云:"八月秋社,各以社糕、社酒相赍(jī)送。贵戚宫院以猪羊肉、腰子、奶房、肚肺、鸭饼、瓜姜之属,切作棊(qí)子片样,滋味调和,铺于饭上,谓之'社饭',请客供养。"明冯应京《月令广义·八月令·社饭》有云:"江南尚祀社稷,祭必以美饭。江北俗不祭社,惟山东有献谷之典。秋社,各里长就本乡稷米造饭,每里持一盏(盒)饭诣县伺官祭社,并验之。祭毕,并各里饭施养济院(唐宋以来,地方政府设置的专门救济疾孤寡贫丐乞者)。"在广东省东莞县一带,各家从中秋节的当日中午就开始祭拜祖先和土地神了,但其他地方(如台湾),大都在傍晚,以三牲、年饼和米粉芋来祭谢土地神,这是承袭古代"秋报"的谢神仪式。福建省平和县,在中秋这天,人们扮演杂剧以娱土地神,龙岩县各乡则用灯扎成假人,列队游行以迎土地神。由此可见,宗祠祭祀和宗族民俗礼庆活动,以宗亲血缘关系作为纽带,以家族礼庆和城乡民俗活动把宗族成员紧密联系在一起,形成亲密、和睦的家庭组织,家风也在家族仪式活动中代代传扬。

(二)礼顺际和

礼尊家序。所谓"礼尊家序",就是说在家族成员中,崇尚礼拜,代际关系就和谐有序。礼,核心的功能就在于"等尊卑""别贵贱"。如果以礼为标准行事,就能将家族不同尊卑地位等级的家庭成员和不同贵贱级别的事物处理得井井有条、秩序得当、先后得宜。周人尊礼尚仁,仁的核心是"亲亲",亲亲的首要体现就是孝敬父母,"孝""敬"就是礼尊父母的核心内容。为了表达心中对父母养育之恩的孝敬,就要以向父母行礼、顺意的方式来外在表现出来,以尊重父母意见、听从父母旨意、服从父母决定的方式表现出来。在父母和孩子之间的孝敬礼,就区分出父母与孩子不同的位尊等级。子女需要首先向父母行礼致敬,然后才是父母还礼。这个先后顺序就表达了礼的尊贵等级和序列。《礼记·中庸》曰:"仁者人也,亲亲为大。"《管子·戒篇》曰:"孝弟者,仁之祖也。"周人朴素的重生育、重亲情、重孝道的人伦观,经过儒家思想的理论提炼和升华,成为中国主导思想和民族文化精神的重要组成部分,以礼尊奉行等心理因素的形式,渗透和积累到家庭传统礼仪活动的深层结构和心理主题中。另一方面,周人的人伦实践,将家庭年节和民间崇拜活动纳入传统节日和礼仪活动中,形成相应的行为规范和内容。例如,魏晋南北朝时期,在元旦之日早上起床后,家族成员悉集拜贺长辈,祀拜祖先神像,然后饮椒酒,整个家族成员,从年龄、辈分最小的一个开始,祝贺"小者得岁"。宋代,元旦至初五,家族亲戚间要互相走访拜贺,宋施宿《嘉泰会稽志》曰:"元旦男女夙兴,家主设酒果以奠,男女序拜,竣乃盛服,诣亲属贺,设酒食相款,曰岁假,凡五日乃毕。"此种亲戚奔走拜贺之风,现代犹然。在互相拜年贺岁之中,家族亲友的代际关系变得和睦有序。由此观之,礼尊家序然也。

拜礼和际。所谓"拜礼和际",也就是家族代际成员之间相互礼拜,能够促进代际之间关系和睦。家族成员按照辈分划分为代际关系,同辈之间也有长幼尊卑的细微区别,在封建时代还有性别等级、男尊女卑,这些尊卑等级界限既靠礼来区分,也靠礼节来和融代际关系。古语云:"礼之用,和为贵。先王之道,斯为美;小大由之,有所不行;知和而和,不以礼节之,亦不可行也。"①这告诉人们,小事大事都讲究和谐,死板僵化教条地按照和谐来做,有的时候行不通。这是因为"为和谐而和谐",不以礼来节制和谐,也是不可行的。可见,"和"的实现是有前提条件的,大小、先后、贵贱、尊卑应该要各得其所、各安其位、各具其宜。这样既遵循了贵贱有别之礼,又协调了尊卑之间的矛盾,从而在人际之间找到了和谐平衡的支点。在民间节庆礼俗文化中,"拜礼和际"现象比比皆是,最集中的要数春节家族成员之间以及乡里村民之间的互相拜年之礼。例如,台湾地区春节拜贺新年,这种礼节表现在互相祝福、说吉利话、茶水果品、文字信函、红包礼金等小礼物。初一要拜会亲友,祝福对方来年喜事顺利,身体健康。有客人上门,要奉上甜料、甜茶,表示圆满亲密. 俗称"食甜"。传统上,在吃的时候要互道吉利话,比如说:"吃红枣,年年好","食甜甜,乎(给)你生后生(儿子)","食甜,乎(给)你现大汉(马上长大)","老康健,食百二(活到一百二,很长寿的意思)"等吉语。客人若随行带着孩子,主人要给孩子包红包,为新年贺岁之礼。大年初一,家族所有成员一般都要穿新衣服,一些崇尚易学传统文化的家族成员第一次出门会注意出门时的方位,根据自己的生辰八字,在黄历上找出一个吉利时刻及方位出行,有利于遇到贵人福神,给自己带来好运和福气。庭院的开门、关门在初一这天也显得十分隆重,大家都愿意按照黄历上吉时行事,讨个吉利。大年初二是出嫁女儿回娘家的日子,称为"做客""归宁"。因为传统观念中,嫁出去的女儿就成了本家族的"外人",所以回家省亲就成了客人。做客时要随身带着礼物作为见面礼,娘家若有小孩子,要另带给娘家人孩子的红包。初二请女婿一定是在中午,而且要在傍晚以前离去,许多地方人迷信女婿如果待到晚上会把娘家吃穷。新婚夫妇回娘家时,娘家会准备一对带头尾青(即连根带叶)的甘蔗和一公一母两只"带路鸡",让女儿带回

---

① 《论语·学而》。

婆家。以红丝线绑住的一对甘蔗祝福两人同心，婚姻有头有尾、甜甜蜜蜜、白头偕老。传统的"带路鸡"是要女儿带回婆家饲养，希望"年头饲鸡仔，年末作月内"，意思是年初养小鸡，年末小鸡长大了给女儿怀孕做月子吃。期望新人能够早日繁衍子孙。但现代城市里生活空间所限，不便在家养鸡，于是多用工艺品制作的"带路鸡"来表达这种文化礼仪的意愿了。大年初一、初二之后还有"老鼠娶新娘"之礼、接神之礼等。这些礼仪从文化的角度看都是为了家庭关系顺畅、人际和谐，因此，谓之"礼顺际和"。

（三）礼庆宜情

家庆婚寿。婚嫁、添丁、寿诞和葬礼不仅是个人生活中的重要事件，也是家庭和家族中的重要活动。中国传统家庭风格重视添丁祝寿、婚丧嫁娶等重大家庭活动和仪式的价值内涵和价值导向。家族节庆活动彰显家风的特质，好的家风往往能使家族成员在参与活动的过程中切身体验重德、崇俭、孝道的文化意蕴。例如，婚嫁应重视家风与德性，而非聘礼与嫁妆的厚薄；添丁祝寿应感念生命成长和成熟的喜悦，而非庆生祝寿礼物的多寡和奢华；丧葬应重视情感的悼念和正确公平的人生评价，而不是奢侈的丧葬和宴会。传统家庭中婚丧寿的仪式安排突出了对个体生命乃至生命终极意义的重要命题的关注，为家风的培育和实践奠定了深厚的基础。结婚仪式中对天地叩拜、对父母叩拜及双方互相叩拜，是传统社会价值观、敬畏天地、父母感恩、夫妻相互尊重、相互爱护的表现。生日庆祝仪式体现了家庭对家庭成员生命成长的重视，传达了相互关爱的家庭精神。丧葬仪式不仅反映了家族对逝者的记忆和追悼，也反映了传统观念，即逝者的灵魂仍然与家庭和家族在一起，他们的后代继承了他们的血脉和遗志，因此也是家族成员在生死关头给予的终极人类生命关怀。例如，商洛人家庆婚寿都崇尚饮酒致礼。传统节日，以酒助兴；红白诸事，以酒言情；远近客人，借酒示敬。商洛人认为"无酒不成礼仪"，所以逢事必饮酒；"酒是敬重人的"，所以有酒情更重。待客无酒意味着对客人的怠慢；客人酒不喝好，主人心不满足。商洛人倒酒，讲究的是酒倒满不溢，意味着"实心实意"；端酒，则要端平不洒，意味着"为人公平正直"；喝酒，讲究喝干不留，意味着"不拖泥带水，为人干脆利落";划起拳来,还讲究要"望星空,鸟叫声,探照灯",意思是将要喝酒时,抬头仰望一番;然后一饮而尽,且要有响声;喝完后要叫人看酒盅里是否全部喝干,滴酒不剩。商洛家庆婚寿酒俗中也体现着伦理教化,酒桌有上下席之分,上席是长者或尊者之位。上席坐定,他人方可落座;上席动筷,其余人方能吃菜。饮酒,长者喝了"开壶酒"后才正式开席。年轻人与长者行酒令须先饮一杯"礼貌酒",行酒令时以"一心敬"或"九长寿"起拳,以表示敬重之情。全桌饮酒尽兴后,再由长者喝一杯"提壶酒"。总之,家庆婚寿礼宴以礼宜情。

乡俗春社。春社是春季祭祀土地神的日子。在商、西周时期,春社亦是男女幽会、纵情狂欢的节日。春社的时间一般在春分前后。从历史角度看,二月春社节,可以追溯到由渔猎、畜牧转为农耕的远古时代。《史记·封禅书》有云:"自禹兴而修社祀,郊社所以来,尚矣。"《礼记·月令》载:仲春之月"择元日,命人社"。元日,是一个吉利的天干日,《左传》襄公七年记:"夏四月,三卜郊,不从,乃免牲。孟献子曰:'吾乃今而后知有卜、筮,夫郊祀后稷,以祈农事也。是故启蛰而郊,郊而后耕。今既耕而卜郊,宜其不从也。'"春秋时期,鲁国所言的"夏四月"即是农历的春二月。"启蛰"的原意是指冬蛰之虫春季破土而出。"启蛰而郊"意思是在正月冬虫出土后举行郊天之礼。《礼记·郊持牲》:"万物本乎天,人本乎祖,此所以配上帝也。郊之祭也,大报本反始也。"说明郊天就是祭祀上帝。由于周人的始祖是后稷,所以在郊天时要以后稷陪享,诚如《孝经》所云:"昔者周公郊祀后稷以配天。"《公羊传》宣公三年记:"郊则曷为必祭(后)稷?王者必以其祖配。"随着后稷被神化为农神,"启蛰而郊"便以祀后稷、祈农事为主要内容,并与传统的二月祭土神活动复合在一起了。

先秦祀社神的目的,一是祈求社神保佑五谷丰登,一是酬报社神奉献五谷、庇佑丰收的功劳。自远古开始,在春耕前举行的祭社仪式中就包含有恋爱、交媾巫术和模拟田间劳动的歌舞等内容。远古先民们头脑中存在着"大地母亲"的观念,他们认为五谷是大地母亲的奉献和恩赐,大地母亲像所有的妇女一样具有生殖力,是通过受孕才产生果实的,而耕地和播种就是使她受孕的方式。远古先民头脑中还具有"以同致同"感应巫术的观念。具体到祭社、祈年的仪式中,感应巫术有以下仪式:第一,由妇女来选种、播种;第二,由男子来耕耘土地;第三,在祭祀社神的场所进行性交表演;第四,由青年男女结伴播种。在我国上古时代的华夏族中,春耕前的恋爱、交媾感应巫术,基本上都合并到春嬉及祭高禖的活动中去了。祭社仪式中的模拟劳动歌舞,既具有巫术上的生殖感应、祈望丰收的文化意义,也具有实践上农耕技术传承的意义。春社歌舞的动作、程序、节律实际是对农业生产劳动的一种模仿和练习,因此春社歌舞也是早期农耕时代传授农业生产知识、技能的一种手段,具有教育的艺术性和实践上的模仿指导意义。到了我国的汉代,春社时的模拟劳动歌舞,虽然基本上已与巫术性表演脱离了关系,但仍具有祭祀歌舞的性质。如《汉书·郊祀志》载:"高祖五年,初置灵星,祀后稷也,殴爵簸扬,田农之事也。"所谓"殴爵(雀)簸扬",就是在春社祭农神后稷的象征东方龙宿第三星——天田星时,表演各种农业生产的场景动作。《后汉书·祭祀志下》说,汉代有"灵星舞",由男童十六人表演除草、耕种、逐雀、收获、春簸等模拟田间劳动的舞蹈,也指的是"殴爵簸扬"。汉代以降直至现代,春社歌舞以各种各样的变型样式在我国不少民族中传承了下来。如汉族喜闻多见的秧歌舞即源于祭春社歌舞,《岁星堂录》引雷思沛诗云:"樵歌社鼓插秧归。"这首诗描写的是湖北夷陵一带的春社情景,由此可见汉族春社赛会安排在插秧之前,而插秧劳动也是赛会中歌舞表演的主要内容,后世因此习惯称春社歌舞为秧歌舞。由此观之,通过乡俗春社活动,男女的情感得以宣泄和放松,从而成就了乡民礼庆的怡情文化功能,故称之曰"礼庆宜情"。

三、家族义举

家族义举的目的就在于倡导居仁由义、善待乡邻、扶危济困的家风。《孟子·尽心上》有云:"居恶(wū,哪里)在? 仁是也。路恶(wū,哪里)在?义是也。居仁由义,大人之事备矣。"[①]孟子这句话的意思是,该住在什么地

---

① 《孟子·尽心上》。

方？仁就是；该走在什么道路上？义就是。内怀仁爱之心，行事遵循义理，就具备了君子大丈夫的人格素养。只有奉行孝义家风，家族才能持久兴旺；只有讲求仁义善道，家族利益才能长久地得到维护；只有奉义谦让，家族邻里关系才能和睦，这就是所谓的"孝义传家久、义在利斯长、义让睦族邻"。

（一）孝义传家久

义本为善。所谓"义本为善"，就是说"义"的本质在于行善。佛家讲究"众善奉行，诸恶毋作"，后来为善尚义成为家风，传诵至今。以"义"为目的的行为，在宋代之前就有，如三国时期张鲁曾创五斗米道义行天下，《三国志·张鲁传》说："诸祭酒皆作义舍，如今之亭传。又置义米肉，悬于义舍，行路者量腹取足。"[①]《三字经》里有一句"窦燕山，有义方。教五子，名俱扬"。这里的"窦燕山"讲的是五代后周时期蓟州渔阳（今天津蓟州区）窦禹钧以"义"教子、五子登科（其子仪、俨、侃、偁、僖相继及第）、家风仁善得福禄的故事。范仲淹在《窦谏议录》中记载这样一件事："窦谏议禹钧，为人素长者。先，家有仆者，盗用过房廊钱二百千，仆虑事觉，有一女年十二三，自写券，系于臂上，云：'永卖此女，与本宅偿所负钱。'自是远遁。禹钧见女子券，甚哀怜之，即时焚券，收留此女，嘱妻曰：'养育此女，及事日，当求良匹嫁之。'及女笄，以二百千择良匹，得所归。后旧仆闻之归，感泣诉以前罪，禹钧不问。由是父子图禹钧像，日夕供养，晨兴祝寿。"窦禹钧仗义疏财，对人仁善，凡亲友故旧中有去世、因贫不能操办丧事的，他都主动出钱相助。曾为 27 位死者办理丧事、为 28 个穷人家的女儿置办嫁妆。他的义举赢得乡邻赞誉。他的五个孩子相继考取功名，人称：祖上积德、五子登科。

义持公益。所谓"义持公益"，就是说正义之道能够支持社会公益事业，益及乡邻。无论是在过去还是在现在，都不乏"义持公益"的家风案例。例如，宋代福建地区建阳长滩社仓就曾开启了古代乡绅救助义行模式。朱熹五夫社仓进一步规范了社仓管理，使得乡绅义行更好地推广和延续。社仓以及乡绅在民间修桥筑路、捐助义学等义举，对于避免乡民受灾荒之难、稳

---

① 《三国志·张鲁传》。

定社会和促进乡村和谐等方面具有积极的作用。义庄是由一个家族或几个家族订约成立的互助组织。它通常由义田作为基地建立和经济运作基础。除了义田,义庄还经常开办免费教育学校——义学。义田具有救济贫困人口和贫困学生的经济功能,义学具有振兴地方宗族教育的功能。义田和义学的创立具有明确的"尚德拒耻""保持节操""团结家庭""凝聚家族""教育子女"的道德功能。例如,范仲淹于平江府置田十余顷,以所得租米供给族人衣食及婚嫁丧葬之用,谓之"义庄"。皇佑二年(1050 年),初定规矩若干条(即《六十一字族规》和《义庄规矩》),刻之版榜,其中有具体内容如:逐房计口给米,每口一升;冬衣每口一匹,十岁以下五岁以上减半;婚嫁丧葬亦予济助,其中尊卑长幼有差。这些义行善举弘扬了"惜孤念寡""敬老怜贫""扶贫济困""兴族昌德"的良好家风。又例如,福建省金山镇河墘村吴西河老人多年积德行善,热衷公益,兴办老人活动中心、为汶川地震捐款、为家乡铺路造桥、建设校园,被村民亲切称为"西河伯""西河公"[①]。再例如,湖南株洲"赤脚教授"夏昭炎,从大学退休后,他回到家乡义办诸多公益事业:办学校、开课程、设基金、兴文化,练保健。2019 年,夏昭炎教授因义举助人、兴办公益获评第七届全国道德模范。

(二)义在利斯长

保义廉家。所谓"保义廉家",就是勤廉家风保持家族的仁义道德文化世代传扬。家族保义制度就是对家族成员廉洁自持行为的保障。为了保证该制度的有效实施,家族义田、义学的道德取向体现在救济对象的目标设立和选择上。"义田之设,专以勤廉耻。盏贤士大夫从官者,居官之日少,退间之日多。清节自持,不肯效贪污以取富,沽败名以自卑;为士者生事素薄,食指愈众,专意学业,不善营生,介洁自持,不肯为屠沽之计,擎攫之态者,使各知有义田在身后,不至晚年忧家计之萧条、男女之失所,遂至折节,泪丧修洁。故以此为劝,使其终为贤者。凡为士大夫当知立义田之本意。"[②]可见,

① 向亚云、景扬、王溪明:《弘扬中华文化 建设良好家风》,企业管理出版社,2017 年,第 62 ~ 63 页。

② 黄宽重、刘增贵:《家族与社会》,中国大百科全书出版社,2005 年,第 340 ~341 页。

许多农村义田的建立是为了使贫穷的士子们无后顾之忧，使他们能够清廉自立，不为生计而破坏志节。义田和义学救助对象的范围可能不同，但救助对象的选择也反映了传统家庭互助的道德性。由此可见，保义廉家则德性家风传扬。

义厚利长。平遥王家大院有一幅楹联曰："德高言乃立，义在利斯长。"意思是说，只有道德高尚，其言语观点才能在人们心中屹立，令人信服；唯有主持正义、办事公道正派之人，才会有长久的利益。这一楹联启示人们主持正义、持守道德节操。王家大院还有一幅楹联："善行孝义不欺天不欺人不欺自己，无忘仁慈须顾礼须顾信须顾先德"，意思是劝诫家庭成员要孝敬父母，办事奉行正义，不要自欺欺人，劝诫家庭成员讲究仁爱，要顾及先祖道德之名，不要辱没门风。王家大院还立有孝义坊、孝义祠，讲述的是王家15世王梦鹏的保义廉家故事。孝义坊明间联有云："清芬克绍先声品重竹林孝义敦而厚俗，丹綍式褒硕德辉绵槐砌子孙念以承家。"上联意为：竹林孝义，能继承先祖美德，昔日声望高、受尊敬，而且做到了敦宗族、厚风俗，誉满乡曲。下联意为：皇帝下朱笔诏书将王梦鹏树为榜样，给予嘉奖，其大德光辉映照绵峰，王家子孙不论官职大小，均念念不忘帝恩祖德，永远继承。王梦鹏，字六翮（hé），号竹林，山西省灵石县人。此人曾是王家举足轻重、德高望重之人物，一生以"孝义"两字闻名朝野。在他77年的人生道路上，一以贯之地"修孝于门内，克尽子职；施义于乡里，扶危济困；敦善行不怠，励志绩学；视他人如自己，竭诚以待"①。众乡人感其办"义学"、建"义冢"、建"义仓"、修桥梁、赈济灾荒等孝义助人善举，奏请朝廷旌表，他本人力辞，及至逝世后乾隆四十九年（1784年）方奉旨建孝义坊，嘉庆元年（1796年）又建成孝义祠以颂其义举。从这些王家大院楹联和孝义故事可知，义厚则利长。

（三）义让睦族邻

礼让见义。在家庭邻里关系方面，往往会因为双方抢占共同的公共资源出现争端，最好的解决方式是互相礼让，由让生义，邻里关系才能和睦。

---

① 侯廷亮、张百仟、温暖编著：《王家大院》，山西人民出版社，2018年，第51~53页。

新郑市南街有条小巷名曰"仁义胡同"①。明朝初年,尚无此巷,后来在永乐年间,山西洪洞迁民到此,此巷方成。隆庆年间,因孙、高两家年久失修的共用院墙倒塌,孙家在修复院墙时,多占高家一墙之地。双方为此发生纠纷、各不相让,闹到县衙。孙家族内富豪名绅较多,有钱有人;高姓阁老高拱在京官居极品,有权有势。县官左右为难,一时无法决断审理。高家遂写书信捎往京城,想求阁老为高家撑腰做主。高阁老看到书信,赋诗一首以作回信:"千里捎书为一墙,让他三尺有何妨;万里长城今尚在,不见当年秦始皇。"高姓诸辈见到高阁老的回信后,遂按照高阁老的意见,主动让出三尺地界,重修院墙。孙家看到高家的举动,也深感自责,效仿高家让出三尺,另立院墙。事后,两家人都宴请了达官显贵互致歉意,主动和好。从此,孙高两家宅院之间就出现了一条宽六尺、长四十三丈五尺的小巷。时人赞曰:"争之不足,让之有余;互相谦让,义德高尚。"后来,该小巷唤名曰"仁义胡同"。由此家风实践故事可知,礼让见义。

礼让睦邻。礼让不仅可以见义,还可以睦邻。安徽桐城也有一个类似的小巷,唤作"六尺巷",位于安徽省桐城市的西南一隅,全长 100 米、宽 2 米,建成于清朝康熙年间,巷道两端立石牌坊,牌坊上刻着"礼让"二字。"千里家书只为墙,让他三尺又何妨。长城万里今犹存,不见当年秦始皇。"这首与新郑市差不多的"让墙诗"就出自"六尺巷"一段历史典故。史料记载,张文瑞公居宅旁有隙地,与吴氏邻,吴氏越用之。家人驰书于都,公批书于后寄归。家人得书,遂撤让三尺,故六尺巷遂以为名焉。2006 年 11 月 21 日,时任国务委员唐家璇在参观六尺巷后,题辞:"桐城六尺巷,和谐名城扬。"由此观之,互相礼让,方显当事人的仁义道德境界,和睦的族邻关系得以建立,而且美名传扬。

四、编修家谱

编修家谱是家风传承的另一种重要仪式活动。编修家谱往往由宗祠族

---

① 史元魁、荆小英等:《大槐树传奇故事》,山西虹昂文化产业发展有限公司印刷,2018 年,第 97~98 页。

长来主持,纂修宗谱完成后珍藏于祠堂之中。

(一)修谱明分

修谱辨宗。修撰家谱的基本目的在于"明世次,序长幼"。满族《洪氏谱书》序云:"谱也者,乃明宗辨,敦伦睦族之最要者也。宗支蔓衍,生齿日繁,不有谱以载之,则世系无所辨,支派无所分,待至年深日远,将有睹面而不识矣。遂致卑忾,尊少凌长,伤败伦理,触犯名讳,以同姓之亲,视若路人,贻笑乡党,致辱宗族,况他人问之,究其原委而不知,推其本根而无由。"①家谱(或宗谱、谱牒)是一种通过传记、记载、图表等手段,将宗族的血缘亲疏、辈分、家规、家法等情况和谱系等记载下来的特殊家族历史书籍。家谱(或族谱、家谱)是一份家族历史档案,它记载了家族的财产、人口等完整的家谱(或族谱、家谱),是家族身份和世代的证明,族人可凭借宗谱"明世次,序长幼",据此确定自己在家族中的地位,并获得相应的权利。

修谱明史。家谱能够最直接地反映了家族及其全体成员的完整真实历史。它立足于宗族的基本内容,如宗祠组织、功能性组织、血缘、宗族世系、祭祀活动、宗族规章和家训、宗族土地财产、怀孕和义学等方面,为多方面完整的史料记载,使同族人明根论辈,注重维系各族的血缘关系。例如,洪洞大槐树移民家乘提要载"河南巩义芝田镇芝田村赵氏族谱"记录,"赵氏族居山西洪洞县刘家村,始祖为八老生子拳,于明洪武初避难于洪洞大槐树乃迁于巩义市芝田村。二世祖德明,三世祖通、义、恭、鉴、信。已传二十世。宗派字为:元业承守德;忠厚教家庭,统绪思善守,兰桂增光荣"②。由此可见,通过修编家谱,能够明了家族世代辈分,族人亦可凭借宗谱"明世次,序长幼"。

(二)修谱承德

修谱敬贤。修谱最核心的文化目的在于传承先祖贤德。修撰家谱有一

① 刘庆华:《满族家谱序评注》,辽宁民族出版社,2010 年,第 282~283 页。
② 张青:《山西洪洞大槐树》,山西古籍出版社,2004 年,第 113 页。

套严密制度规定,以前都是在祠堂里完成的。在家长的主持下,组织有一定声誉的家族文人传承祖先的义德。对于一个家庭来说,家谱具有理政、敬贤、教育、信史的功能。一些家庭事务如祖先崇拜、扫墓、亲属鉴定等也需要根据家谱来决定,所以家谱已经成为家庭指南。因为宗谱对于一个家族来说意义特殊,所以家族非常重视宗谱。家谱读取使用十年或更长时间必须进行修复(亦称续谱)。根据惯例,每十年进行一次小修,每三十年进行一次大修。编修谱牒是一项十分严肃而复杂的工程。家谱内容涉及恩荣录、源流考、祖规守法、世系五服图、先世考、祠堂、传纪、族产、字辈谱、领谱字号等多项内容。这些内容记述着家族文化的发展、兴衰变迁,也传承着各家族的家风,对后代有着教育劝诫作用。例如,河南唐河1944年新修的《惠氏族谱》,在"伯良贵基运,三应府绍迪,美文民克七,桓本昌天臣"的基础上,族谱从二十一世起,新增了"章大先贤志,永远(霖)保定成,廉让(思)宽(廷)信传,仁义忠和同,明宪光祖德,秉子振朝芳,景兆之兰风,学维万世祥"①。

修谱承志。从新修家谱所新增排行辈分用字来看,充满着对先祖贤德的传承之希望,传承家德的文化意蕴跃然纸上。例如,邯郸1902年新修《田氏族谱》有云:"忆我始祖在日,性宽厚,好施与,凡遇贫苦亲邻冠婚丧祭告贷者,辄慨然许之,且不责其酬偿,又施玄帝庙基,路死坟地。家虽不中赀(zī),而慕义恐后,勤俭持家,耕读教子,尔时之称良道善者,合内外而无异辞焉。今虽时移世迁,远而莫稽,而其所载在碑记,流传人口者,犹可想见其为人。继而立茔刻石,纂修宗谱,以垂裕于无穷,迄今三百余年,子子孙孙谁能一日而忘。"②满族《赵氏谱书》序载:"盖谱书者,一则可使后人考察世系,而生报本之念;一则可使后人知同一先祖,而生爱类之思。报本之念,爱美之思,苟能引而申之,扩而充之,触类而旁通之,则天地间一切万类,何往而非一本乎?天地间一切万类,何往而不相亲相爱乎?举万类而视为一本,举万类而相亲相爱,世界有不以之大同乎!"③此序言充满了德性仁爱和对大同世界的向往。由此观之,修家谱可以传承先祖遗志和家德。

---

① 张青:《山西洪洞大槐树》,山西古籍出版社,2004年,第121~122页。
② 张青:《山西洪洞大槐树》,山西古籍出版社,2004年,第117页。
③ 刘庆华:《满族家谱序评注》,辽宁民族出版社,2010年,第25~26页。

（三）修谱传风

修谱明本。从家风文化研究角度看，修家谱的最终目的是续传本家族良好的家风。修撰家谱需要熟谙封建宗法制度，各种称谓要合于时制和民俗。编修家谱的过程也是对家族历史、社会制度变迁、家风传承详细梳理的过程，在编修家谱的过程中逐步认识家族家风特质，逐步统一家族成员的认同状况，为家风在新时代的进一步传承打下基础。例如，满族《赵氏谱书》谱序载："木之本在根，水之本在源，人之根在祖。故不孝祖者，皆不知本，不报本者也。欲求知本报本，则谱书尚矣。该谱书者，所以详载历世先祖，使子孙见之，因而知本，因而报本也。知本若何？知我宗族，无论或远或近，或亲或疏……均应相亲相爱，相敬相让，相辅相助，相养相护，勿相争夺，勿相仇视，勿相嫉妒，以伤先祖之枝流也。报本若何？讲明道德，躬身孝悌，笃尽纲常，实践仁义，使己修身。然后化及一家，化及一乡，化及一邦，化及一世，扬名后世，以显先祖，此报本之大者也。"[1]由此观之，修撰家谱可以使家族成员知本、明本。

修谱恩族。修谱除了可以使家族成员知本、明本外，还可以生发对祖族心怀感恩，衍发出报本之行，在德行、志向等方面继续发展，从而达到传承家风之目的。例如，满族《伊尔根觉罗氏谱书》谱序有云："此所谓修谱而知族，族与吾为一本，则族之父子兄弟夫妇，祖功宗德，喜庆忧吊，犹吾一家也。……凡为先人子孙，勿失四民之业，勿忘九族之恩，敦品勤学，虽觅生活计，勿辱祖先名，此修谱者所重望焉，亦先人所望焉。"[2]从家谱序言中祖上殷殷嘱托可知，祖上希望良好家德家风能在后世子孙身上有所传承。故曰，修谱传风。

---

① 刘庆华：《满族家谱序评注》，辽宁民族出版社，2010年，第26页。
② 刘庆华：《满族家谱序评注》，辽宁民族出版社，2010年，第13～14页。

第三节　家风文化的结构特征

前面内容从中华家风的物质文化构成视角分析了家风文化结构,认为其由价值理念要素、仪式活动要素、居所环境要素所组成。其实,从家风内容看,最重要的是家国关系结构,也就是忠孝关系结构。从家国关系看,家国情怀是家风文化的核心部分,因此这里我们以家风最核心的"家国情怀"的家国文化结构分析为例来分析一下家风文化结构特征。何谓"家国情怀"?"家国情怀"这一概念源自人们对"家""国"的情怀理解和理论阐释,反映了在特定历史背景下,家国变迁对个人遭际和群体情感心境的影响。"家国情怀"饱含着主体对家的依恋、对国的热爱以及对家国共同体的认知、感念、理悟和实践的深切情怀。家国情怀的核心内涵是在家尽孝、为国尽忠,是主体对家国关系辩证统一的具象表达,也是对亲情仁爱关系推己及人的社会升华。家国情怀始于对家的认识与感念,家庭成员按照血缘关系世代相聚在一起就形成家族,家族通过征战、婚姻等手段逐渐拓展对领地资源的控制,在征战中俘获了对方家族成员以为奴,于是在家族内部及家族之间出现了统治、奴役、剥削等新的关系。为了维持这种关系,家族里就出现了专门的暴力机构和人员,家族就转变为国家政权,形成了"国"。在为"家"、为"国"开疆拓土、向四周不断扩展征战的过程中,往往不得不忍受各种各样的分离和变迁,以至于留下无数的离愁别恨,家国情怀得以产生。家国情怀的内容围绕家国生产、生活实践活动展开,由恋家情怀逐步发展为爱国情怀和家国情怀,它是物质文化、精神文化和制度文化在主体心理上的回顾、激励和综合反应。从家国静态文化结构看,家国情怀具有"三层四维"的文化结构特征;从家国动态发展的历史角度看,家国情怀具有"浑—分—统—和"的历史阶段特征;从家国文化传承转化角度看,家国情怀具有"随风而传,应时而化"的特征。家国文化传承的内容将有专门分析和论证,这里详细分析一下家国情怀的家国关系结构特征和历史发展结构特征。

一、文化结构特征："三层四维"

从《三层四维：家国情怀的文化结构探析》①可知，家国情怀具有"三层四维"结构，它体现了人们对"家""国"以及"家与国"的认知、感念、理悟和践行的文化建构。

（一）三层：家—国—家与国

所谓"三层结构"是指家国情怀由"恋家情怀""爱国情怀"和"家国情怀"所组成，其中"恋家情怀"是家国情怀的文化基础，它体现了人们念亲思乡的文化动因，为爱国情怀和家国情怀提供了文化动力；"爱国情怀"是家国情怀的文化发展目标，它体现了人们对恋家情怀的高尚提升，展现了群体意识对个体意识的超越；"家国情怀"是"恋家情怀"与"爱国情怀"的统一，它将个体朴素的念亲护家意识与高尚的报效祖国、舍小家为大家等群体意识结合统一了起来，表现为"保家卫国、家齐国治、爱国惜家、国泰民安"的和谐统一。

（二）四维：知—情—理—践

所谓"四维结构"是按照"知""情""理""践"四个维度对家国情怀所做的细致结构勾画。这里家国情怀的"四维"结构理论受心理学"知情意行"理论启发，选取了"知"与"情"，后面"理"与"践"源于列宁的理论与实践结合之意，为了凸显理论的"理"，所以创造性地提出了家国情怀的"四维"结构理论。从家国情怀的认知维度看，家国情怀体现了主体对家国一体同构、家国互利共存、家国荣辱与共的认识；从家国情怀的情感维度看，家国情怀表现了主体对家国归属认同、家国荣辱危机、家国责任使命的感念；从家国情怀的理论维度看，家国情怀展现了主体对家庭和国家共同体的本固邦宁、孝悌忠

---

① 徐国亮、刘松：《三层四维：家国情怀的文化结构探析》，《四川大学学报》（哲学社会科学版），2018年第6期。

义、和谐共生规律的遵循崇奉;从家国情怀的实践维度看,家国情怀勾画了主体对家庭和国家共同体的安全捍卫、治理操劳、家风国魂传扬的历史轨迹。

二、历史阶段特征:"浑—分—统—和"

家国情怀不是从来就有的,它是人类文明发展到一定阶段的产物,是随着私有制、家庭、国家的出现逐渐发展而来的。它的出现,既是生命主体为了克服外界自然条件束缚、获得个体生存自由的表现,也是群体和种族为了获得存活和发展资源、稳定传承下去所做出努力与抗争的表现,实际上是主体获取自由、民族竞争发展、文明稳步提升的表现。从主体自由、民族和睦和文明提升角度看,有三个时间节点可作为整个家国情怀历史的划分节点:一是夏王朝的成立,二是秦王朝的建立,三是中华人民共和国的建立。这三个节点将家国情怀的历史划分为"帝王禅让时代、宗族世袭时代、大一统官僚专制时代、人民民主时代"四个历史发展阶段[①]。

(一)即家即国:帝王禅让时代原始社会家国情怀"浑"的特点

"即家即国"是家国未分的帝王禅让时代原始社会家国情怀的特点,它映射出主体自由意识初步觉醒、中华民族文明初萌的历史印迹。在夏朝以前的原始社会,人们的家国情怀尚处在蒙昧阶段,家与国没有完全区分和分离,以黄帝统一华夏族为标志,在原始共产民主制度下产生了以部族首领为代表的无私奉献的、"即家即国"式的家国情怀。在人类文明的发展史上,家庭是群居、血亲的社会化结合体。恩格斯曾谈到了家庭与群的区别,认为人类的先祖只有意识到家庭对于维护主体繁衍自由的权利维护时,才会固执地产生。而家庭的出现与产生,正说明了人类意志自由和文明的进步。对于家庭产生的社会基础,克洛德·列维-施特劳斯在《家庭史》序言里提出:

[①] 刘松:《主体自由、民族和睦、文明提升:家国情怀的历史衡量三维标准探析》,《山东社会科学》,2019年第5期。

"没有家庭就没有社会。反之，如果先没有社会，也就没有家庭。"①由此看出，人聚成群，结成社会，构建家庭，才能超出一般动物的水平，顺应自然、利用自然、驾驭自然，这也体现了人类的意志自由和创造自由是随着人类自我意识、私有意识的进步而逐渐发展的。按照摩尔根和恩格斯的研究，人类家庭经历了血缘家庭、普那路亚家庭、对偶家庭、一夫一妻制家庭四个发展阶段。这几种家庭形式都是原始社会被恩格斯称为"蒙昧时代"的形式。这时，人们物质生活资料还没有出现剩余产品，私有制和国家尚未出现，家国没有完全分离开，家庭以氏族部落的形式存在，氏族部落的首领也就是家长、族长和帝王，在氏族内部奉行的是民主制。

在我国的传说故事中，从燧人氏到伏羲氏时期，母权制家庭逐渐产生。后来，随着石器和弓箭普遍使用，农牧业和手工业发展，男子逐渐取代了妇女在生产中的主导地位，在黄帝时期，父系氏族公社取代了母系氏族公社，一夫一妻制家庭取代了对偶家庭。由于血缘关系固定了，父母及其子女构成的家庭有条件成为独立的生产单位，于是家庭逐渐从氏族中分化出来。黄帝为"君臣上下之义，父子兄弟之礼，夫妇匹配之合"②，从此有了正式的家庭教育。③"在中国，多数人主治的民主政体，曾在上古出现过，那便是称作'尧舜之治'的氏族民主制"④和"禅让制"。禅让，实际上是氏族贵族首领从同族中选出经过考验、德行高尚的后代来继承帝位。对于氏族首领来说，这里就面临处理"私"与"公"之间的矛盾和纠结，既要维护种群发展传承方面的利益，也要保全作为氏族首领血统传衍和决策自由的优先权。"禅让制"实际上就是这两种考虑的折中，这种氏族首领的意愿表达既顺应了氏族成员的主流意见，也体现了首领的意志自由。上古流传的"黄帝修德振兵、统一华夏、始制衣冠、建舟车、制音律、创医学、艺五谷、兴文字"、颛顼和九黎与制历法、尧舜禅让、大禹治水"三过家门而不入"、神农尝百草、盘古开天、女

---

① ［法］安德烈·比尔基埃等主编：《家庭史》，袁树仁等译，生活·读书·新知三联书店，1998年，第7页。

② 《商君书·画策》。

③ 徐少锦、陈延斌：《中国家训史》，陕西人民出版社，2003年，第46页。

④ 冯天瑜、何晓明、周积明：《中华文化史》，上海人民出版社，2015年，第143页。

娲造人、后羿射日、伏羲创八卦、仓颉造字、精卫填海、愚公移山等感人的中国神话故事，一方面反映了原始社会以黄帝为代表的华夏文明初创时期丰富的人类活动和文明的初步积累，另一方面也展现了中华民族始祖战天斗地的不屈精神和无私的"即家即国"式家国情怀。

（二）敬天法祖：宗族世袭时代奴隶社会家国情怀"分"的特点

"敬天法祖"是华夏民族家国一体的宗族世袭时代奴隶社会家国情怀的特点，它映射出主体自由意识和中华民族文明全面觉醒的历史记录。夏禹的儿子夏启继天子位开启夏王朝后，变禅让制为世袭制，"夏家族、夏部落和夏政权的合而为一"[①]标志着中国奴隶社会的诞生。从夏朝起，已经出现按地域来划分居民，《尚书·禹贡》中已谈及全国被划分为九州，并出现了公共权力机关，设官分职，统治臣民，所谓夏后氏有官职一百[②]；还出现了刑法，春秋时叔向举出第一部刑法就是《禹刑》，所谓"夏有乱政而作禹刑，商有乱政而作汤刑，周有乱政而作九刑"[③]；从禹开始"谋用是作而兵（战争）由此起"[④]，这说明象征国家暴力机构的军队也已存在。以上种种现象表明，夏朝已经具备了国家政权的主要特征。但要注意的是，夏国家政权并不是在夏家族之外另外建立的新机构，而是夏家族、夏部落管辖和统治权力的拓展和延伸，是对旧的氏族部落机构进行改造，并赋予其新的社会职能的结果。到了商代后期，出现了宗族组织和宗法制度，逐渐建立了分封制。这些被分封到四周的家族与商家族有血缘联系，属同一家族，从政权来看，又是商王朝的地方一级政权组织。这样一来，从制度上逐渐分离出"国"与"家"两个管理层面，这时的"国"系指中央京畿王朝政权，"家"实际上是被分封"外服"的若干个诸侯国。在"家"层面，奉行同居共财制、宗族家长制。于是出现了贵族家庭、依附性家庭和自由民家庭，其中以家国一体的宗法制大家庭为代表。大家庭实行"同居共财"制，各家成员经济上不独立，必须以家族为本位

---

① 徐扬杰：《中国家族制度史》，人民出版社，1992 年，第 66 页。
② 《礼记·明堂位》。
③ 《左传·昭公六年》。
④ 《礼记·礼运》。

来生活,加上民主管理机制的丧失,围绕父权、夫权形成了以家庭训诫、家规家范为形式的一整套家庭伦理道德原则和行为规范。在"国"层面,逐渐出现了宗法制、井田制和分封制。家庭所奉行父权家长制与国家奉行的奴隶主专政相适应,血缘联系与社会政治等级关系密切交融,它们共同形成了具有中国特色的宗法制度,与宗法制相适应的制度是分封制和嫡长子继承制以及严格的宗庙祭祀制度。

这些制度的出现,一方面纯洁了血统的传承、巩固了王权统治,客观上也有利于社会生产力的提高,加速了国家财富积聚,有利于国家层面的水利建设、抵御周边蛮族入侵,推进了文明的进步,激发了奴隶主贵族阶级引以为傲的家国情怀。例如,《诗经·商颂·殷武》有云:"昔有成汤,自彼氐羌,莫敢不来享,莫敢不来王。曰商是常。"①表现的是奴隶主贵族开疆拓土、平定四夷、威震四方的家国情怀;《诗经·大雅·文王》有云:"文王在上,於昭於天。周虽旧邦,其命维新。……上帝既命,侯于周服。……王之荩臣,无念尔祖。无念尔祖,聿修厥德。永言配命,自求多福。"②歌颂的是奴隶主阶级敢于革新、顺应天道、唯德是辅、忠良咸服、创立伟业的家国情怀;《诗经·生民之什·板》有云:"敬天之怒,无敢戏豫。敬天之渝,无敢驰驱。昊天曰明,及尔出王。昊天曰旦,及尔游衍。"③"上既劝王和德以安国,故又言当畏敬上天,当敬天之威怒,以自肃戒,无敢忽慢之而戏谑逸豫。又当敬天之灾变,以常战栗,无敢忽之而驰驱自恣也。天之变怒,所以须敬者,以此昊天在上,人仰之皆谓之明,常与汝出入往来,游溢相从,终常相随,见人善恶。既曰若此,不可不敬慎也。"④则反映了周朝敬天法祖、善待百姓、德统天下的家国情怀。这几段溢美之词表达了在奴隶主贵族阶级宗法制度统治下,国家更有力量,家族血亲联系更加紧密,四夷更加咸服,统治更加稳固,文明得以提升,开疆拓土、威震四方的家国情怀得以充分展露。

但是,这种制度另一方面也埋下了统治阶级贪奢腐败和阶级矛盾对立

---

① 《诗经·商颂·殷武》。
② 《诗经·大雅·文王》。
③ 《诗经·生民之什·板》。
④ 《毛诗正义》卷十七。

的祸根,引发有识之士对国家统治的危机意识和下层人民对国家的幽怨情怀。这一阶段,中央政权与周边少数民族之间矛盾、诸侯国之间利益矛盾、国家阶层间矛盾引发社会普遍的不满,对未来美好生活的向往成为广大被压迫阶级人们对家国社会共同的感念。例如,《汉书》记载,"周懿王时,王室遂衰,戎狄交侵,暴虐中国。中国被其苦……"①,在"四夷交侵,中国皆叛,用兵不息,视民如禽兽"的情景下,发出了对统治者的愤怒询问:"何草不黄?何日不行?何人不将?经营四方?何人不玄?何人不矜?哀我征夫,独为匪民。"②表达了百姓对统治者无视民间疾苦、穷兵黩武的愤懑之情。屈原在《离骚》中感慨:"何桀纣之猖披兮,夫惟捷径以窘步。惟夫党人之偷乐兮,路幽昧以险隘。岂余身之殚殃兮,恐皇舆之败绩!忽奔走以先后兮,及前王之踵武。"③表达了诗人为国担忧的家国情怀。《诗经·邶风·击鼓》篇记载,"死生契阔,与子成说。执子之手,与子偕老"④,表达了为国征战的战友们不得已相互约定"齐赴疆场共生死,终生相伴不分离"的壮烈爱国情怀。由此可以看出,这一时期的家国情怀丰富而复杂,既有表现奴隶主贵族统治阶级顺乎天道、继承祖德的耕战事功、开疆拓土、四夷来朝的荣耀之情;也有表达奴隶阶级告别家祖慷慨赴死、为国捐躯的英雄豪迈之情,以及对统治者违逆天道、背弃祖德、不恤民苦、常年征战、饱含怨怒的忧患之情。两种对立二分的情怀都建立在"天道"和"祖德"基础上,都体现了对天的敬畏和对祖上的尊奉,都属于宗法等级社会"敬天法祖"式家国情怀,在情感立场上显现出鲜明的阶级对立二分的特点。

(三)天下一统:大一统官僚专制时代封建社会家国情怀"统"的特点

"天下一统"是中华民族在家齐国治的大一统官僚专制时代封建社会家国情怀的特点,它映射出主体自由意识强化、中华民族走向繁荣、中华文明

---

① 《汉书·匈奴传》。
② 《诗经·小雅·何草不黄》。
③ 《楚辞·离骚》。
④ 《诗经·邶风·击鼓》。

辉煌于世的历史嬗变记录。自秦王朝以后,大一统的中华帝国出现,中国进入两千多年的封建地主阶级统治时期。这期间几经王朝更替,奴隶制人身依附关系被地主阶级创立的人地依附关系所代替,土地资源和租种制度成为地主阶级掌控权力、盘剥农民的主要工具。从家庭制度变迁来看,氏族宗法制衰落,家族制兴起。"以一个家庭为单位的土地所有制代替了以一个宗族为单位的土地所有制"①,整个社会逐渐向封建地主制过渡。这一时期,值得注意的是两次大的家庭制度政策的出台。一是商鞅的家庭改革,它使得小家族家庭代替了宗族大家庭。另一个是三国时期,魏明帝曹睿下令废除"异子之科,使父子无异财"②,成为大家族家庭再次被确立的标志。但此时的大家族家庭是一种"近亲同居制"大家庭,它与"宗族制同居"大家庭是不同的。主要有以下区别:一是经济基础制度上以"税田制"代替了"分田制";二是性质发生根本改变,以"封建家族制"取代了"奴隶宗族制";三是制度渊源不同,近亲同居制源于"非诸侯分封制",而不是源于"诸侯分封制";四是家族长名称称谓不同,以"家长"取代了"族长"或"房长"。③ 从国家制度层面看,主要有两种"大一统"制度,一种是"文化大一统制",一种是"王朝大一统制",人们对家国的认同是通过对文明的认同和对王朝的认同实现的。但无论是文化的大一统还是疆域的大一统,士大夫与贵族官僚统治阶级们对大一统的家国情怀是没有变的,对中华文明的认同是没有变的,其变化只是从秦汉、隋唐等中原王朝的"天下中国"嬗变为元代、清朝等征服性王朝的"大一统中国"了。其间饱含着对中原王朝以文明自傲的家国情怀嬗变为对征服性王朝以国力强盛而自豪的家国情怀。这种超越民族局限的家国情怀实际上也反映了这一时代民族纷争的改善以及文明的提升。同时,我们看到,这一历史时代的人们在饱经战乱、国破家亡、王朝更迭的苦难之后,渴望止戈息争、家国安宁、自由生活、民族和睦、天下归心,整个社会呈现出强烈的"天下一统"式的家国情怀。相比于奴隶制社会,阶级对立虽然仍然存在,但不像以前那么鲜明了,阶级矛盾也缓和了不少,家国情怀中"分"的特点被

---

① 龚佩华、李启芬:《中华民族亲属团体史》,德宏民族出版社,1991年,第102页。

② 《晋书·刑法志》。

③ 龚佩华、李启芬:《中华民族亲属团体史》,德宏民族出版社,1991年,第112页。

"统"所取代。

(四)爱国惜家:人民民主时代社会主义中国家国情怀"和"的特点

"爱国惜家"是中华民族在平等融和的人民民主时代社会主义中国家国情怀的特点,它映射出国家主体民主自由、中华民族繁荣和睦、中华文明日渐走近世界文明舞台的中央的历史嬗变记录。新中国成立后,人民大众成为国家的主人,奉行人民民主制度,男女平等观念以及婚姻自主的观念广泛流行,打破了传统大家族聚居的习俗,封建大家族的家族制也逐渐被现代小家庭的平等民主制所取代。其实,妇女观念的更新、婚俗的变化、家庭制度的变化早在清代中后期就已徐徐开启。近代外国传教士在中国布道办学、资产阶级改良派的维新变法、民国时期文人雅士的新文化运动、革命人士的五四爱国运动逐渐把西方男女平等、妇女解放的观念引入中国,对中国家庭制度变革起到了助推作用。早期共产党人在瑞金、延安等红色革命根据地颁布《婚姻法条例》也为变革中国家庭制度进行了有益的实践尝试。1950年颁布的《中华人民共和国婚姻法》则成为新时代中国婚姻家庭制度的里程碑。它标志着中国女性彻底解放、男女平等时代的到来。主体自由、文明提升在这里都有所表现。新中国成立以来的农村社会主义运动、公社化改革以及家庭联产承包责任制都对传统家族制度形成巨大冲击,土地制度的改革铲除了封建地主阶级利用家族制进行土地垄断剥削农民的根基,小家庭间的平等利益诉求也得到国家法律制度的保护,传统的家族联合生产在个体自由竞争的利益驱使下开始分崩离析。

在这种现代社会大潮冲击下,人才的自由流动、社会化大生产使得家庭小型化成为时代的选择。农村人口大量涌入城市,加上中国人口计划生育政策,三代共居的家庭模式逐渐被"三口之家"的主流模式所取代。传统的对大一统王朝、家族的家国情怀也嬗变为新时代两性平等、追求自由、"爱国惜家"式的家国情怀,它展现了成为国家主人的人民大众对中华民族大家庭的认同以及对新中国的热爱之情。这进一步展现了制度变迁中所体现的内在的主体的自由、文明的提升和民族的和睦。由于人民成了自己家庭和国家的主人,大家充满了对干事业的激情和对未来发展的期待,责任、担当和汗水赢得了收获和希望,勤劳智慧的中国人民对家庭和国家充满着认同感、使命感与自豪感,展现了新时代两性平等、"爱国惜家"式的家国情怀。这一时期,民族和睦、家国关系和谐,个人与集体之间利益和融,显现出这一时期家国情怀具有"和"的特点。

综观中华家风和家国情怀的发展历程,从家国关系角度看,大致经历了即家即国、敬天法祖、天下一统、爱国惜家四个阶段,呈现出"浑、分、统、和"的发展阶段特征。

第四章 中华家风的传统内容

中国人一向讲究家风的传承，注重孝亲明礼、耕读传家，倡导忠信友善、勤俭持家的传统美德。家风传统的核心在于家庭情感意识、家庭德性观念和家庭伦常制度三个方面，表现为家亲宗祖、孝家忠国和家庭伦常。

第一节　家亲宗祖

中华家庭情感意识体现为乡土情结、宗祖情结和亲缘情结。其中，乡土情结勾连了家庭与地域的联系，是乡土观念、姓氏郡望观念和恋土情怀的情感体现；宗祖情结是家庭世袭制度与血脉传承的统合，是祖宗崇拜、宗法观念和血统观念的情感体现；亲缘情结是家族观念、亲情观念和家庭本位的意识体现。

一、乡土情结

乡土情结，是一种文化的集体无意识性与家乡土地之间的情感勾连，是家庭经济方式在个体心理上的习惯印记，是人们对童年家乡生活习惯的记忆，是一种年老者叶落归根的心理诉求，是血亲观念和姓氏郡望观念的糅合。中国人的乡土情结实际上是远古先人们的土植文化、乡土文化和血亲文化长期糅合发展的结果，"土植情缘"是乡土情结的经济基础，"乡土亲缘"为乡土情结提供了社会关系互动发展场域，"血亲情缘"为乡土情结植入了文化传承的基因。

（一）土植情缘

何谓"乡土情结"？心理学家认为这是一种文化的集体无意识性与家乡土地之间的情感勾连。卡·古·荣格认为，每个人的诸多无意识内容常常聚集成"心理丛"，它们引发人们思想、记忆和情感的联结，这就是"情结"[①]。无意识的"情结"支配意识、塑造人格。荣格认为，构成人格的诸多情结彼此分离、各具内驱力，它们共同支配着人的各种思想和行为。人的心理在进化中确立，个人就与往昔形成联结，不仅联结个人童年往昔，也联结种族的往

[①]　徐剑艺:《中国人的乡土情结》，上海文化出版社，1993 年，第 24 页。

昔和进化环境及过程,就此形成"集体无意识"和"原始意像"。① 这种"集体无意识"性,体现了种族的"天性",经过漫长而有序的积累,形成该民族的"文化"。中华"乡土情结"正是一种中华民族的集体无意识在个体心理中的集中表现。世界上没有一个民族不爱自己的乡土,然而世界上也没有哪一个民族像中国人那样如此酷爱乃至离不开乡土。传统中国是个本乡本土的农业社会。可以说,乡土情结是家庭经济方式在心理上的习惯印记。"家"的观念最初是与畜牧业联系在一起的,从家的造字结构展现出圈养猪狗之处为家。进入农耕社会后,家庭的基本运作图景是"三亩地,一头牛,老婆孩子热炕头"。"五亩之宅树之以桑,五十者衣帛矣;鸡豚狗彘之畜,无失其时,七十者可以食肉矣。百亩之田,勿夺其时,数口之家可以无饥矣;谨庠序之教,申之以孝悌之义,颁白者不负戴于道路矣。七十者衣帛食肉,黎民不饥不寒,然而不王者,未之有也。"②因此,孟子认为:"若民,则无恒产,因无恒心。"③老百姓如果有了一定生活数量的土地资源,"必使仰足以事父母,俯足以畜妻子,乐岁终身饱,凶年不免于死亡"④,就能安居乐业、乡里和睦。中国人对于土地的耕作利用是最为原始基本的,在他们的观念里,只要是泥土,就该种上植物,否则就是一种浪费。费孝通先生称此为"很忠实地守着这直接向土地里讨生活的传统"。这种最自然的,也是最原始的人与土地的联系,使得中国人对土地和种植产生了一种不同于一般"泛爱"的"土地亲缘"和"种植亲缘"。种植则使乡村人自身也成了不能流动和迁移的"植物",人们在漫长的岁月中与土地和种植产生了情感,就这样与土地和种植攀上了"土植情缘"。由此可以看出,土植情缘是乡土情结的经济基础,而乡土情结是家庭经济方式在个体心理上的习惯印记。

(二)乡土亲缘

如果说"土地亲缘"和"种植亲缘"为乡土情结构筑了经济基础的话,乡

---

① 霍尔:《荣格心理学入门》,生活·读书·新知三联书店,1987年,第36~37页。
② 《孟子·梁惠王上·寡人之于国也》。
③ 《孟子·滕文公上》。
④ 《孟子·梁惠王上·齐桓晋文之事》。

土亲缘则为乡土情结提供了社会关系交往的平台和环境。一个人在童年时代所处的乡土亲缘关系决定了这个人的童年生活习惯和美好生活记忆，因此从这个意义上讲，乡土情结是一个人对童年家乡生活习惯的记忆，也是当他年老时的一种叶落归根的心理诉求。人生旅途起于童年，人们在童年感触认知世界的过程中，就与这片土地结下了乡土亲缘。中国是个传统农业大国，在农业文明的进程中，人们开始感觉饥饱寒暖，发为悲啼笑乐。"农业和游牧不同，它是直接取于土地的。游牧的人可以逐水草而居，飘忽无定，做工业的人可以择地而居，迁移无碍；而种地的人却搬不动地，长在土里的庄稼行动不得，侍候庄稼的老农也因之像是半身插入了土里。"①正因为此，乡村人的生存十分固定："村子里几百年来老是这几个姓，我从墓碑上重构每家的家谱，清清楚楚，一直到现在还是那些人。乡村里的人口似乎是附在乡土上的，一代一代下去，不太有变动。"②于是在一块土地上某些家族代代相传，繁衍不绝。家族子孙从固定的土地中获取生存，死了也葬在自家的土里。因而土地就成为这些家族永久的财产和陪伴。久而久之，土地也就带上了姓氏，如'张家坡''李家岗''王家墩''杜家堰'等。诗人臧克家曾写《土地》诗云："孩子，在土地中洗澡；父亲，在土地中劳作；爷爷，在土地中葬埋。"中国的乡村人完完全全是一种土地人生。土地成了家族中的一个有机部分，成了"家土"。尤其想到土地下埋着死去的祖宗。乡村人往往相信，祖宗死后埋到自家地下，在九泉之下为家族守护着这块土地，护佑着这片土地五谷丰登。因此，人们对"家土"产生一种亲缘式的情感。随着家族的扩大，子孙之间的互相婚配，亲缘的范围就越来越大，往往是整个村子，甚至整个乡都有着亲缘。于是就出现了"乡亲"，相应对"家土"的亲缘式的情感随之转化为对"乡土"的亲情之爱，"乡土亲缘"随之而生。

可见，乡村人对土地的爱并不是泛泛的，像知识分子所常有的那种博大、无私、不分区域的"土地泛爱"；而是一种仅仅局限于生他、养他的那一块特定区域的乡土的、亲情式的专注情感。无论这片土地肥沃还是贫瘠，都将

---

① 费孝通:《乡土中国》,生活·读书·新知三联书店,1985 年,第 2 页。
② 费孝通:《乡土中国》,生活·读书·新知三联书店,1985 年,第 2 页。

成为他情感里的"故土热土"。在这个地球上哪儿没有肥沃的土地呢？但是对于中国乡村人来说，除了故土，任何土地对他来说都没有意义、没有感情。如果因大旱、大涝，或因连年战乱被迫离开故土，在外漂泊一生，还是要终老还乡，落叶归根。因为那里是异乡他乡，那里没有亲缘之灵。这种对土地的亲缘之情既纯朴、深厚，又狭隘、倔强，逐渐形成了中国传统"安土重迁"的文化心理。安土重迁是中华民族的家风传统，如同鸟恋旧林、鱼思故渊、落叶归根一样，一切有生之伦，都有返本归元的倾向。乡村人对土地的亲缘情感不仅是现实的，更是宗教的。在乡村中国人的精神殿堂里，最大、最贴近人们生活的神祇就是土地神，即"社稷"。社为土神，稷为谷神。在帝王君主眼里，它们是一对掌管大地和丰收的神祇。所以每年必亲自前往地坛祭祀。可在乡村人的眼中，这是一对极富人性的神，是老夫老妻白头偕老的一对掌管着乡间的正事和闲事的神。所以乡村人俗称土地神为"土地奶奶""土地公公"——以亲缘的称谓称呼神祇。在中国的乡村，到处可见各种各样的"土地庙"。人们不仅逢年过节向这对亲缘式的神祇奉上贡品，在下种和收获的农事季节进行种种祭祀活动；而且当有灾难的时候，更是会去祈求这对"土地爷爷和奶奶"的庇护。因而在中国乡村，不仅土地是亲缘式的乡土，而且土地神也成了乡村人亲缘式的神祇。由此可知，乡土亲缘为乡土情结提供了社会交往的关系平台，成为个人乡土情结的社会环境基础。

（三）血亲情缘

乡土情结的形成不仅需要土地、植物提供物质基础，而且需要乡土亲缘提供社会交往环境场域，还需要血缘关系与土地文化的结合。血缘是乡村社会中最根本的结构关系。"血缘-乡土"结构的核心就是家。对于乡村农业生存中的人来说，除了天地作物，便是家。因此，乡土情结是血亲观念和姓氏郡望观念的糅合。土地把家庭牢牢地固定住，人们离不开土地，甚至血缘也带上了乡土气息。家风传统习俗中常常有"同姓人五百年前是一家"，但真正区分同姓之亲疏的是地域，于是便产生了姓氏的郡望观念，乡土情结日盛。

在中国人传统的意识中，社会是一个从最小的家到最大的"国家"渐次扩展而成的同心圆结构:这个圆的中心,是由直系血亲构成的"自家",家庭成员包括自己、父母、兄弟姊妹、妻子儿女;围绕着"自家"这个圆心的,是"本家"这个圆,包括同姓同宗的血亲缘关系;围绕着"本家"之外的,是"亲家"这个圆,包括男女联姻而结成的亲缘关系;围绕着"亲家"之外的,是"老家"这个圆,包括同地域地缘关系的亲缘化关系;围绕着"老家"之外的,是"国家"这个圆,这个圆是以民族为纽带的最大的亲缘关系。人们常说,中国人都是华夏炎黄子孙,就是因为中国人都生长在黄河、长江流域,有着共同的祖先,各种姓氏之间有着割舍不断的血脉渊源关系。这个同心圆结构是一个从"血缘"到"亲缘"到"地缘"到"民族社缘"的扩展,也是一个"家的扩大化",这个同心圆按照血缘关系的亲疏远近,由内向外展开成同心圆序列:"自家"—"本家"—"亲家"—"老家"—"国家"。老百姓也依此形成以自我利益为圆心的亲缘价值观和道德观。具体表现为:最亲的是自己,其次是父母兄弟姐妹子女,然后是本家、亲家、老家以至国家。因此,当父母兄弟之争时就向着自己,当自家与本家人相争时就向着自家,当本家与亲家相争时则偏向本家,等等。围绕着这个同心圆,也形成了由内致外的道德修行顺序:修身—齐家—治国—平天下。这种修行次第意味着:只有先修炼好自身,具备了各方面的综合素质和能力,才能管理好一个家庭;只有具备了家庭事务综合处理能力,才能有机会去治理国家、处理社会事务;只有治理好了一个国家,才有可能去引领全社会构建人类命运共同体,实现天下大同的共产主义理想。

如此的"家社会"文化模式使中国人在心理和情感方式上形成了一种潜在的"血亲情结":他们的情感和爱的程度是由血亲的远近而决定。当他们出门去田里劳作或去邻村与其他陌生人交往时,他们就会想到自家人、本家人一起生活其中乐意融融的情景;当他们远行离开老家地界时,就会怀乡;当他们来到异国时就会念国。不仅如此,传统的乡村人还以血亲的尺度衡量一切,血亲成了他们世界观的核心。譬如选择婚姻的时候,喜欢近亲联姻,所谓"亲上加亲";传统中国的青年男女很明显具有"表亲恋情结",并且把性爱血缘化。乡村人的理想政治就是"长老统治",就是"父母官""父王"和"国母"(母仪天下);他们的社会理想便是"天下一家";他们的道德理想、伦理准则是："君臣父子、忠孝节义"；他们的人生理想则是"成家立业，光宗耀祖，衣锦还乡"。每一个中国人心灵深处都潜藏着恋土、恋家的"乡土情结"，它是长期农耕生活"集体无意识"的表征，展现为中华民族独特的、土地和乡亲深度融合的"原始意象"，塑造了中国人的人格特征。它不仅决定了中国民族的已有历史，而且还将继续制约和影响这个民族的今天和未来。荣格说："不是人支配着情结，而是情结支配着人。"因为情结在潜意识中支配着人的选择，这种选择往往与他固有的生活习惯、思维方式、价值取向相一致。

中国人的乡土情结不仅根植于乡土和血脉，更是对固有生存方式的延续。中国人固有意识中的"乡土情结"促使他们选择在家乡而非异乡生活、工作和发展。因此，离乡就意味着人生悲剧的发生：如被迫从军，被征劳役，官宦贬谪，皇亲公主远行"和亲"，以致天灾、人祸、离家行乞等。在中国传统文学中始终充满着离乡者的悲泣之声。相应的，离乡者的乡愁别绪成了中国古典文学中一种十分典型的民族情绪。例如，汉蔡文姬在《悲愤诗》中写道："去去割情恋，遄（chuán，快）征日遐迈。悠悠三千里，何时复交会。"唐李白在《菩萨蛮》中吟道："平林漠漠烟如织，寒山一带伤心碧。暝色入高楼，有人楼上愁。玉阶空伫立，宿鸟归飞急。何处是归程？长亭连短亭。"唐刘郇伯诗云："客老愁尘下，蝉寒怨路傍。青山依旧色，宛是马卿乡。"唐张祐有诗云："金陵津渡小山楼，一宿行人自可愁。"元代马致远《天净沙·秋思》云："枯藤老树昏鸦，小桥流水人家，古道西风瘦马。夕阳西下，断肠人在天涯。"此曲以多种景物并置，组合成一幅秋郊夕照思乡图，个中哀愁情调、飘零天涯、思念故乡、倦于漂泊的凄苦愁楚之情幽然闪现。这些家喻户晓的乡愁章句不仅是中国传统文人的乡土情结的审美表现，更是民族的精神所在。当杜甫身处异乡，听闻七年有余的安史之乱终于平息时，他首先想到的是"白日放歌须纵酒，青春作伴好还乡"。可以说，还乡，已成为中国人乡土情结的终极目的。

二、宗祖情结

宗祖情结是对家族先祖生活化场景具象在心理上的综合反映,是家庭世袭制度与血脉传承的统合,是祖宗崇拜、宗法观念和血统观念的情感体现。

(一)祖宗崇拜

敬宗收族。祖宗崇拜是宗祖情结的首要表征。祖先崇拜是宗法式家族团聚族人的精神纽带,宗子率领族人岁时祭祀祖先,用以灌输亲族相爱的观念,使宗族牢固地纽结在一起,这叫作"尊祖""敬宗""收族"①。在这一过程中,逐渐形成对祖先的敬孝之情。古人认为,人的肉体死亡了,灵魂不会死,因此须用坟墓棺椁安放肉体,以宗庙供奉其灵魂,宗庙制度和族墓制度由此产生。一般的贵族宗族,不论官阶大小,都要按照宗法制度的规定,分等级地建立一个或几个宗庙,作为整个家族祭祀祖先和聚会燕饮的场所,成为一个宗族存在的主要象征。所谓"宗庙",就是供奉象征祖先神灵的神主牌位的小房子。"宗"这个字,从"宀(mián)"从"示",宀像房子之形,示是祭祀之义,所以"宗"字的本义就是用于祭祀祖先的房子。宗庙的规制,依照宗子的身份分成不同的等级。西周、春秋有所谓宗子为天子者七庙、诸侯五庙,大夫三庙、士一庙、"庶人无庙而祭于寝"②的说法。由此看出,不同等级的宗族的宗庙的规制,主要在建庙的数目上反映出来;庙的数目都是单数,除一个始祖庙外,凡有三庙者必一昭庙一穆庙,有五庙者则二昭庙二穆庙,有七庙者则三昭庙三穆庙;庶人即平民的家族无庙,在自己的住宅寝室内祭祀祖先。宗庙祭祀,受祭者为主祏(shí)。宗庙中的主祏的排列及有几个宗庙时宗庙的排列及其朝向,都有着严格的规定及次序。始祖庙或始祖主祏(即第一代宗子)居最北正中,南向,自始祖以下,第二代居左,西向,称昭,第三代

---

① 徐扬杰:《中国家族制度史》,人民出版社,2012 年,第 87 页。
② 《礼记·王制》。

居右,东向,称穆,对称排列;第四代又居左,亦称昭,第五代又居右,也称穆,复对称排列。以下类推。宗族祭祀时,活着的族人也要按昭、穆的次序站立、跪拜,即宗子居正中,宗子之子一代居左,孙一代居右,曾孙一代又居左,玄孙一代复居右,左为昭,右为穆,不得混杂。

宗庙是家族的象征,寄托着祖先的神灵。人们认为,祖先的神灵主宰家族一切事务,因此家族中所有事情必须慎重地报告祖先,先请示,后汇报,这叫作"告庙"。诸侯即位、出行、出师受命、征伐、献俘、冠、娶、丧等家族重大事项皆需"告庙"。祖宗崇拜最隆重的活动为"庙祭"。祭祀祖先是宗族的最重要的活动之一,所谓"国之大事,在相与戎"①。家族祭祀祖先有多种形式,前面说到的族人到宗子之家,在宗子主持下祭祀祖祢(mí),族中遇到重大事情举行告庙仪式,都是祖先祭祀。然而家族祭祀中最隆重的莫过于全族在宗庙举行的庙祭。庙祭的种类也很多,每一种祭祀各有一个专门名称,仪式与祭品、祭器的规格也各不相同。庙祭的种类大致可以分为"时祭"和"大祭"两种。时祭即四时之祭,春夏秋冬各有一个专门的祭名:祠、礿(yuè)、尝、烝(zhēng),到当祭之时,具备牺牲酒醴,族人在宗子率领下,齐集宗庙,举行祭礼。大祭有两种:禘(dì)和祫(xiá)。禘祭大于四时而小于祫,每5年举行一次;规格最高、仪式最隆重的大祭是祫祭,每3年举行一次。家族的庙祭是最隆重的祭典,是家族的重要活动。通过祭祀祖先,把族人从精神上纽结在祖先的周围,实际上是纽结在祖先的代言人宗子的周围,起到团聚宗族、敬宗收族、加强宗族统治的作用。

孝祖颂德。祖先崇拜展示的是一种孝道。中国自古以来就有对原始祖先的崇拜,史前时期的有巢氏、燧人氏、伏羲氏、炎帝、黄帝被尊奉为中华民族的人文始祖。他们的丰功伟绩代代相传,被人们供奉崇拜。狭义讲有对本族始祖和先人的崇拜。虽然"人死曰鬼"②,但人们宁愿相信鬼魂不灭,并且在先人故去后虔诚祭拜以寄哀思。祭祖需要赞美祖德,才能得到祖先的庇佑。《礼记·祭统》云:"夫鼎有铭,铭者,自名也。自名,以称扬其先祖之

① 《左传·成公十三年》。
② 《礼记·祭法》。

美,而明著之后世者也。为先祖者,莫不有美焉,莫不有恶焉,铭之义,称美而不称恶,此孝子孝孙之心也。"①称美而避言恶,即是为尊者隐的崇拜心理,后代子孙的任务就在于使先祖的"德善、功烈、勋劳、庆赏、声名列于天下","显扬先祖,所以崇孝也"②。因此,"孝"祖之家风形成传统,成为百善之首、仁义之本。它要求人们遵守祖宗的家法,顺从祖宗的意志,弘扬祖宗的功业,歌颂祖宗的功德。

(二)宗法观念

亲亲尊尊。宗法观念是宗祖情结的重要内容。所谓宗法,就是世袭继承制度和血缘统系制度。宗法观念核心思想有三个原则:一是财产和权力的嫡长子继承制原则;二是不以亲亲害尊尊的思想(即君臣关系叫"尊尊",兄弟关系为"亲亲",不得以兄弟之亲妨害君臣之尊严,不许以兄弟的友爱超过君臣的统治);三是嫡庶不平等的思想(维护宗子、嫡子的特权,嫡子优先于庶子)。在中国,父权家庭一开始就以"家即国、国即家"的面目出现,显露出家国统一的"家天下"特点。这种"家天下"有着这样的家国一体结构:天子之嗣子世袭为天子,余子为诸侯;诸侯之嗣子世袭为诸侯,余子为别子,别子之长子为大宗,余子为次子祢;大宗之长子世袭为大宗,余子为次子祢,次子祢长子世袭为小宗,余子为庶子。大宗以上绍继始祖,永世不迁,以正宗统;祢子以下长子继祢,五世而迁,以别亲疏。从商周开始,中国社会就以地缘为基础,以血缘家庭为组织,以家国一体的等级制度为治理手段,形成宗法国家体系,集土地、家庭和国家为一体。周灭殷后,推行宗法社会制度化:皇帝号称"天子",确立分封制与等级制,以血缘关系为依据划分等级,并把部落显贵分封到各地。确立嫡长子继承制,于是"天子—诸侯—大夫—士"的家族统治体系得以建立和续存。这种家国组织系统实际上是以血缘关系来组织国家的"家天下"系统。该体系"家"与"国"治理结构相统一,家具备了经济化和政治化特征,国具备了血缘化和亲属化特征。依照家国一体的

---

① 《礼记·祭统》。
② 《礼记·祭统》。

组织方式来组织社会治理机构："五家为比,使之相保;五比为闾,使之相受;四闾为族,使之相葬;五族为党,使之相救;五党为州,使之相赒;五州为乡,使之相宾。"①并相应设各级首领职务,以"一家之长"的身份统管宗内的一切事务,以此达到整个国家"上下如亲而不相怨"的家庭般和睦平治。

　　宗法等级。宗法观念,就是以宗法等级、尊卑差别来衡量身份的处事态度。中国传统的家庭按照亲属制形成一个"等级制实体"。亲属制是一种规定亲属关系亲疏、远近的制度,它包括"亲属分类"和"亲等规范"。古代中国家族的亲属分为宗亲、外亲、妻亲三类。宗亲是指同祖同宗的亲属,包括同一祖先所出的男性亲属,嫁来之妇和未嫁之女。宗亲的范围以"九族"为限,即上至高祖,下至玄孙各四代,再加上自身一代,合为"九族"。外亲指女系血统的亲族。如母、祖母、姑、姐妹、女儿和侄女之血统。但这种血统亲属仅推及上下两代,即母亲的父母、兄弟姐妹及其子女。妻亲,专指丈夫和妻子亲属之间的关系,如翁婿郎舅等。除此之外,中国的亲族分类中还有直系和旁系之分。与亲属称谓系统和分类系统相配的是严格的亲等制度。亲辈就是衡量亲属之间远近亲疏的尺度。这种尺度就是"五服制"。五服制就是以材质不同的五种丧服来表示亲属的亲疏等级。"斩衰",用极粗生麻布为丧服,不缝衣旁及下边,服丧三年,对象是子为父,嫡孙为祖重承,父为嫡长子,妇为舅,为人后者为所父,妻为夫,妾为君等。"齐衰",用次等粗生麻布,缝衣旁及下边。按服丧期限长短,齐衰又分齐衰三年、齐衰杖期、齐衰不杖期、齐衰五月和齐衰三月五等。对象分别是子为母,嫡孙承祖卒为祖母,母为嫡长子,妇为姑;子为嫁母出母极、夫为妻;为祖父母、为伯叔父母,为兄弟,为众子,为兄弟之子,为嫡孙等;为曾祖父母等。"大功",用粗熟布为丧服,服丧九月。对象分别是为从兄弟,为庶孙,为女姑姐妹兄弟之女适人者,为众子妇、为兄弟弟子之妇等。"小功",用稍粗熟布为丧服,服丧五月。"缌麻",用稍细熟布为丧服,服丧三月。缌麻是最轻的服,表示边缘亲属。五服制体现了传统中国的血缘等级:直系亲重于旁系亲;男子重于女子;血亲重于姻亲;宗亲重于外亲。

---

　　① 《周礼·地官·大司徒》。

　　除五服制划分了宗亲等级外,就连官员身边为官员服务的人员任用也有要求,因为所担任职务也有亲疏等级之别。东汉应劭曾谈及一事:当时有位皇族刘祖在太守公孙庆属下担任曹吏小官,太守谒光武帝祖考陵,欲以"学问通览,任顾问者以为御史"①。有人推荐了刘祖,刘拒绝道:"既托帝王肺腑,过闻前训,不能备光辉胥附之任,而当侧身陪乘,执策握革,有死而已,无能为役。"②意思说,我是帝王的后代,只能担任高雅的职务。要我替人赶马,打死我也不干。刘祖以死拒御,不愿辱没祖宗,展现了其强烈的宗法观念,这也说明当时家风传统已经在民间思想上根深蒂固。在以血缘关联为纽带构成的生存共同体中,血缘等级制就是社会等级制,即家长或是族长就是最高的"行政长官"。因此个体的力量只有集中成一体才有可能达到这个要求。因此,家族成员普遍缺乏民主权利。个体的力量在家族、宗族势力下,实在太缈小,以至于可以忽略,只有血缘集团的力量才是唯一可以依靠的。而血缘集团的力量又是由一定的血缘领袖来组织和实现的,因此这种"长老"和家长其实就成了家族的力量代表。这种乡村长老社会的扩大就是中国传统的宗法制封建社会:家族成员扩展成了百姓,家长成了一国之君;家长意识就是"圣旨";顺从家长的要求就成了归顺明君;遇到不平等的事情就只能寻找父母官、期待清官来解决。于是,百姓就有了"臣民意识";上面是专制统治,下面是愿意被统治,于是上下对应,构成了一个以"虚拟血缘"为前提的封建宗法等级社会。

　　同宗而居。虽然周朝创立的"封建制"后来被秦朝郡县制所取代,但以血缘关系统治社会的形式却成为传统。秦汉以后,这种传统就转化为"同宗而居"的生存习惯。中国世有聚族而居的传统,像宋孝王《关东风俗传》中所叙瀛州诸刘、清河张、宋、并州王氏、濮阳侯族,诸如此类,一宗近万室,烟火连天,比屋而居,气魄壮然。尽管各家庭同居一地域,但在经济上并非一个单位,并非"同居合炊"。然而,中国历史上也有累世几代、数百人在一口锅里吃饭的"义门"大家:博陵人李几"七世共居同财,家有二十二房,一百九十

---

① 《风俗通·十反》。
② 《风俗通·十反》。

八口";杨播杨椿兄弟一家之内,"男女百口,缌服同居"①;南北朝时"义兴陈元子四世同居,一百七十口,武陵文献叔八世同居,东海徐生之、武陵范安祖、李圣伯、范道根并五世同居……"②宋代的义居有更高的记录:江州镇安陈氏自居中叶以来累十三世同居,长幼七百余口,每食必群从广堂。到北宋嘉佑年间分居时,已萃族三千七百余口……一直到元明清各代均有近"千口共一炊"的记载。③ 同宗而居、同族合炊有利于稳固家族关系,强化宗族观念,加深宗族情结,传承家族好家风。

(三)血统观念

同宗共祖。宗族情结往往表现在宗亲葬礼与孝服时期人们的言行与思想上,因为宗族情结决定于宗族制度结构。所谓宗族,是指具有共同祖先的一族人。《说文》:"宗,尊祖庙也。"即祖神和尊长之意,是神权和君权的合一。神权和君权是古代中国最直接有效的统治手段。古代中国强调,国之本在家,"欲治国必先齐家"。家天下的"天子",既然是"上天之子",也就先天地确定了他们的专制统治地位,天下百姓皆为其子民,接受其统治。久而久之,专制意识逐渐产生。专制统治者顺势宣扬"人民无权选择君长,正如子女无权选择父母一样"的观点。在暴力统治下,百姓不得不接受顺从天命的奴隶意识:皇帝是天子,是"父王';诸侯是公伯叔舅;所有的官都是"父母官",百姓则是"子民"。因此,在家中是"父父子子、夫夫妻妻",在社会就是君君臣臣,父王子民。前者是血缘关系,后者是血缘关系的推演,即"精神上的血缘关系",但都由"家"的血缘关系所维系。由此,中国人不仅认为家是生命的来源和终极,而且把"家"作为思想和行为的最高准则,在家中一切听从父母,在社会中一切服从君王。在古代中国人的意识中,血缘至高无上,不可选择,具有万古不变的权威;家作为血缘的社会形式是始终不可割舍的生存依托。如果割断血缘关系,就成为漂泊在外的"无家可归的人"。可以说,家就是人的肉体和精神本体的"系统构成"。对于帝王而言,"天下即

---

① 《魏书·李几传》。
② 《南齐书·封延伯传》。
③ 徐剑艺:《中国人的乡土情结》,上海文化出版社,1993 年,第 103 页。

朕"，"朕即家"，"家即天下"；对于普通中国人而言，"我即家"，"家即我"，我来自家，我的生命终极目的就是为了家。这就是血统观念和宗族情结。

五服社会。宗族情结不仅表现在对宗亲老人故去时的悲哀，也表现在由五服制推衍开来的人际关系社会——五服社会。古代中国宣扬血缘构成的等级是合理的、公平的，以此制造"虚拟血缘"的等级来实现统治。他们利用百姓的"血缘崇拜"，宣扬血统论和等级制，实现治理的合法化。为了统治的长治久安，统治者往往通过编造血统关系为其合法统治辩护。例如，王莽登基后，编造家谱，立舜为祖；西晋刘渊，本为匈奴族人，为了建立前赵，认刘邦为其祖宗；出身低微的朱元璋也说自己是朱熹的后人……到后来，血统制度更加深入民心，就有了"一人得道，鸡犬升天"和"一人犯法，殃及九族"的社会现象，科举考试也须审查血统，严禁"刑家之子，工贾殊类"应试。血缘身份的价值已经远远高于人本价值，家族主义就此诞生。这就是中国人重家、重视家族关系的原因。"五服制"的核心观念是"孝"，也是中国人传统的孝意识造就了五服规范。"孝"是"五服制"中所有等级差别的基点。五服制中的等级，不仅表现为财产所有的等级，也表现为家庭权利和义务的等级。这种义务要求长辈对晚辈付出抚养、关爱的责任，同时也要求晚辈对长辈处处尊敬和奉行"孝道"。每个人都有父母和长辈，因此"孝"就成为所有人的一种基本道德要求。在古代中国五服社会，"孝"不是被强迫的义务，而是发自内心的、出自本能的"天性"道德要求。

血统观念。"血统观念"是指由先祖社会地位决定姻亲后代社会地位的意识理念。血统观念也是宗族情结的重要表征。士之子恒为士，农之子恒为农，工之子恒为工，商之子恒为商。在社会宗法制度的强化下，生产方式的自然分工使得人们的职业和社会地位打上了尊卑贵贱的世袭烙印。例如，北朝卢、郑、崔等姓氏，为当时高贵血统，他们互相联姻，拒绝与士族以外之姓（甚至包括皇族）通婚。唐宋两代，皇族之姓是以权势而不是以血统列为首姓的。唐太宗曾下令吏部尚书高士廉修《氏族志》，高以崔姓为第一，太宗不满，下令以今日官爵高下为等第，不管前世身份。于是，列皇族李姓为第一,外戚之姓为第二,崔氏为第三。^① 宋代版的百家姓则以"赵"姓为首。这种以出身门第厘定人的社会地位,评价人的思想言行的血统观念、权位意识,自魏晋九品中正制盛行以来,经过近两千年的流行,在人们思想中根深蒂固,这种家风传统甚至流播于新中国成立后。"文化大革命"期间还有人喊出"老子英雄儿好汉,老子反动儿混蛋"的口号,孩子们上学、入党、参军、工作都要接受严格政治审查,按血统把人分为红五类、黑五类,评价一个人,先查其祖宗三代的出身成分。这种社会现象便是传统家庭观念中的流弊在现代的泛滥。在看到宗族情结的弊端的同时,也要看到它在团结族众力量、推动社会革命事业和脱贫致富的社会主义进程中所起到的稳定社会秩序、倡导孝廉友善、凝聚社会力量、约束人的物欲和狂妄、保护生态环境方面所起到的积极作用。

三、亲缘情结

所谓"亲缘",是指血缘关系和亲代遗传关系。亲缘情结是构筑在家庭本位基础上家族或家庭成员之间的生活活动关系在心理上的反应,是家族观念、亲情观念和家庭本位的意识体现。

(一)家族观念

家族观念是家庭本位价值观念的体现。中国社会为何要奉行家庭本位的价值观呢?

首先,家庭是古代社会人们生产、生活的基本单位,国家也以家庭为单位配给土地,厘定税赋、劳役、兵役等事项。"一夫受田百亩""上地,家七人,可任也者家三人;中地,家六人,可任也者二家五人;下地,家五人,可任也者家二人"。^② 这种按照家庭人口配置土地资源数量和品质的制度保证了家庭生活的基本需要,也为国家从公共安全角度安排劳役、兵役、收取税赋提供

---

① 《资治通鉴》卷一九五。
② 《周礼·地官司徒·小司徒》。

了制度保障。这种以家庭为核心的自然经济模式历经千百年都不曾改变。新中国成立后,虽然建立了新的土地政策,但以同姓血缘聚居的传统文化习俗还没有彻底消失。例如,中国的乡村地名常常有"刘集""高庄""李家村""张家寨""蔡家屯""胡家窝棚"等。许多同姓族人集居的村落中,还保留着祖宗祠堂。在这种血缘族姓组织中,外姓必然受到排挤和歧视。同姓族群始终处于一种稳定的血缘生态中,家族构筑出坚固的文化屏障和生存堡垒。

其次,家庭是人们主要的活动场所,传统自然经济把人的活动大部分限制在家庭生产活动场域内。家是人们生活的"根"。一旦离开家庭,人们不仅会产生深切的失落感,而且会感到无所适从。

再次,家族制度是确保家族成员生存利益和调节家族成员等级关系的律法遵循。按照血缘亲疏来确定人的利益等级,是中国传统家族制度的根本。它不仅对外姓人员进入家族进行排挤保护,而且对内实行男女长幼的尊卑等级制。例如,小说家朱晓平的小说《桑树坪纪事》中谈到中国当代农村家族故事①,桑树坪的李金斗就是一个典型的家族等级制的实行者。他不仅对外姓村民进行残酷的迫害,而且对内同样实行毫无人道的封建家长制。当他的儿子死于偶然事件以后,他威逼他的儿媳彩芳转房给残疾的小儿子,当彩芳不从时,他竟与儿子一起殴打儿媳。当彩芳与前来剖麦的麦客相爱并企图私奔时,李金斗叫人抓了麦客,并打断了他的腿。他强迫彩芳结婚,当彩芳誓死不从时,又逼她投进了村口那口十六丈深的水井。像传统的家长一样,李金斗是桑树坪人的衣食父母,同时也是统治全村的"魔王"。因为家长的一切行为都是为了这个家的生存与荣耀。一旦这种行为受到阻碍时,他就会用他手中的权力来排除阻碍,于是就成了家族的专制者。这种家族观念给人们展现了这样一幅图景:原始落后的生产力和贫瘠的资源不能使他们以个人的形式生存,而只能依靠血缘家族的共同的力量来维持生存。因此,为了家族的基本生存,我们必须首先保持家庭的血缘共同体,并且只有通过一切手段抵制和打破任何外部力量和内部因素的血缘共同体。在这

---

① 朱晓平:《桑树坪纪事》,载《1985—1986年全国优秀中篇小说评奖得奖作品集·上》,作家出版社,1988年。转引自徐剑艺:《中国人的乡土情结》,上海文化出版社,1993年,第108页。

种艰难而神圣的血缘防御战争中,必须有相应的血缘政治,即"父权制"或"长老制",这是相互因果关系。要在原始农村生存下去,就必须有长老血缘政治,而长老血缘政治又成为支撑和保护血缘社会延续的政治结构。这就是中国传统农村的"生存圈"。

最后,家族文化是巩固家族观念的有效手段。在血缘关系的力量下成长起来的中国农村人,天生就有很强的血缘意识。当他们能够用自己的头脑思考时,他们必须首先弄清楚两个大问题:第一,"谁是我的亲生父母?"第二,"我姓什么?"这两个问题的实质是确认血缘关系。这两大问题都在家谱中能找到答案。在中华传统家谱文化下,中国人的命名是有规范的,是受家族等级制约的。姓氏之后的第一个字通常是由长辈根据家谱中的血缘身份顺序来确定的。这个字代表你在家族中的血统符号。在传统中国,这种姓氏命名制度是非常严格的,无论是世家大族还是一般的平民家庭。大多数家庭都有一个"家谱"。这种分层的、顺序的命名在家谱中被整齐地排列为一个有序的"系统"。因此,在他(她)未成年之前,完全是作为一个"家庭成员"在这个血统的社会中生存。他唯一的身份是血缘身份。尤其是女性,她们的名字没有个人意义,甚至连家族的血缘地位都被忽视了。因为她们长大后会结婚,会成为其他家庭的成员。这种家族血缘意识不仅是文化教育的结果,也是现实环境使然。在以家庭和家族为单位居住的村庄中,个人之间的互动大多属于家庭和家庭、家族和家族的交往性质。在传统的中国农村,家庭乃至家族是基本的经济单位和社会的基本成员(中国传统的社会成员单位是"户",而不是个人)。在经济上,每个独立的家庭都是自给自足的,农耕和生活在一定的生产条件和土地上,很难有一个具体的家庭成员与另一个家庭的个人长期保持固定的"分工与合作"。在社会政治上,同姓同宗作为一个单位组成家庭集团来维护自己的经济和社会利益,即形成一个"五服社会圈"。因此在这个家庭中,人与人之间始终存在着密不可分的经济利益关系,或者说社会利益关系,这就是所谓的"家族观念"。在这种家族观念基础上产生的血缘家族主义的基本特征,就是对内的"牺牲主义"和对外的"排挤主义"。

（二）亲情观念

家庭是人们情感和精神的载体和支柱。"家"是个体成长过程中丰富精神演绎的载体，因而个体对家的情怀依赖于家庭生活的发展，它实际上是"家"的变迁发展与主体心理变化之间的关系体现。可以说，恋家情怀就是主体家庭生活变迁在主体心理上发生变化的映射和写照。《康熙字典》云："居其地曰家。"而且列举了《史记·陆贾传》的记载："以好畤田地，善往家焉。"[1]在中国古代农耕社会，有一块地，就能支撑一个幸福的家庭生活，甚至可以享受"鸡犬之声相闻，至老死不相往来"[2]的恬淡心境。由此可知，"家"承载了中国古代人原初的对美好生活的质朴情感记忆，是一个集中表达人的丰富精神世界的窗口。当人们面对家土变迁、人生经历剧变，就会对故土家园印象进行比较，或感叹变化之快、变化之大，进而生出对此事物发展的赞美、豪迈之情或感叹时光不能倒转、"逝者如斯夫"，表达对记忆中人物活动场景的深切留念。"念家""思乡""怀旧""乡愁"往往是人们对文明推进进程中，瞬息万变的时空异位不适感的一种精神文化的宣泄和情感表达。因而，"家"也就成为生命体在文化心理层面的历史情感记忆和追索的根源。在我国丰富的古诗文里，就有大量描写"家"、刻画"乡愁"的诗句。例如，辛弃疾在《清平乐·村居》里就描绘了一个普通农村家庭日常生活的场景，它是作者对于小农之家恬淡幸福生活心理具象的固化表达；陆游的《游山西村》展现了中国农家节庆生活场景，它是诗人对于节庆喜悦之情的心理具象的动态呈现；马致远的《天净沙·秋思》刻画出浪迹天涯的旅人对家乡的思念之情；刘禹锡的《乌衣巷》表达了诗人对人生多变、故土家园沧海桑田变迁的感慨之情；范仲淹的《渔家傲·秋思》则反映了常年驻守边疆的战士的思乡之情。这些诗词是人们对家的场景再现，对家庭生活变迁的不适，表达了对家的思念和心理诉求。

---

① 《史记·陆贾传》。
② 《老子》第 80 章。

（三）家庭本位

在中国古代，个人的社会地位取决于所在家族的社会地位，血统门第观念很强。《康熙字典》有云："大夫之邑曰家，仕於大夫者曰家臣。又天家，天子之称。"[①]这里，就涉及了中国古代的宗法制度。它以血缘亲疏来构造社会的尊卑等级关系，划分政治等级层次。社会最高统治者君王自命"天子"，他"以天下为家"[②]，也称为"天家""奉天承运"，治理普天之下的土地和臣民。从政治关系看，天子是天下的共主；从宗法关系看，他又是天下的大宗。天子之外的其余王子则被封为诸侯，称为小宗。诸侯的非嫡长子封为卿大夫。诸侯的封地称为"国"（或者"邦家""国家"），卿大夫的封地、"采邑"称为"家"。采邑既是家庭组织，又是诸侯国中的地方政权组织，它实际就是政治统治单位。在宗法制度下，多个家庭聚在一个地域居住，就构成"家族"。《白虎通·宗族篇》云："族者凑也，聚也，谓恩爱相流凑也。"[③]"宗"与"族"有主次之别，统称为"家族"。家族由祠堂、家谱和族田三要素来维系。祠堂是家族的精神家园，在这里祭祖教子；家谱是家族的档案、法规，用以维护家族运转；族田则是家族生存的物质基础。由此可以看出，"家"在中国古代是按照宗法制度划分出来的一个个权力、地位、等级不同的单位，它们依循分封制、嫡长继承制、宗庙祭祀制度来运行。后续各王朝虽然制度不尽相同，但都很重视"家"这个基本治理单元，依据"家"开展生产、征税、置役、教育等活动，并在此基础上形成了"齐家、治国、平天下"的治理升迁路径。现代社会，"家"仍然是国家实现综合治理的基本单元。传统家庭观念条件下，个人利益服从并让步于家庭利益，人的活动也都是以家庭为中心。土地与血缘的两重维系造成了家庭观念的稳定性和至上性，也产生了它的狭隘性，即使在社会活动中也突不破家庭观念。现代人观念虽然有了许多变化，但传统观念的影响也随处可见：不少工厂、商店、学校等单位都有"以厂为家""以店为

---

① 《康熙字典》：家【寅集上】【宀字部】（网络版），http://kangxi. xpcha. com/eb9e6dpizqq. html。

② 《蔡邕·独断》。

③ 《白虎通·宗族篇》。

家""爱校如家"等宣传口号,这说明家在人们心目中仍占据着极为重要的位置,在某种意义上仍比其他社会团体更令人关切。

第二节 孝家忠国

传统家庭观念以家庭至上,这种至上性不可避免地会与国家利益发生矛盾,任何统治者都不会容许把家庭利益置于国家利益之上。为了调和矛盾,就出现了家国一体、孝家忠国的观念。"孝家忠国"是从家风传统道德规范角度对家庭成员提出的道德要求和行为规范。要达到这一要求,必须做到"孝家为本、移孝为忠、家齐国治"三个方面道德规范。其中,孝家为本是基础,移孝为忠是路径,家齐国治是目的和归宿。

一、孝家为本

家固邦宁。从家国关系看,家庭稳固了,国家政权就不可动摇,而要稳固家,就必须奉行孝悌固家原则。从经济关系看,中国古代是个典型的农业文明,国家的财政税收大部分都来源于家庭,因此家庭种植收入稳定就能保证国家税收稳定,而要保证家庭经济稳定,以孝为首的家庭成员关系和睦就至关重要。从国家安全角度看,家庭关系和谐,父慈子孝,就能人丁兴旺,就能为国家保有保家卫国的兵员储备力量。由此看出,在家国一体结构中,家为国本,只有保住家本,国家方可安宁稳固。家国一体的传统强调家与国的利益根本一致,互相促进,不可分割。它起源于周代的宗法制、封建制。宗法制规定着世袭继承制度和血缘统系之间的等级亲疏关系,封建制则是天子依据宗法制向同姓子孙、异姓亲属以及有功之臣分封爵位和领地。在封建条件下,"家"的层次有国家、邦家、大夫之家和庶人之家。在封建制度下,国与家完全一致,天子、诸侯之国就是他们的家,家以外无须再称国家。春秋之后,天子式微,其宗主权力已成虚位,不仅霸主挟天子以令诸侯,而且礼乐征伐出自大夫之家,甚至大夫分公室,陪臣执国命,庶民亦称"家"。家的观念经历了由王家而邦家、而大夫之家、而庶民之家的历史演化，不再与国完全一致，才出现了"国家"的概念。国家概念的出现，既表现国与家一定程度上的分离，又反映了二者的血肉联系。秦废封建而置郡县，国与家才从根本上分离开来。国与家的分离并非割断了二者的联系，而只表明"家"的观念中包含的"国"历史地分化出来，成为一个独立的观念。为了维护国之利益，首先必须巩固家的利益，孝家为本是所有统治者的首选。

孝为仁本。孔子的学生有子曰："孝弟也者，其为仁之本欤。"①这段话在《论语》第一篇第三章，为众人所熟知。其实《论语》在开始的显著位置安排这一章，也是在表明儒家对于人类行为之根本的洞见：孝悌，正是为仁之本，同时也是人道之本，更是家道之本。可以说，人类整体的存续就是孝的体现。就家庭中"我"的身体而言，上承祖先，下传子孙，这也意味着"我"的身躯不是一个"私我"，"我"对于自己的身体并不具有完全放任自由的支配权利——这是与自由主义相比一个很大的不同。在某些文化传统中，一些人会觉得，"我的身体我做主"，只要我对社会没有造成恐怖和不良影响，自己私下对身体的处置都是可以被允许的。但在中国传统文化看来，一个人当然没有权利随便处置自己的身体，因为从严格意义上讲，这个身体是家族长流之中的身体之一，尤其首先是"先人之遗体"。故《孝经》开篇便说"身体发肤，受之父母，不敢毁伤，孝之始也"。

从社会事业来讲，孝的要求是子孙要善于继承父母、先祖的意志和事业。孔子说，判断一个人是否有德行，要看几个方面：他父亲在的时候，看看他的志向如何；他父亲死了之后，看看他做了什么——如果他三年之内没有改变父亲的事业和大道，那这个人就算是孝了。《中庸》更是指出：孝，就是善于发扬祖先的志向，善于继承先辈的事业。或许现代讲求"创新"的文明会不同意这一点，会认为这是传统文化落后、保守的根源。但仔细想一想，任何事业不都是由小到大，渐渐积累而成就的吗？事业的成就，必然要经过积累和坚持，否则只能是昙花一现。对于巨大的事业，更是需要数代的经营和努力。古人常说"耕读传家"，其实也表现了一种职业传承，一种志向的积

---

① 《论语·学而》。

累,期待在这样的传承中总有一代能取得显赫的成就,"以孝治天下"才得以成为可能。晋朝时李密作为前朝遗臣,为了奉养自己的祖母,写《陈情表》给晋武帝,拒绝出仕,声泪俱下:"臣无祖母,无以至今日,祖母无臣,无以终余年。母孙二人,更相为命,是以区区不能废远。"①而当时的晋朝"以孝治天下",故晋武帝终于答应了李密的要求,并赐予奴婢。孝是一个双向的德目,我们常讲"父慈子孝",这就指明了对于父子双方都有要求。

"孝"不是单单的顺从,在父母有误时,一味地顺从只会助长这种错误,而是要"谏止",所以古代才会说"父有诤子,君有诤臣"。对于一个家庭来说,家长的决定并不总是正确的,这个时候,子孙对于家长的劝谏,乃是一个家庭不至于出现大的动荡或破坏的基本条件。只是劝谏的时候,可以讲究一些说话规劝的艺术。因为父母与子女之间有天然的血缘关系,与君臣之间的进谏不同,如果太激烈,就容易伤感情。君臣之间以义合,劝谏不听可以选择离开,但父母子女这样的天伦却无法做到这一点。因而对于父母的规劝,是特别强调语言艺术的。孝的灵活性还有一个表现,即如果冲突发生在父母子女之间,子女也不是完全被动的。曾参有一次在瓜地里耘苗,一不小心伤了一棵瓜苗,其父曾点很生气,拿起棍子来就打,曾参也不逃避,被打得很惨,昏厥了过去。事后孔子评价曾参说:"你这个行为貌似孝敬,其实恰恰相反。你的身体是父母的,自己不敢毁伤,即使被父母教训也应有度;另外如果被父亲一不小心失手打死,就铸成了父亲的大错,哪有做子女的却增长父母过错的?"正确的方法应该是"小杖则受,大杖则走"。另一个有趣的例子是舜,舜作为王者,最著名的德行是大孝。舜之孝"大"在哪里呢?他处在一个看上去十足恶的家庭环境中:父母、兄弟都是奸邪狠戾的人,天天想着如何杀他。但舜最后还是让父亲、继母、异母弟都减轻了罪过,维持了家庭和谐,这确实不是一般人能做到的。但是舜有时也做看上去"不孝"的事。比如尧帝将女儿嫁给舜的时候,舜并没有禀告他的父母。古代婚姻讲究"父母之命,媒妁之言",不告而娶,是大大的不孝。但孟子解释说:如果告诉父母,以当时他们险恶的用心,肯定会千方百计阻挠,让舜孤老一生。舜权衡

---

① 《陈情表》。

再三,不告而娶能让先祖得到传承,这不仅不是不孝,恰恰相反,是大孝。古代家风道德传统对于父母子女双方都有道德的要求。父母一方,有所谓"严父慈母"的说法。父母在家庭中也要注意处理好与子女的关系。虽说子女对父母有服从的义务,但父母也要注意自身言行举止。首先,应该以身作则。其次,双方以坦诚之心相待,奉行"孝家为本"的原则,这是最理想的持家之道。

二、移孝为忠

孝为忠移。所谓"孝为忠移",是指为了尽忠,而改变行孝的方式和对象,也就是把孝顺父母之心转为效忠君主之行。语出《孝经·广扬名》:"君子之事亲孝,故忠可移于君。"[1]家与国是两种不同的社会共同体,它们之间有着共同利益,但也有利益矛盾之时。忠孝矛盾自古以来就存在。如果说三国时期"徐庶入曹营一言不发"展现了徐庶"弃忠尽孝"的选择的话,那么同一时期的陈宫却决绝地选择了"尽忠弃孝"。这两则故事表明忠孝之间矛盾激烈。《三国志》中也记载着曹丕以孝忠矛盾取舍来考验属下是否忠心的故事。《三国志》有云:"君父各有笃疾,有药一丸,可救一人,当救君邪?父邪?……太子咨之于原,原勃然对曰:父也!"[2]历史表明,当臣子面对"忠孝不能两全"时,要么选择"以忠尽孝",要么选择"尽孝为尽忠"。忠孝矛盾从根本上讲,体现了君权与父权、公与私、人的自然性和社会性的矛盾冲突。"忠孝一体""忠孝两全"与"移孝为忠"是历代统治者化解忠孝矛盾的智慧和努力。忠孝之间虽然存在不可调和的矛盾,但也具有紧密联系。首先,忠孝具有源与流的关系。这种源流关系表现为"孝为忠始,忠显孝至"。其次,互为补全的关系。孝主要调节领域在家,忠主要调节领域在国,家国共同构成整个社会领域。最后,二者存在相映生辉的关系。在家能尽孝,在国才有可能尽忠,因此寻忠臣必访孝亲之家;忠臣往往也以孝亲为荣。正是基于这

---

① 《孝经·广扬名》。
② 《三国魏志》卷 11《邴原传》注引《原别传》。

些关系,古人还提出了"忠孝两全"的理念。所谓"忠孝两全",指既对国家尽忠,又不妨碍对父母尽孝。但真正做到"忠孝两全"的人并不多,这一提法有理想的成分。于是,历代统治者们提出了"移孝为忠"的理念。所谓"移孝为忠",就是在家国根本利益互不侵害的基础上,要求人们向对待亲长那样对待君王。为何孝可移为忠呢? 除了家国一体的现实基础外,还在于孝和忠对人们都提出了"恭敬""顺从"的态度对待对象。《孝经》云:"资于事父以事君者而敬同,……故以孝事君则忠,以敬事长则顺。"①一部《孝经》,对孝的行为规范做了各个层面的阐述,而其核心内容则是要将处理亲子关系的孝推演到君臣关系——移孝为忠。因此,历代统治者和思想家提倡孝道,十分强调孝的社会功能。一方面,孝的规范具有政治意义,在家是孝子,在国才有可能是忠臣,"孝慈则忠"②。另一方面,忠君,又是孝的推衍和固有内容。"夫孝,始于事亲,中于事君,终于立身。"③这种由家国一体的传统衍生的忠孝一体的观念,使得人们把君臣、父子看作类似的关系,不仅在行为规范上有同样的要求,而且直接称君长为父,称地方官为"父母官",称所辖地区百姓为"子民"。

孝忠报国。为何要"移孝为忠"? 除了化解忠孝之间的矛盾外,最重要的是统合了忠与孝的志向与目标,移孝为忠的目的在于"报国"。晚清名臣张之洞在弥留之际,还不忘告诫儿子们,不可争夺遗产,勤学立品,立志报国,不可自居下流。张之洞祖上数代为官,虽然职位不是特别显赫,但都为官清正廉洁。张之洞是张锳的第四子。张之洞幼年禀赋聪慧,5 岁入家塾,8岁就熟读了四书五经,10 岁学习诗文,12 岁出版诗文集《天香阁十二龄草》。张锳亲身教子说:"贫,吾家风。汝等当力学!"④张锳用自己的言行举止,给孩子们树立了榜样。父亲的言传身教,名师的指导,再加上张之洞自己聪颖好学,他先后考中了生员、秀才、举人、进士,授职翰林院编修,从此步入仕途,成为洋务运动的领军人物。张之洞清正廉洁,在维护国家民族的利益、

---

① 《孝经·士章》。
② 《论语·为政》。
③ 《孝经·开宗明义章》。
④ 于奎战:《中国历代名人家风家训家规》,浙江人民出版社,2017 年,第 136 页。

发展教育、兴办实业等方面政绩显赫。即使公务再繁忙,他都不放松教育子女。1860 年,张之洞作《续辈诗》云:"仁厚遵家法,忠良报国恩。通津为世用,明道守如珍。"他其实想通过这种续辈的方式,让这首诗成为张家的传世家训,将为人处世的准则传递给每一位子孙后代。这首《续辈诗》作为传世家训,得到了张家上下的一致认同,此后的张氏族人均照此诗起名。这首《续辈诗》也因此成了张氏子孙坚守一生的行为准则。《清史稿》载:"张之洞任疆吏数十年,及卒,家不增一亩。"张之洞经常通过言传身教,教导子女要注意节俭。他告诫儿子,在国外留学"非遇星期,不必出校。即星期出校,亦不得擅宿在外。庶几开支可省,学业不荒"。这种清廉节俭的优良家风,是张之洞留给子孙后代最宝贵的精神财富,至今仍为张氏族人所传承。

三、家齐国治

殷周时期,家国尚未分离,家国一体同构。天子有天下,诸侯有国,大夫有家。后来,"家"的概念一直沿用到现在,也指小家庭。要把家治好,就要每个人自身先做好。对于今天的我们而言,家与国的内涵已经发生了很大的变化,然而家国同构的理念、齐家治国的原则仍需传承。"修齐治平"的理念是中国传统家风的核心精神之一。孟子说:"人有恒言,皆曰'天下国家'。天下之本在国,国之本在家,家之本在身。"①"恒言",就是人们经常要说的话,"天下国家",是指天下、国、家三个层次。人们常说要"治国平天下",要想平定天下,要从"国"做起,"国"不安定,这"天下"怎么能安定呢? 国要安定,根本在家。

孝家志国。所谓"孝家志国",就是将孝家之道与国家前途命运联系起来,以承父志报国为大孝。孝道是人类最基本的道德,在中国古代,无论是帝王将相,还是士绅家庭,始终将对子女的孝道教育放在重要的位置上。在很多人看来,子女对父母尽孝,主要体现在衣食奉养方面,其实这是一种狭义的理解。自孔子开始,中国孝道文化对子女就有着更高层面的要求,子女

---

① 《孟子·离娄章句上》。

对父母的孝心应当更多地体现在葆有善心、行止合理、立身成才、效忠君王等方面,子女在这些方面取得一定的成就才是对父母真正的尽孝,使他们真正地开心。

在古代的家庭中,西汉的司马谈、司马迁父子是以孝行垂范后世的典范,司马迁的治史成才历程是最值得当今的我们深刻体味的孝道故事。司马谈(公元前165年—公元前110年),西汉夏阳(今陕西省韩城市南)人。司马谈是西汉前期有名的思想家,他有广博的学问修养,曾经向汉代著名天文学家唐都学习过观测日月星辰的天文之学,向汉初有名的《周易》传承者杨河学习过《周易》,向擅长黄老之术的黄子学习过黄老学说。司马谈还曾经写了《论六家要旨》一文,这篇文章论述了儒、墨、名、法、阴阳、道六家思想的主张,并评述其优劣,他个人推崇道家思想。司马谈在这篇文章中表现出的明晰思想和批判精神,无疑给儿子司马迁后来为先秦诸子作传以良好的启示,而且对司马迁的思想、人格和治学态度也有熏陶和影响。司马谈还是西汉前期有名的史学家。汉武帝建元至元封年间,司马谈担任太史令,通称"太史公",俸禄为六百石,掌管天文、历算、图书,还执掌记录、搜集并保存典籍文献。这个职位是汉武帝为司马谈"量身定制"的,司马谈因此对汉武帝感恩戴德、尽职尽责、鞠躬尽瘁。汉武帝任命司马谈做太史令之后,为了供职方便,司马谈举家迁居长安茂陵显武里,其子司马迁也随父到了长安,并受教于孔安国学习《尚书》,师从当时的经学大师董仲舒,学习公羊派的《春秋》。此外,司马谈还精心传授儿子作为太史令的必要知识与技能,如理集民间遗文古书,整理图书典籍,研习天文星历、占卜祭祀等等,这些知识教育与职官教育为年轻的司马迁打下了坚实的学识基础。公元前110年,汉武帝东巡,封禅泰山。这是千载难逢的盛典,司马谈却被留滞周南,不得随行,急出一身病来,生命垂危。作为一名史学家,司马谈感到自孔子逝世后的四百多年间,诸侯兼并,史记断绝,当今海内一统,司马谈很想修订一部史书来论载明主贤君、忠臣义士的事迹,以承前启后,供明主贤君历史借鉴。但无奈病重,未能尽到录史之责,因此内心十分不安。司马迁在父亲弥留之际,含泪发誓,以承父志。司马谈临终前,作《命子迁》家训云,孝道起始于侍奉父母,继之于效命君王,完成于立身处世。当自己扬名于后世,让父母为自己感到自豪、骄傲，由此让世人都知晓自己的父母，这是大孝。司马谈在该家训里还举例说，天下都称颂周公，说他能传播文王、武王的德行，宣扬周公、邵公艰苦创业的作风，表达古公亶（dǎn）父、季历的思想，直到公刘的功业，以崇尚先祖后稷。由此可见，对父亲遗风、遗志的继承与发扬是大孝的表现。

司马谈去世三年后，司马迁正式继任父亲司马谈的职位，担任太史令一职。他以极大的热情投入到自己的事业中去，一方面，他正道直行，尽心尽力地工作，以求尽忠于皇上；另一方面，他大量阅读国家藏书、整理历史资料，为完成父亲的遗愿做准备。这样，经过四五年的准备后，司马迁正式开始了《史记》的写作，以实践他父亲论载天下之文的遗志。这一年司马迁四十二岁。正当司马迁专心著述的时候，巨大的灾难降临在他的头上，他因直言获罪，获"腐刑"。这对司马迁来说是奇耻大辱，他本想一死了之。然而，他又想到自己答应父亲的遗愿还未达成，不应该轻易就死。最终，司马迁从"昔西伯拘羑（yǒu）里，演周易；仲尼厄（è）陈蔡，作《春秋》；屈原故逐，著离骚；左丘失明，厥有国语；孙子膑脚，而论兵法；不韦迁蜀，世传吕览……"等先圣先贤的遭遇中找到自己的出路。决心"隐忍苟活"，以完成父亲的著史宏愿。李陵之祸三年后，司马迁被赦免出狱，并且升为中书令。名义上，司马迁现在的职位要比太史令高，但是他深知自己只是"埽（sǎo）除之隶""闺合之臣"，与宦官并无区别。这样反而更容易唤起他被损害、被侮辱的记忆，在《报任安书》中，司马迁说："每当想到这件耻辱的事，冷汗没有不从脊背上冒出来而沾湿衣襟的。"但是，他的著作事业却从这里获得了更大的推动力量，在《史记》的若干篇幅中，司马迁流露了对自己不幸遭遇的愤怒和不平。据《汉书·司马迁传》记载，司马迁遭受腐刑之后，之所以隐忍苟活，其根本的原因是"恨私心有所不尽"。这里所说的"私心"，是司马谈留给司马迁的遗训——必须完成《太史公书》。也正是为了完成父亲交给他的这一伟大的事业，司马迁超越了个人的痛苦，战胜了自我，甘心为历史文化事业忍辱负重，终于写成了彪炳千秋的巨著《史记》，而被后世尊为史迁、太史公、历史之父。有人说，如果没有司马谈的《命子迁》家训，历史上可能就没有司马迁的《史记》。这句话很有道理。所谓父慈子孝，生在史官世家，司马谈以身垂范,影响了儿子司马迁的人生之路,而司马迁超越了对父亲能养能敬的小孝,子承父业,完成了一部百世流芳的《史记》,彰显了父亲司马谈的教诲之德,这是中国古代孝道思想的升华,是大孝。由此看出,孝家志国实乃大孝、真孝、至孝。

报国恤民。所谓"报国恤民",就是报效祖国,怜恤百姓。中国历史上有不少忧国忧民的仁人志士,宋代范仲淹曾写下"先天下之忧而忧,后天下之乐而乐"。宋代陆游饱含着一颗忧国忧民之心,从小就立下了满腔的报国恤民之志。陆游的父亲陆宰,字符钧,精通诗文、富有节操。北宋末年出仕,历任淮西提举常平、淮南东路转运判官等职。朝廷南渡后,陆宰因主张抗金而受到朝廷主和派的排挤,于是辞官不做,回到家乡,家有藏书楼"双清堂"。陆游的母亲唐氏是北宋参知政事(副相)唐介的孙女,是出身名门的大家闺秀。出生在陆氏家族,对陆游而言是幸运的,因为家庭的宽容、勤学、廉洁、爱国之风熏陶着他,忠君爱国的思想从小就深深地植根在他的心中。无奈,陆游生不逢时,他生于两宋之交,成长在偏安的南宋,民族的矛盾、国家的不幸、家庭的流离,给他的心灵带来不可磨灭的印记,从而使抗金爱国、恢复中原的理想融入了他的血液里,成为他毕生的信念与为之奋斗不已的人生目标。

陆游自幼聪慧过人,先后师从毛德昭、韩有功、陆彦远等人,十二岁就能诗会文。因长辈有功,陆游受皇帝恩荫被授予登仕郎之职。绍兴二十三年(1153年),陆游进京参加进士考试,主考官陈子茂将陆游取为第一,朝中当权者秦桧的孙子则位居陆游之下,秦桧大怒,要降罪于主考官。第二年(1154年),陆游又参加礼部考试,秦桧指示主考官不得录取陆游。自此,陆游被秦桧所嫉恨,仕途不顺。陆游的一生宦海沉浮,仕途不顺,却倾注文字、笔耕不辍,其诗词文史的创作均有很高的成就,留有《剑南诗稿》《渭南文集》《老学庵笔记》《南唐书》等,以其雄奇豪放、沉郁悲凉而饱含爱国热情的文字对后世影响深远。作为一名爱国诗人,陆游一生创作诗词无数,其中给子女们写的家教诗特别多,他还留有二十六则《放翁家训》,这些作品充分体现了陆游的满腔热情:心心念念不忘守国、爱国、护国,时时刻刻不忘爱民、惜民、济民。综观陆游的一生,虽有报国之志、恤民情怀,但由于朝廷政治腐败、时局动荡,他收复失地、尽忠国家的理想始终未能实现。然而,陆游却始终怀有爱国热情,不遗余力地用自己的言行与思想影响着子孙后代,希望他们能报国恤民,完成自己未尽的理想。而陆游的子孙后代也没有辜负他的期望,不论为官为民,都做到了忧国忧民、正直忠贞。

陆游共有六个儿子、两个女儿。陆游的长子陆子虞曾任淮西濠州(今安徽凤阳)通判,陆游八十三岁那年,濠州受到金兵的进攻,陆子虞参加了抗金斗争。嘉泰二年(1202年)初,次子陆子龙赴吉州(今江西吉安县)担任司理参军一职,此时陆游七十八岁。从内心讲,陆游深知仕途的艰难,并不乐意儿子出去做官,但他也理解儿子为官的意义。临别时,陆游写了《送子龙赴吉州掾》的送行诗给儿子。诗的开篇提道:"我老汝远行,知汝非得已。"尽管不得已,但是你既然要去赴任,那就要清白自守,做一个廉洁清正的官,因为你是吉州的官吏,喝的是吉州的水,就要为吉州百姓做好事。同时,陆游提醒儿子要尊老敬贤,向吉州当地的名望人士学习,尤其提到益国公周必大、吉水的杨万里,他们清廉耿介、品德高尚,但是陆游也提醒儿子不要依赖这些人庇护自己。此外,陆游提醒儿子要同当地的友人共勉仁义,如陈希周、杜敬叔等,要与他们共同切磋学问、积累见识,促使自己成为有仁义道德的人。作为父亲,陆游关心、爱护自己的儿子,通过向他们传授为官之道来表达自己的热切希望。陆子聿是陆游最小的儿子,陆游的家教诗有一半是写给陆子聿的。陆游生前,陆子聿未做官。陆游曾写《冬夜读书示子聿》一诗,告诫陆子聿做学问要不遗余力,不仅要学习书本知识,而且还要亲自实践,了解事物的本质,强调了将书本知识运用于实践的重要性。二十岁时,陆子聿及第,为官奉议郎。陆子聿在宋宁宗嘉定十一年(1218年)担任溧阳令,从其为官的表现来看,他确实听从了父亲的教导。据《溧阳县志》卷九记载:子聿"锄暴安良,威惠兼济。革差役和买之弊,除淫相巫觋之妖。仍兴起学校,士风丕变。至于官署学舍,邮传桥梁之属,罔不以次完缮。"即便是在弥留之际,陆游内心深处依旧充满了对外族入侵中原的愤恨,以及不能亲眼看到祖国山河统一的遗憾。那首绝笔诗《示儿》希望儿孙能够在日后祭祀九泉之下的他时,传递祖国统一的好消息。当然,陆游的子孙后代用生命在不遗余力地践行着他未竟的事业:陆游的孙子陆元廷为抗金奔走呼号,积劳成疾,后来听闻宋军兵败崖山忧愤而死。曾孙陆传义，与敌人势不两立，崖山兵败后绝食而亡。玄孙陆天明在崖山战斗中宁死不屈，投海自尽。陆氏一家满门忠烈，为了国家和民族大义做出了不可磨灭的贡献，这对陆游来说是最大的告慰。

匹夫有责。所谓"匹夫有责"，也就是在家国天下视域下，国家兴亡，全天下的普通百姓都有责任。此语出自顾炎武。顾炎武（1613—1682 年），明朝南直隶苏州府昆山（今江苏昆山）人。本名绛，乳名藩汉，字忠清，别名继坤、圭年，因仰慕文天祥学生王炎午的为人，改名炎武，字宁人。因故居旁有亭林湖，学者尊其为"亭林先生"。顾炎武是明末清初杰出的思想家、经学家、史地学家和音韵学家，与黄宗羲、王夫之并称为明末清初"三大儒"。顾炎武出身于江东望族顾氏，祖父辈后，家世渐微。嗣母王氏的言传身教对顾炎武影响颇深。据他在《先妣王硕人行状》中记载，清兵攻陷常熟后，王氏闻变，绝食殉国，临终前嘱咐炎武说："我即使是一个妇人，深受皇上恩宠，与国俱亡，那也是一种大义。你不是他国的臣子，不辜负世代国恩浩荡，不忘记先祖的遗训，那么我就可以长眠地下了。"嗣祖父顾绍芾是顾炎武幼年时另一位重要的启蒙老师，他非常注重学风训导和学德培养，教导顾炎武读《资治通鉴》和《邸报》，关心国家命运。他曾告诫顾炎武："士当求实学，凡天文、地理、兵农、水土及一代典章之故，不可不熟究。"顾炎武后来提出的"博学于文，行己有耻"的学术原则，以及"前世所未尝有，来世所不可无"和"文须有益于天下"的创作原则，在很大程度上得益于祖父的家教。清代朴学非常重视考据实证，崇尚朴实的治学风格，这与顾炎武的治学思想密不可分。顾炎武也因此被后世尊为清代朴学的开山鼻祖，并最终被请入孔庙享受祭祀。他明确提出，"士当求实学""君子为学，以明道也，以救世也"。做学问要走出书斋，知行合一，经世致用，这些治学思想为清代朴学所传承。生逢乱世的顾炎武，具有浓厚的家国情怀，面对同胞的苦难和华夏文明的危机，他毅然立下了一个终身的誓言——"拯斯人于涂炭，为万世开太平"，这是顾炎武毕生的理想和追求，并最终使他成为中国伟大的爱国主义思想家。后来，梁启超将顾炎武"保天下者,匹夫之贱,与有责焉耳矣"①的爱国思想概括为"天下兴亡、匹夫有责",成为最能代表顾炎武爱国思想的名言。

爱国主义精神在中国文化中源远流长,明末清初的顾炎武为这一古老的爱国思想赋予了新的时代内涵。他认为,爱国就是要总结历史的经验教训,使它成为后人的财富,维持我们民族文化的血脉。顾炎武这种关注民生,以天下为己任的思想不仅影响了顾氏后裔,更激励了无数国人,成为中华民族的最强音。由此观之,传统家庭作为独立的小社会,是国家的缩影。几乎所有致力于国家事务的人都十分重视建立和管理一个良好的家庭,并把它视为仕途政治的基础。"所谓治国必先齐其家者,其家不可教,而能教人者,无之。故君子不出家而成教于国。"②近代名相曾国藩的家书比他的奏议在民间流传得更广泛,有极高的知名度,其原因在于曾氏家风为大众所认同。人们崇尚、效仿其治家教子的方法,内含着希望子孙成为治国安邦之才的心理。家国一体的传统体现了家庭意义的扩大。传统家庭虽然带有本位主义的局限性,但并不完全封闭,而是以婚姻家庭,辐射到家族、乡邻乃至整个社会国家。

第三节　家庭伦常

在中国封建社会,纲常伦理乃社会之基。所谓"三纲",指的是君为臣纲、父为子纲、夫为妻纲。所谓"五常",即仁、义、礼、智、信。《白虎通·三纲六纪》曰:"三纲者,何谓也? 谓君臣、父子、夫妇也。"③汉代王充《论衡·问孔》云:"五常之道,仁、义、理、智、信也。"④此谓:"天下之本在国,国之本在家。"⑤

---

① 于奎战:《中国历代名人家风家训家规》,浙江人民出版社,2017 年,第 178~179 页。
② 《大学》。
③ 《白虎通·三纲六纪》。
④ 《论衡·问孔》。
⑤ 《孟子·离娄章句上》。

一、父为子纲

"纲常"是基于古代人们对于家庭社会秩序的一种基本认识。"纲"的起源很早，《诗·大雅·械朴》云："追琢其章，金玉其相。勉勉我王，纲纪四方。"①"纲"何意也？班固引《礼纬·含文嘉》说："纲者，张也。"②《吕氏春秋》的解释就更透彻了，"用民有纪有纲，引其纪，万目皆起，引其纲，万目皆张"③。通俗地讲，纲，就是系渔网的总绳，要想将渔网提起来，提总绳就可以了。在古代家庭社会治理中，掌握了纲常，就意味着掌握了治家之道。

父为子纲置于家庭纲常之首，有着深刻的时代烙印和心理基础。现代家庭以夫妻关系为核心，一对夫妻和未婚子女构成现代社会的核心家庭。然而在传统中国社会，家庭的核心是父子关系，而不是夫妻关系。从时代角度看，"父为子纲"是封建社会权力传袭的需要。中国封建社会之所以重视家庭的繁衍职能，其根本原因就在于十分看重生命的社会权力的传承。在家庭基本结构中，夫妻、父子、母子构成一个稳定的家庭关系的三角形。在中国封建社会权力继承制中，家庭社会制度维护的核心权力传承是父子关系，如果父亲死了，由儿子来继承父亲的一切权位、利益，妻子和女儿都要依附于儿子来生活。女儿成人是要嫁入别人之家的，所以从权位继承的角度，儿子最重要。"无子"即"无后"，如果一个家庭"无后"，家庭就无法世代传继。因此，父子关系在中国古代成为家庭关系的核心。从心理角度看，"父为子纲"是自我生命心理续承的表现。文学革命健将胡适则在《我的儿子》一文中说："树本无心结子，我也无恩于你。但是你既来了，我不能不养你教你，那是我对人道的义务，并不是待你的恩谊……我要你做一个堂堂的人，不要你做我的孝顺儿子。"

父为子纲以强化父权来显现。父权的强化，在家庭伦理道德上的体现就是"百善孝当先"。百善孝为首，而罪莫大于不孝。父权就是父亲主宰家

① 《诗经·大雅·械朴》。
② 《礼纬·含文嘉》。
③ 《吕氏春秋》。

庭的最高权力,也就是"家长权"。从北齐起,不孝就被列为十恶之一,属不赦之罪,以后历朝历代相沿不改。中国古代社会在律法制度规定了不孝行为应当承担刑事责任。不孝的罪名名目繁多:"告言诅詈祖父母父母;及祖父母父母在别籍异财;供养有缺;居父母丧身自嫁娶;若作乐,释服从吉;闻祖父母父母丧匿不举哀;诈称祖父母、父母死。"①法律赋予父祖以教令权、惩罚权、监护权,责骂殴打孩子为理所当然,即使杀死子孙,所承担的刑事责任也不重。例如,唐、宋律法规定,父母殴杀孩子判处徒刑一年半。明、清律法规定,父母惩罚孩子,一般责杀无罪,非理殴杀亦只杖一百。

"父为子纲"与"君为臣纲"并举的实质在于,两者同是役使、统治和等级特权。这种观念具有传统家庭专制性,与中国小农自然经济相适应,是在长期自然生活中形成的,它使家庭生产和生活得以稳定发展,从而维护了中国封建社会的稳定性。宋代学者把这种关系天理化之后,父为子纲就成为家庭社会稳固的基石流传于各代。

二、夫为妻纲

夫妻在自然条件下并不必然导致男尊女卑。按照人类社会自然的发展规律,有夫妻然后才有父子。何谓"夫妻"?夫妻是具有婚姻关系的男女,男称夫,女称妻。夫妻双方在家中的地位随着社会变迁而变化。夫为妻纲是男权社会长期发展的产物。在我国传统社会,妻子的地位逐渐下降。在母系氏族家庭,妻子比丈夫拥有更多的权利,丈夫居于从属地位。《说文》云:"妻,妇与夫齐者也。从女从中从又。又,持事,妻职也。"随着人类社会的发展,男性在渔猎、农耕方面能力的凸显,特别是畜牧业社会向农业社会的发展,男性逐渐取代了女性在社会中的主导地位,由母系氏族社会逐渐向父系氏族社会发展。后来,随着征战和疆土开辟,男性建立起以男权为中心的家庭、国家和社会,女性逐渐沦为繁衍的工具。

妻事夫是中国封建社会基本伦常。先秦韩非子认为:"臣事君,子事父,

---

① 《唐律·名例》。

妻事夫,三者顺则天下治,三者逆则天下乱,此天下之常道也。"①西汉董仲舒概之为"三纲",认为"五道之三纲可求于天"②。纲者,张也,有统帅、维系之意。夫为妻纲,就是妻事夫,服从于夫。显然,这与《说文》中"妻与夫齐"的说法是矛盾的。于是,就有了"妻,齐也,夫贱不足以尊称,故齐等言也"③的解释。庶民百姓无尊爵,配偶只以齐言,即所谓"妇人无爵,从夫之爵,坐以夫之齿"④。齐,不是"等齐",而变为"跟齐"。这里的"等齐",就是指夫妻平等,人格独立,互相尊重,彼此宽容体谅的意思;这里的"跟齐",则是借助"夫妻一体"的名义,以夫代行妻的权利,妻子也就在夫妻之名下具备了家庭权利,但说到底,妻总是跟在夫之后,跟随着夫而具有家庭的权利,"一与之齐,终身不改,夫死不嫁"⑤。在中国封建社会,妻子没有姓名权。《白虎通义·嫁娶》云:"妇人无名,系男子之为姓。"⑥女人在婚前还有一个小名,大多数人婚后便成为某妻、某氏了,而这个"某"就是她所嫁的夫家。

夫为妻纲,要求妻绝对服从于夫,夫就是妻的天,就是妻的法。"夫者,妻之天也"⑦,这不仅是封建社会男人的观念,女人也是这么认为的。汉代著名才女班昭曾作《女诫》云:"夫有再娶之义,妇无二适之文。故曰:夫者天也……行违神祇,天则罚之;礼义有愆,夫则薄之。""夫不御妇,则威仪废缺;妇不事夫,则义理堕阙。"⑧这种观点在唐朝宋若莘姐妹的《女论语》、明成祖皇后徐氏的《内训》以及清朝刘氏的《女范捷录》都有体现。这四部典籍合称为"女四书",其鼓吹夫权之力不亚于男人。明清律法规定:"凡妇人犯罪,除犯奸及死罪守禁外,其余杂犯责付本夫收管。"这就在法律上公开规定了丈夫代行对妻子的管理处置权。

---

① 《韩非子·忠孝》。
② 《春秋繁露·基义》。
③ 《释名·释亲属》。
④ 《礼记·郊特牲》。
⑤ 《礼记·郊特牲》。
⑥ 《白虎通义·嫁娶》。
⑦ 《仪礼·丧服传》。
⑧ 《女诫》。

三、长幼尊卑

中国传统家庭社会是一个家长制统治下的尊卑等级社会，父为子纲形成了代际尊卑，夫为妻纲形成了男女尊卑，同辈兄弟姊妹间形成了长幼尊卑。

长幼尊卑是中国封建社会所倡导的重要伦常之一。所谓长幼尊卑，系指家族同辈兄弟间依齿定序，年岁长者为尊，幼者为卑。按礼制和家规国法，虽未规定同辈兄弟的尊卑，只承认长幼之序。中国传统社会民间流行着"长兄如父""长嫂如母"的观念。宋代包拯即是由长嫂抚育成人，他视嫂如母。弟妹如果违背兄长意志，不仅会受到舆论谴责，而且还将遭受律法制裁。唐、宋、明、清各朝代律法皆规定弟妹骂兄姊者杖刑一百，殴打兄长者罚徒刑二年半，殴打兄长致伤者罚徒刑三年；相反，"若尊长殴卑幼，非折伤勿论，至折伤以上，缌麻减凡人一等，小功减二等，大功减三等"[1]。由此可知，执法原则依据于长幼尊卑，一方面加重对卑幼者忤逆犯上的处罚，一方面尽量减轻尊长对卑幼法律责罚，法律的这种设定意在维护长幼尊卑的封建社会等级观念。

中国古代社会倡导长幼尊卑的社会秩序意在维护社会的长期稳定。《论语》有子曰："礼之用，和为贵，先王之道，斯为美，小大由之，知和而和，不以礼节之，亦不可行也。"[2]程颐曰："礼胜则离"[3]，朱子亦谓："礼之为用，必从容而不迫。"[4]《礼记·曲礼上》曰："遭先生于道，趋而进，正立拱手，先生与之言则对，不与之言则趋而退。"有了长幼尊卑，人们的言行也就显得从容不迫了。在中国古代封建社会乡饮酒与加冠诸礼中，可以看到长者往往表现得尊而不失慈，幼者则表现得恭恭敬敬，敬而远于辱。长者尊而慈，则不骄，便无呵斥使唤之肆，而能临以庄正，则幼者心服之，而乐于听命受教。因

---

① 《明律·斗讼》。
② 《论语·学而》。
③ 《程氏遗书》卷二十二。
④ 《四书章句集注》。

此,长幼和睦,上下相安。明太祖曾在制度上设老人之职于乡里,正此意也。幼者恭敬而远于辱则不怨,便无忍恚逢迎之伪,而能对以诚恳,则长者虽有过而不至于受蔽,能察事情,欣然改之,这样一来,上下相辅,无事不举。历史上,唐太宗虚心接受魏徵的谏议,宋朝与士大夫共治天下,终成盛治,也是因为长幼尊卑有序的缘故。如果后代们不懂得长幼尊卑有序的规矩,社会就会出现诸多不安定的因素。长者不慈,幼者不敬,或佯敬而实怨,这些都会成为社会不安定的隐患。如果长者常欲论资排辈,想当然地认为其奉禄厚而位居上位、得到别人的尊重为理所当然,而不懂得"陈力就列,不能者止"之义,有时候其处事就显得逞意气,谋私利,这就容易导致违法犯罪,给自己带来官司和祸患。例如遇到初到新人,动辄加训斥,这就是好为人师的表现。又例如,新人求见,长者仗着自己的资历老冷眼对待年轻人,不以宾主之礼待之,想以此来炫耀自己的尊贵地位,瞧不起他人,这就是徒慕虚荣而仗势凌人的表现。如果议事有疏漏,而拒不承认,还对别人说:"我是长者,这事让别人知道了是我的主意,我颜面何存?"这都会助长长者的傲慢无礼,最终害人害己。如果幼者处其中,长期耳濡目染,没有不被其同化而变坏的。幼者以后也会变成长者,如果遇到新人,就说:"想当年我也是新人,面对长者唯唯诺诺、恭恭敬敬;现在,你也是新人,竟如此傲慢无礼,若不严斥之,成何体统!"新人畏惧此言,终不能不忍恚逢迎也。呜呼!此岂周公仲尼之本意与? 盖自清朝以来,圣学不明,风俗不淳,民相沿二三百年,皆习已为常矣。吾考之于书信、小说,见对得起、对不起、丢脸、面子等语,始于清人。其时流行跪拜,而少行揖礼。如道歉一词语气尚轻,对不起一词语气尤重,而丢脸、面子等语尤甚。其咎人也重,而责己也轻,于朱熹从容而不迫之意,尽失之矣。世人之日贪且伪者,由此也。因此,恢复揖拜之礼以崇中正,正称呼之名以明分辨,息苛责之风以示宽大。世有欲长幼相得、上下相安者,则必用吾言矣。① 由此观之,长幼尊卑有益于社会的长治久安。

---

① 《论长幼尊卑》,https://zhuanlan.zhihu.com/p/69431673。

第五章　中华家风的核心精神

中华传统家风，在封建社会伦常尊卑等级严格规制的约束下呈现出"崇礼尚和"的儒道之风、"守仁持信"的君常之气和"遵规拒耻"的王治之貌。

第一节　崇礼尚和

中华传统家风最根本的特色就是"和"，这种"和"得益于"礼"，因此"崇礼尚和"的儒道之风就成为中华传统家风的首要特征。中国传统尊儒之家，常常处世以礼，谦恭低调，办事中节，于是宗族和谐，事事和顺，邻里和睦。

一、谦恭有礼

谦虚谨慎，举止得体，礼仪周到，是中国传统文化中最受推崇的生活方式和人格。传统儒学文化下的家庭教导子孙要有一颗真诚的敬意之心，要以礼待人，以恭为尊，谦恭有礼，以礼为道，不傲慢自大，创造一个谦逊的家庭风格，培养谦卑的孩子。中国是世界文明史上最讲礼仪的国家。喜好礼仪，心怀礼仪，言行举止注重礼仪是中国人的重要美德。礼让与慎行是中国传统家庭文化和家风建设的重要组成部分。尤其是恭敬有礼，几乎是中国家庭的普遍家风。这种对仪式的讲究和推崇，是出于对他人的尊敬之心、言辞之谦让之心、谦虚景仰之心。在中国传统的家风文化中，这种恭敬有礼的行为受到高度赞扬，"君子敬而无失，与人恭而有礼"[1]，这样就会受到人们的尊敬，因此"四海之内，皆兄弟也"[2]，朋友无处不在，人人尊敬。南北朝时期南齐的刘瓛，是一位受人尊敬、德高望重的君子。他学识渊博，严谨谦逊，为人正直。有一天晚上，刘瓛的哥哥有急事要交代，于是就在隔壁喊他。过了好一阵，才传来刘瓛毕恭毕敬的回答。哥哥感到诧异，责问刘瓛，刘瓛抱歉道："我因为身上的衣带还没有完全系好，我觉得这样回应我的哥哥是不尊重的，所以我不敢回答您。"这个"刘瓛束带"的小故事告诉人们，即使是生活的细节都是谨慎的，礼貌第一，这样在身临大节之时，才不会有违反礼仪、失

---

[1] 《论语·颜渊》。
[2] 《论语·颜渊》。

去人格气节的不当行为。正是因为刘琎严于律己,礼貌待人,家风良好,才能成为一代名臣。刘琏兄弟二人都能成为时代名人,这与他们谦逊守礼、端正做人、严守气节的家风密切相关。

传统家风,通过具体实施礼制,使家庭成员的日常行为具有可操作性。此外,传统家风对这一系列具体的外在行为也有着内在的心理要求,集中表现在恭敬之心上。因为具体的行为表象、动作仪容是尊重寄托的地方,尊重离不开仪式的表达和呈现,没有仪式的表达和抒发就难以体现尊重的精神。在各种仪式场合中,虽然人们的行为方式是不同的,但表达礼仪规范的尊重之心,却是礼仪形式的主要目的。在传统家风规范中,人与他人所结成的各种社会关系是以亲亲、尊尊、长长为基础的,虽然"礼仪三百,威仪三千"的规则是极其复杂的,但其实质不过是"恭顺让步"这四个字。孟子把恭敬辞让之心看作是礼仪的发端开始。实际上,"礼者,敬而已矣"①。总之,调节他人与自己之间的一般关系和礼貌,就意味着"自卑和尊重"。因此,传统家庭习俗风气通过礼制本身所构建的社会关系,将尊重人作为一般的德行要求,将尊重心作为与他人坦诚交往的出发基点。尊重这种感情,对古人来说一直都很重要。所谓"貌思恭""事思敬"②,就是"在貌为恭,在心为敬"③。我们每个人在与人的交往中,尊重他人是保证正确礼仪的前提,也是尊重他人、保持人际关系持久平衡的基础。相反,傲慢的人不懂得尊重别人的心,为所欲为,放荡不羁,傲慢无礼地强加自己的意志,霸道行事,结果必然导致人际之间的矛盾冲突。这一恭敬原则同样是我们今天把握传统家风核心精神所不能忽略的地方,这与具体礼制原则是相辅相成的。《孝经》里记载了"曾子避席"的故事。曾经有一次,曾子坐在孔子旁边,孔子问他:"以前,圣贤之王拥有至高无上的美德,用来教导世界的深奥理论的精髓,人们可以和睦相处,国王和他的臣民之间没有不满,你知道他们是什么吗?"曾子知道老师要教他最深奥的道理,于是他从座位上站起来,恭恭敬敬地回答说:"我不够聪明,不懂这些道理,我想让老师教我这些道理!"这里,曾子"避席"站立就是

---

① 《孝经·广要道章》。
② 《论语·季氏》。
③ 《礼记正义》。

尊敬老师的礼貌行为。孔门风度成为天下人的榜样并流传几千年,正是因为"礼",孔门的礼正是在日常生活中逐渐培育起来的。家庭生活小事传递礼仪家风,养成礼仪习惯,走出门去,自然就是彬彬有礼的谦谦君子。

对于今天的中国人而言,传统家风中的礼制规范已经十分陌生了。在社会发展变化迅速的今天,一方面我们不能够简单地希冀于通过用传统家风中的礼制来规范、指导当下的中国人,如当前一段时间出现的"国学热"之风一般,因为这些传统礼制规范需要与之相适应的环境,而它们对于今天的社会而言多少会有些格格不入,仅仅希冀于通过对传统礼制的学习来规范现实中的个体行为,可谓困难重重。但另一方面,传统家风中作为重要规范的礼制原则尽管逐渐失去了现实社会的土壤,但是其内在的原则与精神,其借由外在的约束与内在的情感由内而外来塑造中国人的行为方式与做人原则的理念,在今天仍旧具有强烈的现实指导意义。以往我们过于强调相对空洞的社会美德,而相对忽略其现实礼制的落实,结果往往造成美德沦为口号;同时我们又过分强调外在规则纪律,而相对忽略对规则背后的内心认同与理解,结果往往造成规则变成形式。这都是我们应当反思的,同时也是我们应当从传统家风的核心精神中传承和吸收的部分。

二、戒骄戒躁

戒骄戒躁、谦虚谨慎、低调行事是做人的首要条件。《大禹谟》有云:"满招损,谦受益,时乃天道。"防骄杜矜、戒骄戒躁是中华民族最受推崇的美德之一,也是传统家庭作风建设的重要组成部分。行事低调的人不会为了利益而与人明争暗斗。为了小利益冒犯别人,这种做法只有低素质、自私的人才会做。生活要低调稳重,心态良好,不急不躁。春秋时期,范氏家族是晋国的一个显赫家族。范武子、范文子、范宣子、范鞅均为四代辅朝成员。他们个个位高权重,其家风以谦逊著称。史载范武子在朝为官四十多年来,功著位高,谦虚谨慎,不傲慢浮躁,严于律己,宽以待人,十分受人尊敬。公元前592年,范武子打算告老还乡,直接的原因是同僚郤克受辱于齐国,十分震怒,回到晋国后一直主张攻打齐国,以解受辱之恨(注:公元前592年,晋君使郤克征会于齐。郤克固有殴足残疾，适为齐侯母夫人窥见，被耻笑，受辱而归，怒不可遏。日夜向景公言伐）。范武子身为执政上卿，眼看郤克怒气不息，除了想报复齐国，根本没有心思工作。经过深思熟虑，范武子做出了一个令人肃然起敬的举动：告老，让郤克担任执政上卿，以平息他的怒气，进而平息晋国即将到来的祸乱。范武子的儿子范文子因此接替父亲出来做官，被封为"卿"。

因为这件事情，范武子教导儿子范文子说："我听说喜怒合乎礼法的很少，不合乎礼法的却很多。《诗经·小雅·巧言》中说：'君子一旦发怒，祸乱会很快停止；君子如果喜悦，祸乱也会很快结束。'也就是说，君子的息怒是为了停止祸乱。如果停止不了愤怒，祸乱必定会有增无减。郤克现在发怒了，大概是因为打算对付来自齐国的祸乱吧？但是，我担心他万一对付不了，祸乱就会更大。我打算退休了，让位给郤克来实现他的愿望，也许这个祸乱就能够解决吧。现在，你身在朝廷，要做的事情是跟诸位大夫们学习。"范武子嘱咐儿子为了范氏家族的利益一定要谦虚、谨慎、低调。范武子担心儿子稍有骄奢淫逸，就会失去人心而失势败家。他对儿子的教育极严。有一天，范文子很晚才退朝回家，范武子寻问原因。范文子答道："一个秦国来的客人在宫廷里说了几个难懂的问题，朝中大夫都不能回答，但我回答了三个。"范武子一听，大怒，说："大夫们并非无法回答，而是出于对长辈的礼貌。而你，一个小男孩，连续三次，炫耀你的知识，隐藏别人的智慧。如果我不在晋国任职你就有麻烦了！"说着，范武子用拐杖打儿子。范文子玄冠上的簪子被打断了。这次杖击后，范文子如梦初醒，深深地反省了自己的傲慢和炫耀，懂得了谦虚谨慎的重要性，变得更加沉稳。后来晋国在靡笄大战中获胜，在迎接凯旋归国人群里，范武子没等到儿子，十分着急。直到军队全部回来后，范文子才回来。范武子对儿子说："怎么才回来啊？""军队的主帅是郤献子。"范文子解释道，"如果我先回来，我担心国人会把注意力集中在我身上，这肯定会抢了主帅总司令的风头。因此，我不敢先进。"范武子听了儿子的回答，很满意，欣慰地说："这下我就放心了，你现在可以免去灾祸了！"在父亲的教导下，范文子不但注重自己的谦虚有礼，不骄傲自大，不鲁莽，而且十分重视教导儿子，传承礼貌有礼的家庭精神。范宣子不负祖父的殷切期望,不负父亲的严肃教诲。他继承了他们谦逊谨慎的优良品质。他以开放的心态学习,努力工作,刻苦磨炼,学问和武艺都进步很快,被封为中军之佐。范宣子心怀国家,上演了一幕"主动让贤荐才"的精彩故事,受到赞扬。这在推动晋国精神方面发挥了重要作用,使晋国少了战争,多了与周边诸侯的和平。范宣子谦恭有礼的美德也是众所周知的,被后人传为佳话。

戒骄戒躁要从"六戒""八慎"做起。"六戒""八慎"体现了古人为人处事的智慧。"六戒"出自曾国藩,而"八慎"是儒家文化的总结,这两个古训有一些相似的地方,像"六戒"中有"戒独利","八慎"中有"慎独",天下熙熙,皆为利来,天下攘攘,皆为利往,如果不戒独利,那只有自己获利的事,永远是不长久的。人生"六戒"有哪些内容呢?一戒"戒久利,戒众争";二戒"戒弃美,戒忘恩";三戒"戒说短,戒夸长";四戒"戒独利,戒众谋";五戒"戒懒惰,戒狂傲";六戒"戒恃才,戒逆势"。所谓人生"八慎"是指"慎言、慎行、慎微、慎独、慎欲、慎友、慎初、慎终"。韩信当年是怎样成就了从平民到将帅的传奇的?他至孝、至仁,能忍下胯下之辱,在刘邦建立大汉王朝的事业中起到重大的作用,成为中国历史上著名的军事将领。然而,他功高震主,又不懂得谦恭退让,最终因名利得失而招致杀身之祸,他的悲剧性人生结局千百年来让人扼腕叹息。与韩信同时代的张良,有一次在下邳的桥上遇到一位穿着粗布衣裳的老人——黄石公,黄石公故意把自己脚上的鞋丢到桥下,让张良帮他捡上来并穿上。张良很是吃惊,但看他年迈,就替他捡起鞋并恭恭敬敬地穿上。黄石公见他谦虚有礼,称赞他"孺子可教",便将《太公兵法》传授于他,最终使张良名扬天下。又例如,唐太宗初登皇位,因人投其所好进献的一张弓,便悟出了治国之道——谦虚。唐太宗原以为有劲之弓便是好弓,弓匠却告诉他:"弓的好坏不单单取决于它是否刚劲有力,射得远,更要看它用料的脉理是否好,因为这决定了弓是否射得准。"由此,唐太宗意识到自己知识浅薄,用弓几十年尚且不懂得好弓深层次的标准,那治国方略懂得的更少,更需要向群臣虚心学习。因此,唐太宗每次召见大臣,总是谦虚认真地听取他们对于治理天下的意见,来丰富自己的见识。他所重用的宰相房玄龄也是这样的一个人。贞观二十一年(647年),唐太宗在翠微宫任命司农卿李纬为户部尚书,房玄龄当时在京城留守。遇到从京城来的人,唐太宗就询问他们房玄龄听到李纬任命消息的反应。来人回答说："房玄龄只说'李纬美髭鬓'，没有说其他的。"唐太宗就明白了，重新改任李纬为洛州刺史。从这句话，我们可以看出房玄龄为人谦虚谨慎的特点，他不以己之长丈量他人之短，对同僚不求全责备，这也是唐太宗倚重他三十二年的原因所在。同时，我们也可以看出唐太宗能从谏如流，他虚心听取朝野大臣的意见，在任命李纬这件事上没有独断专行。这都是谦虚为人的智慧之所在。

三、居家以和

"和"是中华传统家风文化的核心精神。中国古代以"和"为最高价值，传统家风文化里有着丰富的和谐、和合、和睦、和平的思想观念。关于"和"的内涵，古代圣贤有诸多论述。老子曰："万物负阴而抱阳，冲气以为和"①，又云"知和曰常，知常曰命"②。孔子曰："君子和而不同，小人同而不和。"③春秋时期，"和""合"一起构成了"和合"的范畴。中国和合文化源远流长。甲骨文和金文中都有其踪迹。"和"的本义是对应的声音的和谐；"合"的本义是上下嘴唇的闭合。在殷周时期，"和"与"合"是单一的概念，没有结合起来。《易经》"和"字凡两见，就有和谐、和善的意思，而"合"这个字是看不见其踪影的。《尚书》中的"和"是指处理社会关系和人际关系中的许多矛盾；"合"指相合、符合。《国语·郑语》称："商契能和合五教，以保于百姓者也。"④韦昭注："五教，父义、母慈、兄友、弟恭、子孝。"意思是说商契能把五教加以和合，使百姓安身立命。史伯曾对"和"与"同"进行过辨析论述："夫和实生物，同则不继。……若以同裨同，尽乃弃矣。"⑤认为阴阳和而万物生，完全相同的东西则无所生。可以看出，和合中包含着不同事物之间的差异，统一着矛盾的多样性。孔子是儒家学派的创始人，他把和谐作为人文精神的

---

① 《道德经》第四十二章。
② 《道德经》第五十五章。
③ 《论语·子路》。
④ 《国语·郑语》。
⑤ 《国语·郑语》。

核心。和合思想作为对普遍文化现象本质的概括,贯穿于中国文化发展史的各个时代、各个流派,成为中华文化的精华和公认的人文精神。

"和"也是重要的齐家之道。《礼记·大学》中记载:"家齐而后国治"①,家齐是国治的基础,由此可知古人十分重视家风建设,注重传统家风的传承。和谐的家庭讲究父慈子孝、夫贤妻顺、兄友弟恭,从而能够"整齐门内,提携子孙"②;不和谐的家庭各有各的不幸:夫妻离异、遗弃老人、虐待孩子、家庭暴力、邻里冷漠。那么,如何把握齐家之道呢?笔者曾对《周易·家人卦》中的家道思想著文研究。③ 该文认为,《周易·家人卦》的家道理论体系,由立家之道、安家之道和兴家之道构成,且三位一体而又层层递进。立家之道,讲求"阴顺阳威",源于"阴阳变易"的变易原理。"闲邪未蒙",是家道兴立的逻辑起点;"厉威勿纵",是其逻辑法则;"顺德利贞",是其逻辑支撑。安家之道,崇尚"中正合宜",据于"允执厥中"的象位原理。持守正道,是家道安固的逻辑之本;谨遵中德,是其逻辑核心;各安角色,是其逻辑遵循。兴家之道,旨在"家齐国治",基于民安国泰的系统法则。"王假有家",是家道兴旺的逻辑导引;交感互爱,是其逻辑动力;唯变所适,是其逻辑定律。《周易·家人卦》的家道体系结构,涵摄了家道逻辑、家道运思和家道义理。家道逻辑,充分吸收了《周易》理性思维的爻变逻辑、象位逻辑和卦象逻辑的哲学智慧精华;家道运思,集中表现为治家思维,囊括了"修身—齐家—治国平天下"全过程,从涵育家庭成员良好的品行素养,到稳固整个家庭的肃朗家风,再到传扬良好家风家德以兴家旺国;家道义理,融渗于家风各个方面,由个体行为规范到家风伦理制度、由性情陶范整肃到义理价值升华、由家族治理风格到家国天下的理想追求。

"阴顺阳威"是家道兴立的基本法则。家道之立,起于"阴阳变易"。《易传·系辞上》曰:"一阴一阳之谓道""生生之谓易"。④《庄子·天下篇》

---

① 《礼记·大学》。
② 《颜氏家训·序致》。
③ 刘松:《〈周易〉家人卦的家道要旨》,《周易研究》,2020 年第 1 期。
④ 《易传·系辞上》。

也称"《易》以道阴阳"①。宇宙之初,"天地氤氲,万物化醇"②。经过了"无极生太极,太极生两仪,两仪生四象,四象生八卦"一系列的阴阳变化后,出现了人类社会和家庭。再经过"男女构精,万物化生",家道也就产生了。在此过程中,"万物之生,负阴而抱阳,莫不有太极,莫不有两仪……故易者,阴阳之道也;卦者,阴阳之物也;爻者,阴阳之动也"③。这里,男与女作为家庭中的阴阳象征物象就是按照《周易》阴阳爻变逻辑从"乾"与"坤"基本物象引申出来的。在男女刚柔相推变化过程中,逐渐产生了家道。家道的核心特征就是"阳刚"与"阴柔"各守其正。《御纂周易折中》引吴曰慎云:"'家人'之道,男以刚严为正,女以柔顺为正。初曰'闲',三曰'厉',上曰'威',男子之道也;二、四《象传》皆曰'顺',妇人之道也。五刚而中,非不严也,严而泰也。"④这种男威女顺、阳唱阴随的家道观念并不是"男尊女卑",其"阴顺阳威"的家道逻辑完全是远古时代"阴阳变易"原理的现实运用。综观古代家道建立过程,"阴顺阳威"的家道逻辑始于"闲邪未蒙",成于"厉威勿纵"的严格管教,其核心支撑在于"顺德利贞"。

"闲邪未蒙"是家道兴立的逻辑起点。《周易·家人卦》:"初九,闲有家,悔亡。"初九,表示第一爻为阳爻。闲,防也。家兴之初,只有具备防范邪恶的忧患意识,才可以保有其家,悔恨消亡。初九处《家人卦》之始,家道初立,宜于严防邪辟,才能保有其家而"悔亡"。王弼云:"凡教在初,而法在始。家渎而后严之,志变而后治之,则'悔'矣。处《家人》之初,为'家人'之始,故宜必以'闲有家',然后'悔亡'也。"⑤《家人卦》初九,《象》曰:"闲有家",志未变也。意思是要在意志尚未转化的时候就预先防范,防闲于初,防恶于未蒙。胡炳文引用颜之推"教子婴孩,教妇初来"的家教理念说明"慎初"的道理。他说:"初之时,当'闲';九之刚,能闲。"⑥强调事情开始之时,应当提前对发展不利的趋势和苗头进行防范,依靠男性阳刚正气,是有防范的能力

① 《庄子·天下篇》。
② 《易传·系辞上》。
③ [宋]朱熹:《周易本义》,中华书局,2009年,第1页。
④ [清]李光地:《御纂周易折中》,清康熙五十四年内廷刊本。
⑤ [魏]王弼:《周易注》,四部丛刊本。下引该书,仅随文标注书名。
⑥ [元]胡炳文:《周易本义通释》,通志堂经解本。

的,可以防范得住。由此看出,家道建立之初,就要着手防范邪恶,在邪恶还没有发生的时候就防微杜渐,防患于未然,保证家道在一个好的、坚实的基础上发展,这是家道兴旺的逻辑起点。

"厉威勿纵"是家道兴立的逻辑法则。"厉"与"威"都是严格的意思,这里指家道威严、家法严格、家风严谨。"厉"出自第三爻,"威"出自第六爻。《周易·家人卦》:"九三,家人嗃嗃,悔厉,吉;妇子嘻嘻,终吝。""上九,有孚,威如,终吉。"①九三之"厉"和上九之"威"都是从家道威严角度来谈家道兴立的问题,它们与初九之"闲"一起构成了家道威严的体系。九三讲的是家人对目前过严的家教管束已经愁怨嗷嗷,甚至出现了悔恨、危险,但从长远角度看,最终是有利于家道建设的,可以获得家业吉祥。相反,倘若家教松弛,家纪不严,整个家庭里妇女和孩子们笑闹嘻嘻,将会导致家道废弛,终致憾惜。《家人卦》九三,《象》曰:"'家人嗃嗃',未失也;'妇子嘻嘻',失家节也。""失"通"佚",放逸纵乐之意。《周易尚氏学》云:"失、佚古通。'未佚'者,言不敢放逸也;若'嘻嘻'则淫佚而不中节矣,故曰'失家节'。"②上九讲的是心存诚信,威严治家,终获吉祥。王弼对此引注道:"凡物以猛为本者,则患在寡恩;以爱为本者,则患在寡威。故'家人'之道,尚威严也。家道可终,唯信与威;身得威敬,人亦如之;反之于身,则知施于人也。"由此看出,家道兴立过程中,应遵循"厉威勿纵"的法则,崇尚威严、讲究威信、身得威敬,家道才能得以兴立。

"顺德利贞"是家道兴立的逻辑支撑。家道兴立之初需要"闲邪未蒙",在家道兴立的过程中需要贯彻"厉威勿纵"的法则,家道最终建立还需要家庭成员对威严家法的接受与配合。在纲常名教的道统社会,这种接受与配合被称为"顺德""女贞"。《家人卦》卦辞第一句就开宗明义地提出:"家人:利女贞。"孔颖达认为:"明家内之道,正一家之人,故谓之'家人'。""既修家内之道,不能知家外他人之事。统而论之,非君子丈夫之正,故言'利女贞'。"③在家道建设中,男女均担负有家道建设的职责,男主人通过制定严格

---

①　《周易·家人卦》。

②　尚秉和:《周易尚氏学》,中华书局,1980年。下引该书,仅随文标注书名。

③　[唐]孔颖达:《周易正义》,阮刻十三经注疏本。下引该书,仅随文标注书名。

的家规和家纪来约束家庭成员,并在自己带头遵守家规的榜样示范中带动全家形成良好家风;女主人是家规家纪的具体执行者,在男女互相配合中形成良好的家道家风。家道规矩一旦建立,更多的工作是执行和树立家威。因此,从家道建设角度看,男女主人的家道建设职责是有所侧重和分工的,"家人,女正位乎内,男正位乎外"。女主人更多的工作是严格对家庭成员执行家规,以使所有家庭成员顺乎家规家德的要求而"守正";男主人更多的工作是向世人展示所执掌的家族具有所要求的家规家德,形成了社会所要求的良正家风。从这个角度看,女主人的"顺德"就显得十分重要,它被古代学者褒赞为"女贞",是家道得以兴立的逻辑支撑。

以上从立家之道的阴阳变易原理分析论述了"阴顺阳威"的道理。但仅仅强调"阴"顺"阳"是不够的。倘若"阳"本身不正,"阴"一味顺从"阳"而不抗争,那么良好的家道家风也是很难形成的。因此,除了要求"阴顺阳威"外,还得讲求阴阳各守其正,这就需要据守"中正"的象位原理来安家。

中正合宜是家道获安的核心准则。家道之安,得于"道正位中"。家道既立,能否久安,就要看所立家道是否"正"和"中"。"正",就是合乎天道、合乎天地之大义。《周易·家人卦·象传》曰:"男女正,天地之大义也。"①从家道来看,"女正位乎内,男正位乎外",男女各司其责,互相配合;从爻位来看,阳爻居奇位、阴爻居偶位称为"得正"(或称"当位""得位")。"中",是指构成别卦的上下两个经卦的中间位次,第二爻当下卦中位,第五爻当上卦中位,两者象征事物守持中道、行为不偏。凡阳爻居中位,象征"刚中"之德;阴爻居中位,象征"柔中"之德。若阴爻处二位,阳爻处五位,则既"中"且"正",称为"中正",在《周易》象位中尤具美善之征。《家人卦》二、五爻得正于内外卦象,六二说明女主内、九五说明男主外,内外两卦爻位不仅都居于"正位",而且"中"。《御纂周易折中》指出:"程子曰:正未必中,中则无不正也。六爻当位者未必皆吉,而二、五之中,则吉者独多,以此故尔。"②"中正"的象位原理实际上是一种系统逻辑思维,它讲究不偏不倚,与《尚书》的"允

---

① 《周易·家人卦·象传》。
② [宋]程颐:《程氏易传》,四库全书本。

执厥中"互相应和,同时暗合儒家"中庸之道",与马克思主义辩证统一思想也具有一致性,折射出中华先哲对天人合一目标的追寻,从而在理论上实现了宇宙有机体的大融合。中正理论在家道领域的应用,集中表现在安家之道上。持守正道是家道安固的逻辑之本,谨遵中德是家道安稳的逻辑核心,各安角色是家道安行的逻辑遵循。

持守正道是家道安固的逻辑之本。《周易》义理认为,"得正"之爻,象征着事物的发展遵循"正道"、符合规律;"失正"之爻,象征背逆"正道"、违反规律。但各卦各爻所处具体条件复杂,有转化的可能性,得正之爻也可能转向不正,不正之爻也可能转化成正。故爻辞常常出现警醒"得正"者守正防凶、诫勉"失正"者趋正求吉之例。此外,也有学者认为,初、上两爻"无阴阳定位",不论阴阳爻处此两位,均象征"事之终始",不存在"得正"与否的意义。① 按此义理,反观《家人卦》各爻位,九三、九五皆为阳爻居奇位,六二、六四皆为阴爻居偶位,可谓正合"得正"之象位义理。《易传·系辞下传》云:"天地之道,贞观者也;……天地之动,贞夫一者也。"②天地有其基本规律,守正就能被人们所敬重。天下万事万物的变化规律,都应该专一守正。因此,家道也应该遵循这一规律,持守正道是家道安固的根本。王弼认为:"履正而应,处尊体巽,王至斯道,以有其家者也。"《说卦传》云:"立天之道曰阴与阳,立地之道曰柔与刚,立人之道曰仁与义。"家道属于"立人之道",因此家道的核心内容就是要立仁与义。持守了仁义,也就持守了家道之正。《易传·系辞下传》云:"何以守位?曰仁。……理财正辞、禁民为非曰义。"③坚持以仁义持家,坚守家道之正,即可安固家道。

谨遵中德是家道安稳的逻辑核心。《周易》认为,"中"指别卦的二、五位,"正"指阳爻居奇位、阴爻居偶位。如果阴阳爻符合中正之位,就预示吉祥。《周易》常以爻的中正之象位来喻示人道之德善,此即为"中德"。具备中德之卦象则得吉。如《离·彖》曰:"柔丽乎中正,故亨。"《讼·彖》曰:"利见大人,尚中正也。"《解·彖》曰:"其来复吉,乃得中也。"认为,"中"为行之中,"正"

---

① [魏]王弼:《周易略例·辩位》,四部丛刊本。
② 《易传·系辞下传》。
③ 《易传·系辞下传》。

为位之正，这些都是对君子之德的要求。《观·象》曰："中正以观天下。"《姤·象》曰："刚遇中正，天下大行也。"《周易》关于"中正"的象位理论应用到"齐家"实践中，就形成了家道的"中德"。中德是家德的核心，是家道的价值导向与德性追求。家道中德理念在儒家中庸思想里得到进一步演绎与阐发。《中庸》云："喜怒哀乐之未发，谓之中；发而皆中节，谓之和；中也者，天下之大本也；和也者，天下之达道也。致中和，天地位焉，万物育焉。……齐庄中正，足以有敬也。"《中庸》把中德分为三种类型：时中、中正与中和。"时中"就是因时变化以求其中。《中庸》认为，喜怒哀乐没有表现出来的时候，叫做"中"。因为在此时，人所表现出来的是自然秉性，顺着本性行事是符合"道"的。此时的天性与人性是合一的，人的内外也是合一的，人的理性与情感也是合一的。而随着时间的推移，外界条件的变化，人有了喜怒哀乐，这时的"时中"就要求人性合于天性、情感要合于理性、人的内外之间要相合，即所谓"发而中节""随时做到适中"的意思。引申到家道里，也就是要使家道在运行中符合"天人合一"之道。"中正"，在家道理论与实践方面有两层内涵。一是指人的认识要合于实际，在修身和治家过程中要客观，要尊重客观实际，合于家道；二是指"不出其位"。在家庭中，父子、兄弟、夫妇要各安其位，讲究正名和家庭秩序之正。"中和"则是家道所表现出的外在的和谐状态。正所谓"致中和，天地位焉，万物育焉"，家道兴焉。借此"中德"，家道安焉。

各安角色是家道安行的逻辑遵循。它是家庭持守正道的具体规则，也是家道中德在家治实践运用中的具体体现。王弼云："居于尊位，而明于家道，则下莫不化矣。父父，子子，兄兄，弟弟，夫夫，妇妇，六亲和睦，交相爱乐，而家道正。"（《周易注》）"六亲和睦，交相爱乐"即是家庭成员各安角色、各守其道、各负其责的必然结果。《中庸》对"各安角色"进行了演绎和引申，提出了"五达道"理论。在《中庸》第十三章里，将家庭里的父子、夫妻、兄弟关系拓展为五种人际关系——君臣、父子、兄弟、夫妻、朋友。于是，这种各安角色的家道安行原则就自然而然地发展成为"家齐国治"的兴家法则。

民安国泰是家道兴旺的系统法则。家道之兴，本于"家齐国治"。家与国处在天人合一的大系统之中，兴家与旺国既有着经验认知的同一性、序列性与规律性,又有着发展演进的互存性、共振性与差异性。一方面,国由家所组成,国与家有着类似的结构,齐家之道与治国之道具有同一性和序列性,因此道可兴家必能泰国。《家人卦·彖》曰:"正家而天下定矣。"①《周易集解》引陆绩曰:"圣人教先从家始,家正而天下化之,修己以安百姓者也。"②《尚书·洪范》云:"天子作民父母,以为天下王。"③这就是以齐家之道来类比治理天下,认为父母教子和国家育民的治道思维如出一辙。《礼记》云:"君子之道,造端乎夫妇;及其至也,察乎天地",勾勒了一种从家内夫妇人伦发端,进而涵盖天地万物的思维模式和社会行动准则。另一方面,国家的发展也给家庭安定和兴旺提供了条件和机遇,治国之道与齐家之道互激共存。南宋的陈淳认为,《大学》所强调的是从修身、治家进而为国的这一系列整体性要求。从国家角度说,为人君要仁,为人臣要敬;从家庭角度说,为人子要孝,为人父要慈——两者并非此消彼长,而是同生共进。④ 在现实中,"乡治"成为"齐家"到"治国"的重要步骤。北宋理学家吕大钧(1031—1082)设计和推行的蓝田《吕氏乡约》大力宣扬"德业相劝""过失相规""患难相恤""礼俗相交",把家道与国治紧密联系了起来,正如《大清光绪新法令》所强调的,"家国关系至为密切,故家政修明,国风自然昌盛"⑤。由此可见,国治之盛为家道之兴提供了条件,民安国泰成为家道兴旺的系统法则。在这个家国文化构造的天人合一的大系统之中,王假(gé)有家是家道兴旺的逻辑导引,交感互爱是家道兴旺的逻辑动力,唯变所适是家道兴旺的逻辑定律。

王假有家是家道兴旺的逻辑导引。《家人卦》曰:"九五,王假有家,勿恤,吉。"其意为,九五,君王用美德感格众人然后保有其家,无需忧虑,吉祥。从卦象看,九五阳刚中正,尊居"君"位,下应六二柔正,有以美德感格家人保有其家之象,故"勿恤"而"吉"。爻旨并含"正家而天下定"之义。王弼云:"履正而应,处尊体巽,王至斯道,以有其家者也。……正家而天下定矣。故

---

① 《家人卦·彖》。
② [唐]李鼎祚:《周易集解》,津逮秘书本。下引该书,仅随文标注书名。
③ 《尚书·洪范》。
④ [宋]陈淳:《北溪字义》,四部丛刊本。
⑤ 《大清光绪新法令》,清宣统元年铅印本。

'王假有家'，则'勿恤'而'吉'。"《周易尚氏学》云："言王以至德感格家人，无有不正，故无所忧而吉也。"从爻位之间的关系看，"五得尊位，据四应二，以天下为家，故曰'王大有家'；天下正之，故无所忧而吉也"。从《大学》所提出的"修身、齐家、治国、平天下"的人格理想序列来看，修身与齐家是治国、平天下的前提和基础，而治国、平天下是修身与齐家的目标方向，它们为修身、齐家提供了逻辑导引。

交感互爱是家道兴旺的逻辑动力。从《家人卦》的卦名来看，这一卦主要是"明家内之道，正一家之人，故谓之'家人'"。在家庭里面，交感互爱是家庭成员间最重要的美德，家道就是围绕"爱"这一中心来展开的。因此，把此卦取名为"家人"是再恰当不过的了。从《家人卦》卦辞来看，"家人：利女贞"。家道主要涉及家内之事，前面已经谈到，虽然男子也担负有一定家道建设之责，但从家道的贯彻执行以及家庭成员践行家道的习惯养成角度看，女子为主要因素，因此言利女子守正。《周易正义》云："既修家内之道，不能知家外他人之事。统而论之，非君子丈夫之正，故但言'利女贞'。"从《家人卦》卦象来看，下卦为离（☲）上卦为巽（☴），离为火，巽为风。离为文明之火，巽为转俗成化之风，象征文明之火风行天下。《象传》曰："风自火出，家人。"下卦也叫内卦，上卦也叫外卦。此卦内火外风，犹如家事自内影响到外，故《周易注》云："由内以相成炽也。"《周易正义》曰："火出之初，因风方炽；火既炎盛，还复生风：内外相成，有似'家人'之义。"这里"风自火出"之义，犹言"家事"与"社会风化"的关系问题。来知德云："风化之本，自家而出。"家庭成员之间若能交感互爱，家道就能更加兴旺；家道兴旺了，也能加深家庭成员之间的互爱之情。关爱如火，家道如风，它们之间的关系也如风与火的关系一样，互爱成为家道兴旺的动力。从爻位之间的关系看，"交相爱"是指九五与六二交应，犹家人亲和。并含有家道正而天下安定之义。《周易尚氏学》曰："谓二、五交孚，即释'格'义。"由此，我们从卦名、卦辞、卦象和爻位关系全面诠释了为什么交感互爱是家道兴旺的逻辑动力。

唯变所适是家道兴旺的逻辑定律。研究易道规律的目的是为了揭示人道规律，"《易》之为书，推天道以明人事者也"①。《易》理所揭示的天道，最根本的规律就是"唯变所适"。《易传·系辞下传》云："《易》之为书也，不可远。为道也屡迁，变动不居，周流六虚，上下无常，刚柔相易，不可为典要，唯变所适。"②朱熹曰："易者，阴阳之道也；卦者，阴阳之物也；爻者，阴阳之动也。"③易所阐释的是万事万物运行变化的哲理，因此家道也遵循易的规律，唯变所适也就成为家道兴旺的逻辑定律。从家道变化规律和应变策略看，首先是在初九"防闲于初，防邪于未萌"。其次，时至六二、六四，讲究顺德利家，倡导阴顺柔德以守女贞。此"二阴皆得正承阳，二在下，故事人；四在上，故养人"④。再次，及至九三，"处下体之极，为一家之长，行与其慢也，宁过乎恭；家与其渎也，宁过乎严"。"九三以刚居刚，若能严于家人者；比乎二柔，又若易昵于妇子者：三其在吉凶之间乎？悔吝之占，两言之。"⑤最后，"上九，有孚，威如，终吉"。王弼云："凡物以猛为本者，则患在寡恩；以爱为本者，则患在寡威。故'家人'之道，尚威严也。家道可终，唯信与威；身得威敬，人亦如之；反之于身，则知施于人也。"从上面对爻辞、爻位和卦象的分析可知，阴阳爻在不同爻位上的变化映射着家境的变化，应对这一变化，必须采取相应的措施来回应，这就反映了顺应天道的变化而变化，遵循唯变所适的定律，就能使家道兴旺。对此，《系辞上》赞曰："《易》与天地准，故能弥纶天地之道"⑥，能"通神明之德"⑦。总之，传统家风家道所言的"唯变所适"不是想为所欲为，更不是"随大流""和稀泥"，而是"天下之动，贞夫一也"。其中有不变的客观规律，它是一般与个别相结合，主观与客观相结合，体现了马克思主义具体问题具体分析的辩证原理。

---

①　[清]永瑢等：《四库全书总目》卷一，中华书局，1987年，第1页。

②　《易传·系辞下传》。

③　[宋]朱熹：《周易本义》，中华书局，2009年，第1页。

④　黄寿祺、张善文：《周易译注》，上海古籍出版社，2007年，第217页。

⑤　[元]胡炳文：《周易本义通释》，通志堂经解本。

⑥　《易传·系辞上传》。

⑦　《易传·系辞上传》。

第二节　守仁持信

仁爱和善良是儒家伦理的核心，也是传统家风价值观的核心。儒家的道德观念是以仁为基础的，它要求家庭成员互相仁爱、相互信任。在这样的儒道文化影响下，守仁持信家风成为众多家庭追求的目标。"积善之家必有余庆，积不善之家必有余殃"①，成为众多家庭建设的圭臬。

一、施仁布爱

家风的核心在于"仁"。古人在家风建设的过程中非常注重吸纳圣人先贤的教诲，如先秦时期，孔子提出了"仁"的思想，这不仅是一种主观的道德修养，也是一种客观的道德标准。"为仁由己"②而不由人，就是说道德行为是自觉自愿的、主动选择的。如果一个人没有"仁"的品格，就不能真正理解和实现道德行为。孔子认为爱是"仁"的主要内涵，并将"己欲立而立人，己欲达而达人"③与"己所不欲，勿施于人"④的忠恕之道作为到达仁的方法。从亲情的脉络出发，从仁爱之心的培养开始，这无疑对中国人道德人格的形成起到积极而深远的作用。中国人对仁善的重视、对人的道德价值的看法、对家庭美德与社会公德的理解无不浸润着传统家风教育中最为核心的仁爱与信任原则。然而，在急剧变化的当今社会，仍然存在着许多道德缺失、人性冷漠、道德滑坡的现象，对现有的社会秩序造成了冲击。因此，如何将传统家庭作风中的仁爱信德理念融入到现代中国人的现实生活中，使之发挥作用，成了一个重要课题。特别是针对当下中国全面构建法治社会而言，除了充分吸收借鉴西方相对成熟的法治理念和原则外，传统家风中借助于仁

---

① 《易经·坤卦》。
② 《论语·颜渊》。
③ 《论语·雍也》。
④ 《论语·颜渊》。

爱与信任原则形成的充满温情和善意的社会规范本身,同样是不可或缺的源头活水。齐鲁家风以优良家规、家训、家教而著称。在中华文化发展演化过程中,形成了诸多承载着家庭文化建设的名言、典故、家谱、家规、家训等,共同凝结成为良好的家风、严格的家训、谆谆的家教,为中华优秀传统文化的世代流传提供了重要的文化资源,传承着仁、义、礼、智、信的道德操守。比如,精忠报国自古以来就是齐鲁家风不可或缺的内涵。古有颜真卿、颜杲卿、颜季明颜氏家族以身报国;今有抗战时期山东沂蒙人民以"最后一口饭做军粮,最后一块布做军装,最后一个儿子送战场"的爱国情怀与英雄气概,为铸就伟大的抗战精神做出了重大贡献。这种齐鲁家风无疑蕴含着"仁""忠""义"的中华优秀传统文化基因。齐鲁家风秉承着浓郁鲜明的齐鲁文化,具有仁爱厚德、刚健自强、尚志重节等精神特质。

仁爱的根源在于正义。我国江南地区就素有忠义重道之风的美誉。江南忠义重道之家风指的是一个人要有忠心和义气,忠于心中大义,实质是人直道而行,顶天立地的状态。人行其道,必仁民爱物,必逞恶扬善,必守死善道,仁智勇皆在其中矣。最令人称道的忠义典范当属吴郡陆氏,千百年来陆氏忠义之风传承不断。东汉末年,陆康父子因不齿袁术的叛逆行径而不依附,显示其忠义之家风,袁术因此大怒,派兵攻打陆康,陆康让亲戚们回到吴地避难,自己在庐江死守,庐江之战导致陆氏宗族百余人被杀,陆氏几乎面临灭族的危险。而回到吴地避难的陆氏族人中,有一位少年,他是陆康的孙子,名叫陆逊。凤皇元年,西陵督步阐遣使降晋,陆逊的次子率军剿灭叛军收复西陵,而在对抗晋将羊祜的进攻中,陆抗与羊祜进行了君子之战,二人都在历史上留下美名。在东吴末期,孙皓在政治上残暴无德,又是丞相陆凯,正直敢言屡屡劝谏。东吴灭亡后,陆逊之孙陆抗第四子陆机又以才华闻名于世。在司马颖讨伐长沙王司马乂的战斗中,陆机统兵二十万出征,却在鹿苑被司马乂打败,此后有宦官向司马颖进谗言,说陆机有异志想谋反,司马颖听信谗言杀了陆机,弟弟陆云随即也遇害,并被夷灭三族。从陆逊陆抗父子,虽与孙氏有灭门之恨仍悉心卫国,再到陆机虽明知凶险,仍试图以才学匡扶乱世,作为世居江南的世家大族,吴郡陆氏的忠义之风,成为其一直传承的家风。

仁爱的表现在于待人和善。中华民族最基本、最核心的民族性格就在于"和善",而这一性格源自中原家风的世代传扬。综观中华五千年历史,分分合合,和平统一始终是主旋律和最终追求。尽管各族、各种势力逐鹿中原,最终目标还是一统中原。而最终能够统一中原还是得靠"和善",所有武力如果缺少"和善"这个基本特质,都是不久长的。在中原百家姓中,中原马氏德善家风值得一提。马姓,是一个典型的多民族、多源流姓氏。据《姓纂》记载:汉族马姓源于嬴姓,系承赵国马服君赵奢。赵奢为得姓始祖,因战功受封马服君,其子孙遂以封爵为氏,其故乡邯郸即是中华马姓祖源地。马姓望出扶风郡(今陕西兴平市茂陵),至汉时,马姓宗族大举西迁到西北地区,后又东迁至黄淮地区,从而使马姓族人在全国范围内进一步扩大,广泛分布于各地。另有马姓源于官位一说,属于以官职称谓为氏,例如西周时期官吏马质、春秋时期楚国官吏巫马等。少数民族马姓则可分为两支,其一源于回族,属于文化上汉化改姓,因穆罕默德为伊斯兰教创始人,且马与穆谐音,故许多回族人选用马氏为姓。其二为清代满族马佳氏改马姓,属同姓不同宗。马姓在《百家姓》中排第五十二位,为中国当今姓氏排行第十四位的大姓,为全国回族十三大姓之一。据 2017 年统计资料,马姓人口约为 1846 万人,占全国人口总数的 1.15% 左右。马姓族人主要生活在北方,特别是黄河流域和东三省,约占全国马姓人口的 59.4%。其中,位居中原的河南省为马姓第一大省,占河南省总人口的 1.6%。

马氏家族极重家训、家教,形成了谨言谨行、唯善唯德的家风。马氏家族十分看重对族人品性德行的塑造,为后世留下了许多脍炙人口的家训名言和成语典故。马氏谨言谨行、和善睦邻的家风造就了马氏族人和善、清正、严谨的风范。例如,东汉马援不仅治兵严谨、打仗有方,对自己族中子弟的教育也十分严格,常教育两个侄子"莫议人过",不要背地里谈论他人得失,而要"忧人之忧,乐人之乐",待人接物要保持正确的心态,从而形成了马氏"莫议朝政,谦约节俭,廉公有威,忧人之忧,乐人之乐"的家训名言。马援还告诫两个侄子谨慎交友,切莫学错榜样,以免"画虎不成反类犬",后世马姓家谱开篇皆为"学错榜样,画虎类犬;谆谆教诲,牢记莫忘"。马氏唯善唯德的家风造就了马氏族人行善崇德、心怀天下的风范。南宋名相马廷鸾也给子孙留下了一段家训，即"留有余不尽之巧以还造化，留有余不尽之禄以还朝廷，留有余不尽之财以还百姓，留有余不尽之福以还子孙"，告诫子孙无论是智慧、财富、福气，凡事都应"取"之有度，有余则要将其回馈社会、回报百姓、分享他人。另有一则"马氏家训"，为北洋政府总统府秘书马吉樟所写，以《易经》之三十七卦——《家人卦》为训，主要意思是："女主内，男主外，老幼有序；家长对家人要严格要求，不失法度；全家人都要诚信庄重，各尽其责，各尽其道，和睦相处"，鲜明地体现了马氏对儒家"以和为贵"思想的推崇。在马氏家训里，还有一则由马英九的祖父——马立安所撰写的传世警言："黄金非宝书为宝，万事皆空善不空"，即警示后人黄金不是宝贝，书才是宝贝，做什么事都有可能成空，只有行善不空。马氏唯善唯德之家风不仅渗融于马氏族人的家学家训中，也潜隐藏于马氏族谱支辈字行中，例如陕西马德昭后裔马氏一支辈分字行为"乾德秉天勋泽永传"，云南华宁回族马氏一支辈分字行为"文春安甲家有本元国中远正四德维新"，云南东川马氏一支辈分字行为"国正天兴顺，官清明自安，贤得福利少，子孝父恩宽"。

二、居仁由义

仁义是仁善的高阶表现。《周易·说卦传》云："立天之道曰阴与阳，立地之道曰柔与刚，立人之道曰仁与义。"[1]仁义是做人之本，没有仁义就不成其为人。仁是心之德、爱之理。什么是仁爱呢？子曰："仁者，人也。"[2]孔子把"仁"界定为人的本性，认为"仁"是人之所以为人的根本所在，是做人的根本。"仁"的基本含义就是"爱人"。"樊迟问仁，子曰：'爱人'。"[3]爱人就是对他人的尊重、友爱和帮助。仁爱的表现形式会因主客体关系的变化表现不同的形式与内容：在父母身上表现为"慈"，在子女身上表现为"孝"；在兄身上表现为"悌"和"友"，在弟身上表现为"恭"与"从"；在长辈、上级身上表现为"恤"，在晚辈、下级身上表现为"顺"；在朋友身上表现为"义"，在同胞

---

① 《周易·说卦传》。
② 《中庸》。
③ 《论语·颜渊》。

身上表现为"亲"。

关于仁爱，我们可以从四个角度去理解。第一，仁爱是一种具体的道德规范，即爱与善。有子曰："其为人也孝弟，而好犯上者，鲜矣。……孝弟也者，其为仁之本与?"①孝敬父母，尊爱兄长的这类人，很少有冒犯上级领导的行为。孝敬父母、尊爱兄长，就是仁的根本。第二，仁爱意味着爱己达人。仁爱的思想始于爱自己的亲人，但并不止于爱亲。孔子把仁爱提升到"爱他人"和"泛爱众"的高度。子曰："弟子入则孝。出则悌，谨而信，泛爱众而亲仁。"②即仁爱的范围由爱有血缘亲情的人到世间众人，一直到天下人，也就是"德行于天下"。孟子在孔子思想的基础上将"仁"与"义"联系起来，把仁义作为德行的最高标准。墨子则站在底层百姓的角度，针对孔子的"仁"提出了无差等的"兼爱"，主张大仁大爱、平等地爱天下一切人，以"大我"之志兴天下之利。"仁之事者，必务求兴天下之利，除天下之害，将以为法乎天下，利人乎即为，不利人即止。"③第三，仁爱由己，不由他。孔子认为，克己复礼为仁，为仁由己不由他。一个人能否成为君子或者有仁德的圣人，关键在于自己是否愿意努力向"仁"，只要自"我欲仁，斯仁至矣"④。从孟子开始，及至宋明，儒家一直强调把"仁"根植于主体的自我意识之中，求仁要向内求诸己。《朱子集注》云："仁者，心之德，非在外也。"⑤第四，仁爱讲究推己及人，与人为善，仁德天下。孔子说："夫仁者，己欲立而立人，己欲达而达人。"⑥仁爱要求我们要转换视角去考虑问题，不仅要站在自己的立场去推送仁德与关爱，而且还要注意站在对方的视角、反面的视角去考虑问题。所谓"己所不欲，勿施于人"，就是要站在对方和反面的视角，宽以待人，与人为善。战国有个叫白圭的人对孟子说，如果他是大禹，在治理水患时只需要把河道疏通，让洪水流到临近的国家就行了。孟子很不客气地指明，君子是绝

---

① 《论语·学而》。
② 《论语·学而》。
③ 《墨子·非乐上》。
④ 《论语·述而》。
⑤ 《朱子集注》。
⑥ 《论语·雍也》。

对不会这么做的,"君子莫大乎与人为善"①。同样是治水,白圭只想到自己不顾别国,大禹却费时费力,不仅根除了本国水患,也利及别国,真正做到了"己所不欲,勿施于人""己欲立而立人,己欲达而达人",这才是仁爱的思想境界。只有秉持"老吾老,以及人之老;幼吾幼,以及人之幼"②的仁爱精神,时刻为别人着想、心系天下苍生,才是一位有仁爱精神的领导人。春秋时期,齐国降大雪,齐景公穿着狐皮袍子临窗赏雪。室内温暖的火炉散发出阵阵热浪,景公高兴地对晏子说天气不冷。晏子有意追问:"真的不冷吗?"景公肯定地回应:"不冷!"晏子直截了当地说:"我听说古时贤明的君王自己吃饱了要去想想是否还有人在挨饿,自己穿暖了还要想想是否还有人在挨冻,自己安逸舒适了还要去想想是否还有人困苦受累。经常推己及人,国家才会兴旺。你为什么不想想别人啊?"齐景公被晏子一番话问的愣住了。与人为善的最高境界就是要超越个人上升到整个国家和天下,"利于国者爱之"③,心怀天下,才能成仁成圣,利济苍生,仁爱天下。

仁爱之情养于正义之气。《说文解字》对"正义"是这样解释的:"正,是也。从止,一以止。凡正之属皆从正。"后人这样解读,"正"由一、止组成,"一"表示天下统一,"止"表示战争止息于天下统一之时,因此后来引申为"天下统一""天下统一的标准"之意。"义"的繁体字"義",是会意字,从我,从羊,上下结构,"羊"表示祭牲,"我"是兵器(一手执戈),又表仪仗,表示高举的旗帜,二者合起来,表示为了我信仰的旗帜而牺牲,就是"义"。④"正"的甲骨文为"𤴔",上面一个小方框表示古代的城郭,下面的"止"表示脚,也就是许多人走向一座城,意味着军队出征某个地方。所以,"正"的本义是"征",出征的意思。后来,又造出"征"字,完全取代了"正"的本义。"名不正言不顺"⑤里的"正"是合乎道理、合乎公理的意思;"平心持正"⑥里的"正"是不偏斜、公平、不徇私心的意思;"古书之正"里的"正"表示合乎标准

① 《孟子》。
② 《孟子》。
③ 《晏子春秋》。
④ 许俊:《中国人的根与魂》,人民出版社、海南出版社,2016年,第231页。
⑤ 《论语·子路》。
⑥ 《汉书·李广苏建传》。

的、地道的、规范的意思。基于这些义项，"正"就具备了"正当、正确、端正、匡正、矫正"的意思。这些义项迭加到"正义"一词中，就进一步表达了"义"的正当、合理。"义"的甲骨文为"𦥯"，是按照会意法造出来的字，上部为"羊"，同"祥"，为祭祀占卜显示的吉兆；下部是一种带利齿的戎，表示征战。早字的本义表示征战前隆重的祭祀仪式，如果神灵显示吉兆，表示征战是仁道的、公正的、有神灵护佑而吉兆的。同时，因为在牺牲(羊)下面是一个至尊的"我"，从而使这个字具有神圣的威严，引申为天下合宜之理，顺应了扬善惩恶的天意。进一步引申为公认的道德、真理。

中国古人十分重义，认为义是调节人谋利行为和利益关系的伦理规范。"义者，谊也。"①"义"通"宜(谊)"，指人的行为举止合宜适当，与社会的道德标准、伦理要求相符合、相一致。"义的本质是伦理规范在调节人的谋利行为时所形成的行为约束力。"②孟子云："仁，人心也；义，人路也。"③把仁与义并列，认为仁是人们心目中公认的道德要求，义则是衡量仁的标准和通向仁的必由之路，由义至仁乃人间正道。荀子认为："义，不可须臾舍也。为之，人也；舍之，禽兽也。"④认为义是区分人与禽兽的标准，人之所以为人，在于行仁义，有仁德；如果抛弃道义，就是缺德的禽兽。因此，人要行仁义、重道义、践义行，只有这样，才是一个正直的人、一个善良的人、一个纯粹的人、一个高尚的人、一个有仁德的人、一个区别于禽兽的人。他甚至还认为"义立而王"⑤，只有行仁义，将义树立于世界上，让世人都享受道义所带来的价值和好处，才能称得上是个好君王，才能安稳地行王道，才能得到百姓的拥戴。《吕氏春秋》有云："义者，百事之始，万利之本也。"⑥万事万物缘起于义，所有的利益也以义为本，如果失去了义的正当合理性，利也就失去了存在的价值和基础。所以，要取合理正当的利的话，必须建筑在"义"的根基之上。

---

① 《礼记·中庸》。
② 骆郁廷：《精神动力论》，武汉大学出版社，2003年，第37页。
③ 《孟子译注》，中华书局，1960年，第267页。
④ 《荀子·劝学》。
⑤ 《荀子·王霸》。
⑥ 《吕氏春秋·无义》。

"善不善本于义。"①衡量一件事情或者评价一个行为是否善良的标准应该看它的本质是否合于"义"。"理胜义立，则位尊也。"②老师的职责在于以理服人，推行道义，遵循道理，道义确立了，地位就会得到提高，就会受人尊重。因此，"君子之自行也，动必缘义，行必诚义"③。君子自己所决策的行为，必须以"义"作为起始动机，行动过程中要真诚地遵循"义"的标准。

义利取舍秉于仁。中国古人在认识和处理义与利的伦理关系上，更加倾向于重义，其根源也是仁所致。这种重义秉仁的伦理思想表现在三个方面：一是重义轻利，二是义以生利，三是以义取利。

第一，提倡重义轻利，反对以利克义的思想表现了圣贤先哲们在义利价值取向上导向国家集体大义和大利的家国天下情怀。中国古代在义利关系上普遍的价值取向是重义轻利的。孔孟都认为义与利是辩证统一的，只是认为义是根本的利，所以在义利关系上重义轻利、先义后利。《左传·十年》记载："义，利之本也。"④这就是说，义与利是辩证统一的，利益的根本在于义，而义则为更根本的利、更长远的利、更大的利。这也是重义轻利的原因所在。孔子十分重义，认为"君子喻于义，小人喻于利"⑤。这句话讲出了君子与小人的价值观区别，道德高尚者只需晓以大义，而品质低劣者只能动之以利害。君子于事必辨其是非，小人于事必计其利害。从人们所看重的有价值的事物的不同，可以区分君子与小人，君子往往看重道义，小人则看重的是利益。虽然"子罕言利"⑥，但他并不是只讲义而不讲利，也不是想把义与利对立起来、割裂开来，他其实很注重二者的辩证关系，只是因为人们都好利，如果再增长附益之，相习成风，恐因自利而生贪夺，反以害人道了，所以谈义谈得多，谈利谈得少，以防贪利的流弊盛行。在义与利不可得兼的时候，倡导"舍生而取义者也"⑦。孟子更多的希望"义义制利"，用道义来节

---

① 《吕氏春秋·听言》。
② 《吕氏春秋·劝学》。
③ 《吕氏春秋·高义》。
④ 《左传·十年》。
⑤ 《论语·里仁》。
⑥ 《论语·子罕》。
⑦ 《孟子·告子章句上》。

制、制衡利益。《论语·宪问篇》有云："子路问成人。子曰:'今之成人者何必然? 见利思义,见危授命。'"①"子张曰:士见危致命,见得思义。"②孔子在"义"和"利"的关系上,坚定地强调要"见利思义"和"见得思义",不要"见利忘义",并没有割裂二者辩证关系。但到了董仲舒那里,则完全将"义"与"利"的关系对立、割裂开来,成了"正其谊不谋其利,明其道不计其功"③。而到了宋明理学那里就成了"存天理、灭人欲"的禁欲主义观点了,这就把重义轻利的思想绝对化、极端化,走向了否定利的荒唐地步。墨子也认为"义,利也"④。义就是利,而且,义是大利、长久的利。"义可以利人"⑤,他要求人们"利人乎即为,不利人乎即止"⑥。墨子所言的利,是天下之大利。利天下之人,正是义的体现,也是为什么要提倡和强调"重义"的原因。对重义的强调,不在于重不重利,而在于强调重什么样的利,是天下大利,还是一己私利。对"重义"的强调和提倡正展现了先贤圣哲们对国家公利、社会正义高度重视的家国天下情怀。

第二,秉持"谋利必先行义,行义必然生利"义利统一价值观,展现了圣贤先哲们睿智的家国情怀。中国古代思想家认为,重义并不是不言利、不要利、舍弃利,相反,重义的好处是可以产生利,可以得到比眼前利益更大的利益。《吕氏春秋》有云:"义小为之则小有福,大为之则大有福。"⑦践行义的程度与所获利益和幸福大小程度成正比,倡议人们行大义而获大利。王安石说:"义者,利之和。义,固所以为利。"⑧义,就是所有利益之和,和义之利即为义,兴义就是为了得福利。朱熹也认为:"利,是那义里面生来底。凡事处置得合宜,利便随之。所以云'利者义之和'。盖是义便兼得利。"⑨由此可见,义是人之道,利是人之用,两者均不可缺少,不可偏废。在义的指引下,

---

① 《论语·宪问》。

② 《论语·子张》。

③ 《汉书·董仲舒传》。

④ 孙诒让:《墨子闲诂》,卷一〇,诸子集成本。

⑤ 《墨子·耕柱》。

⑥ 《墨子·非乐上》。

⑦ 《吕氏春秋·别类》。

⑧ 《续资治通鉴长编》卷二一九。

⑨ 《朱子语类》卷六十八。

足可以产生人们所追求的正当的利益、长久的利益和国家民族的利益；离开义而去谋利，是不可能合法、正当、长久的利益。因此，谋利必先行义，行义必然生利。古代先哲们对义利辩证关系和秩序的把握显示出他们睿智的家国天下情怀。

第三，坚持"以义取利"的价值标准指导人们对利益的行为取舍，展现出古代先哲们高尚的人格追求和对国民负责的家国天下情怀。所谓"以义取利"，就是根据行为的合义与否为标准来决定利益的取舍，合义则取利，不合义就放弃。孔子说："君子有九思：视思明，……见得思义。"①这里"得"与"义"的关系就是"利"与"义"的关系。在看到所要获得的物质利益时，就要思考一下所欲得到的利益是否合于义？合于义，就可以获得；不合于义，就不能得。王夫之说："义与利，有统举无偏收，有至极而无所中立。"②"利害者莫大于义。"③王夫之强调在义利关系上，要以义统利、以义制利、以利制害。由上可知，中国古代先哲所秉持的"以义取利"的价值标准对整个人类社会文明发展、道德风尚的形成都是极为有利的。见利思义，以义取利，义以制利，这是人与禽兽的区别，对这些问题的不同态度也把人的道德层次做了区分。我们只有坚持合义则取，背义则弃，秉持仁善的正义原则，人类社会才能奔向美好的明天。

三、诚实守信

自古以来，诚信就是中华民族的美德。千百年来，城门立信、曾子杀猪、一诺千金和尾生抱柱的故事，成为教育孩子诚实守信的最好的教材。诚信主要是指两个方面：一是指为人处事真诚诚实，尊重事实，实事求是；二是指信守承诺。首先，诚信在我国传统观念中表现出鲜明的本体论色彩。诚信是人回归自我本性、保持道德本心的关键途径。其次，契约关系成为维护现代社会秩序的重要基础。最后，现在社会需要切实有效的制度来维护诚信。

---

① 《论语·季氏》。
② 王夫之：《春秋家说》卷一上。
③ 王夫之：《尚书引义》卷二。

因此,我们要从实际出发,制定出切实有效的制度来维护诚信。

　　诚信是做人的根本。没有诚信,人们就无法在社会上立足;在家庭生活中,如果彼此失去信任,家庭生活就失去了稳定性,家庭成员之间就会勾心斗角,矛盾迭起。孔子曰:"人而无信,不知其可也"①,"民无信不立"②。孔子在阐发儒生的作为时说:"儒有忠信以为甲胄,礼义以为干橹(矛盾);载仁而行,抱义而处;虽有暴政,不更其所。其自立有如此者。"③《礼记·郊特牲》云:"币(帛,礼物)必成,辞无不腆(善),告之以直信。信,事人也。"为人处世就是一个信字。《礼记》又载:"子曰:仁之难成久矣,人人失其所好(不能人人都实现大好的志向),故仁者之过,易辞也(可以解释)。"子曰:"恭近礼,俭近仁,信近情,敬让以行。此虽有过,其不甚矣(不至于严重)。夫恭寡过,情可信,俭易容也。以此失之者,不亦鲜乎!"普通人只要做到恭谨、真情、俭朴、敬让,就不会有大的过失。修身要慎言语,讲信用,多闻质守,精知略行。《礼记·缁衣》载:"子曰:小人溺于水,君子溺于口(言多伤人积怨),大人溺于民(得罪百姓),皆在其所亵也(亵慢无戒心)。夫水近于人而溺人,德易狎(狎习玩弄不敬)而难亲也,易以溺人。口费而烦(空言),易出难悔,易以溺人。夫民闭于人(在背地里)而有鄙心,可投不可慢,易以溺人。故君子不可不慎也。《兑命》曰:惟口起羞(辱),惟甲胄起兵,惟衣裳在笥(朝祭之服有笥存之),惟千戈省(少)其躬。《太甲》曰:天作孽,可违也,自作孽,不可逭(逃)。"这里孔子强调了诚信做人的重要性,他还说:"下之事上也,身不正,言不信,则义不壹,行无类也。""言有物而行有格(法式)也。故君子多闻,质(精少)而守之;多志(博交泛爱),质而亲之;精知,略而行之。""唯君子能好其正,小人毒其正。故君子之朋友有乡(向,方向),其恶有方(方正之类比)。是故君子迩者不惑,而远者不疑也。《诗》曰:君子好逑(匹配)。"④礼法保证仁、义、智、信的实现,反过来说,只有真正忠信的人才可以学到、做

---

① 《论语·为政》。
② 《论语·颜渊》。
③ 《礼记·儒行》。
④ 《礼记·缁衣》。

到礼。《礼记·礼器》云:"君子曰:甘受和,白受采。"①甘为众味之本,白为五色之本,以其质素,故可以饱受众味、众采。忠信之人可以学礼。"苟无忠信之人,则礼不虚道。是以得其人之为贵也。"②礼不是虚浮之道,做到礼信之人,就获得了人们对他的尊重,获得尊贵地位。礼注重和,和气、和蔼、和善、和好、和平。但是这个"和"也是以礼为准则的,不能无原则的为和而和。《论语·学而》载:"礼之用,和为贵。"③做人处世最讲究和气,此为礼之大用。《大戴礼记·劝学》载:"子贡曰:君子见大川必观,何也? 孔子曰:夫水者,君子比德焉;偏与之而无私,似德;所及者生,所不及者死,似仁;其流行庳下,倨句皆循其理,似义;其赴百仞之谷不疑,似勇;浅者流行,深渊不测,似智;弱约危通,似察;受恶不让,似贞;苞裹不清以入,鲜洁以出,似善化;满必出,量必平,似正;盈不求概(抹平斗斜的木板),似厉;折必以东西,似意。是以见大川必观焉。"④这里借用孔子和子贡的一段对话,表面说的是水的大气磅礴和各种态势,实际上比喻的是如何做人。

诚信家风家教始,信诚人格小事起。家庭教育要以诚信为最高原则。要注意的是,过于随意的许诺而不兑现承诺,就容易失信于人。曾子杀猪的故事就告诉我们,如果许诺太随意,就容易造成孩子没有经过艰苦努力就能使诺言兑现,既害了孩子,也导致诺言的"跌价"。二是诚实对待孩子,不可用做不到的事情哄骗安抚孩子。家长的哄骗行为可以混过眼前的危机,却难逃长期信任的考验。三是循循善诱、温言软语,鼓励孩子说实话,不可简单粗暴。不能让孩子感到说真话反受批评责罚,说谎话却得到宽恕。金无足赤,人无完人,有错改之,善莫大焉。家庭教育要给孩子犯错、改过迁善的机会。

---

① 《礼记·礼器》。
② 《礼记·礼器》。
③ 《论语·学而》。
④ 《大戴礼记·劝学》。

第三节　遵规拒耻

遵规拒耻、勤俭节约、力戒奢靡是中华传统家风文化和家庭美德的重要内容。治家不可无家规，持家不可不勤俭，兴家不可不勤。家规正风纪，家矩正人心，勤可致富，俭能旺家。遵规倡荣，勤俭拒耻，必然家道兴旺，家运昌盛。

一、循规守法

谨遵礼法。家族兴盛长久需要恪守家规国法。不违礼法、谨守规矩是千百年家风建设的传统。《左传》里有一篇《齐桓下拜受胙》记载了谨遵礼法的家风故事。春秋五霸会盟于葵丘，周襄王派了他的使者宰孔给侯爵一块肉吃。齐侯刚想鞠躬，却被宰孔拦住，说："天子让我告诉您：'叔叔年纪大了，为皇室做了不少事，所以没必要鞠躬。'"齐桓公答谢道："天子威严，离我不过咫尺，小白我岂敢贪受天子之命不下拜？果真那样，礼法混乱，天子蒙羞，怎敢不下阶拜谢！"齐桓公遵守礼仪规则，走下台阶，跪下来感谢使者，然后接受奖励。《明朝·杂俎》记载，明太祖洪武帝问大臣们："天下谁最幸福？"每个人都表达了自己的观点，莫衷一是。有人说功德最多的人最幸福，有人说身居高位者最幸福，有人说财富最多的人最幸福，有人说金榜题名者最幸福……洪武帝对官府官员的回答不太满意，他的脸上露出了很不高兴的神情。这时候，一个叫万刚的臣子说："世界上最快乐的人是守礼畏法者！"洪武帝连连点头，当场赞扬万钢独到的见解。家庭要长期繁荣，长期幸福，更需要首先遵守法律，从而保证家庭的平安和幸福。如果其中一个家庭成员不遵守法律，整个家庭都会有危险。

循规教子。良好家风从遵守家规家法做起。只有严格明确的家规，才能纠正孩子的言行，引导孩子的思想，让他们知道该做什么，不该做什么，该实践什么，该抛弃什么，才能形成严谨优良的家庭作风。《孟子·离娄章句上》有云："不以规矩,不能成方圆。"这句话原本是孟子要求当政者实施仁政时能够"法先王""选贤才"的呐喊,蕴含着健全制度、规则之意。后来,这句话成了人们日常生活中的名言警句。的确,在日益复杂、紧张的社会竞争中,到处充斥着是与非、正与邪,如果没有"规矩",往往会使人感到困惑与无助,因此人们对"规矩"日益重视。聚焦当下的家庭,独生子女居多,很多父母本身也是独生子女,因此在家庭教育方面,往往包容、迁就多于严格、严肃,以至于最后,子女像脱缰的野马一样毫无约束。要知道,家庭教育是国民素质教育的起点,直接影响着整个国家和民族的文明程度。如果家庭教育没有"规矩"可循,那么子女将难以成人成才。在家学传承教育中,南郑杨矩的妻子泰瑛教子有方,严格遵循教育的"规矩",使子女正道直行、有所成就,无疑给当下父母教育子女以重要的启示。泰瑛的长子叫杨元琮,字元珍,性情自由放荡,不太注意规矩礼节。父亲在世时,尚能对他有些约束,虽然行为时时有不检点之处,但是并没有做出什么过分的事情。然而,父亲去世后,元珍感觉没人管束得了他了,于是他在思想和行为上开始放任自己,成天和一些不爱读书的富家子弟胡吃海喝。长兄行为如此,对弟弟妹妹的影响是可想而知的。泰瑛对此非常恼怒,多次严厉地批评元珍,但他都不思悔改。有一次,晚饭时间过去很久了元珍还没有回家,泰瑛估计他又和那群酒肉朋友出去花天酒地了,于是就思量着怎么能给他一点儿教训。果然不出泰瑛所料,没过一会儿,元珍满脸通红、踉踉跄跄地回来了。元珍昏昏沉沉地睡了一夜,第二天起床后,就把昨晚醉酒的事情忘得一干二净。当他有事要找母亲泰瑛时,泰瑛根本不理他。第三天、第四天……一连十天,泰瑛对待元珍都是这个态度。元珍慌了,意识到母亲这次是真生他的气了。于是,他跪在母亲面前,检讨自己的错误:"儿子不孝,不务正业,整天吃吃喝喝,惹您生气了,以后,我再也不犯这样的错误了。"元珍请求母亲原谅他。泰瑛还是不理会他,甚至连看都不看他一眼。元珍就一直跪在地上不起来,苦苦乞求母亲的原谅。这时,看到儿子的确有痛改前非之意的泰瑛才扭过头,生气地对儿子说:"你父亲去世得早,留下你们兄妹六人,我一个寡母抚养你们容易吗?你是哥哥,本来是应该给弟弟妹妹做个学习的榜样,帮我带好他们,但是你自己现在天天在外面吃吃喝喝,你让他们向你学习什么?和你一样学着出去酗酒？我如今还在，你就这样胡作非为，将来我老了，不在人世了，还不知道你要胡闹到什么地步？像你这样做哥哥，我怎么能够放心呢？"元珍听了母亲的话，深受震动，他向母亲一再保证，从此以后，再也不出去胡闹，一定学好，给弟弟妹妹做个好榜样。所以说，有了鲜明的家规，家庭才有了明确的目标，就像汽车知道它要去哪里一样；有了明晰的家规，家庭中每个角色的界限才变得更加清晰，每个家庭成员都非常清楚他们在家里应该做什么，不应该做什么；有了和善的家规，家庭成员之间的关系会更加温暖；有了严密的家规，每个家庭琐碎问题都会更容易解决。家规在整个家庭乃至整个家庭的调节和凝聚力方面发挥着非常重要的作用。家规使整个家庭的成员有一个共同的行为准则、共同的责任和义务、共同的追求和愿望，这样的家规文化代代相传，良好的家庭作风的形成对于家庭的繁荣兴盛的促进作用是理所当然的。

家规理通。所谓"家规理通"，指的是家规的样式种类各具特色，没有统一的模式和内容，但蕴含在家规中的道理却是相通的。家规很重要，每个家庭在养育孩子时少不了对孩子言行习惯的规范，但是各家家规没有固定的模式，每个家庭都有不同的家规。居住在山乡的耕读家庭，也要有简单而诚实的家规，看似简单，但影响深远；居住在朝廷庙堂的权贵的大家庭的家规，诗礼相继，是严格的，有崇高的目的；知识分子的家规，会以斯文作为基调；军人家庭的家规，往往有严格的纪律性……不同的家庭有不同的家规。美国前总统奥巴马，给两个年幼的女儿制定了九条家规，与中国家风家规有异曲同工之妙。这九条规矩是：第一，不要无理抱怨、争吵，或者讨厌的戏弄。第二，永远整理床铺，保持干净。第三，做你自己的事，比如自己做麦片，自己倒牛奶，自己铺床，自己设闹钟，自己起床，自己穿衣服。第四，保持玩偶之家干净。第五，和父母分担家务，每周一美元。第六，每个生日或圣诞节，没有奢华的礼物和华丽的派对。第七，每晚八点半准时熄灯。第八，安排一个完整的课外生活：大女儿跳舞、弹钢琴、打网球、踢足球、打橄榄球；小女儿跳体操、弹钢琴、打网球、跳踢踏舞。第九，不要追星。这九条规则看起来简单又琐碎，但是每一条都蕴含着深刻的意义，反映了一个父亲的善意和对家教的重视。

二、克勤克俭

成由勤俭,败由奢。唐代诗人李商隐在《咏史》中写道:"历览前贤国与家,成由勤俭败由奢。"以此告诫后人要注重勤俭持家,避免奢靡亡国,贻祸子孙。《左传》云:"俭,德之共也;侈,恶之大也。"①墨子说:"俭节则昌,淫佚则亡。"②春秋时期,鲁国贵族公文伯的母亲敬姜十分注重孩子的教养习惯,认为"劳则思,思则善心生;逸则淫,淫则忘善,忘善之恶心生"③。春秋后期的鲁国政权掌握在季氏的手中,他的叔父文伯成为很受宠信的大夫。文伯认为侄子当国理政,而自己也位高权重,很是体面,慢慢地滋长了骄奢之心。但他的母亲敬姜则不同,尽管儿子高官厚禄,自己可以坐享荣华,但是她依旧一生勤俭,像普通百姓家的妇女一样,经常坐在纺车前纺纱织布。对此,文伯有些心生不满。一天,文伯退朝回来,给母亲问安,看见母亲正在纺线。他想了想,对母亲说:"母亲,我们现在是鲁国的大户,儿子已经在朝为官,您还纺什么线呢? 难道我还供养不起您吗? 再说了,如果这事儿传出去,别人会说我这个儿子不孝,没有好好奉养母亲,侄儿季康子知道了,恐怕也会不高兴的。"敬姜听了,深深地叹了一口气。接着又纺起线来。她一边纺线一边说:"鲁国恐怕真的要灭亡了! 让你们这些不懂得理家治国道理的人做官,国君怎能把国家的命运交给你们呢?"敬姜让儿子坐下,耐心地对他说:"从前,先王安置民众的居所,总会选择贫瘠的土地来定居,为的是让他的民众养成勤劳的美德,激发他们的才能,因此君王能够长久地统治天下。民众只有参与劳作,才会产生改善生活的好办法,而一旦生活安逸就会贪图享乐,迷失人的善良本性;一旦忘记了人的善良本性,邪恶的心性就会产生。生活在肥沃土地上的百姓多不成才,就是因为贪图享乐,而生活在贫瘠土地上的百姓没有不讲仁义的,就是因为勤劳。因此,天子会穿上五彩礼服,在春分之日祭祀日神,与三公九卿熟悉土地上五谷生长的情况,考察下属百官

---

① 《左传·庄公》。
② 《墨子·辞过》。
③ 《国语·鲁语·公父文伯之母论劳逸》。

的政事,安排使百姓安居乐业的政务。秋分时节祭祀月神,天子和太史、司载详细记录天象,在太阳下山时督促宫廷女官,命令她们将祭祀、郊祭的供品和器皿准备好,然后才休息。诸侯们清早遵循天子的训导,白天完成他们日常政务,晚上检查有关典章法规,夜晚不过度享乐,然后休息。贵族青年清早接受早课,白天讲习所学知识,傍晚进行复习总结,夜晚还要反省自己有无过错、有无不满意的地方,然后才能休息。至于普通百姓,日出而作,日落而息,没有一天懈怠的。”“王后亲自纺织王冠两旁悬挂着的黑色丝带;公侯夫人自制系冠冕的带子和冠顶的布;公卿的妻子自制束腰带;大夫的妻子要自己制作祭服;士人的妻子要自己制作朝服;普通百姓的妻子都要给自己的丈夫做衣服穿。……春分祭祀土地安排农事工作,冬天祭祀供奉五谷牲畜,男男女女都要展示自己的劳动成果,如有过失则要避开参加祭祀,这是上古传下来的制度。君王劳心,百姓出力,这是先王的遗训。自上而下,谁敢放松偷懒呢?”“如今,我在守寡,你在做官,从早到晚处理事务,唯恐忘记先人的功业,倘若懈怠懒惰,将来怎能逃脱刑罚呢? 我希望你早晚能提醒我:‘一定不要忘记先人的传统’,你倒好,现在却说:‘为什么不能让自己过得安逸些呢?’怀着这种想法去担任国君的官职,我担心穆伯要绝后了。”

　　文伯听了母亲的一番话,理解了“劳逸”之辨中蕴含的朴素而深刻的人生哲理,明白了只有不辞辛苦,为国效劳,方能成就个人品格、成就国家大业。文伯也正是听了母亲的谆谆教诲,后来才成为春秋时期鲁国著名的政治家。生活在同时代的孔子听说了敬姜“教人勿怠”的这件事后,对自己的学生说:“请记住这番话,季氏的女人可是不放纵自己的!”三国时期的诸葛亮在《诫子书》中也以勤俭教子,留下了“静以修身,俭以养德”的名句。司马光专门写了《训俭示康》来训诫家庭成员,他从正反两方面来阐述成由勤俭败由奢的基本道理。“吾性不喜华靡,自为乳儿,长者加以金银华美之服,辄羞赧弃去之。……平生衣取蔽寒,食取充腹;亦不敢服垢弊以矫俗干名,但顺吾性而已。……人之常情,由俭入奢易,由奢入俭难。……岂若吾居位、去位、身存、身亡,常如一日乎?”①祁县乔氏,是清末民初全国闻名的商业金

---

　　① 《训俭示康》。

融资本家,在山西封建商业资本中有代表性。乔氏从清代前期的乾隆初年创业,不怕辛勤劳动,惨淡经营,经过几代人的奋进,不断开拓,终于留下了一段"先有复盛公,后有包头城"的佳话。乔家子弟恪守祖训,定有家规,不准嫖赌,不准纳妾,不准酗酒。因此乔姓家业兴旺。明末清初著名理学家朱柏庐所著的《治家格言》劝人勤俭治家,安分守己,其中"一粥一饭,当思来处不易,半丝半缕,恒念物力维艰"等治家名言警句,脍炙人口,广为流传。朱柏庐一生严于律己,勤俭治家,生活中处处以身作则。他常对妻子说:"居身务期质朴,教子要有义方。"70岁生日时,家人给他祝寿,亲友们纷纷登门,送来了礼品,但他一律谢绝。甚至连儿子媳妇也只让他们行一个礼,就算是贺寿了。生日那天,他邀请亲戚朋友们用餐,几乎全是素菜。妻子担心这样做会被人看不起,他却笑笑说:"自奉必须俭约。"朱柏庐在教书育人之余,非常注重读书。他在《朱子家训》中写道:"子孙虽愚,经书不可不读""志欲大,心欲虚。尽孝悌,敦读书。学如是,斯远到。勉之哉,及年少。"①朱柏庐一生淡泊名利,为人极为低调。这些事例都说明了一个道理:"成由勤俭败由奢""俭起福源,奢起贫兆"。"奢"总是祸根,是恶俗,是凶兆,用以治家则家衰。只有勤俭才是治家兴家的法宝。

勤劳是一种品质,更是一种习惯,这种习惯越早培养越容易形成。晚清名臣曾国藩以"立功立德立言三不朽"闻名于世,其实质在于"以勤治事"。"勤"有五解,曰:"身勤、眼勤、手勤、口勤、心勤。"这不仅是为官之道,亦是为人处世之道。他教导自己孩子从小养成勤劳习惯,"一曰身勤:险远之路,身往验之;艰苦之境,身亲尝之。二曰眼勤:遇一人,必详细察看;接一文,必反复审阅。三曰手勤:易弃之物,随手收拾;易忘之事,随笔记载。四曰口勤:待同僚,则互相规劝;待下属,则再三训导。五曰心勤:精诚所至,金石亦开;苦思所积,鬼神迹通"。曾国藩为明心志而写下一副对联:"不为圣贤便为禽兽,莫问收获但问耕耘。"曾国藩一生以圣贤为榜样,时刻用慎独来反省自律,坚持笃实做事、坚忍做人的为人处世准则。他还经常在家书中告诫弟弟

---

① 《朱子家训》。转引自于奎战:《中国历代名人家风家训家规》,浙江人民出版社,2017年,第254页。

们:"贤弟此刻在外,亦急需将写实复还,万不可走入机巧一路,日趋日下也。"曾国藩告诫后世子孙,家里琐碎的小事都跟大多学问相关。因此,他要求儿女们从日常生活中的一点一滴的小事做起,不要好高骛远。比如,"诚"从不说假话做起;"勤"从不睡懒觉做起;"戒骄"从不讥笑别人做起。如果把这一件件小事都做好了,那么人的精神境界也就提升了。曾国藩始终关心家族的命运和前途,他对家族的盛衰有着极为清醒的认识。他要求子孙勤俭持家,勤勉治学,和睦乡邻,修身立德。他在家书中写道:"余教儿女辈惟以勤、俭、谦三字为主……弟每用一钱,均须三思。""诸弟在家,宜教子侄守勤敬。吾在外既有权势,则家中子弟最易流于骄,流于佚,二字皆败家之道也。"①古人云:"君子之泽,五世而斩。"曾国藩家族延续十代,至今仍长盛不衰,不得不说是一个奇迹。这其中的秘密就在于,曾氏家族拥有世代传承的优良家风。

三、清白廉洁

清廉公正。中国历史上,有不少为官清廉公正的故事。东汉名臣杨震,廉洁自律,品德为世人所称赞。因拒收贿礼,说出"天知,地知,你知,我知"的千古名句,被称为"四知君"。宋代"包青天"包拯在端州为官时,清廉自律。他主持端州特产端砚的生产,任满三年,没拿一块端砚回家,从而留下"包公掷砚"这个故事。明朝名臣于谦,遵纪守法,严于律己,宁愿得罪权臣,也不向他们献媚送礼。旁人问他进京带什么去?他傲然答道:"唯有两袖清风!"因而留下"两袖清风朝天去,免得闾阎话短长"的千古名句。清廉自守之家风指的是做人品行端正,为人正直廉洁无私。"松竹梅,岁寒三友,廉正清,为官三要。"戒惧谦慎之家风指的是为人处世要保持谦虚谨慎,不作威作福,强调积善积德。"积善之家,必有余庆,不积善之家,必有余殃。"三国时期的胡质深知修己行道、安人济时的重要意义,一生修身明德,教导子孙,祖孙几代都成为世人传扬的清廉公正的好官。据史载,蒋济担任别驾时,有一

---

① 于奎战:《中国历代名人家风家训家规》,浙江人民出版社,2017年,第296页。

次曹操问蒋济："胡通达（胡质的父亲，本名胡敏）在江淮地区是个有威望的人，他的子孙如何呢？"蒋济说："胡通达有个儿子叫胡质，此人处理大事不如他的父亲，但处理小事细致入微，甚至超过了他的父亲。"曹操就任命胡质担任县令。胡质一上任就查清了几件重要的案子，深得人心。后来，胡质入朝担任丞相东曹令史，扬州请他担任治中。当时，张辽特别希望胡质能担任他的护军，但是胡质因为张辽与武周之间有矛盾而称病推辞不干。张辽就问胡质："我有心用你，你怎能辜负我的器重呢？"胡质回答说："古人相交，看他索取很多，但仍然相信他不贪婪；看他临阵脱逃，仍然相信他不胆怯；听人流言蜚语，仍然对他深信不疑。这样的交情才能长久。武周是个雅洁之士，之前您对他赞不绝口，现在您却因为一点小事而和他产生嫌隙，我胡质才疏学浅，怎么能始终得到您的信任呢？"胡质公正坦荡的言语使张辽深受感动，于是和武周重归于好。之后，曹操任命胡质为丞相属，又调任他为吏部郎，历任常山太守、东莞太守。为官一任，胡质性情沉稳、心思缜密、秉公断案、廉洁自守，每次因军功得到朝廷的赏赐，他从不拿回家里，都会分发给部下，所辖之地百姓安居乐业、将士恭敬从命，一时间胡质的美名传遍各地。后来，胡质又调任荆州刺史，加封振威将军的封号，赐爵关内侯。正始二年（241年），胡质因在樊城击退吴将朱然获得升职，担任征东大将军，管理青州和徐州的军事。任职期间，他大力开垦农田，积蓄粮食；修建了许多渠道，便于船只通行……多项措施的实施实现了对敌人的有效防御，使其管辖范围内没有发生任何战争。嘉平二年（250年），胡质去世，家无余财，只有皇帝赐给他的物品和书橱。胡质去世后，百姓间传颂着他廉洁自律、克己奉公的事迹，朝廷也追封他为"阳陵亭侯"，食邑百户，谥号"贞侯"。几年后，朝廷再次下诏奖励胡质清廉节俭、公正为民的行为，并赐给胡家钱财和粮食。胡质长子胡威被任命为侍御史，后来任封南乡候、安丰太守，又升职为徐州刺史。胡威深受父亲的影响，廉洁慎重，每到一处，总是把百姓的事情放在第一位，看到穷苦百姓，会把自己的俸禄分给他们。他把自己的管辖地治理得井然有序，百姓对胡威都十分感激。胡质的次子胡罴（pí），字季象，也非常有才干，曾当过益州刺史、安东将军。胡质的孙子胡奕官至平东将军。朝野对胡家祖孙几代的品行、功勋都赞不绝口。这些清正廉洁的家风故事告诉世人，在朝为官，只有保持廉洁公正才能保持家道长久不衰。

清廉谦慎。"清廉"指的是清廉自守之家风；"谦慎"指的是戒惧谦慎之家风。"国无廉则不安，家无廉则不宁"，清廉家风是家庭幸福长久的保障。家庭中人人洁身自爱、高风亮节、重义轻利，才能经得起诱惑，抗得住寂寞，受得了清贫，留得住气节，功名利禄不动心，冰霜玉洁廉气节，整个家庭才能安宁长久，幸福绵长。

东晋时期有个"陶母退鱼"的清廉家风故事。陶侃早年丧父，从小和母亲相依为命、艰苦度日。母亲湛氏日夜纺纱织布供陶侃读书。陶母对陶侃要求非常严格，经常教育他要广交才德比自己好的朋友，而不许结交那些纨绔子弟、酒肉朋友。有一次，陶侃的好友、鄱阳的孝廉范逵慕名来拜访陶侃。时值严冬大雪，陶母留范逵住一晚，第二天再启程回家。当时，陶家生活非常困难，吃了上顿没有下顿，留宿范逵却没有酒食待客。但是，陶母想尽一切办法来款待范逵。家里没有喂马的草，她搬出自己炕上铺的谷草，亲手铡碎喂饱范逵的马；家里没有可口的饭菜，她就偷偷剪掉一头秀发卖给邻居，换得米和酒菜来招待范逵。范逵得知这一切后，十分感动，逢人便说："难怪陶侃才德过人，非此母不生此子。"后来，由于范逵的赞扬与推荐，陶侃得以晋升，受到重用。陶侃年轻时曾在寻阳当县吏，母亲教导他为官要清廉，不能贪图不义之财。陶侃任寻阳县吏时，曾监管官家鱼塘。陶侃公务缠身，不能经常去探望照顾一人在家的母亲，总觉得没有尽到孝心。一天，陶侃想到官家鱼塘养了那么多的鱼，何不拿几条给母亲送去略表孝心。于是，未加深思，陶侃就派人给母亲送了一罐腌鱼。收到腌鱼后，陶母问来人腌鱼从哪里来的，是不是陶侃花钱买的。来人回答："官家鱼塘里多得很，县老爷给您送点，还需要花钱吗？"陶母听了非常生气，就原样把鱼罐封好，并亲笔写了一封信，托来人一并带给了陶侃。信中，陶母责备陶侃说："身为做官之人，凭借手中权力，私自将官家的东西送给我，是真正的孝顺吗？这是在给我心里增加不安和忧虑，这是不孝！"陶侃看了母亲的信和退回的腌鱼，内心十分自责，同时也更加敬佩母亲，从此再也不做这种牟取私利的事情了。这就是历史上有名的"陶母退鱼"的故事。此后，陶侃遵从母训，不饮酒、不赌博，勤勉、清廉，成为后世为人称道的名臣。"陶母退鱼"展现的是一种清廉家风，无独有偶,浦江郑氏的清廉家风故事也是为人称道。浦江郑宅镇的郑义门,号称"江南第一家"。900 年历史,至今依然生生不息。郑家的传奇故事在于:其一,这一家族十五代同居生活,300 年不分家,鼎盛时期郑家 3000 余人同吃一锅饭;其二,郑氏 173 人为官,官位最高者位居礼部尚书,却没有一人因贪墨而遭罢官。郑氏清廉谦慎的家风家训是其传承久远的秘诀。郑氏先人已不在,然而留下的家风家训,却实实在在刻在石碑上,流淌在郑氏子孙的血液里。除了郑氏家风为人称道以外,苏北周氏家族的清廉家风也在江南享有盛誉。周氏家族雍睦、人才辈出,得益于其氏族志存高远、清正廉洁、崇尚诗礼、耕读传家的家风文化。周姓发源于陕西渭河平原一带,其后裔由西向东迁徙,与周王朝迁都洛阳有密切联系。自平王东迁后,周氏大举繁衍,曾一度成为巨族。秦灭六国时对各国贵族的迁徙,为周姓发展、扩散进一步提供了条件,使周姓得以在汝南、苏北等地成为望族,即汝南周氏、沛国周氏。当今,周姓人口已达 2400 多万,位列全国第九大姓氏,约占全国总人口的 2.02%。周姓望出"两湖"地区,约占周姓总人口的 34%。湖南居住了周姓总人口的 10%,为周姓第一大省。志存高远、清正廉洁的家风造就了历代周氏族人正直、高尚的品格。北宋理学家周敦颐的《爱莲说》中有一名句,即"出淤泥而不染,濯清涟而不妖",其诗句中所反映的高洁品格为周氏历代后人所推崇不已。新中国首任总理周恩来同志虽身居高位,但他毕生严于律己、勤俭朴素。他睡的是普通木板床,衣服补了又补。甚至逝世之后连一分钱的积蓄都没有,周总理是共产党人立党为公、执政为民的典范。

以上故事说明,只有廉洁之家才能永远幸福。所以,不论家人官位多高,不管家庭多么显赫多么威风,都一定要保持清廉家风才行。

第六章　中华家风的媒传场域

　　家庭住宅不仅是家庭成员生活和居住的场所，也是人们精神品格培养的场所。蔡元培曾精辟地论述了建筑家居及其室内陈设的造型、色彩和材料对家庭风化和人的精神气质的影响。他说："建筑者，集众材而成者也。凡材品质之精粗，形式之曲直，皆有影响于吾人之感情。及其集多数之材，而成为有机体之组织，则尤有以代表一种之人生观。

而容体气韵,与吾人息息相通焉。"①中国古人非常重视家庭居所环境文化氛围,家居文化氛围是由居住环境中具体的物理场景形成的,让家庭的孩子完全沉浸在中国传统家庭文化中,这种家庭文化具有丰富的自身家庭特色,时时处处在家庭文化的环境中陶冶人格品质和精神魅力。例如,正厅的明亮、方正蕴含着"堂堂正正做人"的家风;墙体质朴材质蕴含着"厚重质朴"的家风;柱梁粗壮高大寓意着"民族脊梁""勇担责任"的家风;起居室灯光柔和蕴含着"温和善良"待人接物的家风;庭院中绿植花卉寓意着"生机盎然""蒸蒸日上"的家风,等等。

---

① 蔡元培:《中国人的修养》,四川文艺出版社,2008 年,第 74 页。

第一节　建筑样式中的家风旨趣

中国素有崇尚礼仪的传统,这种传统常常渗透到人们衣食住行生活的各个方面,在居住环境方面尤其如此。无论是皇宫殿府、寺庙道观、集市学堂,抑或是民居陋宅都渗透着对礼的尊崇,在建筑样式、空间布局、物品陈设、色彩装饰等方面无不彰显尊礼尚荣的家国风范。在建筑样式设计中,通过中正布局设计,传递"尊卑有等"的家风;通过积形成势设计,传达"崇美尚尊"的家风;通过屈曲流动设计,表现"刚柔象和"的家风。

一、中正布局,尊卑有等

建筑家居的"中正布局,尊卑有等"渗透着先祖通过家居的建筑样式布局传达家风文化理念的意向深意,主要表现为"崇中尚正""尊礼序等""敬宗睦族""祭祖传风"等方面。

崇中尚正。中国传统文化讲究"中""正",从而家风文化崇中尚正。"中",在甲骨文属象形字,意为旗斿(liú)之象形,像竖立的一面旗帜,上下各两条旗斿(yóu,liú)向左飘动,方口为立中之处,表示中间,引申为中央、内里等义。"正"始见于商代甲骨文及商代金文,其古字形上为城池形,下为足,本义为征行、征伐,征伐的目的就是有所平定、有所纠正,因而引申出平定、匡正义,由平定引申出决定、考定、勘定等义。儒学主张中正有序,故有建筑平面布置的方整对称,从而形成都城、宫城及建筑群体严格的中轴对称布局形制。比如说故宫、古代的君王府邸、豪门巨贾宅邸等。故宫建筑布局总体为体现封建皇权至高无上的地位,基本上是遵循宗法礼制来布局的。中国古代建都均有一定规制,尤以尊礼为先,"王者必居天下之中,礼也"。"中"为最尊贵的方位。"择天下之中而立国。择国之中而立宫"①,成为历代帝王

① 《吕氏春秋·慎势篇》。

规划都城时所遵循的原则。《周礼·冬官考工记第六》记载:"匠人营国,方九里,旁三门,国中九经九纬,经途九轨,左祖右社,面朝后市",这里左、右、前、后都是相对帝王居住的宫城而言,宫城位于都城的中心,择中而居思想十分突出。[1]

　　故宫位于北京的南北中轴线上,也正是遵从了这一思想而规划实施的结果:在建筑布局上,以南北为中轴,严格对称,节奏等差;在功能布局上,遵循"面朝后市"及"三朝""五门"和"前朝后寝"的古制。这种布局继承了传统的皇城、内城、外城的三重城制度,故宫稳居皇城中央,体现了皇权和天子的威仪、地位尊贵居中;在建筑功能布局上,按照"前朝后市、左祖(太庙)右社(社稷坛)"来布局,既保证了祭祀礼仪和政事治理之需,也保留了国民经济发展空间,体现了儒家的家国治理齐家治国、社会安定、天下太平的理想和封建礼制。在主殿朝向上,讲究"坐北朝南"。《易·说卦》有云:"圣人南面而听天下,向明而治。"所谓"南面而王,北面而朝",就是面向南的称帝王,面向北的称臣子。所以主殿朝向正南,体现出以"南"为尊。对于我国地处北半球的地理位置来说,这种朝向能使房屋光照充足,房间光明透亮,在夏季能接受南风拂面,在冬季背拒北风,从而房间冬暖夏凉。在房间大小和数量上,一律按照礼制,按级等差。在这种规制控制下的建筑群就具有了这样的特点:高低参差的外朝、内廷和穿插其中的一些服务性建筑,规模宏大又秩序井然。从房屋外墙装饰颜色看,红墙、黄瓦和白色台基构成了皇宫的基调,再用大量彩画作点缀,使整个故宫在外观上显得气势庄严,在内容上显得丰富多彩。北京故宫的建筑格局可分为中、东、西三路,从使用功能看,可分前朝与后廷。中路的建筑与设施,凸显了皇帝与皇后的地位。进午门,过金水桥就是太和门。太和门广场东西厢房分设内阁诰敕房、稽查上谕处、起居注公署、内阁公署等。沿着中轴线向北,依次为太和殿、中和殿、保和殿,俗称外朝三大殿。平时多封闭,只有在重大节日庆典时,作为举行仪式的场所。三大殿东、西两侧的厢房,分设体仁阁、弘义阁,归属内阁,另有银、皮、缎、衣、瓷、茶诸库。走进保和殿之北的乾清门就进入内廷中宫区。从乾清

---

　　[1]　周苏琴:《紫禁城建筑》,故宫出版社,2014年,第19页。

门沿中轴线一直向南,共有九门,即乾清门、太和门、午门、端门、天安门、大清门、正阳门、箭楼、永定门,象征皇帝的"九重天子"之尊。整个故宫建筑群再框以方正的外墙,既保证了安全和防御,又凸显了礼制中正文化意向。

尊礼序等。无论是皇宫祖祠,还是民居家庙,在建筑布局上都讲究以礼法为准则。例如,素有"中国民间故宫""华夏民居第一宅"和"山西的紫禁城"之称的王家大院在建筑布局上就严格遵循院落礼法准则。王家大院不论是西堡院(红门堡)还是东堡院(高家崖),里面的街道(马道)、小巷或夹道全是笔直的,横向皆为正东正西,纵向一律正南正北。两片建筑群共包含院落54座,大小不等,却一律为方正端庄的四合院样式。从实际建筑布局来看,王家大院每个四合院均有南北中轴线,院落建筑左右对称,主次分明,极具汉族传统建筑布局章法。院落所有不同等级、不同用途的建筑空间定位与组合,完全遵从宗法礼制原则。长期以来,以家族观念为纽带的宗法礼制是中国封建社会的强大精神支柱之一。清朝提倡大家庭,褒奖四代同堂、五代同堂,完全继承了明朝盛行的大家庭礼制。尊祖敬宗、长幼有序、男女有别、尊卑有等、内外有差等,这些封建大家庭的伦理道德方面的礼制规范,不但是"修身""齐家"必须贯彻的,同时也成了家宅建设所遵循的准则。这些建筑准则逐渐转化成中国封建社会院落建设的制度规范。"院落制度即是中国建筑最常用的制度……其好处是:①左右对称合乎礼制。②在应用上有极大的伸缩性。③最经济用地面积及造价。④各小院院内非常幽静,区划分明。⑤便于防卫等。所以院落制度在中国是长久而普遍地使用着。"[1]

据侯廷亮、张百仟、温暖所编著的《王家大院》一书介绍,高家崖建于嘉庆元年(1796年)到嘉庆十六年(1811年)之间,面积19572平方米,大小院落35座,房屋342间。[2] 主院敦厚宅和凝瑞居都是三进式四合院,每个院都建有祭祖堂、绣楼,以及独自的厨院、家塾院,此外还共有书院、花院、长工院、围院(家丁院)。主体建筑严格按照封建典章制度规定的等级品位建造,尊卑贵贱,上下长幼,内外男女,皆有其等、有其序、有其别。配套建筑各个

---

①　刘致平:《中国居住建筑简史》,中国建筑工业出版社,2000年,第67页。
②　侯廷亮、张百仟、温暖编著:《王家大院》,山西人民出版社,2002年,第16页。

院落围绕主院展开，布局合理，因地制宜，拱卫主院。红门堡位于高家崖西面，两片院落以一座石桥相连。红门堡，是堡，却像城。红门堡整体呈长方形，斜倚高坡，顺势而就，负阴抱阳，善于把青砖青瓦梁柱式木建筑与砖石窑洞式建筑相结合，并布置成院，既有北方四合院民居特色，也有晋中窑洞特色。红门堡街巷造型内隐一个"王"字，既有褒扬封建王道思想之意，也有传承王家事业弥久经世不竭之意。从建筑意向来看，红门堡宛若巨龙盘卧于此，高高扬起的堡门是龙头，底层一排院落前的东西两眼水井是龙眼，纵贯堡内南北主干道为龙身，通道上铺就路面的鹅卵石宛若龙鳞，通道两旁院落前的小巷就是龙爪，堡墙后的柏树便是龙尾。龙的传人，多愿附会于龙，作为名门望族的王家，隐喻其宅龙盘虎踞，也是寄希望于子孙后代能够秉承王家龙腾虎跃的气势光耀门楣。红门堡内有个"绿门院"，传说亦为礼制等级所生。绿门院原是王氏十六世王中极的附院。王中极乃王梦鹏之子，诰授奉政大夫，晋封中宪大夫。乾隆五十年（1785 年）"圣驾临雍"，曾赐"黄马褂一件，银牌一面"给王中极。嘉庆元年（1796 年），王中极又受邀参加了千叟宴，殊荣耀祖。王中极之祖父王谦受因平叛有功，也参加过千叟宴，还获得康熙帝恩赐的龙头拐杖一把。如此，祖孙相继，门庭生辉，遂造庭院宅邸。该院造成时，听信堪舆师建言，将大门漆为红色。岂料有人告发他不合礼制，违规犯上，眼看大祸临头。幸得王家在朝为官者通风报信，王家旋即将大门改漆为绿色，免去一场灾祸。由此，红门堡的绿门院轶事得以传扬至今。[①] 此案例再一次彰显了王家大院在建筑规制上的"尊礼序等"特征。

敬宗睦族。屋宇建筑布局不仅能显示出"尊礼序等"的礼教特征，也能潜移默化地教人"敬宗睦族"。谈到府宅的敬宗睦族、礼范家人、诗礼传家的教化功能，就不得不研究孔府的布局构造和建筑文化。作为"天下第一家"的衍圣公府，封建统治者都冀望它成为体现封建宗法和礼仪的居所楷模，以展圣道之用于当世，以传儒风于万民之家。儒家的宅居之礼，讲究人与人关系中的尊卑、等级和次序，这也是封建宗法等级制度的核心理念在人们居住行为方面的体现。中国传统四合院的建筑样式就是受封建宗法思想的影响

---

① 侯廷亮、张百仟、温暖编著：《王家大院》，山西人民出版社，2002 年，第 23 页。

而形成的。圣公府的建筑布局正是遵循礼教与宗法的原则,依建筑物功能的主次,尊贵等级有序排列。整个建筑布局呈现出四大特征:一是中轴对称,尊贵有等。孔府三路布局,九进院落,左右对称,贯穿在一条南北轴线上,三路轴线以中路为对称轴严谨排列展开。从大门直到后堂楼共有九进建筑,是孔氏宗子所居,居中为尊,体现了宗子在家族中的尊贵地位。东学的轴线是从属的,隐在内部的。次子所居住的一贯堂及其内宅从属于中路的府衙与内宅,反映出宗子与非宗子的等级与地位的差别。同一中轴线上,正房与厢房、通行中门与边门的区分体现出宗子家内主人与下人的尊卑之别。二是殿宇门楼,象征权杖。孔府中路的三门、三堂象征着衍圣公的官秩、权力和威仪。"仪门"乃礼仪之门,取孔子三十二代孙孔颖达《周易正义》中"有仪可象"之句而得名,是坐轿、骑马的起止点,也是一种官阶、地位等级的体现。大堂前庭呈纵深长方形,以显示大堂的主宰地位,并满足举行仪式的功能需要。二厢的司房平而直,陪衬出大堂的雄伟,突出了主体的尊贵地位。三是所有建筑,悉遵规制。孔府内所有建筑都严格遵守百官宅第营造制度。建筑九进,大堂五间九架,内宅的前后堂楼可以是七间的楼房,一律不用歇山转角及重檐重拱。东路的家丁房则是形制简陋、尺度低矮的小平房。四是内外有别,男女大妨。封建府宅谨遵"前朝后庭""前堂后寝"的古制,通过功能的划分把男女活动范围做出了限制,这种封建礼仪的限制是极为严格的,不允许有任何逾越。中路的内宅门是一道区别内外的总关口。内宅是女眷居住的地方,任何外人不得擅自入内,内外的联系都必须通过传事。即使是内宅用水,也不准挑水的男佣人直接入内,而是将水倒入内宅门西侧一个特制的水槽流入内宅,由内宅的女佣人接水备用。[①] 通过这些建筑规制既区分等级尊卑,也潜移默化地教化族人学会"敬宗睦族"。

　　祭祖传风。与皇族社稷坛、太庙等祭祀殿堂功能设计相类似,普通民居也在建筑样式布局上设计有供本族成员祭奠自己先祖的祠堂和家庙,即使穷人家庭也有在厅堂正面设置简朴几案、先祖画像或牌位。这种布局就是要传承祭祖敬宗的家风。寻常人家的祠堂、家庙、中堂是传统家庭住宅的象

---

① 潘谷西:《曲阜孔庙建筑》,中国建筑工业出版社,1987 年,第 117～118 页。

征性建筑,用于祭祀祖先、家庭聚会、举行一年一度的庆祝活动、婚礼、葬礼、冠冕仪式和长寿仪式,以及处理诉讼和商务等公共事务。中国传统家风文化,将这些建筑图案作为传统家庭文化的象征,经过精心设计的安排,营造出一种强烈的慎终追远、敬宗睦族的家风情调。许多家庭经常使用"衍世""怀远""思慕""流芳"等字眼来命名祠堂、家庙和殿堂,以表达他们对家族历史的思考和对美好未来的希望。在祠堂、家庙和中堂里,人们经常设置天地君亲师牌位,挂祖先肖像,张贴家训,铭刻家规等。祠堂、家庙的整体布局是开放、简洁、清晰的,具有庄严肃穆的风格和端庄端正的气派,以营造出一种慎终追远、坚定不移地延续至志、穆敬宗族的文化蕴涵和家庭氛围。此外,家庙、祠堂、中堂也是家族进行启蒙、传承家风的重要场所。南宋陆九渊和陆九韶家族规定,每天早晨,父母和子女都要到祠堂朝拜。陆九韶还将这些劝勉训诫之辞编成了一首适合朗诵的韵文,"家长率众弟子谒先祠毕,击鼓诵其辞,使列听之"①。郑氏家族每逢初一、十五进行全体家庭聚会,诵读道德歌诀、箴言警句、祖训家规,要求童蒙子女每天在"安序堂"诵读戒律。此外,还有一些家族在祠堂上对违反家庭训诫纪律对子弟进行管教。例如,赵鼎家族规定,子孙为所为不肖,对他们的家庭做了坏事。那些族长、官房干事便会召集他们所有的孩子,在祠堂前教训他们、纠正他们。甚至集中到影堂前庭训,如果再犯,就再次庭训。通过家教家训,敬宗睦族的家风得以世代传继。

二、积形成势,崇美尚尊

建筑家居的"积形成势,崇美尚尊"蕴含了先祖通过屋宇造型向后人传达了对"尊"和"美"的家风追求,凸显了对德善精神和言行的尊重,主要体现在家风与环境之间的"形予势成""形衬本尊""形美尊显"等关系方面。

形予势成。所谓"形予势成",是指建筑家居从建筑形貌来获得所要传达的情势,以建筑情势来呈现和传承家风文化意蕴。《道德经》有云:"道生

---

① 徐少锦、陈延斌:《中国家训史》,人民出版社,2011年,第404~405页。

之,德畜之,物形之,势成之。是以万物莫不尊道而贵德。"意思是说,道生成万事万物,德养育万事万物。以各种各样的形态来塑造万事万物,环境发展趋向成就了万事万物。故此,万事万物莫不尊崇道而看重德。建筑家居也情同此理,用各种造型、布局来隐喻、熏染、传达所要传承的家风,此所谓"形予势成"。中国传统建筑组群以"百尺为形、千尺为势"为空间尺度准则。在这种建筑视觉构造准则下,形比势小,势比形大;形是近观,势是远景;形是势之积,势是形之崇。依辩证思维观之,势潜于形之先,形成于势之后。形住于内,势位于外。形得应势,势得就形。势居乎粗,形居乎细。势背而形不住,形行而穴不结。势如城郭垣墙,形似楼台门第。形是单座的山头,势是起伏的群峰。认势唯难,观形则易。由大到小,由粗到小,由远到近。来势为本,住形为末。左右前后谓之四势,山水应案谓之三形。明代医学家缪希雍在其《葬经翼》中分析东晋学者郭璞《葬经》形与势的辩证关系有云:"势来形止,若马之驰,若水之波。形近而势远,形小而势大。审势之法,欲其来,不欲其去。欲其大,不欲其小。欲其强,不欲其弱。欲其异,不欲其常。欲其专,不欲其分。欲其逆,不欲其顺。"[1]对势的要求是:"势必欲行,行则远,远则腾。势不欲止,止则来无所从。势欲其来,势不畏露,势必欲圈,圈则顺。"对形的要求是:"形不欲露,露则气散于飘风。形必欲圈,圈则气聚而有融。形不欲行,行则或东或西。形必欲方,方则正。"由此观之,形,指近观的、小的、个性化的、局部性的、细节性的空间构成及其视觉感受效果;势,指远观的、大的、群体性的、总体性的、轮廓性的空间构成及其视觉感受效果。形与势在空间构成的平面(进深和面阔)、立面(高度)及观赏视距等方面的基本控制尺度为:形,一般在百尺内,但非纤芥之形,所谓"百尺为形,非昆虫草木之形";势,一般在千尺左右,但非过远过大之势,所谓"千尺为势,非数里以外之势"。在对空间构成的控制中,形与势是相辅相成而且可以相互转化的。在组群性空间中,形与势共存,统筹其关系,则尤需以空间构成在群体性、整体上的大格局及其远观效果上的气魄或性格特色立意,即以势

---

① 缪希雍:《葬经翼》,该书收录于《钦定古今图书集成——博物汇编——堪舆部》中华书局影印本。

为本,以势统形,通盘权衡而展开个体、局部、细节性空间构成及其近观效果的处理。而赢单体建筑中,又要建势于形,"积形成势",处理好单体的比例、尺度及单体与整体的关系。例如,沈阳故宫建筑群的布局就在"形予势成"中传递着屋主人所欲传承的家国风范。

沈阳故宫东路建筑空间在构成上以轴线中心的大政殿为整个空间的中心,两侧十座王亭呈"八"字形对称排列。东西两侧的十座王亭则以分列布阵点的形式线形排列。从中心大殿向南而望,能够感受两侧十座王亭以中心的大政殿为帅,礼尊拱抱形成了一个巨大的司令训示的专属空间。沈阳故宫东路建筑群这种八字形的平面布局是努尔哈赤时期政治体制的写照,是一种建筑象征手法的运用,是战时军营帷帐拱卫御敌的有效战列形式,是环境气氛塑造和"潜势寓形"的成功示例。东路建筑组群的建造者努尔哈赤实行"君臣合署办公"的政治体制,后来在辽阳、沈阳期间,为了平衡、制约各个势力派别,又使用了有"十固山执政王"之称的十大和硕贝勒共同议政,为此沈阳故宫中出现了大政殿与十王亭这一君臣联席会议式的特殊的建筑格局。努尔哈赤建立起政治、军事、生产三位一体的八旗制度,随着国家的逐步壮大,这种制度的优势越发得到体现,于是努尔哈赤更加钟爱"八"字形。从辽阳的新京大殿到后来沈阳故宫东路的平面布局和大政殿的建筑造型,都一再地使用了"八"这样的布局。这样的布局方式,也非常类似于满族人在行军打仗中的安营扎寨的方式,如《满文老档》所记"殿之两侧搭八幅,八旗之诸贝勒、大臣于八处坐",而且这种方式到了盛清、晚清,也经常地用于皇帝出猎、宴请或临时居住办公等场合。东路的空间尺度是在整个沈阳故宫的外部空间中最为宏大、壮阔的。从南侧宫门到大政殿的距离介于"百尺"与"千尺"之间,这表明设计者既考虑了对整体空间形象的掌握与把控,也考虑了对建筑群平面的布局。从宫门到最南侧的镶蓝旗亭和正蓝旗亭近在"百尺",人们可以在清晰地体验着空间整体效果的同时,对十座相同形制的王亭的细节、装饰、色彩、质感有了比较细致具体的感知。平面"八字形"的布局方式,除了诸多建筑所隐含的权位阶等、尊贵有别的意义之外,对于空间塑造的一个最为重要的影响就是在空间中利用了透视学原理,以中心的大政殿为透视的焦点,两两相对的各旗王亭间距逐渐增大,向外扩张成

"八字形",空间呈现出倒转的梯形,中心的大致殿建筑的中心性、重要性被有效地表达。① 这就是设计者要传达的"王者至尊"的家风文化意蕴。

形衬本尊。所谓"形衬本尊",意指建筑家居的形状样式用以衬托屋主人受尊宠的社会地位。在中国封建社会,衣食住行样样都有礼法规制,而通过这些也能明了一个人的社会职业和地位。人们往往从职业角度把建筑家居分为四类:官、民、士、商。"官宅",由于其居者属于社会的最上层体系,出于社会的管理功能需要,从结构上来讲,官宅多是屈从于"衙"的限制,为了方便各个部门的工作需要,官宅大多前面是衙门,后面是住宅,住宅的面积不会很大。从装饰设计的角度看,官宅更多的是体现在对封建王朝的管理功能和对权力威仪的宣扬上,或是王权的象征物,或体现官民关系,或是为官之道的寓意装饰,比如山西平遥的县太爷府邸。"民宅",即普通的老百姓的家居,由于百姓多是生活在社会的最下层,其住房多是一户一院单体的院落格式为主。从基本的功能上来讲,多了一些实用的功能,少了一些装饰的意味,没有华丽的设计,装饰也很简单,能满足吃、住、防暑降温就可以,比如山西襄汾县的丁村民宅。"文宅",即文人逸士的住宅。文人的住宅多讲求雅致为主,更多地在文化上体现出与世无争、超然于世外的精神追求境界,如被称为"北方第一文化名宅"的晋城皇城相府。"商宅",不同于以上三者,但又兼三者特点而有之。例如,晋商家居住宅,从社会的地位上来讲,官宅象征了晋商的理想的生活状态及对权利的仰望之情,为商人的追求目标;文宅,代表了晋商所追求道德的精神要求,适应了商人的感性需求;商宅是民宅的基础和延伸,决定了商宅的基本结构形态。明清山西商人大多受过严格的传统文化教育,具有相当的文化素养,晋商通过其独特的商业行为将中国传统的精神文化注入生活,形成以"诗礼传家"治家、以"学而优则商"治世、以"富足而勤俭"治身的晋商文化。这种文化观在建筑的结构和布局、建筑形式与伦理规范、艺术韵律与社会秩序上形成了审美关联和统一。由此观之,建筑家居就是屋主人的一种社会形象,能起到"形衬本尊"的名片作用。

---

① 武斌:《清沈阳故宫研究》,沈阳辽宁大学出版社,2006 年,第 228～230 页。

形美尊显。所谓"形美尊显",从住房家居角度看,意味着住房造型雄美内秀彰显着屋主人地位的尊贵。晋商大院建筑造型就彰显了"形美尊显"的特点。从晋商大院整体结构上看,在大院氛围的营造上,大院建筑的格局具有文化的象征性特征,体现出晋商的审美特点和文化需求。晋商的宅院结构严谨,多是呈封闭结构的建筑群,从它的外在形态上看,大多构成某种图形样式,取吉祥喜庆的象征意蕴。比如,乔家大院呈现出城堡式的建筑格局,院墙高大,建筑布局讲究方正和稳定,整座大院的结构呈"富喜"形。王家大院建筑群的总体屋巷布局蕴含一个"王"字在内,又附会着龙的造型。曹家大院整体结构是篆书"寿"字形。主体"三多堂",取多子、多福、多寿之意,由三座四层的堂楼组成,楼顶还分别建有亭台。① 另外,建筑装饰中的吉祥图案也可以起到"形美尊显"的效果。在晋商大院建筑中,吉祥图案的装饰通过砖雕、木雕、石雕的材质表现出来,可谓俯首即拾。晋商大院的装饰种类繁多,内容丰富,概括其分类大致可以分为历史人物传说、趋吉避凶、表达主人雅号(梅兰竹菊四君子、琴棋书画四艺图、古贤四爱、四时花卉、加官进爵)、福禄寿喜与子孙满堂类等。通过房屋建筑有形之雄美来衬托屋主人社会地位无形之尊贵显荣。

三、屈曲流动,刚柔象和

建筑家居的"屈曲流动,刚柔象和"主要目的在于其文化意境与造型具象表达上的象征意味的协调,暗含了先祖对后人和谐家风的传承意愿,主要表现在"寓直于曲""刚柔相济""曲意象和"等方面。

寓直于曲。所谓"寓直于曲",就是指在建筑家居中利用曲面流线造型来衬托表达方正、匀称、端庄、阳刚的文化意向。尽管中国传统建筑造型讲究均衡对称、端方得体,但并不排斥曲线流动的审美意向,相反,总是极力追求在方中求圆、直中求曲,力求生动活泼。对于方圆造型,外国人认为圆是生的象征,方是死的模拟;只有圆才是流动的、活泼的,而方是僵直的、凝固

---

① 任丽俊:《大院建筑与文化艺术》,吉林美术出版社,2018 年,第 195 页。

的。中国人却不是这样认为的。中国人对宇宙的看法是"天圆地方"，圆与
方是整体合一的，是对立统一的。在中国人看来，直中含曲，曲中寓直，这才
是最佳状态。曲固然象征活泼生动，但缺乏稳固；直有稳固刚健之美，却缺
乏流畅动态之美。如果能直以拟刚，曲以拟柔，直以像阳，曲以像阴，刚柔相
济，阴阳互动才是最佳的配合。从建筑形象之刚柔来看，古人居宅建筑以刚
为主，以柔为辅。基址是方直的，屋面是反抛物线型，飞檐、斗拱等都是曲线
的，因此也是刚柔相济、均衡协调的。从建筑布局来看，古代建筑总体结构
常常以中轴线为主，对称配置，中轴线两侧多为辅助建筑，这样布局象征阳
刚、稳固。但就串联成院落的单体建筑而言，又讲究曲径通幽，忌讳简单重
复、千人一面，以避免因对称出现的直山露水、一览无余，形成一个整体均衡
对称而又充满变化的空间序列。中国古代堪舆术讲究屈曲流动，忌避直露
粗浅。特别是对庭院中间对水的选择和设计。从水与建筑关系看，水流作
用可以调节建筑周边的气候环境，春日润泽草木，夏日保湿降温，秋冬保暖
止燥；从审美角度看，水环屋绕，山水相映，动静相谐，莲叶田田，鱼儿戏水，
为建筑家居平添几分美景。例如，山西阳泉银圆山庄的设计布局就是一个
寓直于曲、曲直谐融的建筑典范。

　　"银圆山庄"原名"张家大院"，位于山西省阳泉市官沟村，该村落地理环
境优美，村内民风淳朴，系当地的文史之乡。从地理环境看，该村落三面环
山，一面畔水。整个山庄坐西朝东，背山面水，负阴抱阳，左依逶迤缠绵的馒
头山、磨天垴，右傍九曲蜿蜒的官沟河。从村落整体格局看，银圆山庄整个
建筑群建在一座高30多米的陡峭的山脊上，整个建筑群依山就势，由11个
相对独立的分院组成，它们错落有致地分布在菜山山腰间，其阶梯式庭院的
安排，就像山间开垦的梯田一般自然舒展，使整个院落呈现出屈曲流动的地
方特色。从远处眺望这个上下近50米高的建筑群，在山脊上随形生变，依势
而曲，构成了一组结构别致、宏伟壮观的阶梯式和谐庭院。在这个建筑群中
共有房185间，另有窑洞125眼（不包括暗窑和横室），形成一个特殊的楼、
屋、窑洞相结合的民居群。在75°的陡坡上建筑整齐的四合院，平面受限，只
能设计建造成立体空间，所以在张氏民居群中，往往下层的洞顶为上层房舍
的基础，下层房舍为院的洞顶。每座分院的建筑都是中轴对称排列，前厅后

台,左右配房,前院为开放式活动场地,社交往来,迎宾待客。进二门为后舍,是家眷住地。上院下院都是屏门,贯穿偏院,偏院是厨房、菜窖、粮库及佣人帮工的住所。永庆堂等大院从底到顶四层窑洞的四合院中有地道相通,不出屋门就可以上下走动。

银圆山庄背靠菜山,面向官沟河,地形起伏多变。地面高度落差达60米,山庄外围与馒头山、摩天垴形成对山庄的二次环抱之势。山水相间,山环水抱,形成了银圆山庄独特的自然谐融的山水环境。山庄的结构布局以自然山水环境为基础,依山就势,街道与建筑沿山体呈台梯形分布,形成三维立体空间结构形态,并有机地附着于自然环境形态之中,与自然山水的三维空间结构浑然一体,建筑交相辉映、相生相叙,构成了银圆山庄"院山合一"的风貌特色。在形貌上,银圆山庄以两条主要街道——上巷和下巷为骨架,其他各条巷道垂直于或平行于上巷和下巷向菜山山脊和官沟河边缘呈弯曲枝状展开,呈特征明显的树枝状平面格局。顺应地形灵活布局,随高就高,随低就低,随弯就弯,不拘一格,表现出对自然用地条件的充分尊重和适应。街道—巷道—宅院构成了公共空间—半公共空间—私有空间的三级空间结构,形成清晰的街区社会组织的基本模式。山地建设用地紧缺,土地与空间珍贵,长期实践中逐渐形成了街巷空间职能的多功能复合,即街巷空间既是交通空间,又是社会生活、邻里交往、生态环境、景观组织等多种功能的复合空间。从而提高空间的使用效率,创造宜人的生活环境。银圆山庄建筑空间具有"自由生长的特征"[1],具体表现为建筑布局(包括平面布局与竖向布局)的自由生长和建筑上部空间的自由扩展。建筑的平面布局采用"相地构形"的手法,"量其广狭,随曲合方",没有固定的格局和定式,自由灵活,大部分建筑、平面呈不规则的形式,建筑的竖向布局与地形结合紧密,根据具体的用地条件,因地制宜,利用地形的方式丰富多样。自然生长的建筑空间"因境而成",节约了用地,减少了土石方量,降低了建筑造价,而且顺应了地形地貌,使得人工空间与自然空间相互融合,从宏观上构成了山地传统建筑空间的整体性和有机秩序。由此观之,建筑群的依山水形势布局,更展示

---

① 任丽俊:《大院建筑与文化艺术》,吉林美术出版社,2018年,第181页。

了设计者"寓直于曲"的智慧和匠心。

　　刚柔相济。此语出自《周易·蒙》，是指据建筑设计中，刚强的要素、要求与柔和的要素、要求互相调剂、相协调，以成均衡、和谐之势。家风媒传的物质场所——建筑家居的建造设计就要考量阳刚要素与阴柔要素的协调均衡，为营造、传达和谐家风氛围创造条件。中国园林有四大构景要素，即山、水、植被和建筑，它们共同组合成为一个完整的综合艺术品，而其中山和水又可看作是园林的基础和命脉，这也正是中国古典园林被誉为"山水园"的关键所在。这里山相对于水就是阳刚要素，水相对于山就是阴柔要素。山水布景，就要讲究自然协调、刚柔相济。园林内使用天然土石堆筑假山的技艺叫做"叠山"，其目的以典型化、抽象化的概括和提炼，在很小的空间和地段上展现咫尺山林的风光，幻化千岩万壑的气势，从而增添园林的自然美。园林中的水景处理叫做"理水"，其目的在于以水的柔静曲线和灵动身姿衬托山的雄奇伟岸，同时给静山增添跃动的灵魂和生命。园林理水不在于完全模拟自然，而在于风景特征的艺术真实，在于水体的源流、水情的动静、水面的聚分等符合自然规律，在于岸线、岛屿、矶滩等细节的处理和背景环境的衬托。园林理水的宗旨是"以小见大""以少胜多"，在有限的空间内浓缩天然水景，"一勺则江湖万里"。宋代大画家郭熙说："山以水为血脉，故山得水而活"，"水以山为面，故水得山而媚"，形象地说明了山水相依、刚柔相济、相得益彰、共至和谐的道理。

　　例如，北京颐和园的谐趣园的设计就是追求和谐、刚柔相济的典范。谐趣园位于颐和园全园空间序列的收结处，又是在皇家园林中仿江南士人园林而建，这决定了它在颐和园中的地位不能突出，为此，其外轮廓线必须取平缓柔敛之势。然而，谐趣园园内东西狭长，水景深远，主建筑"涵远堂"面南而踞，其方位、高度皆不足以统摄全园，而园外东西两端又没有可以借入园内的高大建筑景观。为了控制谐趣园东西景深，也为了使园内环池建筑群的天际线富于韵律变化而不失之单调平滞，就需要在全园西端设一楼阁。全园外观必须呈抑敛之势，但园内景观又必须以高楼突出空间感，这二者是一对非常尖锐的矛盾；而在这对矛盾中又包含着谐趣园与颐和园的矛盾、谐趣园内建筑与水景的矛盾、东西轴线与南北轴线的矛盾、环池建筑之间的矛盾、园内建筑低平与园外无景可借的矛盾等。显然,这是一个由刚柔、阴阳、主次、高下多重矛盾错综而成的体系。体系中每一局部,直至每一细微矛盾方面(如楼的设置、方位、形制、色彩搭配、彩绘内容选择等)的处理,都不仅关系着局部矛盾的均衡协调,而且关系着众多组矛盾,乃至整个体系风范的和谐。为了实现体系的和谐,谐趣园在西端设置了一座"瞩新楼"。它依园外山麓而起,上下两层。下层后墙隐于岩壁之下,而前立面露明于园内;上层柱脚与园外地面齐平,同时向园外开门、窗。因此从园内看,它是一座俯视全园的高楼,而从园外看,它只是一间低平的普通单层堂室。不难看出,"瞩新楼"之所以如此设置,固然得益于木建筑结构的灵活,该楼墙体因不承重而可以根据需要在屋身四周随意开门,然而更起决定作用的,还是此楼置身其中的复杂矛盾体系间多重制约、平衡关系,是在此体系中实现"中和"的美学要求。由此观之,建筑家居中园林刚柔相济的处理,潜隐地向后人传达了先祖追求自然、崇尚和谐的家风。

曲意象和。所谓"曲意象和",指的是建筑家居的潜隐文化意境与造型具象表达相互协调,尤指建筑造型意境、象征方面的文化追求和谐共融。例如,"小廊回合曲阑斜"[1]的文化意境,再现了建筑线形变化的韵律征象;"画舫夷犹湾百转,横塘塔近依前远"[2],摹绘出诗人对水体线形变化的韵律感知和亲临曲水荡舟的怡然情趣;"山重水复疑无路,柳暗花明又一村"[3]的文化意象,展现了家居园林建筑中的山、水、花木、建筑等景物组合中的韵律变化;"自西迄北,横截湖面,绵亘数里,夹道杂植花柳,置六桥、建九亭"[4],以众多形态各异建筑要素的起伏、顿挫来表现山水亭木刚柔相济的韵律变化和相济相成、相谐相融的文化意象;"钟传高阁远,柳复小桥低"[5],彰显了园林景观远景和近景、山景和水景等多重艺术对比中的韵律变化和文化意象。《梅花墅记》有云:"又四五十武,为'漾月梁',梁有亭,可候月,风泽有沦,鱼

---

① 张泌:《寄人》,《全唐诗》卷七百四十二。
② 范成大:《蝶恋花》,《范石湖集·石湖词》。
③ 陆游:《游山西村》,《陆游集·剑南诗稿》卷一。
④ 吴自牧:《西湖》,《梦粱录》卷十二。
⑤ 吴惟英:《莲花庵》,见《帝京景物略》卷一。

鸟空游,冲照鉴物。渡梁,入'得闲堂',堂在墅中最丽。槛外石台,可坐百人,留歌娱客之地也。堂西北,结'竟观居',奉佛。自'暎阁'至'得闲堂',由幽邃得弘敞,自堂至观,由弘敞得清寂"①,作者通过对众多景区之间空间、景观、功用的不断转换的描述,给人留下整座园林中不同艺术境界的韵律变化的征象,让人感觉身临其境、梦美如画,无形中传达了和谐自然、怡情田园的家居风范。除此之外,还有的直接以四时运迈、园景变换与赏园者心境移易的相互融合的情境而表现天人韵律意象的例子,如:"四照亭,在郡圃之东北。绍兴十四年,郡守王映为屋四合,各植花石,随岁时之宜:春海棠,夏湖石,秋芙蓉,冬梅。"②在存世的颐和园建筑中,蜿蜒的长廊间设有"留佳""寄澜""秋水""清遥"四座分别代表一年四季及不同景观的亭子,亦是表现这种文化意象的实例。③ 所有精微具体的家居构造不仅仅是建筑艺术技巧进步的结果,其更深刻的原因还在于家庭的先祖贤德们希望在家居休憩的园林中随时随处感受与表现和谐而永恒宇宙韵律的要求,圣祖先贤们对于宇宙的认识不仅来自对哲学抽象的思辨,而且更多地来自他们对环境中、对自己阶层生活和艺术中,和谐韵律直接的、随时随处的真切感受。他们希望在有形的屋宇建筑构造中,潜隐地传达所要传递的"寓直于曲""刚柔相济""曲意象和"的和谐自然家风。

第二节　器物饰品中的美好期许

中国传统家风文化,除了注重在房屋建筑样式布局中追求家风志趣外,也很注重家族居所器物、饰品等的选择,追求吉祥如意的生活。家居器物饰品通常由玉帛钟鼎、雕绘瓷器、文房书画、山水园林等组成。装饰图案通常有人物故事、山河物件、花鸟虫鱼等,并采用大量的象征、谐音、转喻和其他

---

① 钟惺:《梅花墅记》,载陈植、张公弛《中国历代名园记选注》,安徽科学技术出版社,1983 年,第 216~217 页。

② 《吴郡志》卷六。

③ 王毅:《中国园林文化史》,上海人民出版社,2014 年,第 308 页。

手段，通过语言艺术寄托家庭长寿的幸福、好运和丰富的抱负、追求。装饰题材广泛，既反映了对族群的教育期望，又蕴含着对族群和谐繁荣的期望。主要包括：人物故事，一些典型的忠义人物、孝子贤孙的故事，以及神话和宗教人物；吉祥动物，如龙、凤、麒麟、鹤、喜鹊、梅花鹿等，寓意吉祥、长寿、福禄等；花草树木，如象征繁荣昌盛的牡丹、象征多子多福的石榴和象征富足长寿的丝瓜，表达了对家庭兴旺的希望。岁寒三友的"松竹梅"和四君子"梅兰竹菊"，体现了对家庭成员高贵品德、优雅格调和仁善修养的希望；器具物品类，官员和文人经常用中国文房四宝、琴棋书画来装饰他们的大厅，反映出他们对文化、教育和风雅的热爱。这些图案所蕴含的吉祥文化内涵，为家族成员提供了情感上的慰藉和精神上的熏陶，从而培养出一种平和雍容、宁静优美的心境、健康安好的情感和勤奋进取、孜孜以求的人生态度。以下，从"玉帛钟鼎，呈君子容""雕器绘饰，尚君子风"和"丹青书画，展君子述"三个方面谈谈建筑家居器物饰品中所传达的家风文化。

一、玉帛钟鼎，呈君子容

钟鼎示礼。史书记载，夏禹在治水成功后，收集全国九州（即兖、冀、青、徐、豫、荆、扬、雍、梁九州）之金属铸成九鼎。此九鼎象征国家政权，也是家国礼器。示礼此鼎，教民祭之以礼，既昭示祖先功德，也令圣德家风世代传扬。《左传·宣公三年》有云："昔夏之方有德也，远方图物，贡金九牧，铸鼎象物，百物而为之备，使民知神、奸。"[①]商代时，对表示王室贵族身份的鼎，曾有严格的祭祀数量规定：士用一鼎或三鼎，大夫用五鼎，诸侯用七鼎，只有天子才能配享九鼎，在祭祀天地祖先时行九鼎大礼。古人鼎礼膜拜，不仅用以颂扬先祖功德、区分地位尊显等级，而且也通过礼仪教民、传承家国道德风范。《礼记·祭统》有云："夫鼎有铭，铭者自名也。自名以称扬其先祖之美而明著之后世者也。""显扬先祖，所以崇孝也。身比焉，顺也。明示后世，教

---

① 《左传·宣公三年》。

也。"①因而,示礼于民并非仅仅"称扬其先祖之美",而且欲将许多当时发生的重要事件及相应经验,教示后代以世代传扬。商周时代的上层贵族,在举行祭祀、宴飨或婚丧礼仪时,都使用青铜礼器。一方面为了表示敬重先祖,礼教后人,另一方面借此宣扬和显耀自己尊贵的地位和财富。因此,青铜礼器成为商周时代礼制的一种象征。至于一般贵族,也在其家族财力可能达到的条件下,在礼制规范许可下,尽量将自己所欲使用的礼器制造得精美大方,这也促使商周时代青铜器工艺得到长足的发展。

商周青铜礼器大都有精美异常之纹饰,而青铜礼器的典型纹饰又以"饕餮"为代表。《神异经·西荒经》有云:"饕餮,兽名,身如牛,人面,目在腋下,食人。"它独具的神秘造型,已实际形成原始祭礼仪的符号标记。这符号在人们幻想中有着巨大的原始力量,从而形成一种象征。特别是商朝人尊神喜鬼,认为鬼神世界的祖先神明时刻在操纵他们的祸福安危,须不断地祈求与馈飨。周朝因袭殷礼,在殷商礼法的基础上,周公制礼作乐,制定了严密的宗法制度,定尊卑,分上下,构成维持社会秩序的周礼。行礼时,都以其使用礼器的种类和数量来象征使用者的身份及地位。青铜礼器上常常铸镂瑰丽的纹饰,或暗示宗教祈盼,或反映人们现实生活。而更为丰富的青铜纹饰,又昭示原始的、纯真的美,展露了青铜时代的朴拙美。《故宫观澜》引宗白华先生在《中国书法中的美学思想》中的话,赞曰:"中国古代商周铜器铭文里所表现的章法美,令人相信仓颉四目窥见了宇宙的神奇,获得自然界最深妙的形式的秘密。""通过结构的疏密,点画的轻重,行笔的缓急……就像音乐艺术从自然界的群声里抽出乐音来,发展这乐音间相互结合的规律,用强弱、高低、节奏、旋律等有规律的变化来表现自然界社会界的形象和内心的情感。"②就礼器铭文内容来看,其价值和可靠性远胜过历史文献。因为当时贵族铸造礼器,常常把自己的名字或本族的名字,以及做器的时间和原因,详细记录在上,目的是将其存于宗庙,留存青史。铜器铭文不但可验证文献,其本身的史料价值亦远胜过历史文献,这是因为铜器铭文所记载的事

---

① 《礼记·祭统》。
② 柳坡、博溪:《故宫观澜》,紫禁城出版社,2009年,第145页。

情,都是出于当时当事者的笔下,或当事者敬谨委托擅长者所写,皆能保存事物的本来面目,没有篡入后来人的思想和观点,也没有经过后人的删改、润色和编选,是最实在的第一手资料,这也成为家风文化传扬后世的重要方式。

青铜礼器时代之后,逐渐向生产日常生活用品发展,如铜镜就是其主要产品之一。据《黄帝内传》所言,"帝与西王母会于王屋,乃铸大镜十二面,随月用之"。从出土文物看,早在4000年前,铜镜已经出现。在战国古墓,发现随葬之铜镜尝置于死者的头顶部或胸侧,以示镜为随身常用之物。秦汉之后,铜镜之使用范围愈加广泛,制作也愈加精致,并出现了铭文,文字精美,篆隶相间。铭文多为吉祥语,如西汉铜镜上的铭文有:"长相思,毋相忘,长富贵,乐不史";东汉铜镜上有:"上方作镜真大好,上有仙人不知老,畅饮玉泉饥食枣,浮游天下题四海,寿如金石为国保。"东汉时,有著名文人庚信赋诗铜镜:"玉匣聊开镜,轻灰暂拭尘。光如一片水,影照两边人。"铜镜纹饰以规矩纹最为常见,还有以四兽(青龙、白虎、朱雀、玄武)、十二生肖图案作纹饰者。隋唐铜镜的形制,花纹和铭文呈现全新的面貌。隋和唐代前期,铜镜仍多为圆形,到唐代中期后,多有方形、葵花形、菱花形、荷花形等,并开始出现有柄铜镜。镜钮以圆形居多,也有兽形钮、色形钮和花形钮。盛唐时,大量采用瑞兽、凤凰、鸳鸯、花鸟等纹饰。精致的唐镜还使用镀金、贴银、螺钿和宝石镶嵌等工艺。也有题诗兼画、图文并茂的装饰,诗句风雅成趣,书法圆浑秀丽。有些还以人物故事装饰铜镜,如伯牙弹琴、嫦娥奔月等。也有铭文骈体诗文式,如:"灵山孕宝,神使观炉,形圆晓月,光清夜珠","赏得秦王镜,判不惜千金,非关愿照胆,特是自明心"等。①

明代在青铜器生产、使用上,有两事素为世人乐道,一是永乐年间铸造的华严钟,一是宣德年间铸造的宣德炉。北京的大钟寺,原名觉生寺,觉生寺的大钟是明代永乐年间铸造的,所以叫"永乐大钟"。大钟所铸经文,几百年来误传是《华严经》,故有"华严钟"的叫法。近年查明钟上所铸乃以《法华经》和明永乐帝御制的《诸佛世尊如来菩萨尊者神僧名经》为主的八种经,

---

① 柳坡、博溪:《故宫观澜》,紫禁城出版社,2009年,第149页。

并无《华严经》。永乐大钟有"五绝"。第一绝是形大量重、历史悠久;第二绝,铭文字数最多;第三绝是音响"幽雅感人、益寿延年";第四绝是其科学的力学结构;第五绝是其高超的铸造工艺。这口大钟直到现在,仍是中国传统佳节贺岁祈福、辞旧迎新撞钟仪式的吉祥瑞物。明代对后世尚有一种影响最深之铜器,称为"宣德鼎彝"。因以各式焚香炉为主,又称"宣德炉"。我国焚香之俗,大约始于商周。焚香用途有三:一为熏衣,达官贵人或文人学士,凡入朝觐见,或拜尊贵,或参加重要聚会,必先熏衣,方不失礼仪。二是熏书,一则免除恶臭,使读者心情愉快,益于理解及记忆,再则香味可杀死一部分蛀虫,益于书之保存。三是礼神,用焚香来表示对神灵与祖先的崇敬。宣德炉为仿古铜器,式样不一,凡前代铜器精美者,无不具备。其主要有鼎炉、彝炉、鬲炉、敦炉、钵炉、洗炉、筒炉、乳炉等,并按唐宋各式礼器及五大瓷器名窑的瓷器进行仿制。民间以炉焚香的习俗在我国有着悠久的历史,通常人们为了礼仪将衣服薰香,更多的是古代文人雅士喜欢在读书、写字的书房内,焚上一炷香,营造"红袖添香夜读书"的文化意境。因此,早在汉代以前就出现陶、瓷、铜、铁、瓦为材料制成的香炉。元末明初随着铜器铸造业的迅速发展,原先其他材料的香炉,逐渐被铜香炉所取代,明代宣德年间是铜香炉制作的巅峰阶段。总之,无论是国之礼器钟鼎,还是民用文化生活之铜器如铜镜、香炉,都有束己尊人、以正君子之容、以成端庄礼仪的文化意蕴。中国古人喜用铜器于祭祀活动乃至日常生活活动,皆源于传承正容端礼之家风。

比德于玉。中国传统建筑家居中常常以玉为饰,以传礼乐之风。中国人何以用玉装点家居? 这是因为,在中国传统文化中,玉不仅是美的象征,更是德的象征。古往今来,中国人仍常常"借玉比德",借玉内质的温润光洁来比喻正人君子品德的高尚,比如"谦谦君子,温润如玉"。孔子说:"礼云礼云,玉帛云乎哉? 乐云乐云,钟鼓云乎哉?"①在玉帛钟鼓的礼乐文饰中,玉具有相当重要的意义,因为它是德的象征。"君子以玉比德",是中国人的一种普遍的审美观念。关于玉之德性,并不是只有孔子对之有过系统论述。中

---

① 《论语·阳货》。

国古代历史上较为系统地论述过玉德的权威专家还有管子、荀子、许慎。最早提出玉德论的，是春秋早期的齐国相管仲，他在《管子·水地》篇中论玉有九德："夫玉之所贵者，九德出焉。夫玉温润以泽，仁也；邻以理者，知也；坚而不蹙(cù，皱、收缩)，义也；廉而不刿(guì，刺伤)，行也；鲜而不垢，洁也；折而不挠，勇也；瑕适皆见，精也；茂华光泽，并通而不相凌(侵犯、逼近)，容也；叩之，其音清扬彻远，纯而不杀(减少、削弱)，辞(说话动听，言而有信)也；是以人主贵之，藏以为宝，剖以为符瑞，九德出焉。"[1]管仲注意到了玉石的九个特征，对应着人的九种品质，以比拟喻说的手法，以玉比人，认为君子也应该如玉一样具备九种品德，即仁、知、义、行、洁、勇、精、容、辞。

又后来，孔子提出了玉的十一德论。《礼记·聘义》载：子贡问于孔子曰："敢问君子贵玉而贱珉(hūn，古同珉)者何也？为玉之寡而珉之多与？"孔子曰："非为珉之多故贱之也，玉之寡故贵之也。夫昔者君子比德于玉焉：温润而泽，仁也；缜密以栗(像板栗一样坚实密致)，知也；廉而不刿(guì，刺伤)，义也；垂之如队，礼也；叩之其声清越以长，其终诎(qū，通'屈'，弯曲)然，乐也；瑕不掩瑜，瑜不掩瑕，忠也；孚(信实)尹(有权)旁达，信也；气如白虹，天也；精神见于山川，地也；圭璋特达，德也。天下莫不贵者，道也。《诗》曰：'言念君子，温其如玉。'此之谓也。"[2]这里，孔子赞颂了玉的诸种品质，实际上是教导人们要学习玉的品性，为人当有玉之德性。孔子将玉的十一个品质与君子的"仁、知、义、礼、乐、忠、信、天、地、德、道"十一种品德相比，认为要具备与君子的十一种品德相对应的品质的美石，才是玉。与管仲相比，两人对玉的光泽、质地、断口、声音、瑕疵五个特征都相同地给予了关注，但对应"德"的含义略有不同；孔子更注意玉石的重要用途制作圭、璋，和它所表现出来的精、气、神、天、地、道六个精神层面上的特质。[3]

又过了一百七十多年，战国末期赵国的另一位哲人荀况，在他的《法行篇》里提出了玉的七德论。荀子认为：玉"温润而泽，仁也；栗而理，知也；坚刚而不屈，义也；廉而不刿，行也；折而不挠，勇也；瑕适并见，情也；叩之，其

---

① 《管子·水地》。
② 《礼记·聘义》。
③ 祁建明：《中国古玉和玉文化》，云南科技出版社，2012年，第87页。

声清扬远闻,其止缀(连接,缭绕)然,辞也"①。荀子提出了玉有七德:仁、知、义、行、勇、情、辞。距荀子之后三百六十多年的东汉许慎在其《说文解字》中认为:"石之美有五德者",五德指"润泽以温,仁之方也,鰓(sāi,角中骨,其与外骨'虽相附丽而不能合一')理自外,可以知中,义之方也,其声舒畅,专以远闻,智之方也,不挠而折,勇之方也;锐廉而不忮(zhì,违逆,刚愎),絜(通'洁',以刀割草并整理束之是絜之范式。水、絜两范式叠加)之方也",许慎对管子、孔子、荀子三位先哲的玉德论进行了汇总比较研究,从中提炼出与人的品德联系最紧密的五个品质特征,并将这五个品质与君子的仁、义、智、勇、洁五种品德相对应。

　　四位古代哲学家玉德论的共同之处都是把人的品德借喻于玉的品质,共同借喻的是玉的光泽、质地、断口、硬度、声音,其他的则不尽相同。而喻为品德时,只有光泽的温润喻为"仁"是相同的。在思想家、理论家的推崇下,逐渐由"以玉比德"的理论阶段,发展为全民佩玉以显德性的制度化阶段。儒家弟子大力推崇玉德,在儒家的道德思想上讲究"君子必佩玉""无故,玉不去身"等,这就把佩玉之行与载玉德于身而成为道德高尚的君子联系了起来。文人以佩玉来表明自己是一位品德高尚,理应受到信任和尊重的君子。同时,佩玉在身以规范自己的言行不要越规出格,不遇凶丧之事不能将玉佩解下来。儒家"君子比德于玉",将玉道德化、人格化的思想理论大大强化了玉的文化含量,使玉文化在中国传统文化中占有重要的地位,使华夏祖先爱玉、崇玉的情结得以继续升华,在社会中引起广泛影响,为后来贵族阶级选择"玉"作为其政治思想和道德观念的载体作了强有力的铺垫。蔺相如出使秦国"完璧归赵"的故事,突出表现了玉的精神内涵,借"宁为玉碎,不为瓦全"颂扬了中国人恪守信约的美德和舍生取义为正义而献身的道德情操,充分体现了中国传统文化中君子的高尚人格和气节、优良的品德以及生活的理想。因此,凡君子"必佩玉","君子无故玉不去身","比德于玉"也成为一种家风得到世代传扬。

　　玉德符礼。所谓"玉德符礼",指的是用玉的德性、品质来装饰、配享礼。

_____

①　《荀子·法行》。

中国古代，人们对玉器成品的优劣，是从"德"和"符"两方面评估的。"德"指的恰好就是玉的品质，即光泽、质地、硬度、韧性、声音等。人们使用"德"来统称玉的品质，并与日常生活中君子行为品德相比，两者互为因果，互相映照而相得益彰，珠联璧合。"符"有两个含义，一是指颜色，二是指饰纹。以古时用玉的文化历史来看，应该主要是指饰纹，偶尔才附带指颜色。这可以从"德"与"符"评估标准变化的历史过程中得到验证。

在春秋战国及其之前的上千年里，评估标准是"首德次符"①，即首先看品质，其次看饰纹。因为当时加工水平有限，玉器多为素身，玉器以造型为主，饰纹为辅；而且，春秋战国时期已使用和田玉为玉料，当时发现的和田玉，除仔料有褐糖色外，多为润泽的白色系列，无更多的颜色可"首"；故德为首，符为次。在上述管子、孔子、荀子、许慎四位哲人的玉德论中，均无一人论及颜色，这说明在当时人们的认知中，玉的颜色、饰纹与人的品质、德性还没有引起关联和重视。故这一时期"首德次符"是合理的。然而汉之后，玉器不仅造型多样，而且饰纹日渐丰富并日渐精美，人们的审美观发展到了注重装饰性的细节，装饰图案的比重上升，评估标准因而变成了"德符并重"。因玉料未变，仍以和田玉为主，和田玉虽有"糖玉"褐色、"碧玉"绿色之分，但白色玉在数量上仍占绝大多数，可见"符"的内涵主要是指饰纹而不指颜色。到了隋唐及其之后的一段时期里，由于浅浮雕、高浮雕、镂空雕等工艺技术的发展，饰纹内涵扩大，各种写实和抽象的龙凤花鸟、仙人神兽、溪流梦境，带给人们更多的艺术美感享受，故"符"的饰纹功用更受重视，超过了玉质，评估标准变成了"首符次德"，即首先看雕什么、雕工如何，其次才看品质如何。当然，到近现代，随着社会的发展，可使用的玉石种类增多，各种玉石千差万别，千姿百态。它们在长期的发展中，都建立和形成了自己更加客观和细致的评估体系，不少玉种的颜色也成了评估的重要指标，例如翡翠、独山玉、大同玉、黄龙玉、战国红、南红、天河石、澳玉、石林彩玉等，颜色特别重要并分出详细级别。

总而言之，无论"德"与"符"的权重和地位怎样变化，玉德论在中国奴隶

---

① 祁建明：《中国古玉和玉文化》，云南科技出版社，2012年，第89页。

社会向封建社会过渡的历史时期产生,在皇权专制社会中繁衍,对玉从"神格化"向"君格化"转演推进,对玉从神用转化为人用,起到了至关重要的作用。玉德论对中国人形成爱玉、用玉、崇玉、贵玉的独特文化和传统,无论在当世和后世,都产生了深刻而久远的影响。为此,有专家将中国玉文化发展史划分为"神玉时代""王玉时代""民玉时代"。① 此观点认为,在西周之前数千年时间里,玉器成了亚洲东部几乎所有部落共同使用的神器,玉代表着天,是神灵的象征,被称为"神玉",这一时代便是"神玉时代",因由巫觋(xí)操持,故又称"巫玉时代"。自秦始皇开始,玉的神权被王权所代替,由"以玉祭天"转化为"以玉奉天",玉成为王权的象征,历代皇帝以玉玺为执掌王权的标志,"王玉时代"得以确立。到了民国初期,随着封建王权社会解体,人民获得了平等的治国权利,迎来"民玉时代"。玉不再是君王独掌权力的象征,而成为普通民众所广泛使用,成为美化生活的日常生活器物和装饰。玉器走过了"祭天以玉"的神玉时代、"奉天以玉"的王玉时代和"尚美以玉"的民玉时代。寻常百姓逐渐形成了"玉德符礼"的家风。

玉饰君容。玉帛服饰的作用在于美饰、成就君子之容。我国玉饰文化有着悠久的历史,迄今考古发掘最早的辽河红山文化、太湖良渚文化玉饰品属新石器时代早期,距今已有七八千年的历史。进入阶级社会后,随着人们对玉饰的认识、理解的不断深化,玉饰被赋予了越来越多的文化内涵,它既是人的品德、身份、地位和富贵等级的标志,又是祈求吉祥、驱凶辟邪的瑞物。正因为玉饰具有如此丰富的文化内涵,所以经历数千年而始终不衰,成为任何一种质地的装饰品都无法替代的装饰品。经过殷商"神玉时代"的发展,玉器制作已经达到相当高的水平,玉饰君子之容呈现出"典雅古拙"的特征。及至周王朝,由于君王极力推行等级制和"礼制玉",玉饰被赋予了种种道德文化和政治的内涵,成为贵族社会生活中不可缺少的东西。从天子到士庶,无不以佩玉为尚,而且不同等级身份的人其佩戴玉饰的数量多少、质量高低也不尽相同,这种时尚极大地推动了西周玉饰的发展。春秋战国时期,随着玉器道德化、政治化观念的日益加深,玉饰品更为发达,最具特色的

---

① 祁建明:《中国古玉和玉文化》,云南科技出版社,2012 年,第 52 页。

是成套佩玉的出现和风行，其时"人事渐复、夸多斗靡，列鼎编钟，物必成套。佩玉亦然"①。这一时期玉饰君子之容呈现出"繁缛华丽"的特征。②

有学者从周代玉器制度文化角度进行了研究，认为玉是周代主流社会主导思想的载体和象征物，玉文化在周文化中居于核心地位，周代玉文化是中国玉文化发展历程中的最高峰。周代用玉制度的演变可分为三大发展阶段：第一阶段"萌芽期"（西周早期至西周中期前段），用玉制度特点是审美意趣有一定的原始性，"民俗性"器类常见，具有等级意义的器类如大型石玉圭、饰棺用玉、玉覆面和墓祭用玉等则罕见或不见；第二阶段"高峰期"（西周中期后段至春秋），其特点是审美意趣表现出"尚文"的倾向，礼制性玉器如大型玉石圭、饰棺用玉、玉覆面和墓祭用玉出现并盛行；第三阶段"变革期"（战国时期），传统器类出现革新，新旧器类开始更替，礼制性器类在低等级墓葬中开始使用并流行。从用玉制度等级表现来看，周天子之下的诸侯、大夫、士及庶民四个等级在用玉方面可分为两大阵营，诸侯和大夫属第一阵营，士和庶民为第二阵营。在两大阵营的内部，用玉情况较为接近；而在两大阵营之间，用玉情况则有不可逾越的鸿沟。其中第一阵营普遍用玉随葬，而且使用的器类多、数量大，第二阵营的玉器墓比例明显低于第一阵营。此外，高级玉料、主要器形、有纹玉器多用于第一阵营人群，而第二阵营则多用低级玉料、次要器形、少纹或无纹玉器。从性别角度考察用玉状况，周代服饰用玉具有明显的"男卑女尊"特点，即男性较少使用而女性多用，礼仪用玉则是"男尊女卑"，男性多用而女性少用，在丧葬用玉上则表现为"男女平等"，即无明显的性别差异。在地域特征上，周代用玉明显表现出南北分野现象。北方是周秦文化系统，南方是楚与吴越系统。两大系统在服饰用玉等习俗层面上基本相同，但在礼仪层面上却表现出较大的差异，前者普遍使用瑞圭和饰棺用玉、玉覆面等，后者则根本不用。③ 由此看出，玉饰君子之容从周代即以成风。

君子之容有何特征？中华传统典籍《易经》《黄帝四经》和《尚书》中记

---

① 王晓华：《玉饰》，吉林出版集团股份有限公司,2008 年，第2 页。
② 王晓华：《玉饰》，吉林出版集团股份有限公司,2008 年，第12 页。
③ 孙庆伟：《周代用玉制度研究》，上海古籍出版社,2008 年，序一（李伯谦），第2 页。

载了从伏羲氏到黄帝、大禹，再到周成王这三个历史阶段的君子之容："乾之又乾""歉之又歉""有孚（fú，诚信）好遯（dùn，通'遁'）。"①《易经》云："乾，……君子终日乾乾，夕惕若，厉无咎"；"坤，……君子有他往，先迷后得主，利"；"屯，……即鹿无虞，惟入林中；君子几，不如舍，往吝"。其大意就是："乾卦，象征天，……君子终日健行不息，时刻戒惕警惧，这样即使遇到危险，也能免遭灾难"；"坤卦，象征地，……君子出行，在开始的一段时间里，会迷失方向，继而就会寻得到所要追求的目标了，因此说，这些表现是既顺利的又不顺利的"；"屯卦，象征初生，……追捕山鹿时没有虞人作向导，结果便误入到了茫茫林海之中，在这样的情况下，君子与其继续追逐，不如舍弃，如果仍一意前往，恐怕是追逐不到鹿，还会使自己遭遇艰难"。在《黄帝四经》中，记载着"君子卑身以从道"的仪容："智以辩之，强以行之，责道以并世，柔身以待之时"②，这里"卑身以从道"形象地勾勒出君子之形，完整地体现着君子谦虚、智慧、努力前行的品质；而"柔身以待之时"，则是君子为民、为国、为天下、为鬼神、为天地而表现出的毫无懈怠的精神。这一时期玉饰君子之容呈现出"简朴神奇"的特征。根据考古资料分析，这一时期的玉饰品以环类（包括简状的环饰）为大宗，有臂环、镯、指环、珠、璧、瑗、玦、璜等。同时，还有不少颇具特征的饰品，如垂饰玉片、箍形器、锥形坠、成组的珠管串饰和笄（jī）、梳等。从装饰人体的部位来看，早期比较重视发饰、耳饰和颈饰，然后逐渐发展到几乎遍及全身的各个部位，如胸饰、腰饰、腕饰。这一现象在黄河、长江的下游地区反映得尤为突出。

由此观之，中国的早期君子，其轮廓性的标志就是"乾之又乾"和"谦之又谦"，它们通过"有孚"的诚信便完成了统一，此时的君子还向往神明，并且能从道而德，最后终于在商末周初，走上了中国的政治舞台，肩负起了治理国家的重任，于是"有官君子"大行天下，君子在位数百年。

玉饰君子之容在周朝呈现出"典雅古拙"的特征，及至春秋战国时期，玉饰君子之容呈现出"繁缛华丽"的特征。孔子在《论语》一书中多次提出"君

---

① 谭长流：《君子哲学》，九州出版社，2011 年，第 20～30 页。
② 《黄帝四经·十大经·前道》。

子",并对其道德内涵进行了多方面、多角度的阐释,在孔子看来,"君子义以为质,礼以行之,孙(逊)以出之,信以成之。君子哉!"由此看出,坚守道义、恪礼遵行、谦逊诚信、温柔敦厚成为儒家"君子之容"的标准画像,这不仅是一种儒者所追求的君子风度,也成了中华民族的民族性格的基本特征。玉饰君子之容的艺术作用不在于娱乐,而在于现实政治伦理道德的教化。中国传统家风玉饰艺术的目的不在于在感官娱上获得美感,玉饰艺术的真正用意是用来宣传理性的思想内容,传达传统家风道德教化理念。于是宫廷和家居建筑的方位选择和结构设计也好,家国钟鼎示礼也好,君子以玉比德也好,玉德符礼也好,玉饰君子之容也好,便都沿着如何使形式更完美地表达内容这条统一的思路上行进。正如黑格尔所说的:"象征首先是一种符号。不过在单纯的符号里,意义和它的表现的联系是一种完全任意构成的拼凑。这里的表现,即感性事物或形象,很少让人只就它本身来看,而更多地使人想起一种本来外在于它的内容意义。……艺术的要义一般就在于意义与形象的联系和密闭吻合。"①中国的宫殿、家居饰品象征型艺术,正是这种"意义与形象的联系和密切吻合"的艺术,通过宫廷家居器物、人体服饰饰品来表达传统家风文化的美好期许。

二、雕器绘饰,尚君子风

家风不仅可以通过建筑样式来传达,也可以通过家居建筑器物饰品来表现。玉帛钟鼎常常用于象征和配饰君子之容,雕器绘饰常常用于汇聚和凝贮君子之风,从而对家族成员熏染齐家理念、传递美好家风。雕器绘饰呈传家风的方式主要有:汇聚文气、寓意祥和、汇儒传风。

凝聚文气。所谓"凝聚文气",是指建筑家居利用雕器绘饰的内容、样式来凝聚文人气息,从而使家族成员融渗、涵养文人气质。孔子曰:"质胜文则野,文胜质则史。文质彬彬,然后君子。"②文化气质乃君子之风首要特征,我

---

① 黑格尔:《美学》(第二卷),商务印书馆,1979 年,第 10 页。
② 《论语·雍也》。

国传统家居十分注重用雕器绘饰来渲染君子之风、凝聚文气。例如，山西静升王家大院注意利用"三雕"来凝聚文气。所谓"三雕"，是指砖雕、木雕、石雕。砖、木、石三雕，是民间实用美术和建筑装饰艺术的有机结合，它在"实用、坚固、美观"三要素的总体制约下，具有一定的审美法则和形式规范，已成为一个独特的艺术门类。这些由文人、画家和雕刻艺人共同参与创作的一件件雕刻艺术品，既反映了整个华夏民族在一定历史时期内的文化心理、道德观念，也表达了不同地域、不同身份人们的品位修养和人格追求。除宫殿、庙宇之外，"三雕"艺术和民居建筑更为密切相关。王家大院的砖雕，以砖块雕镂或模型烧制，最多见的是屋脊、望兽和房顶边沿上的瓦当。它们的图案不同，寓意不同，在比较衬托中使整体建筑又增加了一定的美感。

王家大院典型的屋脊砖雕"悬鱼惹草"比喻廉洁奉公，不贪私利。典出《后汉书·杨续传》，说的是常阳太守杨续平叛有功，却依然敝衣薄食，其下属献生鱼数条以滋补身体，杨续将鱼悬于庭前。过了几天，下属又来送鱼，杨续指着庭前所悬鱼以示拒绝。悬鱼示廉由此而来。王家大院的望兽，均为张口兽，有别于一些纯商贾人家屋顶上的闭口兽。据说是因为王家居官者较多，惯于望风畅言。屋顶是建筑的冠戴，那一个个以亭阁式为主的烟囱，像一个个音符似的点缀在高高的天际线上，也不失为一道亮丽的风景。建造在高家崖敦厚宅门前的大型砖雕"狮子滚绣球"照壁，采用高浮雕手法将戏球玩耍的三只狮子用"龙凤喜相逢"的造型雕刻出来，借"狮"的王者风范隐喻主人官高位显。同时，借"狮"与"嗣"谐音企盼子孙兴旺，路路通畅的绣球和连绵飘舞的彩带，无不展示着家庭和美、好事不断的吉祥愿景。顶部雕道家人物，背面为四季花卉，再配以公鸡、鸳鸯、鹌鹑、喜鹊，则谐音加企盼，使出意为"功名富贵""鸳鸯贵子""安居乐业""喜上眉梢"，人们祥和幸福的美好追求，尽在其中。一幅名为《鹿鹤同春》的大型砖雕，分别镶嵌在凝瑞居的大门两侧，构思精巧，高浮雕手法，画面上鹿跃松林，鹤映寿石，鹿回头，鹤昂首，一呼一应，和谐对称。鹿鹤与"六合"谐音，意为天地上下，春光共浴。在这里，古者今人，人同此心，希望的都是国泰民安。

王家大院的木雕，品类繁多，题材各异，有浮雕、有圆雕、有阴刻阳刻和镂空。从不少院落的廊檐看，冀拱、挂落、枋心、雀替、抱头梁、穿插枋，整体和谐,局部细腻,全都是一丝不苟的精品。红门堡绿门院后院的通廊木雕《满床笏(hù)》,壮观地表现了唐代大将郭子仪六十寿辰时,七子八婿皆贵为显要、笏堆满床的盛况,同时也寄托了主人福禄寿考、富贵昌达的憧憬。清代美学家李渔在他的《闲情偶寄·居室部》中,创造性地提出以山水画作窗、以梅作窗和以"尺幅小窗"为"无心画"的审美理论。"尺幅窗""无心画"的意思是说,暖天窗户上不安窗棂,借屋后真山真水入窗,从室内外观则是一幅美好的山水画,窗框即是画框;冷天则用厚纸作一幅等窗户大小的山水画贴在窗框上。如此便成为李渔所说的"是山也可以作画,是画也可以作窗"。那么窗前屋后无景可取者怎么办?李渔主张采取"移天换日之法",雕以花卉虫鸟,以"人力补之",这样可以使主人足不出户而似置身于丹崖碧水、花香鸟语之中。王家"敬业堂"后室窗户即变天然景观为人工雕刻,不仅是李渔美学观点的实践,而且在很大程度上有创造、有发挥。由凤凰戏牡丹、喜鹊登梅、琴棋书画、一品清廉、修竹劲松、杏林春宴、玉兰锦鸡组成的木雕窗棂小景,分别寓意荣华富贵、喜上眉梢、儒雅清高、公正廉洁、一举及第、玉树临风、五德俱全等,这种格式化的装饰使后室之中有虚有实,有情有景,情趣盎然。王家大院竹雕家训更是令人叹为观止。静升王氏家训是清乾隆十八年(1753年)静升王氏十六世祖王廷璋创建王家大院五堡之一"和义堡"时,借用北宋贤士张思叔的《座右铭》立下的家训:"凡语必忠信,凡行必笃敬。饮食必慎节,字画必楷正。容貌必端正,衣冠必肃整。步履必安详,居处必正静。作事必谋始,出言必顾行。常德必固持,然诺必重应。见善如己出,见恶如己病。凡此十四者,我皆来深省。书此当坐隅,朝夕视为警。"教育后世子孙注意一言一行,律己修身,以忠信为本,从善如流。

王家大院的石雕更不同一般,刚中见柔,别具风韵。柱础石花样翻新,承载着栋梁大厦。灯笼形、圆鼓形、六角形、宝瓶形……举重若轻,二百年面不改色,使得这重臣大员般的明柱不因长久接触地面而被腐蚀腐烂。石雕看面墙"路路清廉"画面由两只鹭鸶和荷花茨茹鱼组成。画面借"鹭"与"路"谐音,"莲"与"廉"谐音,喻指为官者当清正廉洁。"松竹梅兰"石雕门枕石在王家大院有两处,画面有文气十足的松竹梅兰花卉造型,其独特之处在于"形内套形",花中藏字。粗览为花,细观是字,字画拟合,相映成趣。松竹梅兰自古被称作"四君子"。画面寓示后人学习松之劲节挺拔、梅之不畏严寒、竹之坚贞节操、兰之高风亮节。石雕壁心"海水朝阳"图为一轮红日从海面冉冉升起，祥云朵朵，蝙蝠翻飞，寿山隐现，寓意"寿山福海"。该图纹因明代刘基"福如东海，寿比南山"之语得名。故明代官服出现了"立水朝日""卧水朝日""仙鹤立水"等纹饰图样。其寓意为正大光明、秉公执法、廉洁奉公。墙基石雕"乳姑奉亲"取材于"二十四孝"故事，其背景为玉兰盛开庭旁，牡丹、荷花争奇斗艳，花猫口衔家雀嬉戏阶前，寄托的是妻贤子孝、家庭和睦的祝愿，显示的是玉堂富贵、清廉耄耋的景象。安敦门贝叶匾额石雕文气十足。贝叶是印度贝多罗树的叶子。这种叶子用水沤过晾干可以代纸写字，印度人常把佛经写在贝叶上，世人尊为"贝叶经"。这里雕成贝叶造型，是想借佛门禅意恭祝家和安宁、福敦寿长。书院前院西门洞上有一个石雕匾额，造型宛若一册在手展开的画卷，中书"探酉"二字。酉即西室，在湖南沅陵县小酉山上，室内藏书千卷，传说秦始皇焚书坑儒时，咸阳书生曾避难就读于此，因此"探酉"意指研究学问，探讨知识，点明此处建筑主题是书院。红门堡内那幅高浮雕照壁画面上有山、水、桥、柳、石、亭、松、鹿，人物活动其间，表现了渔樵耕读的平常生活。该石雕被名为《四逸图》，一个"逸"字，便有了意味和意境。凝瑞居后院，一块又一块的墙基石，一石一画，一画一典，"五子登科""吴牛喘月""指日高升"……全是王家人对后辈的期盼与教诲。[1]

寓意祥和。所谓"寓意祥和"，是指建筑家居利用雕器绘饰的内容、样式来营建吉祥和睦氛围，从而使家族成员养成处事中庸、追求和合的习惯，为成就君子之风创造条件。如何利用家居雕器营造祥和氛围？儒家文化认为，同声相应，同气相求，和谐也。祥和，是中国传统文化重要的概念范畴，也是中国传统建筑家居雕器绘饰所要表达的核心内容。"家和万事兴""和为贵""和气生财""和合二仙"等饱含传统"和"文化的意蕴与图案经常出现在明清东阳民居建筑木雕中。[2] 从保存下来的东阳古民居中的木雕来看，"和"文化以儒家文化为主体，木雕绘饰注重以"和"至"祥"，以"祥"促"和"，

---

① 侯廷亮、张百仟、温暖：《王家大院》，山西人民出版社，2002年，第38页。
② 张伟孝：《明清时期东阳木雕装饰艺术研究》，上海交通大学出版社，2017年，第113页。

通过营造祥和家风来培养造就更多"君子"。东阳民居木雕"和"文化表现在以下四个方面。

其一，追求木雕色调素雅之和。东阳木雕与其他地区木雕最大的不同，是一种清淡素雅的艺术，是唯一应用于建筑装饰的清水"白木雕"，是一种典型的平民化艺术。东阳建筑木雕基本上都不作表面处理，不上色，不着混油，只上清油漆，利用樟木、椴木等色泽清淡、纹理精美的木料来雕饰，保留原有的木泽纹理，是一种真正的本色木雕，构造出一种简约、朴素、低成本的美。东阳建筑木雕几乎不施斗拱与彩色，与东阳的农耕文化也相协调，这种素雅的"白木雕"艺术恰与江浙文人雅士清高隐逸的审美情趣相契合。当然，这种不饰色彩的风范，一方面源于制度规定（例如，宋代民居建筑雕饰制度规定："凡民庶家，不得施重拱、藻井及五色交体彩为饰"；明代规定："不许施斗拱、饰彩色"；清代则沿用明代的制度），另一方面也源于这个地区人们的清雅生活习惯和喜好。与其他地区的木雕相比，东阳木雕在材质上的选择较为宽泛，不刻意追求名贵材料。木质坚韧细腻的柏、椿、檀、楠木、银杏等，一般质地的榉、梨、樟、松、椴、杉木都用。东阳木雕处理和利用原材料本色纹理的方式有两种：一种是不施油漆，保留木材自身的木纹肌理，保留材质的原生态之美，追求自然天成的装饰效果；另一种是将不同材质的木雕画面与边框巧妙组合在一起，一般不饰油漆，与不同材质不同木纹肌理形成对比或衬托，强化装饰感，丰富美感和表现力。东阳木雕先用优质细纹木材原色板制作绦环板，在上雕绘"徐稚救树、米芾拜石、王羲之爱鹅、陆羽品茶"等图样，然后用木纹较粗、肌理鲜明的原色木板制作装饰边框。边框很宽，四周起线，层次分明。这种处理，融自然美和艺术美于一体，中间的人物清晰细腻，四周的边框架天然质朴，连木材枝节留下的节纹都一目了然，既自然，又艺术、和谐、优雅。

其二，讲究依构美化主体之和。东阳民居建筑基本上都是"院落＋天井＋厅堂＋厢房"的组合，呈前厅后堂构造样式。前厅主要是家族聚会、结婚等庆祝喜庆之事之所，是整个建筑的核心空间；后堂是祭祀、举办丧事之所。以厅堂为中心，两边设置厢房。在木雕的装饰上各有侧重。前厅雕饰隆重，牛腿装饰都是动物，如少狮太狮、鹿衔灵芝、人物等。檐檩的雕刻更是精致无比,一般都是双龙戏珠、百鸟朝凤、百鹿飞奔、忠孝节义等。这里是家庭文化和主人尊贵形象的集中体现。后堂饰以花草图案为多,两侧厢房的雕刻相对简洁,图案趋于生活化,总体雕饰既符合封建社会家族伦理观念,又突出了主体部位木雕装饰的"和"文化理念。

其三,崇尚雅俗共赏构思之和。东阳木雕的民俗性集中体现在其民俗化的绘画图式上,喜欢选择普通百姓的心理直接需要与习惯爱好的图案和故事,有神话故事、历史传说、戏曲情节、花卉鸟兽、日常生活等。这种世俗化的内容选择也决定了其形式的选择。图文样式有:吉祥瑞兽(如龙、凤、狮子、象、鹿、麒麟),富贵花卉(如牡丹、菊花、兰花),祐民神佛(如财神、罗汉、魁星、麻姑、刘海)等形象,还有福、禄、寿、喜、万等字,云纹、回纹、钱纹一类的图纹,那是鲜明的表现。东阳木雕无论是内容选择,还是绘画图式,都有内蕴明显的民俗文化特色和儒雅气质。东阳木雕根植于婺学文化。婺学是婺州地区具有特色的悟学,是两宋之交独特的儒学家、思想家、教育家范浚开宗创建的学派。其学术思想是秉承孔孟"遗经",而参诸子史,是浙江中部地区宋元明清文化思想的主脉,是一种本土化儒学,与正统儒家"修身、齐家、治国、平天下"主流意识是一致的。东阳木雕作品明显地体现了这种一致性,如卢宅肃雍堂。现存马上桥花厅的厢房牛腿就是一个很明显的例子,人物、景物与自然协调,浑然天成,让人感受到由俗而雅、化俗为奇的和谐之美。

其四,喜用象征暗示寓意之和。中国传统文化常常有谐音的暗示和寓意。荷通"和",与莲理和白藕组成"因荷(合)得藕(偶)"的吉祥图案;与鸳鸯组成"成双作对",寓意良缘天赐,佳偶天成。又以一根茎上开出两朵荷花的并蒂莲寓意夫妻恩爱;数条锦鲤畅游于荷花丛中叫"鱼穿莲花";两条金鱼或鲤鱼环绕一朵莲花叫"双鱼戏莲",比喻夫妻欢爱,如鱼得水,夫妻和睦。和合二仙也是东阳木雕常见的题材。唐代佛教史上著名的诗僧寒山与拾得两位大师,隐居天台山国清寺,相传是文殊菩萨与普贤菩萨的化身。他们之间的玄妙对谈深奥富有哲理。清代雍正年间,寒山、拾得被追封为"和合二圣",也称"和合二仙",现苏州还有寒山寺存世。他们手中一人执荷花,一人捧吉盒,并有一群蝙蝠从盒内飞出。"荷"与"和"、"盒"与"合"、"蝠"与

"福"谐音，取"和谐好合"之意。通往大厅的门楣、门框都是浅浮雕"梅兰竹菊"的组合。梅、兰、竹、菊是中国人感物喻志的象征，梅高洁傲岸，兰幽雅空灵，竹虚心直节，菊冷艳清贞。在"和"方面体现较多的还有视觉上的和谐。在选材上直接选择与"和"相关的题材，如全家福、寿岁贺春等。总之，无论是追求木雕色调素雅之和、讲究结构美化主体之和、崇尚雅俗共赏构思之和，抑或是喜用象征暗示寓意之和，无不呈现出建筑家居的雕器绘饰"寓意祥和"的家风文化意蕴和谦谦循礼的君子之风。

汇儒传风。所谓"汇儒传风"，是指建筑家居利用雕器绘饰的内容、样式来汇聚儒学文化氛围，从而为家族成员传袭儒家君子之风提供媒传场域。明末清初是东阳木雕发展的成熟期，儒学可以说是木雕创作中雕刻形象的文化母体，每一件雕刻作品都被打上了儒家文化的深刻烙印。东阳木雕一方面通过雕刻内容来表现对儒学孝家忠国思想文化的认识和追求，另一方面在对木材质感的选择上也极力彰显对"道法自然"思想的追求。民居建筑虽然简朴大方，但在内饰雕刻上又表现得精雕细刻，俗中见雅。例如，在民居建筑斜撑、窗格、飞檐、桌椅和床榻等处雕刻蕴含恩荣、忠孝、冠礼、福寿等故事内容，用拟人化的手法雕刻动物、植物、山川和云水等纹样来传达人们心中的理想品格。巍山十字街民居门窗绦环板上雕有"梅、兰、竹、菊"花中"四君子"，象征"傲、幽、坚、淡"的世人品格。这些雕饰让人们在生活起居中能够耳濡目染、身体力行，影响一代又一代的子孙。东阳民风纯朴，民居简洁朴素，多数雕饰保持素雅之美，表面不作处理，不上漆、不上色，保留原木天然纹色和刀工技法，是真正的本色木雕，体现出一种朴实、节俭、随和之美。可以说，东阳木雕是一种本土的"布衣文化"，体现了文人雅士清高隐逸的审美情趣，雕饰图案中对弈、抚琴、品茶、读书图纹随处可见，更有捷报门檐枋当中雕有"一品当朝，加官晋爵"的画面、永康厚吴村树玉堂内的门窗绦环板上"苏武牧羊"与"渭水访贤"图纹令人印象深刻，体现了文人雅士的一种生活情趣，是儒风的外化。

位于浙江省东阳市巍山镇白坦村的福舆堂凭借着建筑与精致木雕艺术吸引了无数的观赏者，让观赏者流连忘返。福舆堂木雕常见的题材以人物、山水、花鸟、草虫为主，人物形象常出于古典文学名著、神话传说和戏曲传奇,有着浓重的儒家思想倾向。福舆堂侧门门框上有木雕门匾,上书"俭而有度"四个大字,语出《左传》。《左传·桓公二年》有云:"夫德,俭而有度,登降有数,文、物以纪之,声、明以发之,以临照百官。百官于是乎戒惧,而不敢易纪律。"①此语表达了儒家崇尚节俭和合理消费相统一的思想。福舆堂的木雕装饰主要集中在大梁、雀替、珩枋、牛腿、门窗、挂落、天花等建筑构建上,装饰过程堪称"雕梁而不画栋"。福舆堂正厅轩廊上的屋架装饰是整个建筑木雕最为集中的部分,琴枋上雕着"渭水河"等历史故事,拱、升、斗则以各种花鸟纹样串联成"百鸟朝凤""九狮戏球"等复杂的纹饰。梁眉雕刻的鱼鳃纹,刀工简练,刀法深厚,还在檩下雕刻文字,如"积德乃昌""俭而可久",体现了儒学教民勤俭节约的生活观念。福舆堂的门窗雕饰传递着浓厚的儒学文化。门窗上吉祥图案通过花卉、鸟兽、人物、器物、字体等带有吉祥寓意的事物之间的排列组合,以借喻、比拟、双关、谐音、象征等手法,来衬托、表现福、寿、喜、庆等不同的吉祥意义,寄托了人们对生活的美好愿望。在两扇板门的锁腰板上,浅刻着"现在之福(积之祖宗)不可不惜,将来之福(贻之子孙)不可不培,现在之福如点灯"②等体现儒家齐家教子理念的文字。格扇绦环板上的浅雕,人物形象生动、生活气息浓厚,直观地展现了中国古代农耕社会人们勤俭持家、自给自足、敬老爱幼、尽享天伦、科场得意、高官厚禄、世代缵缨、光耀门庭等的追求和生活理想。这些将吉祥寓意、儒学文化和雕刻图案完美结合的艺术形式在东阳民间广为流传,是世代劳动人民追求美好生活的智慧结晶,反映了当地崇尚儒风的民俗。由此可见,中国传统建筑家居喜欢利用雕器绘饰的内容、样式来汇聚儒学文化氛围,营造儒学家风,儒风也得以为子孙后代传承。

三、丹青书画,展君子述

家风不仅可以通过家居建筑器物饰品的样式和图纹内容来表现,也可

① 李学勤:《十三经注疏·春秋左传注疏》,北京大学出版社,1999年,第148页。
② 张伟孝:《明清时期东阳木雕装饰艺术研究》,上海交通大学出版社,2017年,第175页。

以通过丹青书画来表现。书法、绘画、印章是常见的丹青书画表现形式，既表达了君子之兴趣和雅好，也以书画铭志的文化形式对家族成员进行了教育引导，潜移默化地渗透了的家教风化作用。

书画形异而志趣同。中国之书（汉字）与画，从诞生之日起，就结下不解之缘，素有"书画同源"之称。中国字是点线结构，中国画则以线造型，可以说最初有文字时，很难区分它是画或字。故有人说："画乃书写之变形，书写之延展，书与画二而一，一而二。"在我国，人们总是把"书"与"画"并称为"书画"。统而言之，文字是语言的符号。古代人尊神尚鬼，遇事都要占卜，就把卜辞刻在龟甲或兽骨上，将这种文字称为"甲骨文"。在殷墟出土的甲骨文里，已出现4000个左右的单字，既有大量的指事文、象形文与会意文，也有很多形声字。青铜器出现后，人们便在青铜器上刻字或铸字，称之为金文或钟鼎文。春秋战国之交，又出现一种籀（zhòu）文，与金文同属篆书，被称为"大篆"。当时诸侯称雄，各诸侯国书体并不一致。秦始皇统一中国后，在大篆基础上制定了小篆，其特点是比大篆省略简化，笔势更为流畅匀整，此时，汉字走向规范和统一。汉代初年，程邈将篆书的笔画减少，笔势由圆易方，创"古隶"字体，迨至东汉，则演化成笔势有起有伏、撇、捺、波、磔（zhé）俱全的"汉隶"。汉末章帝时，则出现了一种结体简略、笔画流转的草书，称"章草"。汉末与魏晋间，又出现隶书的变体，称为"楷书"，南北朝又改称"正书"，也称"真书"。行书乃楷书的一种变体。从魏晋至今，中国通行的五种书体已大致确定，即篆、隶、楷、行、草。两汉魏晋时期也是中国传统家训定型时期，这一时期，儒学逐渐占据了独尊地位，封建礼教得到重视，家训中许多基本概念也产生了。父家长制大家庭世代延续，整个社会诸多各具特色内容的家训发展起来，家风家教的内容也逐渐伦理化、定型化。其实，不同的书法字体，展现的是一个时代的文化风范，也会对社会风气、家风产生影响，而家庭所陈列的字画实际上也隐喻着家风，是文人雅士君子追求的表现。大致说来，隋唐之际，楷书最盛，寓示着整个社会法度严谨，欲为后世规范，与之相适应的家教家风也是谨严、方正，家族子弟务以规矩、守序为家风要旨。盛唐草书，异军突起，笔势纵放，近于疯狂。这实际是唐朝国力雄厚、文化创造力无比自信的表现，也渐次影射到对社会风气、家教家风的影响，逐渐展现出文化的开放、包容与自信。

两宋行书特优,神采风姿,尽态极妍,以意趣为胜。两宋时期,中国社会动荡,理学兴起,宗族组织发展迅速,日益完备、系统、成熟的儒家纲常伦理思想通过各种途径深入家庭、宗族之中,中国家训家风进入了一个更为完善、定型并走向繁荣的时期。字体神采飞扬与家风繁盛相得益彰。这一时期书画家也是情得意满,志趣盎然。如米芾、黄庭坚、苏轼、宋徽宗等人书画都展现出这种君子追求自由情调之风姿。元代人以复古为宗旨,追摹魏晋,楷、行、草并重。在政治上,蒙古族统治者也认识到封建伦理道德对于政权统治的重要性,效仿宋代统治者倡导尊孔崇儒,采取"文治"策略,敕修孔庙,封孔子后人,崇尚理学,维持三纲五常道统,都给社会、家风带来了积极影响。这一时期郑氏家训家风成为社会亮点,受到政府表彰。元代并重多种字体书法,重视循古传风,也促进了传统家风的建设与传承。明及清初,书法亦踵继元贤,直追晋唐的楷、行风范,家风家训也达至鼎盛时期。清代中叶,考据学昌盛,研究金石碑版,特重北朝碑刻,而篆隶书法,亦随之复兴。这一时期处于向现代家庭转型时期,传统家训日渐走向衰落,一些儒家仕宦、文人,如曾国藩、左宗棠、康有为、梁启超、谭嗣同等犹如中流砥柱,将仕宦家训家风推向峰巅,社会显贵阶层纷纷效仿,通过装点家居书画延承中华传统家风。

远在新石器时代,中国先民们就在器皿上作画。夏、商、周三代,则画之于铜、玉、陶、帛之上,意匠愈趋缜密,极尽变化之能事。汉朝绘画,题材多取于人物、禽兽,施之于石刻、墙壁及缣素,造型以雄深厚重为主。绘画的目的在"成教化,助人伦"。魏晋南北朝,唯美理念日渐成熟,人物画既具"容止有度"的优雅风格,也有豪迈不拘的粗犷作风。其时佛教盛行,加之老庄的隐逸思想,儒家的有为有守,促使画家酷爱自然,藻绘山川烟峦。隋唐时,画科日趋多元,人物画多坚实壮丽,蔚为高峰,山水画亦发展成熟,以明丽辉煌取胜,后又兴起以墨代色,用水墨渲染。晚唐五代,花卉翎毛亦兴,富贵与野逸两种画风并称于画坛。宋代,山水画造境之美,无论是北国的雄伟峻厚,南国的明媚秀润,皆令现赏者如人可行、可游、可居之境。其人物、翎毛、花卉,非但状其形貌,更能表达其性情意志,极一时之盛。元人画风,转趋于抒发性灵,视笔意墨趣为性情所寄,崇尚简逸淡雅。明建国之初,犹有元代文人画的遗风,旋即师承南宋院体,水墨淋漓,后又接近于温文雅逸的文人画风。晚明清初,文人画风益趋兴盛,既有摹古作风,也有独立不羁直抒襟怀的创作新貌。清代中叶时,更趋于发挥画家个性。晚清时,由于金石学的影响,画风则以气势磅礴为胜。从总体而言,我国绘画可分为工笔与写意两类,画家多受中庸思想之影响,虽描绘精细入微,也不全拘泥目中形象,虽随意挥洒,也不全然离真背实。其构景布局,从千山万壑,孤峰独树到一花一叶,以及人物的呼应顾盼,总以引导观赏者的感情移入,如入真境,得天人合一之趣。① 书与画虽在形式上逐渐分离,可它们在艺术追求、志趣上始终相通,都追求作品的运笔美、结构美与布局美,讲究和谐,这与家风所崇尚理念一致,故书画常居厅堂要位,以期给家族成员潜移默化的教育影响。

书画传文达意抒情。书画艺术不仅在传达的志趣上具有一致性,两者在美学造作、情怀抒发、意境营造等方面也有千丝万缕的联系。从书画技能习练过程来看,书与画都以毛笔做工具,国人少时多先习书法,然后再把驾驭毛笔的技法运用到画法上,故我国画家多来自书法家,二者兼备。当然,书法家并非全是画家。从书画情感抒发来看,中国画十分重视题款,②因为题款往往是写意画作心情的独白与勾勒,经过文字的提点,使画作有了情感和灵魂,引起观赏者的同感,达成心灵的交流与耦合,使书画更加光芒四射。画作题款也有在画幅上题写诗词、跋语,抒发情怀,而这些内容有时恰恰是作者想要着意表达的,想以这种方式传递给子孙,以期家教之用。北宋画家米友仁画《潇湘奇观图》长卷,自题跋语云:"夜雨欲霁(jì),晓烟既泮,则其状类此。余盖戏为潇湘,写千变万化,不可名神奇之趣。"《潇湘奇观图》卷所描绘的并非仅仅是湘江景色,而是借作者居住的镇江景致忆念梦里潇湘。此作以独特的笔法、墨法营造画面烟云氤(yīn)氲(yūn)、雾霭迷蒙的气象,探索追求一种自由自在的写意风格。扬无咎画《四梅图》,为之赋词,分咏四梅,并题跋曰:"范端伯要予画四枝,一半开,一欲开,一盛开,一将残。仍各

---

① 柳坡、博溪:《故宫观澜》,紫禁城出版社,2009 年,第 176～177 页。
② 所谓题款,是指画者在画幅上题写自己的姓名与作画时间、地点,此为落名款。

赋词一首。画可信笔，词难命意，却之不从，勉绚其请。……伯端，变世勋臣之家，了无膏粱气味，而胸次洒落，笔端敏捷，观其好尚如许，不问可知其人也。"此处所言伯端乃范仲淹之曾孙。范仲淹曾在《岳阳楼记》中云："先天下之忧而忧，后天下之乐而乐"，以此语明志，心系天下苍生，此语成为传家之训，其孙当然"了无膏粱气味"。

　　南宋人马远画《踏歌行》，幅上端有宋宁宗赵扩题诗："宿雨清畿甸，朝阳丽帝城。丰年人乐业，垄上踏歌行。"旁钤（qián）"御书之宝"。此图近处田垅溪桥，巨石踞于左边一角，疏柳翠竹掩映，有几位老农边歌边舞于垅上。中段空白，云烟迷漫，似乎山谷中还有蒙蒙细雨。远处奇峰对峙，宫阙隐现，朝霞一抹。整个气氛欢快、清旷，形象地表达了"丰年人乐业，垅上踏歌行"的诗意，抒发了作者对年丰人乐、国泰民安之欢乐之情。南宋画家陈容擅画龙抒情，他画的《云龙图》题三言六句："抉河汉，触华嵩；普厥施，收成功；骑元气，游太空。"寓意为普施天下之雄志。陈容常在酒醉后画龙，"得变化之意，泼墨成云，噀（xùn）水成雾，醉余大叫，脱巾濡沫，信手涂抹，然后以笔成之"。此图画一巨龙腾云驾雾，怒目须张。用笔雄健有力，笔墨横扫，将龙的武威之神和飞动之势充分展现出来。画作寓意，人之年少当有腾龙之志。南宋末年画家高克恭画《云横秀岭图》，同一时代画竹大家李衎（kàn）为之作题云："树老石苍，明丽洒落，古所谓有笔有墨者，使人心降气下，绝无可识者。"此图绘山峦耸秀，白云缭绕于山间，山脚坡边林木茂盛，溪水萦回。画家以干笔皴（cūn）山体，色墨混染，用浓墨沿山的轮廓作横点，山脚坡石用笔勾皴，山体厚重且十分见笔，画风苍秀，展示了作者厚德载物、朴拙自然的君子之述。元代画家任仁发长于画马，其《二马图》中二马一肥一瘦，自作题跋云："予吏事之余，偶图肥瘠二马。肥者骨骼权奇，萦一索而立峻坡，虽有厌饫（yù，饱）刍豆之荣，宁无羊肠蹜（bó，跌倒）蹶（jué）之患，瘠者皮毛剥落，啮枯草而立霜风，虽有终身摈斥之状，而无晨驰夜秣之劳。甚矣哉！物情之不类也如此。世之士丈夫，廉滥不同，而肥瘠系焉。能瘠一身而肥一国，不失其为廉，苟肥一己而瘠万民，岂不贻娱滥之耻钦！按图索骥，得不愧于心乎？因题卷末，以俟识者。"此画跋语极尽讽世之能，以马之肥瘦喻官员贪廉，教育世人要明荣知耻，为政养民，为官清廉，传承了清廉爱民之家风。元代人倪瓒画《丛篁古木图》跋语云:"己酉五月十二日,元晖君在良常高士家雅集,午过矣,坐客饥甚,元晖为沽红酒一缨,面筋两个。良常为具水饭、酱蒜、苦菜,倘徉遂以永日,如享天厨醍醐也。复以余旧画竹树索诗,因赋。"道出当时文人生活之节俭清苦与幽雅。明末清初画家萧云从,因鄙视赵孟頫(fǔ)"失节"之举,在其画作《山水图》中,有跋语云:"赵荣禄仕元,省其昆子固,子固高卧松檐,闭门拒之。今就子固画法为图,荣禄笔意虽优,余无取焉。"跋语中"子固"为赵子固,"荣禄"为赵孟頫,此二人乃宗族兄弟,前者拒不仕元,后者屈元称臣。此画借赵孟頫访宗兄赵孟坚闭门不纳的典故,借古喻今,表达民族气节。由此观之,书画非但可以表达画者清廉淡雅、山水灵动之性,亦可表现文人雅士对国泰民安、政通人和的赞美之情,更可以表现毅然于世、寄情家国的君子之述。

诗书画印异曲同工。书画关系不仅仅表现在画作与题款之间的"象"与"意"的关系,而且表现在画中题诗上,即人们常说的"诗画互补""诗言志、画抒情","诗中有画,画中有诗"。我国有不少诗句充满浓浓的画意,可据之作画,如"山中一夜雨""风雨千秋石上松""孤帆远影碧空尽""微丹点破一林绿""远上寒山石径斜""树杪(miǎo)百重泉"等。也有不少画深含浓浓的诗意,给人以美的遐思。好诗配佳画,能产生预想不到的艺术效果,甚至有人说,倘若画之不足,可补之以诗,凡画因佳诗而增辉。清代画家郑板桥自幼丧母,家境困窘,为官后常怀百姓,廉洁勤政,高风亮节。他在潍县署中画竹,题诗云:"衙斋卧听萧萧竹,疑是民间疾苦声",以诗抒发画外之意,表现出满满的勤政爱民之君子志述。白居易为萧悦之《画竹歌》题诗曰:"萧郎下笔独逼真,丹青以来唯一人。人画竹身肥臃肿,萧画茎瘦节节竦。人画竹梢死羸垂,萧画枝活叶叶动。不根而生从意生,不笋而成由意成。野塘水边埼岸侧,森森两丛十五茎。婵娟不失筠粉态,萧飒尽得风烟情。举头忽看不似画,低耳静听疑有声。西丛七茎劲而健,省向天竺寺前石上见。东丛八茎疏且寒,忆曾湘妃庙里雨中看。"这一题诗使画中之竹更富生气,也表现了诗人与画家意象交融,喜怜幽思,情感顿生。诗人从三个方面表现萧画的非凡不俗之处:一是将萧画与他人所画作对比,从而表现萧氏所画生机勃勃,枝活叶动,秀拔耸立;而他人所画竹身粗壮,臃肿不堪,枝叶萎靡,毫无生气。这是从侧面,以他人之画的拙劣来衬托萧画的不凡。二是正面描写萧画竹子的环境、神态。野塘水边,埼曲岸侧,森森然有竹两丛,挺拔秀立。"野塘水边埼岸侧",是极力表现画面的野趣、奇趣。因为野塘曲岸,更容易形成一种远离人间烟火、超越世俗的气氛,与人格化的竹枝更相吻合。"婵娟不失筠粉态,萧飒尽得风烟情"是从画面的细处描写,是画中竹枝的特写镜头。用婵娟来比喻形容竹子神态的秀美,"不失筠粉态",是指其逼肖真竹,表明图画连青嫩带粉的鲜态及在风惊烟锁的特殊环境中,摇曳多姿、萧洒脱俗的婀娜神态都毕现无遗。由于画得如此逼真,竟使诗人怀疑这不是画,而是真实的生长于泥土之中的竹子了,他回忆起在天竺寺前、湘妃庙里曾经见到过这样的竹子。这是第三层描写。

"低耳静听疑有声"堪称诗人的神来之笔,因为只有现实中的竹子才会在风吹之下发出婆娑之声。萧氏所画竟能使人产生这样的错觉,看来"丹青以来唯一人"之誉诚非虚言。无独有偶,文与可画竹,自谓有成竹在胸,每画毕不轻易着墨,而留待表兄苏轼作诗题咏,苏轼曾打趣地说表弟"渭川千亩在胸中",这也是"胸有成竹"成语的来历。苏轼曾在《文与可画筼筜(yún,dāng,水边的大竹)谷偃竹记》赞曰:"竹之始生,一寸之萌耳,而节叶具焉。自蜩腹蛇蚹,以至于剑拔十寻者,生而有之也。今画者乃节节而为之,叶叶而累之,岂复有竹乎?故画竹必先得成竹于胸中,执笔熟视,乃见其所欲画者,急起从之,振笔直遂,以追其所见,如兔起鹘落,少纵则逝矣。与可之教予如此,予不能然也,而心识其所以然。"由此可知,表面画竹、和诗题款,实际上是表达画家、诗人的心境和胸臆。不但画竹如此,画其他各物亦有此妙,画和诗常常也是作者对人世间情状万千的一种表达。例如,唐伯虎画《鸡》题诗云:"头上红冠不用裁,满身雪白走将来。平生不敢轻言语,一叫千门万户开。"这首诗描绘了公鸡的威武,写出了它的高洁,表达了诗人谨言慎行、一言九鼎的风格。徐青藤画《风鸢图》自题诗云:"柳条搓线絮搓棉,搓够千寻放纸鸢。消得春风多少力,带将儿辈上青天。"此诗作一方面表达了诗人穷愁潦倒,人生不易,抒发了心中块垒之气;另一方面也寄希望晚辈能够不负众望,乘风万里,青云直上,为国为家建功立业。出身布衣的画家华嵒(yán),一生流离失所,贫病交加,他画的《蟹》题诗云:"白酒黄花节,清秋明月天。无钱买紫蟹,画出亦流涎。"其人生苦涩之情,令人心酸;其霍达乐观的心态,也令人称许。南宋诗人郑思肖之画《菊》有诗云:"花开不并百花丛,独立疏篱趣未穷。宁可抱香枝头死,何曾吹落北风中。"该诗表达了诗人宁可在枝头上怀抱着清香而死,也绝不吹落于凛冽北风之中,展现出诗人不凡的气节;他画《墨兰》不画泥土,寓国土被异族践踏,题诗曰:"泪水和墨写离骚,墨点不多泪点多。"此诗展现了郑思肖借菊花凋谢却花瓣不随风飘零的现象,独喻其孤标傲世的不屈精神。金人李山画《风雪杉松图》,乾隆皇帝题诗曰:"千峰如睡玉为皴,落落拏(ná)空本色真。茆(máo)屋把书寒不辍,斯人应是友松人。"把严寒读书者与风雨中挺立的杉松比作朋友,点出画家寓意所在。这里展现出画家、诗人的精神与雅趣。

中国绘画受中国传统文化的影响,特别是受到"中和""潇散""本真"的思想影响,故而对艺术也要求有一种"含而不露"的人文精神;并逐渐形成了对"逸格"的推崇。例如,元代王蒙画《花溪渔隐图》,自题七律一首:"御儿西畔霅(zhà)溪头,两岸桃花渌水流。东老共酤千日酒,西施同泛五湖舟。少年豪侠知谁在,白发烟波得自由。万古荣华如一梦,笑将青眼对沙鸥。"表达了诗人厌弃荣华、寄情湖山的襟怀。再例如,明初画家马文璧画《春山清霁图》,明文学家贝琼题诗赞曰:"长忆青溪马文璧,能诗能画最风流。酒酣落笔皆天趣,剪断巴山万里秋。"清王翚(huī)画《崖栖高士图》,题诗云:"高士岩栖趣自幽,白云天半读书楼。银河落向千峰里,长和松涛万空秋。"将赏画者的遐思引向无穷的画外。杨晋画《王翚骑牛图》,图上方有杨晋题诗一段:"老夫自是骑牛汉,一蓑一笠春江岸。白发生来六十年,落日青山牛背看。酷怜牛背隐于车,杜饮陶陶夜到家。村中无虎豚犬闹,平坁(yí)小径穿桑麻。也无须书挂牛角,聊挂一壶春醑(xǔ)酒。南山白石不必歌,功名富贵如奈何。"以隋末李密牛角挂书典故入画,给人以新颖别致之感。宋梁楷之泼墨仙人册页,画一仙人芒鞋袒腹,缓步徐行,衣衫面目,混沌一气,醉态可掬。乾隆皇帝在图上题诗一首:"地行不识名和姓,大似高阳一酒徒。应是瑶台仙宴罢,淋漓襟袖尚模糊。"可谓诗画相映成趣。八大山人题《访隐者》诗:"樵子相逢不问名,指予山上有云生。此中新结茅庵在,清磬一声山鸟鸣。"信笔点染,耐人寻味。吴伟在《驴饮水图》题诗云:"白发一老子,骑驴去饮水。岸上蹄踏踏,水边嘴对嘴。"①诗画相济,妙趣横生。有人在《庐山》图上仅题"人心更比庐山险"一句,可令人联想多少人和事。以上谈及书画意境互为映衬之美,其实无论好书佳画,都需佳印相配,才算完美。作者触书画于笔端,再以印章明心志,形成书、印相彰,印、画互涉,书画意境顿增。这种诗、书、画、印四位一体的艺术形式,也是中国画的最大特色。

　　印章之始,一说源于商代,一说源于春秋。最初用作信验的"封泥",后又作为"信物"。秦时,印章可分官印、私印,文字为小篆。汉袭秦制,皇帝有六玺,臣民有印章,文字汉篆与小篆基本相同。印章体制一般有凿印、铸印、玉印、肖形印、套印(子母印)五类。到唐、宋、元时期,印章由单纯的证信工具扩大到书画的题跋和鉴藏,与书画相辅组成一种独特的艺术形式。书画印于题款处的为作者的署名章,散印于其他位置的称"闲章",也是篆刻艺术的一个品种,在明清时已广泛使用,宜至今日仍为人们所喜爱。钤(qián)在书画右上角的称"引首章",钤在书画下角的叫"押角章"。闲章不仅可使书画增色,且能起到调节与稳定书画的作用。闲章不闲,多主寓意,内容海阔天空,极其丰富,被人称之为"方寸容天地"。例如,李方膺画梅,常用"生平知己"印;郑板桥有枚闲章为"青藤门下走狗",表达了他对徐青藤老人的崇敬之意;文彭有"补过"与"为着最乐"印;何雷印"树窗摇影";苏宣印"痛饮读离骚";程邃印"闲云野鹤";黄易印"茶熟香温且自看";陈鸿寿印"松宇秋琴";邓石如印"人随明月月随人";朱宏晋印"山林做伴,风月相知"。② 由此看出,印章实际是人物性格的象征,由印章纹样内容可知人的性格节操。与诗文丹青一样,印章雕刻风格、印文字样也暗传印章主人的文化风貌。从宋元起,不少文人也为自己篆刻印章,不再处于篆刻门槛之外。如赵孟頫(fǔ)使用的印章,从篆写文字到章法布局,皆出于自己之手,力求纠正唐宋板滞衰顿、日趋庸俗的印风,以回到典雅清丽的秦代签印风格。元代王冕以易于受刀的石质印材刻制印章,一改文人书签、刻工刻制的旧习。文彭为文征明长子,自幼随父学书法篆刻,形成典雅古朴、闲逸静穆的印章风格。何震学

---

① 《瓯北诗话》卷一一引吴小仙《题画诗》。
② 柳坡、博溪:《故宫观澜》,紫禁城出版社,2009 年,第 179～181 页。

文彭，篆刻以"六书"为准则，印章以刚健著称。清乾隆时，丁敬异军突起，创立新派，继起者有黄易诸家，号称"西泠八大家"，印面静穆苍劲；白文喜用碎刀，颇露锋颖；邓石如刻印宗法何震、程邃，印文苍劲庄严而流转多姿；吴昌硕以印文"大写意风格"称级印坛，并成为"吴派"开创者。近代齐白石，以书入印，刀法狠辣刚劲，行刀奏石，任其自然剥落，章法穿插挪用，变化无端，独具匠心。总之，无论诗、书、画、印，都饱韵人物性格节操，以意象传神，收异曲同工之妙，悬书画丹青于家居厅堂卧室则共传家风之胜，后人观之亦受教无穷。

第三节　匾额楹联中的教化理念

中国传统家庭大多数都很重视住宅中匾额、楹联的教育功能和熏陶作用。如安阳马氏家族庭院、厅堂中的匾额和楹联中，有传承家族美德、弘扬家风、造福子孙的戒律："积德为本续先世之流风心存既往，凌云之志振后起之家法意在开来"，"子孙要识祖宗心望后人抵父恭兄勉为孝梯，富贵常为贫贱日念前世栉风沐雨历尽艰辛"；有希望后人能成为贤德仁爱的人，勤俭持家，自强不息的传统家风的总结："继祖宗一脉真传克勤克俭，示儿孙两条路惟读惟耕"，"不辱其身不羞其亲，致爱则存致悫（què，诚实）则著"，"静以修身俭以养性，入则笃行出则友悌"，"处事无他莫若为善，传家有道还是读书"；有体现淡泊愉悦、心境安宁的生活情趣的内容："净淘红粒香窖饭，自剪青松织雨衣"；有关于为官者公正廉洁、执法严明不徇私情的操守训诫："不爱钱不徇情我这里空空洞洞，凭国法凭天理你何须曲曲弯弯"；有彰显家族团结和睦、解困济难、和衷共济、共渡难关精神的内容："田置鱼鳞聊赡我亲疏族党，清风鹤棒先给他鲜寡孤贫"。① 归结起来，匾额楹联中的教化理念主要体现在"尊祖合族，报效国家""德善勤廉，慎终如始""诗礼传家，壸（kǔn）

---

① 楹联内容来源于河南安阳马氏庄园实地调研搜集的资料，参考中共安阳县纪律检查委员会编《马氏庄园楹联匾额译注》。

范可风""致虚守静,安居乐俗"等方面。

一、尊祖合族,报效国家

尊祖合族。中国传统文化素来讲究尊祖奉亲以合族。"无祠则无宗,无宗则无祖",族人对家的情感既表现为对居住空间的眷恋,又把它当作内心的归属。家族宗祠家庙堂前匾额楹联尤其集中表达了家族成员对家的情感、对先祖的崇敬和对后世的希望。山西王家大院宗祠有一个"尊祖合族"的牌匾,系乾隆庚午赐同进士出身,光禄大夫太子少保工部尚书都察院左都御史直隶湖广总督、合河(今山西兴县,唐宋时期称"合河")人孙嘉淦所赠。孙嘉淦(1683—1753 年),字锡公,又字懿斋,号静轩,赐谥文定,山西兴县人,历康熙、雍正、乾隆三朝,是康乾之际敢言直谏的名臣。世人评价说,"嘉淦初为直臣,其后出将入相,功业赫奕,而学问文章亦高,山西清代名臣,实以嘉淦为第一人"。这里,王家宗祠高悬孙嘉淦所题"尊祖合族"的牌匾,一方面彰显家族在政府眼中的重要地位,高官为家族题字献匾,光耀门楣;另一方面,意在教化家人尊重祖先,搞好家族团结,呈现出王家对尊敬祖先、团结族人的重视。下面以王家大院宗祠匾额楹联为例,详细展示、分析中国传统有关尊祖合族文化。

王家大院王氏宗祠祠门为上下两层的砖木结构,正面上悬竖匾"奉旨恤赠太僕寺卿",其下方挂有醒目的"王氏宗祠"四字横匾,彰显王家气魄。左右之匾,"奕叶相承"出自汉蔡邕《琅琊王傅蔡郎碑》,意为代代相传,反映王氏对其宗族生生不息、繁荣兴旺的美好愿景;"积德累功"则旨在号召家族后代积聚仁德,为家族多创功业。祠堂正厅为砖木结构两层三开间楼阁,用来供奉祖先。一层悬匾三块,正中匾书"尊祖合族",上文已提到,此匾体现了王家对尊敬祖先、团结族人的重视。左侧匾"积厚流光",倡导族人累积功业,给子嗣流传恩德,体现了家族对子孙行善积德的劝勉。右侧匾"长发其祥"则表达出族人祈祥纳福的愿望。二层为祭祖堂,正面上悬竖匾"钦赐世袭恩骑尉",背面匾书"肃雍和鸣",意为庄重、和谐之声。语出《诗经》"肃雍和鸣,先祖是听",即祖乐和谐足矣打动先辈,昭示王氏尊祖孝亲、合家和睦的家训。与其相对有一正殿,用于祭祖,建筑内部分别悬有"克昌厥后"①"無忘祖德""孝思不匮""流泽孔长""以享以祀""告孝告慈"和"祥开厥后"等多块彰显王氏家风的横匾。"克昌厥后"牌匾为乾隆十一年(1746 年)内府光禄寺掌醢(hǎi)处署正十七世孙如玑敬献。语出《诗·周颂·雝(yōng)》云:"燕及皇天,克昌厥后。"郑玄笺:"文王之德安及皇天,又能昌大其子孙。"后因称子孙昌大为"克昌"。"无忘祖德"为乾隆四十二年(1777 年)难阴陕西宜隶商州山阳县知县十八世孙照堂敬献。这里"难阴"是指因父辈为朝廷遇难伤亡,荫其子为官。"孝思不匮"牌匾为乾隆五十一年(1786 年)中宪大夫湖南宝庆府知府前户部浙江司员外郎加五级十八世孙肯为敬献。"孝思",意为孝亲之思。《诗·大雅·下武》云:"永言孝思,孝思维则。"郑玄笺:"长我孝心之所思。所思者其维则三后之所行。子孙以顺祖考为孝。"匮,意思是穷尽,空乏。《诗·大雅·既醉》有云:"孝子不匮,永锡尔类。"毛传曰:"匮,竭。"郑玄笺:"孝子之行,非有竭极之时。"中宪大夫,为四品官制。员外郎,是指郎中之助理,从五品。"流泽孔长"牌匾是乾隆五十一年(1786 年)资政大夫户部广西局郎中候补道加五级十八世孙肯任敬献。这里"流泽",意为流布恩德。《荀子·礼论》有云:"故有天下者事七世,有一国者事五世,有五乘之地者事三世,有三乘之地者事二世,持手而食者不得立宗庙,所以别积厚者流泽广,积薄者流泽狭也。"(七世,庙祭七世祖先,五、三世类推)"孔长",意为深远长久。《淮南子·精神训》有云:"孔乎莫知其所终极,滔乎莫知其所止息。"高诱注:"孔,深貌。"资政大夫,清正二品官。"加五级",清代每立功一次,记录一次,连记三次加一级,加五级等于记功 15 次。"以享以祀"牌匾为嘉庆十七年(1812 年)朝议大夫原任顺天府通判加二级十七世孙如昆敬献。"告孝告慈"牌匾为嘉庆十七年(1812 年)特授长芦都转盐运天津运同加五级十八世孙臣敬谨献。

在王家祠堂献亭前石坊有联曰:"义举春秋新庙貌,礼严昭穆笃宗盟。"②这里"礼严昭穆",是指严格按照宗法制度规定排列行礼。古代宗法制度,宗

---

① 温毓诚:《王家大院楹联匾额诠注》,山西经济出版社,1999 年,第 180 页。
② 温毓诚:《王家大院楹联匾额诠注》,山西经济出版社,1999 年,第 87 页。

庙或墓地的辈次排列,以始祖居中,二世、四世、六世位于始祖的左方,称"昭";三世、五世、七世位于右方,称"穆";用来分别宗族内部的长幼、亲疏和远近。也泛指家族的辈分。《礼记·祭统》有云:"夫祭有昭穆。昭穆者所以别父子、远近、长幼、亲疏之序,而无乱也。"这里"宗盟"是同宗、同姓之意。这里的上下联意思是:以正义的举动于春秋尊祭祖宗,使祖庙常祭常新,香火不断;严格按照宗法制度规定排列行礼,忠实于同宗同族。王家大院孝义祠堂存联曰:"仁以率亲义以率祖,优如有见忾如有闻。"这里,"仁义"是指宽惠正直、仁爱正义。《礼记·曲礼上》有云:"道德仁义,非礼不成。"孔颖达疏:"仁是施恩及物,义是裁断合宜。"又《丧服四制》云:"恩者仁也,理者义也,节者礼也,权者知也,仁义礼知,人道俱矣。"这里"率亲、率祖"中的"率"是遵循,服从,沿着的意思。《尔雅·释诂·上》云:"率,循也。"《诗·大雅·假东》云:"不愆不忘,率由旧章。"郑玄笺:"率,循也,循用旧典之文章。谓周公之礼法。"《幼学故事琼林·祖孙父子》云:"由祖上向下辈推,为率祖,由父辈向上溯,为率亲,上上下下、子子孙孙都是天地所造化,自然界所赋予。"这里"优"是仿佛、隐约的意思。《礼记·祭义》有云:"祭之日入室,优然必有见乎其位。"《辞海》载:"宗,尊也。庙,貌也。言祭宗庙见先祖之貌尊也。"这里的"忾"(xì)为叹息声。《诗·曹风·下泉》有云:"忾我寤叹,念彼周京。"郑玄笺:"忾,叹息之意。"《礼记·祭义》有云:"祭之日入室,优然必有见乎其位。周还出户,肃然必有闻乎其声容。出户而听,忾然必有闻乎其叹息之声。"这里上联意为:仁义要遵循和继承祖上树立的榜样,并发扬光大,代代相传。下联意为:宗庙是藏先人容貌之地,进祖堂仿佛看见祖先之容貌,出堂门则似乎听见祖先叹息咳嗽之声。

王家大院献亭前有石坊联曰:"贻厥孙谋四百年绵绵瓜瓞(dié),绳其祖武二十世振振螽(zhōng)斯。"这里"贻厥孙谋",是指为子孙的将来做好安排。语出《书·夏书·五子之歌》:"明明我祖,万邦之君,有典有则,贻厥子孙。"孔传:"贻,遗也。言仁及后世。""绵绵瓜瓞",就是持续不断地长出小瓜。《诗·大雅·绵》有云:"绵绵瓜瓞,民之初生,自土沮漆。"孔颖达疏:"瓜之族类本有二种,大者曰瓜,小者曰瓞,瓜蔓近本之瓜,必小于先岁之大瓜,以其小如瓞,故谓之瓞。""绳其祖武",意思是继承祖先业绩。语出《诗·

大雅·下武》:"昭兹来许,绳其祖武。"朱熹集传:"绳,继。武,迹。言武王之道,昭明如此,来世能维其迹。"所谓"振振螽斯",振振,众多,盛貌。螽斯,子孙众多。《诗·周南·螽斯序》有云:"螽斯,后妃子孙众多也,言若螽斯不妒忌,则子孙众多也。"后用于多子之典实。上联意为:先祖善为子孙出谋划策,代代相传,经四百年绵绵不断,家道不衰。下联意为:子孙能够继承先祖业绩,传二十世,子孙众多,和好不妒忌。王家大院祠堂正厅门联曰:"积厚流光锡受而今昭福祉,爱存悫(què)著焄(xūn)蒿于此见音容。"此联为嘉庆四年(1799年)十八世孙监生绎儒率男述基孙锦绅锦纶锦缓敬献。"积厚",意指功业深厚。"流光",意指流传给后人的恩德广远。"锡受",意即"赐受",受先祖的恩赐甚厚。"昭福祉",意即彰明福禄。"爱存悫著",以极爱之心思亲如在。《诗·小雅·广言》有云:"著,思也。"《礼记·祭义》有云:"致爱则存,致悫则著。著存不忘乎心,夫安得不敬乎。"疏曰:"致爱则存者,谓孝子致极爱亲之心,则若亲之存,以嗜欲不忘于亲故也。致悫则著者,谓孝子致其端悫敬亲之心,则若亲之显著以色不忘于目,声不忘于耳故也。著存不忘乎心者,言如亲之存在恒想见之不忘于心,既思念如此,何得不敬乎。""焄蒿","焄"同"熏",这里指祭祀时祭品所发出的气味。《礼记·祭义》有云:"其气发扬于上,为昭明,焄蒿、悽怆,此百物之精也,神之著也。"郑玄注:"焄谓香臭也,蒿谓气蒸出貌也。"这里上联意为:祖先锡赐给后人的功业深厚,恩德广远,至今福禄犹存。下联意为:以爱亲敬亲之诚心祭拜先祖,在焄蒿昭明感触人处,则见先祖声音容貌。王家祠堂匾额楹联体现着我国根深蒂固的家族文化传统和永垂不朽的家族精神。作为传统文化的重要载体,家族楹联匾额文化不仅形塑出中华民族的人文特质,也是了解中国传统社会家教传风的重要依托材料。

报效国家。中国历代读书人都以读书取仕、为官一方、报效国家为荣。家庭宗祠、墓地常以报国匾联以示人,一者光宗耀祖,一者教育后人,以传家风。山西王家大院就有不少楹联彰显对族人爱国的教育引导,例如:"名师良友惟思崇文报国,论道议经尤赏墨华章。"①此联意思是,明白通达的师长

① 温毓诚:《王家大院楹联匾额诠注》,山西经济出版社,1999年,第113页。

和善良诚信最可交往的朋友,大家只想通过崇尚文化学识来报效国家;研读经史子集、议论天道理法时,最为欣赏的是那些美妙文章和可当做书法的墨迹。又例如:"圣德传万代有教无类,民本耀九州安邦治国。"①这里"有教无类"语出《论语·卫灵公》,说的是在教育方面,人无等级类别,皆应受到教育。"民本"语出"民惟邦本",《书·五于之歌》有云:"民惟邦本,本固邦宁。"此处指孔子反对苛政,提倡德治和教化,以及"不患寡而患不均,不患贫而患不安"等一系列的民本思想。这一对联的意思是,孔子关于人人都应平等的主张功垂万代;在治理国家方面孔子民本思想的光辉照耀九州。再例如,《王氏宝典》有这样一副对联:"辅国有先声宋相元藩明督抚,传家无别业唐诗晋字汉文章。"这里"宋相"特指王安石。"藩"的意思是,封建王朝分封的属地或属国。"元藩",此处特指元代曾被封为河南王、总天下兵马,后被明太祖朱元璋褒称为"奇男子"的王保保(沈丘人,今属河南)。"督抚",指总督巡抚。古代封疆大吏,或朝廷高级命官。"明督抚",此处特指明代哲学家、文学家王廷相[字子衡,号浚川,仪封(今河南兰考)人,进士,曾任四川巡抚,官至南京兵部尚书,著有《雅述》《慎言》等]。"唐诗",指中国历史上有显著地位的唐代诗歌,此处暗指唐代著名诗人王勃、王维、王之涣、王昌龄等王氏人物。"晋字",指晋代书法,此处暗指东晋书法家王羲之、王献之父子。"汉文章",指汉代的文章,此处暗指东汉哲学家王充,字仲任,上虞(今居浙江)人。少游洛阳太学,博览群书而不拘泥章句。历任郡功曹、治中等官。后罢职家居,从事著述,发展了古代唯物主义,著有《论衡》。此联原为湖南邵阳蒋河桥王氏宗祠联。上联言王家历代有治国安邦之才,下联以历史上有显著地位的"唐诗晋字汉文章"暗喻王氏家族之历代文化精英,并激励后人诗礼传家,注重文化教育。

　　谈到报效国家,不得不谈谈"清班耆硕"匾额的故事。"清班耆硕"是乾隆皇帝用来表彰孙嘉淦的匾额之词。"耆硕",是指高年硕德者,典出《明史·马文升传》,意思是在朝廷官员中最是年高德劭,皇帝也诚心诚意任用他,诸位大臣没有敢望其项背(或比得上)的。孙嘉淦是清代山西籍官员,是谏臣

---

　　① 温毓诚:《王家大院楹联匾额诠注》,山西经济出版社,1999年,第111页。

也是能臣,查贪官、平冤狱、整修河道、调和民族矛盾,办过许多出色的事。他敢说、能干又遇上了好皇帝,使得他在仕途上创造了奇迹。孙嘉淦一生当过兵部、吏部、刑部、工部"四部尚书",还当过直隶、湖广两任总督。在他70岁大寿时,乾隆皇帝御书"清班耆硕"匾赐予他。这一匾额就是嘉奖其为官报国、治国有方的验证。康熙五十二年(1713年),孙嘉淦中进士,时年30岁。值得一提的是,孙嘉淦兄弟三人都是进士。"一门三进士"的荣耀在兴县至今还被人称道。正所谓"板凳敢坐十年冷,文章不写一句空"。康熙驾崩,雍正继位,年届不惑的孙嘉淦面对夺位后的清算斗争,斗胆上书规劝皇上。他给新皇帝谏言,劝诫三件事:亲骨肉、停捐纳、罢西兵。时值雍正在康熙末年"九王夺嫡"中胜出,为了稳定地位,剪除先帝八子、九子的势力手段残酷、不遗余力。孙嘉淦"亲骨肉"的折子简直就是"捋虎须",满朝轰动,皇帝震怒。好在有雍正的老师朱轼求情,说:"嘉淦诚狂,然臣服其胆。"雍正自己也对孙嘉淦说真话的胆识表示佩服,转怒为笑说:"朕也服其胆。"没有治罪于他,反而保留了孙嘉淦在翰林院工作,之后又提升他为国子监司业,相当于最高学府的教务长。此事过后,孙嘉淦名声鹊起。但随后,不能释怀的雍正还是抓了孙嘉淦的一个过失,交刑部议处。雍正作为一个明君这时候体现了高明的政治手腕,对孙嘉淦加恩免死,说"这个人性气不好,我不待见,但是他出了名的不要钱,念在还有这么个长处","着在银库行走"。孙嘉淦在国库临时打杂的差事结束后,又被委任为河东盐政。在别人眼里,这也是个肥差。能得此官,和孙嘉淦不爱财也有莫大关系。在其40余年的宦海生涯中,以突出政绩和敢于犯颜直谏而蜚声朝野。

晚年的孙嘉淦自觉年事已高,精力不济,再三乞求退休。乾隆十二年(1747年),皇帝准许年已65岁的孙嘉淦告老还乡。离京时,孙嘉淦让家人将家里的杂物收拾打包,又叫人上街雇了十辆马车,把堆置的砖头全部装入箱内,浩浩荡荡地走出府第,上路返乡。一路上,人们争相观看,都咂舌道:"到底是朝廷重臣,看这声势有多威风啊!"随即就有奸佞之人禀报乾隆,说孙嘉淦贪赃,私蓄了几十箱金银财宝。乾隆皇帝一听十分生气,当即命人截堵孙嘉淦和他的马车队。孙嘉淦走上金殿,皇帝问:"孙嘉淦,你一贯为官清廉,何以攒了几十箱金银财宝?"孙嘉淦奏道:"臣为官三十余年,朝廷的俸禄用于日常开销,所剩无几。箱子里除了皇上的一千两赏银,都是些破砖烂瓦,并无多少金银。皇上若不信,请亲自验看。"乾隆皇帝命人将箱子抬来,当场查验,里面装的竟真的全是砖头。众人都傻了眼,连乾隆皇帝也不明所以,问:"孙爱卿,你告老还乡,驮这些废砖头何用?"孙嘉淦回答道:"臣做官多年,并未攒多少家私。如今两手空空返乡,百姓以为朝廷不体恤臣下,嘲笑臣为官窝囊。臣这样做,一者为给皇上争点脸面,二者可将砖运回老家,给土窑洞挂个砖面,臣住进去安度晚年。而这些来自皇城的砖,也可留个念想。"乾隆皇帝听后深为感动,便立刻降旨:见一驮砖头,给一驮银子,卸下砖头,装上银子。若这样算,孙嘉淦的箱子里的砖头能换十几万两银子。孙嘉淦连连摇头说:"不可,不可! 朝廷一草一木,均属国家,不能随意花费。臣用不了那十几万两银子,臣以为有一块砖头,给一两银子便足够了。"最终,孙嘉淦马车上共清点出五千块砖头,朝廷便赏给他五千两银子。这个廉臣报国的故事在京城传为佳话。乾隆十八年(1753 年),孙嘉淦薨于吏部尚书任上,终年 71 岁。皇上听说后,对大臣说:"朝中少一正人矣!"其子孙孝愉扶枢归里时,"铭旌归送者缟素如云,朝为之空,彰益门内外,车马填塞数十里,皆举音以过丧"。现代史学家郭象升评说孙嘉淦是山西清代名臣第一人。此故事正应了乾隆皇帝所赐"清班耆硕"的匾额。

仁周义溥。中国传统文化中尊祖合族文化不仅表现在为官一方、报效国家、治国有方等方面,也表现在一些自然灾害中赈济乡民、为国分忧、造福乡里等方面。作为富贾一方的大户,能够在灾难时挺身而出,协助官府赈济乡民,其风可嘉。在清光绪初年的旱灾中,乔家开仓捐银,遂得李鸿章亲题"仁周义溥"①匾,盛赞其仁义之举。"仁周义溥"类似"德施周溥",亦作"德施周普",其中"周溥"有完备、普遍的含义。后晋刘昫(xù)《旧唐书·礼仪三》有语云:"高宗稽古,德施周溥。茫茫九夷,削平一鼓。"山西乔家大院有不少达官显贵所赠送的匾额楹联,这些匾额楹联多为赞颂其德才兼备、诗礼传家、周济乡邻之行为风范。若从乔氏家族的自身发展考虑,则这些楹联匾额亦堪为家族的座右铭,告诫族人在争霸商海的同时还需多做善事,切勿为

---

① 张昕、陈捷:《乔家大院》,山西经济出版社,2012 年,第 47 页。

富不仁。乔家在直隶总督兼北洋大臣李鸿章组建北洋舰队时,以白银十万两购买军舰一艘,由是获赠铜制楹联一副。联曰:"子孙贤,族将大;兄弟睦,家之肥"①,现悬于堡门两侧。其中上联典出北宋张载《张子全书·正蒙》之"贤才出,国将昌;子孙才,族将大",元、明、清历代族谱多有引用。下联典出《礼记·礼运》之"四体既正,肤革充盈,人之肥也;父子笃,兄弟睦,夫妇和,家之肥也",为治家之道。李鸿章联中的北宋张载是理学创始人之一,与周敦颐、"二程"和邵雍先后入祀孔庙,被称为"张子"、横渠先生。《礼记》更是列入儒家经典"十三经"的文士必读之本。朝廷大员的趣味及其浓重的儒家思想,为封建商人提供了儒商传风的社会环境和时代形势。

光绪年间,钦差大臣左宗棠转战西北,所需军费多由乔家票号存取汇兑,特于回京途中拜访乔家,并在堡门对面的百寿影壁两侧题联曰:"损人欲以复天理,蓄道德而能文章。"上联典出北宋程颐《伊川易传·损》,文曰"先王制其本者,天理也。后人流于末者,人欲也。损之义,损人欲以复天理而已",即克己复礼。下联典出北宋曾巩《寄欧阳舍人书》,文曰"然则孰为其人而能尽公与是欤?非蓄道德而能文章者无以为也",意为只有道德高尚、文章高明的人才能完全做到公正与正确。与李鸿章类似,左宗棠联中的程颐为洛阳伊川人,世称伊川先生,也是北宋著名的理学家,与其兄程颢合称"二程"。自称"家世为儒"的曾巩则为建昌南丰人,人称南丰先生,为唐宋八大家之一。"庚子事变"中,八国联军攻陷京师,慈禧太后偕光绪皇帝出逃避难。途经山西时,乔家曾慷慨解囊。事后,慈禧命山西巡抚丁宝铨题"福种琅嬛"②匾赠之。"琅嬛"典出元伊世珍《琅嬛记》,指撰写《博物志》的西晋张华被仙人引入的洞天福地,内藏奇书无数。明孙承泽《春明梦余录·名迹》记载:"引华人数步,则别是天地,宫室嵯峨。引入一室中,陈书满架。其人曰:'此历代史也。'又至一室,则曰:'万国志也。'每室各有奇书……华问地名,曰:'琅嬛福地也。'"张华编撰的《博物志》分类记载了山川地理、飞禽走兽、人物传记、神话古史等,是一部包罗万象的奇书。因此,"福种琅嬛"之匾

① 张昕、陈捷:《乔家大院》,山西经济出版社,2012年,第45页。
② 张昕、陈捷:《乔家大院》,山西经济出版社,2012年,第47页。

实为称赞乔家的贾服儒行，也恰恰迎合了乔家对自己儒商身份的标榜。总之，家族楹联匾额有关"尊祖合族，报效国家，仁周义溥"的内容成为光耀门楣和教育子孙的最好素材，展现了中华传统家风典型的教化理念。

二、德善勤廉，慎终如始

家族教化理念除了"尊祖合族，报效国家"这一首要传统文化理念外，还十分推崇"德善勤廉"和"慎终如始"的教化理念。以下从"耕读为本""温恭谦善"和"慎终如始"三个角度来予以展现。

（一）耕读为本

中国有句古语叫"民以食为天"，说明对于农耕民族而言，吃饭是最大的事，因此勤耕是为大德，这也是中国传统文化讲究"耕读为本"的原因。晋商大多是都是从小买卖做起的，后来成为大商人、大文人，是先商后儒。晋商发家以后希望自己的子孙能够把事业做大、做久，就需要用文化来去掉他们身上的暴躁之气、奢靡之气、狂妄之气。这种文化的教化功能也体现在建筑上，所以晋商大院建筑所承载的对传统文化内容的弘扬、对儒家道德精神的恪守的示例俯拾即是，宣传寓意富贵吉祥的装饰图案更是比比皆是，包含儒家教化内容的传说故事无处不在。如山西王家大院视履堡西斋与书院的夹道间便有一块匾，上提"笔鉏"①二字。主人在旁以小字注道，他在《语林》中读到的"笔为翅"的说法，于是题写了这块"笔鉏"的匾额。"鉏"是锄，此语表达了耕读为本的礼义思想，也表达了主人对后人的期望。乔家大院五院正房二层有联"读书好，经商亦好，学好便好；创业难，守成尤难，知难不难"，原为介休大贾"侯百万"侯庆来过厅楹联。侯庆来曾根据其父之字"蔚观"，将侯氏的一系列商号改为带有"蔚"字的蔚字号，以铭记其父创业之艰辛。后来，经过侯庆来父子的努力，蔚字号终于发展为国内著名的票号。该联典出清吴敬梓《儒林外史·第二十二回》之万雪斋先生的书房楹联。文曰："读

---

① 温毓诚：《王家大院楹联匾额诠注》，山西经济出版社，1999 年，第 125 页。

书好，耕田好，学好便好；创业难，守业难知难不难。"两联相比，原来的耕田变成了经商。读书与经商结合，恰得"儒商"之妙。二院屋门前有清代学者、著名书法家陈希祖所书"言必典彝行修坛宇，门无杂尘家有赐书"一联，意在彰显雅量高致的君子之风。上联为言行有度。其中"典彝"为常典。晋郭璞注《尔雅注疏·卷一》有"典彝、法则……常也"。北宋邢昺（bǐng）疏曰："皆谓常礼法也。""坛宇"为界限。战国荀况《荀子·儒效》有"君子言有坛宇，行有防表"。唐杨倞（liàng）注曰："累土为坛；宇，屋边也。防，堤；表，标也。言有坛宇，谓有所尊高也。行有防表，谓有标准也。"下联典出唐姚思廉《梁书·王暕》之"居无尘杂，家有赐书"。唐李善注曰："韦昭《吴书》曰：刘基不妄交游，门无杂宾。《汉书》曰：班彪幼与兄嗣共游学，家有赐书，好古之士自远方至。"这些楹联匾额都显示出对耕读文化的崇尚。

（二）温恭谦善

明清山西商人身上既保存着温静、善良、恭敬、谦让，安分守己，顺从管制的礼仪文化心态，同时也具有变革、开拓、开放、创新的从商的文化心态。只有加深对他们的理解与研究，才有可能设计出真正符合他们心愿的居住空间。最具有代表性的就是"堂中字、壁上画、楹上联"，置于建筑最为显要之处，既可以点染美化环境，给图情配以文字的解读，增加文化的意趣；又可以咏物抒志，表达居住者的境界和思想；或对联，或雕琢，形态多样，寓意深远。融合了晋商的文化倾向、价值追求。民国年间，乔映奎曾任祁县三十六村联防董事会会长。因办事圆融、玲珑八面，故而获三十六村村民赠匾曰"身备六行"①。其典出《周礼·大司徒》之"六行：孝、友、睦、姻、任、恤"，东汉郑玄注曰：善于父母、善于兄弟、亲于九族、亲于外亲、信于友道、振忧贫者。村民为乔映奎赠送"身备六行"匾，当然是为了夸赞他的六种德行。但乔映奎为人谦和，推说乡亲们是取笑乔家有六样行当而已。实际上，六行是包括六德、六行、六艺的"乡三物"之一，也是乡里选士的基础。其中六德为知、仁、圣、义、忠、和；六艺则为世人熟知的礼、乐、射、御、书、数。乔家大院

---

① 张昕、陈捷：《乔家大院》，山西经济出版社，2012年，第47页。

的福德祠两侧有联曰:"位中央而赞化育,配三才以大生成。"福德祠即土地祠,楹联虽然表面上是在恭维土地爷,其实是对中堂至诚尽性、中庸之道的完美诠释。此联典出《中庸》,文曰:"唯天下至诚,为能尽其性;能尽其性,则能尽人之性;能尽人之性,则能尽物之性;能尽物之性,则可以赞天地之化育;可以赞天地之化育,则可以与天地参矣。"其意为只有至诚之人,才能充分发挥自己善良的天性,乃至他人、万物的天性,从而协助天地化育万物,并达到与天地并列的境界。五行中的土的方位位于中央,地为"天、地、人"三才之一,与天、人共同化育万物。"大生成"与"化育"同意,其最通俗的表达就是民间常见的土地龛题联"土中生白玉,地内出黄金"。

　　王家大院亦有类似赞君子谦和之风的楹联:"风格谦和归子慕,胸襟高旷晋渊明。"[1]这里"归子慕"乃古文倒装句,实为"慕归子"。慕,思慕,仿效。"归子",归来子,名晁补之,字无咎,北宋文学家、元丰二年进士,历任员外郎礼部郎中,兼国史编修等。因修葺"归来园",自号"归来子"。与黄庭坚、秦观、张耒为"苏门四学士"。其论政、论史之作注重"事功",对迂腐不切实际之论,给予讽嘲。"胸襟高旷",胸襟,指抱负、气量、志趣。高旷,豁达开朗。"晋渊明",指东晋陶渊明,又名陶潜,字元亮,号"五柳先生",私谥靖节,晋浔阳人,曾任彭泽令等职,因不满士族地主把持政权的黑暗现实,不为五斗米折腰,挂印辞官归隐。他长于诗、文、赋、辞,其内容多描绘农村田园生活,故有"田园诗人"之称。其优秀作品隐喻着对腐朽统治集团的憎恶和不愿同流合污的精神。这副对联是对北宋晁补之和东晋陶渊明二位高士的赞扬,并把他们高贵的品格作为思慕学习的座右铭。上联意为:思慕学习和向往晁补之谦虚、和中、热爱祖国的品德和务实的文风。下联意为:学习陶渊明远大抱负、气量和豁达开朗的胸襟,不与门阀士族同流合污。更值得一提的是,这副对联与王家大院中路绿门院硬心抱框墙之"四爱图",有着内在的精神联系。要想保持君子迁善的作风,有时还不得不有所隐忍。

　　王家大院有对联曰:"效张公多书忍字,法司马厚积阴功。"[2]这里"张

① 温毓诚:《王家大院楹联匾额诠注》,山西经济出版社,1999年,第20页。
② 温毓诚:《王家大院楹联匾额诠注》,山西经济出版社,1999年,第23页。

公",是指张公艺,唐郓州寿张人,九代同居。麟德中,高宗祀泰山,路过郓州,亲幸其宅,问其义由,张公艺请出纸笔,但书百余"忍"字。张公艺在《唐书》里有人物传记。后来出现了"百忍成金"的成语。本联是说忍耐的可贵。在《幼学故事琼林》有云:"姜太公有六稻、黄石公有三略。"相传张良刺秦王失败后,逃匿下邳,于圯(yí,桥)上遇老人黄石公,石公有意考验张良,故意将鞋脱下扔在地上,让张良拾起来为他穿好。当时张良内心很不平静,强忍耐,并恭恭敬敬地拾起来给他穿好。黄石公认为此子可教,将上中下《三略》传授给张良。可谓"百忍成金",百忍实滥觞于此。这里"司马",指司马光,字君实,今山西夏县涑水乡人,宋哲宗时为宰相,尽改新法,恢复旧制,谥"文正公",编著《资治通鉴》二百九十四卷。为政期间治国有道,为民解忧,有德惠于人,世称万家生佛。"阴功",也称阴德、隐德,指暗地里施德惠于人,俗语有"有阴德者,必有阳报"。这里,上联意为:学习张良、张公艺忍辱负重精神,定会成大事报效祖国。下联意为:以司马光为楷模,多做好事,多积阴德,不谋个人私利。唐代裴度,曾在香山寺拾到纹犀玉带,还给了失主,后来当了宰相。二十世纪五六十年代,雷锋处处与人为善,为人民群众办好事,不记名不要报酬,也是民族传统高尚美德的继承和更大程度上的发扬。这些都是积德行善的表现。王家大院有对联曰:"受萌祖先须善言善行善德,造福子孙在勤学勤俭勤劳"①,全联以"善""勤"二字为核心,颂扬先祖训教后辈首先要有德,德要体现在言行上。在有德的前提下,勤学勤俭勤劳,才会"勤"在正道上,才会有所成就并造福子孙。

(三)慎终如始

对于大院的居者来说,循着诗律语言的节奏、韵律进入情感实体,在玩味情感的千百变幻中,感悟父辈的生存哲学和价值追求,具有感染教化的功能。下面以王家大院的楹联内容为例:"束身以圭,观物以镜"就是告诫家人用高尚规矩的礼制来约束自身,用圣洁清明的镜心去体察万物,像土中之树那样培养良好的德行,像水中之鱼那样释放自己心灵。"勤治生俭养德四时

---

① 温毓诚:《王家大院楹联匾额诠注》,山西经济出版社,1999年,第12页。

足用,忠持己恕及物终身可行"①,讲的是以勤谋生计,经营家业,以俭朴修养德性,一年四季就可以财用富足;以诚实的态度立身修身,严格要求自己,以宽恕的态度思及万物,这是一个人一生应有的高尚品德。"慎终如始",强调为人做事自始至终要谨慎、认真,善始善终善疑问。在王家大院中有一个堡是以"视履"②命名的,就是告诫子孙,每个人都要认真做事,每向前迈出的一步都对人生有重大影响,所以我们要盯着自己迈出的每一步,要走正自己迈出的每一步;还有些对联和文字内容是催人奋发有为的、催人进取敢为人先,敢于承担责任的;有些劝子孙要多行善举,常怀德善之心,多办好事,结善缘得善果等不胜枚举。"见小而知大,见因而知果。"受中国传统文化精神的影响,也由于长期在外经商、远离家庭的漂泊生活,这些楹联体现了晋商们普遍追求的一种和睦、融洽、有序的生活理想,乐善好施、束身养心的精神追求,图永固、求权变的处世方法。

三、诗礼传家,壸范可风

(一)诗礼传家

中国传统家风十分重视诗礼传家,重视对孩子的家庭教育。山西王家大院红门堡有楹联曰:"礼义传家宝,诗书裕后珍。"③这里"裕",意思是教育。《尚书·灵奭(shì)》篇曰:"君乃猷(yóu)裕,我不以后人迷。"意思是禀告君王,你谋宽饶之道,我留与你辅王,不用后人迷惑。珍,比喻难得的人才。《墨子·尚贤上》:"况又有尚良之士,厚乎德行,辩乎言谈,博乎道术者乎,此固国家之珍,而社稷之佐也。""裕后珍",即教育后人成栋成梁。此上联意为:用儒家制定的礼仪作为传家法宝,世代相传;下联意为:以《诗经》《书经》教育后代,使其成栋梁之材,修身齐家,治国平天下。红门堡有楹联曰:"世守诗书辉晋地,家传勤俭裕唐风。"④这里"裕",意思是充实,扩大。

---

① 温毓诚:《王家大院楹联匾额诠注》,山西经济出版社,1999 年,第 35 页。
② 温毓诚:《王家大院楹联匾额诠注》,山西经济出版社,1999 年,第 121 页。
③ 温毓诚:《王家大院楹联匾额诠注》,山西经济出版社,1999 年,第 18 页。
④ 温毓诚:《王家大院楹联匾额诠注》,山西经济出版社,1999 年,第 27 页。

唐风,唐尧之遗风。《诗经·国风·唐谱》云:"唐者,帝尧始居之地。今日太原晋阳,是尧始居之地。此后乃迁河东平阳。"正义曰:"序云,有唐之遗风,则尧都之地。"《韩非子·五蠹》:"尧之王天下也,茅茨不剪,采椽不斫。"这便是朴实简陋,与勤俭有了联系。此联意为:世世代代学习儒学事业,人才辈出,使三晋大地文辉灿烂;祖传勤俭家教,不忘朴实作风使唐尧时茅茨土阶俭朴风尚,更加充实丰富。红门堡有对联曰:"鲤庭诗礼鸾掖文章,燕柳精神莺花富贵。"① 这里"鲤庭诗礼"讲的是孔子教育其子学诗学礼的故事。"鲤",孔子儿子之名。《论语·季氏》有云:尝独立鲤趋而过庭。曰:"学诗乎?"对曰:"未也。""不学诗,无以言。"鲤退而学诗。他日又独立,鲤趋而过庭。曰:"学礼乎?"对曰:"未也。""不学礼,无以应。"鲤退而学礼。这个典故是说孔子的儿子伯鱼路过庭院时,孔子教他学诗学礼。后便以"鲤庭"谓子受父训。"鸾掖文章",指鸾台,门下省的别称。唐杨汝士《宴杨仆射新昌里第》诗:"文章旧价留鸾掖,桃李新阴在鲤庭",指学诗学礼,科举及第,为国家贡献人才。

"燕柳精神",燕柳,春燕剪柳,借"种柳栽杨春满户,春燕衔泥筑新屋"诗句之意,象征美满幸福生活。"莺花",莺啼花开,指春日景色。春燕剪柳,莺啼花开,比喻生活幸福美满,富贵春常在。王家大院红门堡有楹联曰:"圣道高深敦诗说礼功无尽,皇恩浩荡凿井耕田乐有余。"② 这里"敦",笃信不移;说,亦作问;"敦诗说礼",意为尊重爱好《诗》《礼》。语出《左传·僖公二十七年》:"赵衰曰:郤縠(xì hú)(晋文公三军元帅)可,臣亟闻直言矣,说《礼》《乐》而敦《诗》《书》。"《春秋左传正义》疏曰:"《礼》《乐》者,德之法则也,心说《礼》《乐》,志重《诗》《书》,尊《礼》以布德,习《诗》《书》以行义,有德有义,利民之本也。""凿井耕田",晋皇甫谧《帝王世纪》有云:"帝尧时天下大和,百姓无事,有八十老人击壤于道,观者叹曰:'大哉,帝之德也。'老人曰:'吾日出而作,日入而息,凿井而饮,耕田而食,帝何力于我哉?'"后成为歌颂太平盛世的典故。此联意为:圣人之道既高且深,只要笃信与喜欢圣人的著

---

① 温毓诚:《王家大院楹联匾额诠注》,山西经济出版社,1999年,第34页。
② 温毓诚:《王家大院楹联匾额诠注》,山西经济出版社,1999年,第39页。

作《诗》《书》《乐》《礼》，成效就会无穷无尽；皇帝的恩德广远，治国有道，百姓日出而作，日入而息，凿井耕田，自饮自食，乐有余味。山西王家大院高家崖有楹联曰："簏簌风敲三径竹，玲珑月照一床书。"这里"簏簌"是下垂貌；"三径"，致家园。西汉末，王莽专权，兖州刺史蒋诩告病辞官，隐居乡里，在庭院中辟"三径"，唯与求仲、羊仲来往。后常以"三径"指家园或隐居处。玲珑，原指玉发出的声音，后形容精巧、精美。一床书，这里的床指书床，即书架。上联意为：书院翠竹经微风吹动，竹梢下垂。飒飒作响，显示低头虚心君子之风度；下联意为：玲珑美好的月亮，照在书房书架上，连同钟鼎彝尊，发散出古旧清新的书香气。这副对联显示出王家注重读书文化的家风熏染。

王家大院有南张张树德曾书对联曰："纬武文勋业偕绵峰而永峙，敦诗说礼儒行并汾水以长青。"①这里"纬武经文"，也作文经武略。经纬，是指编织物的横线与纵线。这里将武事比作纬线，文事比作经线，是说文事武略都很出色，互相交织，不可分割。唐颜真卿《郭公庙碑铭》有云："文经武纬，训徒陟(zhì)空。"这里"勋业"，指功业。《三国志·魏志·傅嘏(gǔ, jiǎ)传》："子志大其量，而勋业难为也。""永峙"，意思是永远并立。《云笈七签》卷七九："昔黄帝游观六合，后造神灵，见东中西北四岳，并有佐命之山，惟衡山峙立无辅。"这里"敦诗说礼"，敦说，亦作敦悦、敦阅，是指尊敬爱好，语出《左传·僖公二十七年》。"儒行"，指儒家的道德规范或行为准则。《礼记·儒行》："哀公曰：'敢问儒行？'"南朝梁刘峻《辨命论》："瓛(huán)则关西孔子，通涉六经，循循善诱，服膺儒行。""长青"，意思是长绿，永不衰败，永存。上联意为：能文尚武，其功业可与绵峰永远并存。下联意为：笃信与爱好《诗》《礼》，儒家的道德规范与汾水长青。清代王鉴曾赞王家读书家风有联曰："染成绿萼初华好觉暗香入画，偶得古人精册较胜春风在庭。"上联意为：画成一幅好画(比如梅花之初开)就觉得室内也充满丁香气。下联意为：读到好书之乐趣，胜于满庭春风。

这些对联都表现出家族对读书治学家风的重视。无独有偶，山西乔家

---

① 温毓诚：《王家大院楹联匾额诠注》，山西经济出版社，1999年，第6页。

大院也十分重视族人读书学习,也有用楹联匾额来熏陶读书之风。山西乔家大院一院内厅门留有乔致庸孙婿、民国时期被誉为"华北第一支笔"、与吴昌硕并称"南吴北赵"的著名书法家赵昌燮(xiè)(字铁山,号汉痴)所题楹联一副。文曰:"诗书于我为曲蘖(niè),嗜好与俗殊酸咸",表达了其视诗书为美酒、与世俗有别之意,落款为惕三赵昌燮。其上联典出北宋苏轼《又一首答二犹子与王郎见和》之"诗书与我为曲蘖,酝酿老夫成揢(jìn)绅";下联取自唐韩愈《酬司门卢四兄云夫院长望秋作》之"云夫吾兄有狂气,嗜好与俗殊酸咸"。同出赵昌燮之手的楹联"敏而好学无常师,和而不流有定守",参考了清末著名学者俞樾(yuè)《春在堂楹联附录·曹全碑》中的"和乃不流有定节,敏而好学无常师",同样表达了好学、守节之意。其中上联之"敏而好学"典出《论语·公冶长》之"敏而好学,不耻下问",即勤勉好学。下联之"和而不流"典出《中庸》之"故君子和而不流,强哉矫;中立而不倚,强哉矫",即君子之强在于随和而不放弃原则。全联均取四书,体现出赵昌燮作为文士的追求。由上可知,良好的家教家风铸就了中国传统"诗礼传家、敦诗说礼、敏而好学"之文化风气,这些都是家族楹联匾额在教子方面所要传达的主要教化理念。

(二)惜缘惜福

中国传统家教文化不仅注重诗礼传家之风,也很注重"惜缘惜福"之风。例如,山西乔家大院强调珍惜节俭,注意修身以德。虽说君子爱财,但乔家大院的主人清楚地知道不能指望天降横财。乔致庸亲题了一副楹联悬于内室,曰"求名求利莫求人须求己,惜衣惜食非惜银缘惜福",以表生财有道、用财有节之意。其典出自"惜食惜衣,非为惜财缘惜福;求名求利,但须求己莫求人",录于清梁章钜《楹联丛话·格言》,传为桂林陈文恭公自题。所谓陈文恭公其实是谥号,其人名陈宏谋,字汝咨。陈宏谋官至大学士,深得乾隆皇帝信任,是一位伟大的思想家。美国著名历史学家、约翰霍普金斯大学历史系教授罗威廉在他十余年的研究成果《救世:陈宏谋与十八世纪中国的精英意识》中认为,陈宏谋关于人与社会认识的基本点,同启蒙时期的许多欧洲学者十分相似。乔致庸引用陈宏谋之联或许并非偶然,因为在其另一副沾有"龙气"的楹联"具大神通皆济世,是真法力总回春"中,就表达了济世救人之意。此联书于光绪十八年(1892年),颇具佛缘,体现出乔致庸深厚的修养和广博的见闻。原来清乾隆《御制文集·唐贯休十八罗汉赞》有"……降龙、伏虎二尊者,以具大神通法力,故亦得阿罗汉名"。在承德避暑山庄的普宁寺大乘之阁内,更有乾隆皇帝题联曰"具大神通完十行,是真清净现三身"。其中"十行"为大乘菩萨的修行阶位,与十住、十回向合称三贤位。"三身"则为法身、报身、应身。乾隆皇帝之联与乔致庸之联看似相近,实则大异其趣。两联相比,康乾盛世皇帝也好修行,王朝倾覆商人尚思救国,个中深意令人回味无穷。乔家第五代掌门人乔映霞曾题联曰:"幸有两眼明,广交益友;苦无十年暇,熟读奇书。"其典出自"喜有两眼明,多交益友;恨无十年暇,尽读奇书",录于清梁章钜《楹联续话·杂缀》,为清代著名学者、书法家包世臣自题。包世臣被梁章钜誉为"擅美才而有狂名",恰与求新图变的乔映霞性格相符。联中的"广交益友",体现出商业经营迫切需要广泛的人际关系网;"熟读奇书"则强调了主人对读书的推崇,以及其儒商的身份。

(三)壶范可风

王家大院有不少旌表妇女楷模的匾额和楹联。山西巡抚石麟为王辅廷妻马氏立"节孝遗芳"的牌匾,表彰马氏夫人贞节和孝道,留盛德美名于后人。山西布政司蒋为王辅廷妻马氏立"壶范可风"[1]牌匾。壶(kǔn),原指宫中的道路,引申为宫内。《诗经·大雅·既醉》有云:"其类为何,室家之壶。"壶范,指妇女的楷模、仪范、典式。可风,指美好的风范、风教、风度。山西学政厉宗万为王辅廷妻马氏立"冰蘗流声"牌匾。蘗(bò),通檗,黄柏,性寒味苦。冰蘗,喻寒苦而有节操。唐刘言史《初下东周赠孟郊》诗云:"素坚冰蘗心,洁持保贤贞。"流声,指流播名声。此语出自刘勰《文心雕龙·论说》:"独步当时,流声后代。"为表彰马氏夫人,清雍正四年(1726年)在王氏祠堂前还建有"王辅廷妻马恭人之坊",坊上书"顺德""贞心"等赞语,坊背横梁上书:"旌表诰赠朝议大夫王辅廷妻马恭人之坊。"在马恭人坊后面,还立有"王

---

① 温毓诚:《王家大院楹联匾额诠注》,山西经济出版社,1999年,第191页。

昌祚继妻刘宜人之坊"。山西巡抚石麟为生员王昌祚继妻刘氏立"纯孝苦节"①牌匾。纯孝，乃至孝也。苦，快意，幸好之意。苦节的意思是乐于守节。《方言》卷二有云："苦，快也。"郭璞注云："苦而不快者，犹心臭为香，乱为治……古训义反覆用之是也。"此匾意为至孝并乐于守节，以表彰刘夫人的高尚节操。山西布政司蒋为生员王昌祚继妻刘氏立"芳名永存"牌匾。山西学政厉宗万为生员王昌祚继妻刘氏立"名标彤史"牌匾。霍州知州单燽（chóu）为生员奉直大夫王梦麟继妻扬氏立"闺阁仪型"牌匾。闺阁，原指女子的卧室，这里借指妻室。仪型，就是楷模、典范之意。苏轼《次韵安道读杜诗》有云："简牍仪型在，儿童笺刻劳，今谁主文字，公合把旌表。"邑侯彭由义为生员奉直大夫王梦麟继妻扬氏立"德标彤管"牌匾。邑侯陈玉墀（chí）为儒士王国枢妻李氏立"甘心存一"牌匾。此外，还有为王衍信继妻宋氏立"奉旨，清标彤管"②牌匾。这里"清标"，指俊逸、清美出众之意，尤指道德品质美好出众。"彤管"，指杆身漆朱的笔，古代女史记事用。《诗·邶风·静女》有云："静女其娈（luán），贻我彤管。"另据传，古者后夫人必须有女史彤管之法。因此，清标彤管当指衍信继妻素质道德均高尚。从以上众多朝廷官员对家族女德模范旌表的匾额、牌坊可知，这些旌表文字不仅是对女德模范的荣誉表彰，也是对该家族良好家风的称道，希望这些家风能在后世传扬永续。

四、致虚守静，安居乐俗

（一）守静乐俗

山西王家大院高家崖有匾额"致虚守静"③，此语出自《老子·道经·十六章》，"致虚极，守静笃"。此语是说致虚物之极，笃守静物之真。此牌匾教育族人恪守清静，言行笃厚。高家崖有牌匾"敦厚"，教育家人淳朴宽厚。此语出自《礼记·经解》，"其为人也，温柔敦厚，《诗》教也"。苏轼在《上富丞

---

① 温毓诚：《王家大院楹联匾额诠注》，山西经济出版社，1999年，第192页。
② 温毓诚：《王家大院楹联匾额诠注》，山西经济出版社，1999年，第189页。
③ 温毓诚：《王家大院楹联匾额诠注》，山西经济出版社，1999年，第132页。

相书》中云:"刚健而不为强,敦厚而不为弱,此公明之所得于天。"高家崖有牌匾"宁远",语出诸葛亮《诫子》家训:"非淡泊无以明志,非宁静无以致远。"宁静,安定清静之意;致远,达到远大目标,引申为前途远大。高家崖有匾额"安居乐俗",此语出自《老子·六十七章》:"甘其食,美其服,安其居,乐其俗。"意为以所产之衣食为甘为美,以居之土俗为安且乐。王家大院红门堡有牌匾"恒贞",语出《易·恒卦》,"恒,亨,无咎。利贞,利有攸往"。意思是说,恒卦象征恒久之道,它亨通而无过失,利在坚持正道不变,利在有所前进。贞,即正道,坚持才有利。红门堡有牌匾"无逸",语出《尚书·周书·无逸》,"周公作无逸,曰:呜呼,君子所其无逸,先知稼穑之艰难。乃逸,则知小人之依,相小人,厥父母勤劳稼穑,厥子乃不知稼穑之艰难"。这是周公教诫成王不要耽于享乐,要知农事劳作之苦,不要好逸恶劳,只有无逸、勤于政事,才能巩固王位。这里,王家借"无逸"知典故教诫族人勤于劳作,不要贪图安逸。

乔家大院堡门之上高悬赵昌燮所书石匾,其上"古风"二字体现出主人对古雅的推崇。一院跨院厅门前赵昌燮所书"会芳"匾,表达了乔氏家族广聚贤才的需求。"会芳"并非主人的独创,据南宋周密《武林旧事·故都宫殿》记载,聚景园内亦有会芳殿。此匾琢为一片芬芳的莲叶,既应和了"芳"字,又表明与主人往来者皆为君子,可谓妙想。五院侧门上方的"洞达"与"静观"①二匾同出赵昌燮之手,反映出主人动静等观、意在变通的处世哲学。二匾典出《易·系辞上》之"是故阖户谓之坤,辟户谓之乾;一阖一辟谓之变,往来不穷谓之通"。北宋张载《横渠易说》释之曰"阖户静密也,辟户动达也";南宋方寔(shí)孙《淙山读周易》释之曰"阖户取其静密之义……辟户取其洞达之义"。二匾置于门之两侧,既取开合,又兼变通,构思堪称奇巧。赵昌燮所书联匾往往看似简单,实则颇具深意。四院侧门的"居之安"就是一例。其表面意思为主人对居家之所平和安逸的追求。实际上这也是一个典故。《孟子·离娄章句下》有:"君子深造之以道,欲其自得之也。自得之,则居之安;居之安,则资之深;资之深,则取之左右逢其原,故君子欲其自得之

---

① 张昕、陈捷:《乔家大院》,山西经济出版社,2012年,第52页。

也。"即君子深造的目的在于有所收获,从而能够掌握牢固、积累深厚,运用时也就可以左右逢源。因此,"居之安"的本意为对学问的牢固把握,如朱熹所注"自得于己,则所以处之者安固而不摇"。在各地民居中,也常有"资之深"匾与"居之安"匾相呼应。乔家大院书房门前曾有一副颇具韵味的楹联"一帘花影云拖地,半夜书声月在天",也是当时广为流传的书房楹联。此联参考了南丰先生曾巩《芙蓉台》中的"芙蓉花开秋水冷,水面无风见花影。飘香上下两婵娟,云在巫山月在天"。上联还与两首描写美人的宋词相关,其中北宋徐伸的《二郎神》乃为怀念其爱妾所作,有"闷来弹鹊,又搅碎,一帘花影;漫试着春衫,还思纤手,熏彻金猊烬冷"。北宋胡仔《水龙吟·以李长吉美人梳头歌填》则有"解低头试整,牙床对立,香丝乱,云拖地"。美人如花、红袖添香夜读书,不失为温馨书房的经典。

(二)履和迁善

乔家大院百寿影壁上方的匾额"履和"二字完美概括了乔家和气生财的理念。"履和"典出《易·系辞下》之"履和而至",唐李鼎祚《周易集解》有"谦与履通,谦坤柔和,故履和而至。礼之用,和为贵者也"。基本意思是以和为贵。另三国时期曹植《曹子建集·冬至献袜颂》尚有"玉趾既御,履和蹈贞",即行中和之道。从一院正房二层高悬的"为善最乐"匾,亦可看出乔氏族人对行善积德的态度。此匾源出南朝宋范煜《后汉书·东平宪王苍传》,文曰:"(汉明帝)问东平王:'处家何等最乐?'王言:'为善最乐。'"乔家大院四院大门对面的影壁上有赵昌燮所录北宋王随《省分箴》一篇。此文通过列举世间万物的本性,劝诫世人道法自然,但不乏宿命论的思想。全文如下:"夕晦昼明,乾动坤静,物禀乎性,人赋于命。贵贱贤愚,寿夭衰盛,谅夫自然,冥数潜定。慧生数寸,松高百尺,水润火炎,轮曲辕直。或金或锡,或玉或石,荼苦荠甘,乌黔鹭白。性不可易,体不可移,揠苗则悴,续凫乃悲。巢者冈穴,泳者宁驰,竹柏寒茂,桐柳秋衰。阙里泣麟,傅岩肖象,冯衍空归,千秋骤相。健羡勿用,止足可尚,处顺安时,吉禄长享。"①

---

① 张昕、陈捷:《乔家大院》,山西经济出版社,2012年,第54页。

在这篇劝言中,事物的本来面目包括夜暗日明、乾动坤静、意兰低而松树高、水滋润而火灼热、车轮曲而车辕直。如果生来是金玉,就不会为锡石。如同苦菜味苦、荠菜味甜,乌鸦黑、鹭鸶白一样,不可变化。同样,筑巢的不会去穴居,游水的不会去奔跑;竹柏遇寒则茂盛,桐柳至秋则落叶。若违背自然规律,拔苗助长则苗枯,为野鸭接腿亦会酿成悲剧。其中"续凫乃悲"典出战国庄周《庄子·骈拇》,文曰:"是故凫胫虽短,续之则忧;鹤胫虽长,断之则悲",指虽然野鸭腿短而鹤腿长,但也不能砍下鹤腿接到野鸭腿上。人的命运无论贵贱、贤愚、寿夭、盛衰,冥冥之中自有天定。文中还用了四个典故表达无须羡慕他人,只要知足常乐就能长享吉禄。其中"阙里泣麟"为孔子之典,表达了孔子对世衰道穷的哀叹。"阙里"为孔子故里,用以指代孔子。"泣麟"典出《春秋公羊传·哀公十四年》:"十有四年春,西狩获麟……孔子曰:'孰为来哉!孰为来哉!'反袂(mèi)拭面,涕沾袍。"麒麟为仁兽,有明君在位方才现身,却因出非其时而受害。孔子之泣其实是哀叹自身的生不逢时,故有"唐虞世兮麟凤游,今非其时吾何求,麟兮麟兮我心忧"之句。"傅岩肖象"则为商王缘梦寻相之典,与孔子之境遇恰成对比。《书·说命上》有"高宗梦得贤相,其名曰'说',使百工营求诸野,得诸傅岩"。西汉孔安国传曰:"审所梦之人,刻其形象以四方,旁求之于民间。"即商王武丁梦中得相,名为"说",便命百官刻其形象四处寻找,终于在傅岩之地找到了傅说。"冯衍空归"为东汉冯衍之典。冯衍是历史上怀才不遇的典型,其著《显志赋》:"时莫能听用其谋,喟然长叹。自伤不遭。久栖迟于小官,不得舒其所怀。抑心折节,意凄情悲。""千秋骤相"恰恰相反,为西汉田千秋一举成相之典。在汉武帝太子因构陷自杀的事件中,田千秋敢于上书诉冤。武帝有悔意,随即提拔他为大鸿胪,数月后任丞相,封富民侯。连东汉班固《前汉书·车千秋》都说:"千秋无他才能术学,又无伐阅功劳,特以一言寤(wù)意,旬月取宰相封侯,世未尝有也。"至于"车千秋"之名,是因为后来田千秋年老,汉昭帝许他乘小车入宫殿,遂称"车丞相",子孙便以车为姓。

(三)居德吉善

中国传统文化楹联匾额常有居德吉善之言,希望以此求得家族祥瑞。

例如，乔家大院一院跨院有匾"彤云绕"。"彤云"即红云或彩云，多属吉兆。明黄淮《省愆(qiān)集·癸卯正旦简同列诸公二十八韵》有"瑞气浮金殿，彤云绕碧空"；清王原祁《万寿盛典初集》所录潘秉钧《万寿诗》亦有"西山紫气迎芝盖，南海彤云绕桂楹"。二院侧门有匾"建乃家"，典出《书·盘庚中》之"往哉生生，今予将试以汝迁，永建乃家"。其意为：去吧，好好生活，现在我就率领你们迁住新都，为你们建立永久的家园。乔家大院的名人联额以仿制居多，但一院外宅门的光绪三年(1877年)平定州李毂(gǔ)人题联乃真迹。联曰："近圣人之居美富可瞻，顾多士升堂入室；从大夫之后典型在望，仰前贤举善称仇。"上联为孔子之典，"美富可瞻"见《论语·子张》之"夫子之墙数仞。不得其门而入，不见宗庙之美、百官之富，得其门者或寡矣"。下联"举善称仇"为祁奚大夫之典。上下联相结合，表达了希望子弟以古圣先贤为榜样，功成名就的美好祝愿。同时，一院屋门前有联曰："积德为本，续先世之流风心存继往；凌云立志，振后起之家法意在开来。"此联各地多有引用，同样希冀子弟能够在修身养性的基础上，承前启后、继往开来。乔家大院的四院影壁龛悬有清初著名画家、书法家，"海阳四家"之一的查士标所书楹联"有书留晋魏，无事话羲皇"。此联与上联类似，表现出非经典、圣贤不尊的气节。上联之魏晋为书法史上的巅峰时期，当时书法大家辈出，尤以并称"二王"的王羲之、王献之父子最具影响力。东晋王羲之有书圣之称，其《兰亭序》被誉为"天下第一行书"。同时，清乾隆"三希堂"所藏王羲之《快雪时晴帖》、王献之《中秋帖》、王珣《伯远帖》三件墨宝留为晋魏之书。对晋魏书法的推崇，恰与查士标的书法家身份相吻合。下联中的"羲皇"为华夏三皇之一的伏羲，与神农、黄帝一道被尊为中华民族的人文始祖。更重要的是，伏羲还创造了文字，结束了"结绳记事"的历史。在唐代诗人储光羲的《同王十三维偶然作》中，就有"腹中无一物，高话羲皇年。落日临层隅，逍遥望晴川"之句。乔家大院四院屋门前有清代成亲王永瑆(xīng)书联"秩叙昭宣弥纶广大，文章挥霍倾吐宏深"。成亲王为清代著名书法家，与翁方纲、刘墉、铁保并称"翁、刘、成、铁"。联中"秩叙"为次序，"弥纶"为包罗、涵盖。此联之大意为天理昭彰包罗万象，文章挥洒尽显高深。"景运天开，五色丝纶焕彩；文明盛启，七襄云锦呈奇"一联有国运昌盛、文采飞扬、英才辈出之意。"丝纶"典出《礼记·缁衣》之"王言如丝,其出如纶",后引为皇帝的诏书,古代撰拟朝廷诏令之地即称丝纶阁。唐代承旨刊辑经籍的集贤院便有著名文学家符载题额"五色丝纶,九霄雨露",宋杨亿《次韵和李舍人忆北园寻春之作》另有"五色丝纶贪草诏,一园桃李阻寻春"。"文明"即文采光明。《易·乾》有"见龙在田,天下文明"。唐孔颖达疏曰:"天下文明者,阳气在田,始生万物,故天下有文章而光明也。""七襄"即织女星。《诗·大东》有"跂彼织女,终日七襄。虽则七襄,不成报章",讲仰望织女星,每天忙忙碌碌运行七个时辰,却织不成一匹布,是对统治者尸位素餐的讽刺。在此联中,引申为瑰丽的文章。《石渠宝笈》所录蒋廷锡、张照书画合璧一册中,即有"七襄云锦成,闲试金错刀"一句,其中"金错刀"为一种笔体。

(四)芝兰玉树

中国传统文化楹联匾额中常有"芝兰玉树"的字样,这是对家族子弟的赞美。例如乔家大院有楹联曰:"宝汇光浮商彝周鼎,根蟠荫普窦桂王槐",这一联乃对俊秀子弟之赞美。上联中的"商彝周鼎"为朱元璋之典。明俞汝楫《礼部志稿·储宫备考》有云:"上召太子宫臣谕之曰:'汝知重器乎?'对曰:'商彝周鼎。'上曰:'非也。太子,天下重器。人有彝鼎,尚知宝爱。太子主器之重,宝爱之者,必择端人为辅。'"下联中的"窦桂"为窦燕山五子登科之典。元托克托《宋史·窦仪》有:"(窦)仪学问优博,风度峻整。弟俨、侃、偁(chēng)、僖(xǐ),皆相继登科。冯道与禹钧(即窦燕山)有旧,尝赠持有'灵椿一株老,丹桂五枝芳'之句,缙绅多讽诵之,当时号为窦氏五龙。""王槐"为北宋王祐(hù)之典。《宋史》有"(王)祐手桓三槐于庭,曰:'吾之后世,必有为三公者'"。后来,其子王旦果然成为宋真宗的宰相,后世子孙亦享有盛名。联意商彝周鼎熠熠生辉、窦桂王槐根壮叶茂,子孙必然前途无量。"湛露醴泉是生芝草,桐花竹实群引凤凰"同为子弟俊秀之赞。其中"芝草"典出唐房玄龄《晋书·谢安》,文曰:"(谢)玄,字幼度,少颖悟,与从兄朗俱为叔父(谢)安所器重。(谢)安尝戒约子侄,因曰:'子弟亦十何豫人事,而正欲使其佳?'诸人莫有言者。(谢)玄答曰:'譬如芝兰玉树,欲使其生于庭阶耳。'"后以"芝兰玉树"比喻能光耀门庭的子侄。"湛露"即夜露,"醴泉"即甘泉。湛露滋润芝草之典见于《诗经·湛露》之"湛湛露斯,在彼丰草,厌厌夜饮,在宗载考",描写周天子设宴招待诸侯时的情景。"凤皇"即凤凰,为老子将孔子比作凤凰的典故。唐欧阳询《艺文类聚·凤》有:"老子见孔子从弟子五人,问曰:'为谁?'对曰:'子路为勇,其次子贡为智,曾子为孝,颜回为仁,子张为式。'老子叹曰:'吾闻南方有鸟,其名为凤……凤鸟之文,戴圣婴仁,右智左贤。'"《诗经·卷阿》则有:"凤凰之性,非梧桐不栖,非竹实不食。"

相近的楹联还有"和风生玉树,瑞霭映瑶池"。其中"瑶林玉树"为西晋王衍之典。唐徐坚《初学记·人部》有"王戎曰:'王衍神姿高彻,如瑶林玉树,自是风尘外物'"。元关汉卿《裴度还带·第四折》亦有"瑶池降谪玉天仙,今夜高门招状元"。同样,"日暖兰英秀,风清桂子香"一联,则用了芝兰玉树、五子登科之典。"紫气直凌霄,函谷淹留,道德原垂老子;宫袍高著月,长庚掩映,锦心寔(shí)接青莲"一联以老子之《道德经》和妙笔生花的青莲居士李白为主题,心在隐逸。上联为老子之典,三国时期《列异传》有"老子西游关,令尹喜望见其有紫气浮关,而老子果乘青牛而过"。即令尹喜见紫气东来,知道将有圣人经过,后老子果然骑青牛而过函谷关。下联为李白乘醉入水捉月、骑鱼成仙之典。北宋梅尧臣《宛陵集·采石月赠郭功甫》有"采石月下闻谪仙,夜披锦袍坐钓船。醉中爱月江底悬,以手弄月身翻然。不应暴落饥蛟涎,便当骑鱼上青天"。传说李白是母亲夜梦太白金星(即长庚星)而生的,唐李阳冰《草堂集序》有"惊姜之夕,长庚入梦,故生而名白,以太白字之"。乔家大院另有傅山"书种亭"匾一方。"书种"即"读书种子",特指能够传承文化精神的读书人。北宋黄庭坚《山谷别集·戒读书》,有"四民皆当世业,士大夫家子弟能知忠、信、孝、友,斯可矣,然不可令读书种子断绝。有才气者出,便当名世矣"。南宋周密因有"书种堂"。清张廷玉《明史·方孝孺》记有"姚广孝以孝孺为托,曰:'城下之日,彼必不降,幸勿杀之。杀孝孺,天下读书种子绝矣'"。然而方孝孺在上述"靖难之役"时,忠于先皇,拒绝为燕王朱棣草拟即位诏书,终被诛十族。观傅山之言行,当以方孝孺自比。乔家大院所藏其他匾额还有晚清知县黄汝香(字孝卿)所题"青毡是吾家故物"。《晋书·王献之》有"夜卧斋中,而有偷人入其室,盗物都尽。献之徐曰:'偷儿!青毡我家故物,可特置之?'群偷惊走"。"青毡故物"由是有敝帚自珍的含义。王醵(jù)船书"不薄今人爱古人"即厚古而不薄今。清末巡抚联魁所书"芝兰第"则用前述"芝兰玉树"之典,也是对子弟的赞美。

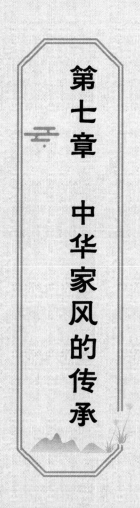

第七章 中华家风的传承

中华家风始于孝、荣于忠、尊于礼,其传承的核心目标归结为一个字就是"和"。综观我国历史,经历了家国未分的帝王禅让时代、家国一体的宗族世袭时代、家齐国治的大一统官僚专制时代、平等和融的人民民主时代四个历史发展阶段,呈现出"即家即国""敬天法祖""天下一统""爱国惜家"的家国关系特点,中华家风在历史的传承中呈现出"随风而传,伴制而承,应时而化"的总特点。在现代社会,家庭和学校教育、社会习俗熏染、网媒礼赞故事成为传承中华优秀家风的主要方式。

第一节 中华家风的传承理论

中华家风伴随着人类社会历史的发展而不断传承和发展,其传承的方式从传承平台和途径来分主要有三种,一是家庭传承方式,二是国家传承方式,三是社会传承方式。中华家风所要传承的核心内容是价值观,一种对家、对国的理想价值的认同、崇奉与追求。在漫长的历史实践中,中华家风所追求的价值理想、价值观念深深融渗于制度文化、民俗实践活动文化和精神文化之中,因此可以从这三大文化领域去追寻中华家风传承的踪迹。

一、家规国制继承论

家规国制继承论,是从制度文化角度来阐释中华家风的价值传承。此论认为,家庭规训和国家制度是中华家风传承的主要载体,也是中华家风价值传承的主要途径,通过系统分析和深入探析家国规制与中华家风传承之间的作用关系,就能厘清中华家风的价值观念在家规国制中传承的内容、脉络和轨迹。由于任何时代的家规国制中都蕴含着对人们所处时代价值观的表达和传递,当家规国制中所传达的价值观与家风所要追求的价值观一致时,就会获得主体的认同与赞美,表现出溢美性的家国情怀;反之,当两者价值观不一致,或者完全相反时,则会使得主体惆怅幽怨、扼腕叹息,表现出感伤性的家国情怀。这两种不同的情感反应会传递到家人和身边的人身上,或弟妹亲子,或弟子学生,或臣属同僚,或晚辈友人,于是,这种对规制所产生的不同的情感会在具有相同价值观与价值理想的人群中传达、继承。一般,在平世和盛世,往往传承的是对制度溢美性的家国情怀;在危世和乱世,往往传承的是对制度感伤性的家国情怀。溢美性家国情怀往往激发人们褒扬赞美之情,催人昂扬奋进,增强了世人对规制的认同和维护;感伤性的家国情怀则引起人们对家国颓势的反思之情,催人临危思变,革故鼎新,发奋图强,增强了世人对现有规制的改革和图新。

301

（一）家规承基：家规家训是家风传承之基

家规家训不仅是家庭成员启蒙开慧、道德认知、价值塑造、行为规范、习惯养成的重要载体，是家庭教育的重要形式，同时它也是家庭、家族管理的制度和依据。家规家训培养了人们基本的道德素养、基本的价值观念、基本的行为习惯和思维习惯。在家规家训的制度执行中，家庭成员养成了与这个规制相符合的行为习惯、思维习惯、道德习惯和价值选择习惯，从而在社会交往中展现出具有一定特征的行为方式与行为习惯，显示出一定的家庭精神风貌，这就是"家风"或"门风"。经过几千年的积淀发展，形成了各具特色的家道、族规、家风、家法、家训、家约、家范、家规、家诫、家劝、族谕、户规、宗约、庄规、宗式、公约、祠规、祠约等家庭制度表现形式。家规基本内容可以概括为三大方面：一是道德言行规范，二是关系处理法则，三是性情引导与价值塑造。在道德言行规范方面，包括"孝亲敬长，睦亲齐家""治家谨严，勤劳节俭""糟糠不弃，夫妻忠贞""立志清远，励志勉学""审择交友，近善远佞"，对帝王家庭还有"勤政谦敬，安国恤民"的要求。在关系处理法则方面，包括"和善乡邻，善视仆隶""抵御外侮，维护统一"。在性情引导与价值塑造方面，包括"洁身自好，力戒恶习""救难济困，助人为乐""宽厚谦恭，谨言慎行""依法完粮纳税，严禁乱砍林木""习业农商，治生自立""崇尚科技，贬斥迷信""贵名声，重家声"等。这些家规家训内容对于家庭成员家国情怀的培养与传承作用巨大，它不仅传播了以儒学为核心的中国传统文化，推动了科学与教育的发展，将儒家伦理贯彻到一般家庭，改善了社会习俗与道德风尚，而且更重要的是，在历史上接续培养了大量忠君爱国、清正廉洁、秉公执法的治国人才，维护了封建统治秩序，传承和践行了古人家国情怀的价值理想和高尚追求。

例如，岳飞（1103—1142年）少时，其母在其背上刺了"精忠报国"四个大字，勉励他爱国杀敌。在岳家家规族训的制度激励下，岳飞的儿子岳云、岳雷、岳霖、岳震、岳霆、孙子岳甫、岳申、岳琛、岳珂等皆是忠国栋梁之材。回溯岳飞后人，可谓满门忠烈，拳拳家国情怀得益于家规祖制的恩德。无独有偶，与岳飞家庭相似的满门英烈还有杨家。流传至今的杨家将故事就是讲述北宋的杨业、杨延昭和杨文广杨家三代戍守北疆、精忠报国的故事。岳飞和杨家将的故事在历史上流传至广，每遇外敌入侵，它就成为团聚民心、一致对外的一面旗帜，激励着一代又一代中国人传承演绎着各个历史时期"精忠报国、抵御外侮"的家国情怀。自此，中国许多家庭家规家训里都以岳飞、杨家将为榜样，以爱国主义内容教育家族后人。例如，元代郑文融在"江南第一家"《郑氏规范》中就强调："夙夜切切，以报国为务，抚恤下民，实如慈母之保赤子"①；明代袁黄（初名表，字坤仪，号了凡）在《了凡四训》中强调："志在天下国家，则善虽少而大；苟在一身，虽多亦小。"②清代曾国藩对其弟家书中有"拼命报国，侧身修行"③的名言；近代韶山毛氏家族《百字铭训》有云："孝悌家庭顺，清忠国祚昌。"④这些家规家训都是从孩子小的时候进行道德教化，使孩子养成了良好的道德行为习惯，树立了正确的价值观，从而受益终生。从这些知名的历史人物人生发展轨迹看，成年之后所取得的功名都与幼年时期所受的家规家训的道德教化密不可分，他们的家国情怀得益于家教规训的基础性教化习得，而且这种良好品格犹如生物基因一样代代相传，由此可见，家规家训对家风的传承具有基础作用。

（二）国制定承：国家制度对家风的传承具有决定性作用

国家制度包含许多内容，有经济方面制度、政治方面制度、文化教育方面制度，这些制度不仅对家风和社会风气起到引领示范的作用，而且对于道德人伦、行为规范底线作出了明确标识，并用国家强制力确保社会成员遵从执行。由此可见，国家制度在整个社会规制中具有强制决定的传承作用。下面笔者以帝师制度为例分析一下国家制度对于家国情怀的影响作用。从家风家教角度看，对太子的家庭教育至为重要，可以说太子的"家教关乎国祚长短"。有鉴于秦二世而亡的教训，后世各朝都十分重视对太子的家庭教育，并把它作为一项国家制度固定下来，这就是帝师制度。《大戴礼记》中

---

① 徐少锦、陈延斌：《中国家训史》，陕西人民出版社，2003 年，第 452 页。
② 袁黄：《了凡四训》，尚荣、徐敏、赵锐译注，中华书局，2016 年，第 178 页。
③ 曾国藩：《曾国藩家书》，唐浩主编，唐浩民注译，天地出版社，2017 年，第 42 页。
④ 《中湘韶山毛氏三修族谱》卷六，韶山村党支部、村委会编：《韶山魂》，第 351 页。

《保傅》有云:"殷为天子三十余世而周受之,周为天子三十余世而秦受之,秦为天子二世而亡,人性非甚相远也,何殷周有道之长而秦无道之暴? 其故可知也。"①商代共传了三十一王,历时约六百年;周代传了三十八王,历时约八百年。这在人类历史上都属罕见。与他们形成强烈对比的是秦,只传了两代,二世而亡。这是偶然的还是必然的呢? 古人提出了"何殷周有道之长而秦无道之暴"这一历史之问。

这一问题的原因有很多,但从帝王接班人的教育角度看,是由于太子教育这一国家制度出了问题。"昔者,周成王幼,在襁褓之中,召公为太保,周公为太傅,太公为太师。保,保其身体;傅,傅之德义;师,导之教训。此三公之职也。"②周人认为,能不能长治久安,关键在于帝王接班人培养得好不好。武王在克商之后没几年就去世了,继位的成王尚幼,没有能力治国,所以由周公代他理政。当时朝廷的重要事情就是教育和保护太子,于是建立了"三公"之制。"三公"是朝廷里职位最高的官员,政务繁忙,需要助手,于是又建立了"三少"制度:少保、少傅、少师,爵位是上大夫,相当于"卿"。三少的职责是"与太子晏者也",这里"晏"通"燕",不是指吃饭,是指日常起居。主要是在生活习惯中让太子"明孝仁礼义",要"导习之也"。"及太子少长,知妃色,则入小学",东学上亲而贵仁,"则亲疏有序,如恩相及矣";南学上齿而贵信,"则长幼有差,如民补诬矣";西学上贤而贵德,"则圣智在位,而功不匮矣";北学上贵而尊爵,"则贵贱有等,而下不逾矣";入太学,承师问道,退习而端于太傅,"太傅罚其不则而达其不及",太子"德智长而理道得矣"。《学礼》曰:"此五义者既成于上,则百姓黎民化辑于下矣。""及太子既冠,成人,免于保傅之严,则有司过之史,有亏膳之宰。"等到太子成年了,设立了新的成长督导制度,设立"司过之史"和"亏膳之宰"这两个官,就是严格帮助太子改正成长中的缺点错误。"太子有过,史必书之。史之义,不得不书过,不书过则死。""过书,而宰彻去膳。"根据过书,实行惩罚,少吃一顿饭。"于是有进膳之牒,有诽谤之木,有敢谏之鼓,鼓夜诵诗。"民众有善言要进献,只要站

① 《大戴礼记·保傅》。
② 《大戴礼记·保傅》。

在旌(旌旗)旁边,太子就必须过去听取意见,要从善如流;有人想批评太子,只要站在"诽谤木"旁,太子就必须过去虚心接受批评;"有敢谏之鼓",如果有人敲此鼓,太子需要马上接见他。"工诵正谏,士传民语。习与智长,故切而不攘;化与心成,故中道若性。是殷周所以长有道也。"①乐工诵读正面的劝谏之言,士人转达坊间出现的民谣。太子仿佛生下来就走在正道上,像是天生之性一样。其实,这些都是后天严格教化的结果。

"及秦不然,其俗固非贵辞让,所尚告得也",秦的风俗则不同,并不是原来就固有不讲礼让,而是国家制度崇尚相互告发而奖励赏金的行为;"固非贵礼义也,所尚刑罚也",也并不是一开始就不讲礼仪、崇尚正义,而是国家制度崇尚刑罚,用严苛的、无人道的、缺乏仁爱的惩罚来规范人的行为;"故赵高傅胡亥而教之狱,所习者,非斩劓人,则夷人三族也"②,赵高教给胡亥的都是刑罚之手段,不是割人鼻子,就是灭人三族,缺乏对人民仁德的教育和对国家仁惠的治理手段。"故今日即位,明日射人,忠谏者谓之诽谤,深为计者谓之妖诬,其视杀人若艾草菅然。岂胡亥之性恶哉?彼其所以习导非其治故也。"③所以,胡亥今天即位,明天射人,忠臣去劝谏,他却说忠臣在污蔑好人;为了国家长治久安去献计谋的,被胡亥说成是"妖诬"。胡亥杀个人就像割草那么容易。这难道是胡亥生性就不好?否也!是他所生活的这个国家制度价值取向出了问题,没有教会他仁爱礼治,一味乱施刑罚淫威,这只能激起民众的仇恨,于是二世而亡。

从《大戴礼记》中的《保傅》篇我们认识到,国家制度对人的影响何其之大,它关系到国运是否昌盛。在此过程中,也激起多少仁人志士的家国情怀!相比于家规对人的影响作用来说,国家制度对人的影响更加直接和深远。家规虽然能培养一个人的道德行为习惯和价值选择,但在强力的国家制度面前,这种人的基础性德性能否坚守和固化还要看家、国两者的价值方向是否一致:当家国价值观一致时,良好的家教德性得以固化、激励和进一步发展;当两者方向相反或者不太一致时,个体的行为往往会屈从于国家强

---

① 《大戴礼记·保傅》。

② 《大戴礼记·保傅》。

③ 《大戴礼记·保傅》。

力,向着国家制度要求的方向转变,此所谓"国制定承"。因此,一项好的国家制度,能够使国运几百年不衰竭,能使一个文明千年传承;而一项糟糕的违逆民意的国家制度,在起初会强力施行一段时间,但随着时间的推移,社会矛盾的续积则可能激起民变,导致民心的向背、政权的丢失。等到大势已去,政亡国灭,再伤感忧叹,可谓晚矣。这里面起核心作用的就是国家制度的价值导向。倘若国家制度的价值导向与人民主体价值意愿相背离,则政亡国息;倘若国家制度的价值导向与人民主体价值意愿相一致,则长盛不衰,传承致远。由此看来,国家制度对家风的传承具有决定作用。

二、民俗国礼承递论

民俗国礼承递论,意在说明民俗国礼与家风传承的联系,此论认为流行在民间的民俗及国家典礼实践活动也具有对家风的传承作用。这些礼俗实践活动寄托着人们对未来幸福生活的期盼,展现出人们对未来积极乐观、无畏进取的家国情怀。

(一)社会风俗:社会风俗习惯潜隐化导了中华家风的传承

社会风俗习惯为家风的传承构建了社会情境,在潜移默化中,潜隐地影响着家风价值观的走向。由于社会风俗有一种自觉意识,它默默地传递着人们向往的价值追求,它是一种生存方式,也是一种文化模式,是"群体内模式化的生活文化"①。例如,在农业生产中有"祈年备耕民俗",康熙《济南府志·岁时》中记载:"立春前一日,官府率士民,具春牛芒神,迎春于东郊……立春日,官吏各具彩杖,击土牛者三,谓之鞭春。""鞭春"的民俗展现的是官民对农业丰收喜悦前景寄予的希望,呈现出对未来幸福前景、国泰民安的祈福纳祥的祝愿。除了"鞭春"之外,还有"送春、强春、尝春、贴宜春贴"等民俗。唐孙思邈《千金月令》载:"立春赐三宫彩胜,各有差";南宋辛弃疾《汉宫春·立春日》词云:"春已归来,看美人头上,袅袅春幡。"再例如,农业占卜

①　高丙中:《中国民俗概论》,北京大学出版社,2009 年,第 7 页。

习俗。自古以来,农耕仪礼源自农业祭祀,而农业占卜在农业生产习俗中占有重要地位。中国古代农事活动总是和节令习俗联系在一起。依据节令、气候的变化安排农事活动。为了期盼一年的丰收,必须通过占卜来进行预测,以求心理满足。隋唐时期人们认为春天是一年中最重要的季节,配合农事活动有许多占卜活动。隋唐时期历时三百多年,社会的安定使农业生产习俗的发展演变有了充裕的时间和良好的环境,也使岁时节令与农耕习俗达到很好的结合。五代韩鄂的《四时纂要》"立春杂占"记载:"常以入节日日中时立一丈表竿度影,得一尺,大疫、大旱、大暑、大饥;二尺,赤地千里;三尺,大旱;四尺,小旱;五尺,下田熟;六尺,高下熟;七尺,善;八尺,涝;九尺及一丈,大水。"①除占日影外,还占月影、占雷、占雨。不仅正月占卜,而且一年中的每个月都要占卜,通过占卜预测一年作物的丰歉。影响农业的自然灾害主要是虫害、鼠害、旱灾和涝灾。《诗经·小雅·大田》中有"去其螟螣,及其蟊贼,无害我田稚。田祖有神,秉畀炎火。有渰萋萋,兴雨祈祈。雨我公田,遂及我私。……曾孙来止,以其妇子。馌彼南亩,田畯至喜。来方禋祀,以其骍黑,与其黍稷。以享以祀,以介景福"。这首诗描述的是周王于丰收后祭祀田祖(神农)的诗歌。此诗是《小雅·甫田》的姊妹篇,两诗同是周王祭祀田祖等神祇的祈年诗。《小雅·甫田》写周王巡视春耕生产,因"省耕"而祈求粮食生产有"千斯仓""万斯箱"的丰收;《小雅·大田》写周王督察秋季收获,因"省敛"而祈求今后更大的福祉。两篇诗歌歌颂周王关心民间疾苦,给人们描绘了周王深入田间地头举行祭祀的民俗场景,展现了统治者与民同乐、与民共疾苦、祈求上天降福百姓、保佑社稷国家国泰民安的家国情怀。从这些民俗中我们不难看出,民俗里隐藏着群体对幸福、吉祥的价值愿望,传承着千百年来祖先对后人的幸福企盼。所以说,社会风俗习惯潜隐影响了中华家风的传承。

(二)家庭礼俗:家庭生活礼仪实践活动强化了家风的传承

家庭生活礼仪实践活动强化了家风的传承。家庭礼俗包括家庭成员的

---

① 《四时纂要》卷1"立春杂占"。

人生礼仪习俗、家庭重大活动礼仪习俗，以及日常生活礼仪习俗。人生礼仪实践活动是对生命阶段发展的礼赞，也展现了个体生命对家庭、社会和国家的感恩之情，是家风的个体生命具象化传承。中国文化十分重视诞生、成年、结婚、死亡这四个环节，汉族主要有诞生礼俗、成年礼俗、婚姻礼俗、丧葬礼俗。在生命出生之前，首先有一个礼俗被称为祈愿孕育礼俗。《礼记·月令》中记载有君王率领后妃挂上弓矢以求子的礼仪："仲春之月……玄鸟至……天子亲往……授以弓矢，带以弓䪜于高禖之前。"①从汉代开始，婚礼上就流行撒谷豆和果子的仪式。诞生养育期的礼仪就更复杂了，通常由产儿报喜、三朝洗儿、满月礼、百日礼、抓周礼等习俗组成。抓周，是小孩周岁时举行的卜测前途的仪式，其核心是对生命延续的美好祝愿，反映了父母舐犊深情。成年礼，是为界定青年具备独立入世资质而举行的仪式。《淮南子·齐俗训篇》说："中国冠笄(jī)，越人劗发。"②汉族是男子二十岁行加冠礼，女子十五岁行加笄礼。《管子》记载，越国青年入伍征战前，凿齿以示成人。由此看出，成年礼仪洋溢着满满的离开家庭、报效祖国的家国情怀。婚礼，古今中外，都被视为人生仪礼中的大礼。"昏礼有六，五礼用雁，纳采、问名、纳吉、请期、亲迎是也"③，俗称"六礼"。婚礼过程中，"三书"指聘书、礼书和迎亲书。聘书，就是订亲之书，男女双方正式缔结婚约，纳吉(过文定)时用。礼书，为过礼之书，即礼物清单，详尽列明礼物种类及数量，纳征(过大礼)时用。迎亲书，即迎娶新娘之书。结婚当日(亲迎)接新娘过门时用。此所谓"三书六礼"。纳采用"雁"礼，"用雁者，取其随时南北，不失其节，明不夺女子之时也。又取飞成行止成列也。明嫁娶之礼，长幼有序，不逾越也。又婚礼贽不用死雉，故用雁也"④。死亡，是人生不可抗拒的否定，是最沉重的悲苦意识，打破了当前的社会组织关系，推动一系列社会角色和地位的重组，表现出某种社会危机。汉人葬礼习俗以"隆丧厚葬，香火永继"为主流。中国之大，各地丧葬礼俗各不相同。这里，我们以"摔丧盆"习俗为例分

---

① 《礼记·月令》。
② 《淮南子·齐俗训篇》。
③ 《仪礼·士昏礼》。
④ 《白虎通·嫁娶篇》。

析一下。摔丧盆亦称"摔大盆"。这个盆叫"阴阳盆"俗称"丧盆子",不过也叫"吉祥盆"。盆底有洞,寓意是逝者在喝孟婆汤的时候可以漏掉一些,这样对亲人的记忆就会保存,不至于全部忘记。孝子在起大杠前,举丧盆向砖上猛摔,号啕大哭,起行。"摔盆",即把灵前祭奠烧纸所用的瓦盆摔碎。摔盆讲究一次摔碎,甚至越碎越好,因为按习俗,这盆是死者的锅,摔得越碎越方便死者携带。因此,摔丧盆礼俗还暗含另一层深意:为逝者祝福和祈祷,让其记得亲人。人生成长发展四个环节礼俗折射出人们对生命的礼赞,展现出个体生命对家国的感恩之情,是家风的生命具象化传承。除了人生礼仪庆典习俗外,家庭宴客习俗、逢年过节庆典习俗及日常生活习俗都对家风的传承起到强化和渲染的作用。

(三)国家典礼:民族整体意向化表达进一步强化家风的传承

国家典礼实践活动是国家民族层面对家风的整体传承的意向化表达。国家典礼实践活动主要表现在封禅、国祭、军礼、宾礼等礼俗活动。汉族传统民俗文化"五礼",包括吉礼、凶礼、宾礼、军礼、嘉礼。前面的章节已经对这五礼有了介绍,这里谈谈封禅。封禅典礼始于人们对神灵的心态。随着人类社会的发展,人们对神灵的心理状态是变化的,由恐惧和无奈变为对神灵的崇敬和赞叹。于是,基于恐惧心理而形成的消极规范体系也逐渐被基于崇敬的心理而形成的崇拜所代替。人们试图通过主动规约自我的言行来获得上天和祖神的恩赐与眷顾,于是形成了封禅、祭祖的习俗与崇拜。"封"就是在泰山进行祭天仪式,答谢天帝的受命之恩,报答天帝的功德与对浩荡天恩的感激,报告太平盛世和自己的功绩。"禅"就是祭地仪式,报答大地厚土的功绩,感谢对万物苍生的恩赐。《史记·封禅书》云:"昔无怀氏封泰山,禅云云;虙羲封泰山,禅云云;神农封泰山,禅云云;炎帝封泰山,禅云云;黄帝封泰山,禅亭亭。颛顼封泰山,禅云云;帝喾封泰山,禅云云;尧封泰山,禅云云;舜封泰山,禅云云;禹封泰山,禅会稽;汤封泰山,禅云云。"[1]到了殷末周初的时候,这种功利性的自我规范转化为对神灵感恩的真挚情感,由此而

---

① 《史记·封禅书》。

形成的"诚敬"的质朴品格,这成为道德观念和人伦制度得以产生的条件。早期人类社会随着生产力的提高、劳动产品的积余,家庭、私有制的产生打破了原有的氏族平等关系。氏族长通过对家庭物质资料的占有,对公共资源拥有的扩张和与其他氏族为争夺资源和人口的战争的方式建立了国家,奴隶制随之产生。随着父权制对血缘和继承的要求进一步发展,宗法制、分封制与嫡长继承制又被创设了出来。在这些制度的世代传继下,祖宗崇拜观念日益深化,家祠、家庙得以出现。封禅大典以国礼的形式被后世封建社会所传承,强化了家庭社会对上天的敬重之风。通过封禅大典,国君代替天下苍生祈求上苍风调雨顺、五谷丰登、社会太平、长治久安。封禅,是中国古代帝王祭祀天地的大型典礼。封为"祭天",禅为"祭地",有"承天道,治天下"之意。自秦始皇起,封禅活动成为强调君权神授的重要手段,其实质则为巩固皇权、粉饰太平,带有一种君权神授的意味。

总之,"礼"要靠"仪"来体现,"仪"则必须贯彻"礼"的精神。"礼"没有"仪"的形式作为载体,就无法表达家风国礼的价值观,"礼"就会变成空疏的抽象价值,变得无法接受;"仪"如果脱离了"礼"的精神实质,只注重揖让周旋、华服章制等外在形式,就会失去其价值意义,变得空虚烦琐。国家典礼所要传达的精神实质在于团聚民心,整合国民价值理想,使其与以君王为代表的统治阶级价值理想保持一致。由此看出,国家典礼实践活动是国家民族层面对家风和家国情怀的整体传承的意向表达。

三、家风国魂弘扬论

家风国魂弘扬论,意在揭示家风国魂、家国精神与家国情怀传承的联系,中华家风的历史传承实际上就是家国精神的弘扬、家风国魂的价值传递与发展。家风国魂所蕴含的家国精神具体可分为三个层面:家风家德精神、国家民族精神和社会时代精神。家风家德精神的实质内容在于"孝悌仁爱、中正和睦、知耻尚礼";国家民族精神的实质内容在于"爱国统一、民族团结、文传统化";社会时代精神的实质内容在于"革故鼎新、改革创新、命运与共"。

（一）始于家风传承：孝悌仁爱、中正和睦、知耻尚礼

家风的传承始于家庭道德精神的传承，其核心内容在于"孝悌仁爱、中正和睦、知耻尚礼"。孔子尚礼是由于"礼"能够安邦定国，而安邦定国的基础在于"修身齐家"。每个家庭的初始家风都起源于家礼家德的传承和教化。人的本性首先是自然性，这种本性本来没有高下贵贱、荣辱利害之分，但在社会交往中，因为社会价值导向的层次化区分，于是激发了人性潜在的好利贪欲、嫉贤妒能，从而对社会秩序和伦理规范有着潜在的威胁。因此，需要用"礼"来对民众"化性起伪"①。因为"性"产生"恶"，而"伪"导向"善"，所以要通过"隆礼"以道德教化百姓。教化百姓的最基本、最开始的环节就是家教。家教最基本的教育就是孝悌仁爱的教育。孝道是修身的基础，孝悌忠仁是至善的准则。修身从"格物"做起。所谓"格物"，就是要格去物欲之蔽。当孝悌仁爱之心具备了以后，人的心智就逐渐走向成熟，即所谓"成人"了。《礼记·冠义》说，冠礼是"成人之道也"。故古人重冠礼，行之于宗庙，告于先祖，民族之新生命，已由幼苗而长成，负担继往开来之责任。女子在二十岁时，要举行笄礼，表示成人。《宋史·礼志》记载，公主举行笄礼后，聆听训辞："事亲以孝，接下以慈；和柔正顺，恭俭谦仪；不溢不骄，毋诐（bì，偏颇，邪僻）毋欺；古训是式，尔其守之。"男女成年之后就可以婚配，婚姻缔结成家之后就要修炼"齐家"之德。所谓"齐家"，就是对内亲和仁善，对乡邻和睦相处。《礼记·礼运》云："父子笃，兄弟睦，夫妻和，家之肥也。"父子间诚信厚道，兄弟能和睦相处，夫妻恩爱和谐，家庭就会丰厚殷实。齐家，首先要做到家庭内成员关系和睦，此外还要注意与邻里的关系融洽，弘扬正气，知耻尚礼，只有处事公正、正道而行、明荣知耻、互尊礼敬，就能得到乡邻的支持和拥护，家道可兴也。浦江郑氏家族居于浙江浦江县郑宅镇，又称"郑氏义门"。从宋（北宋元符二年，1099年）直到明（天顺三年，1459年）300多年数千人同居共食、共财，是什么力量维持这个共同体长期存在呢？元代郑永认为是"礼"。这个家族遵循"以德正心，以礼修身，以法齐家，以义济

---

① 《荀子·正名》。

世"的治家理念,在元代两次被旌表为"孝义门",被朱元璋赐封为"江南第一家",成为中国传统社会家族同居时间最长、规模最大的家族之一。①《郑氏家仪》对冠、婚、丧、祭等人生礼仪进行了规范,以此统领家族生活,从而在实践中实现了家族的长盛不衰。以上案例展现出孝悌仁爱、睦邻尚礼的家风家德精神对于治家的重要性,它展现了古人家风"义礼仁和"精神的传扬,也从理论和实践两个方面诠释了家风的传承始于家礼家德精神的传承的道理。

(二)重在国魂承递:爱国统一、民族团结、文传统化

中华家风和家国情怀的传承重在国家民族精神的传承,其核心内容在于"爱国统一、民族团结、文传统化"。何谓"统一"?《辞海》对"统一"有三种解释:一是指国家由一个中央政府统治,没有分裂和割据;二是部分联合成整体、归于一致;三是一致的、集中的。综合这三种词义的解释可知,所谓"统一",就是将部分联合成内在一致并紧密相联的整体。那么,何谓"统"?在《康熙字典》中有多种义项,首先列出了《说文解字》的解释:"统,纪也。"《淮南子·泰族训》云:"茧之性为丝,然非得工女煮以热汤而抽其统纪。"这里指出了"统"的本义——丝的头绪。由"绪"引申出"统"的第二层含义:"世代相继的系统",如皇统(世代相传的帝系)、道统、传统、统承(继承统绪)、统系(系统)、统贯(系统、条贯)、统嗣(帝统的嗣续关系)。《荀子·解蔽》云:求其统类。"统"的第三层含义是"纲纪,准则",如体统(体制、格局、规矩等)、统纪(纲纪)、统类(纲纪和条例)等。《荀子·臣道》云:忠信以为质,端悫(què)以为统。"统"的第四层含义是"本也",《易·乾卦》云:乃统天。以上"统"的四层含义是作为名词的理解。"统"作为动词解时,指"总括、合而为一"。《公羊传·隐公元年》云:"大一统也。"也有"主管、率领"的意思,如《荀子·强国》云:"若其所以统之,则无以异于桀纣";还有"管理、治理"的含义,如《列子·天瑞》云:"昔者,圣人因阴阳以统天地";此外有

---

① 郑泳:《郑氏家仪》,收入《四库全书存目丛书》经部第114册,齐鲁书社,1997年,第394～396、411～420页。

"穿通"的意思,如统院,即指相互穿通的前后院。此外还有作为副词、量词的含义,由于与本话题不直接相关,这里就不再一一列出了。

由上面"统"的名词性、动词性义项可知,所谓"统",就是世代相承继的纲纪和准则,是总领和协调各组成部分的基本原则,主体也依此原则去领导、管辖、整合与治理。统成什么呢?统成"一个国",这个"国"不仅具有地理意义上的国土资源、疆域边界、经济物质基础、活动空间,也具有法理意义的政权制度、法制属性、籍属界分,还具有历史文化的意义,如个人对"国"的精神依存关系、心理情感关系、文化价值关系,包括归宿感、认同感、尊严感、荣耀感,等等。因此,用"祖国"来命名,而不简单地用"国家"或"家国"来命名。"国家"更多地指称政治意义、法理意义上的"国"。"家国"更多地强调家与国的情感关系、历史文化关联,以及相互之间的利益属性。而"祖国"则比较全面地囊括了物质与精神层面意义的"国",凸显了人与国之间的历史文化、法理制度和地理资源价值关系的概念意义。

由以上对"统""统一""祖国"的词源意义梳理,可知"爱国统一"的目标价值指向"一个祖国",重在整体划一。为何要崇尚和坚守"爱国统一"呢?从理论逻辑看,"统一"的价值理念来自《易经》阴阳五行统一论。《易经》认为,宇宙万事万物由具有阴阳变化关系的五种要素组成统合联系的整体,五要素相生克、阴阳相对相成,缺一不可,共同构成紧密联系的整体。这一理论崇尚的"统一"价值理念也在马克思主义辩证统一规律和物质世界的统一性原理得到确认,与现代科学宇宙全息统一论相契合,成为"圣人抱一守贞"的传统古训流传至今。祖国的各个组成部分犹如阴阳变化的五种要素,彼此不能分离,只有这样才构成整体的祖国;倘若彼此分离,则"国将不国";所以,要坚守爱国统一的价值原则。从历史逻辑看,爱国统一顺应了中华民族发展历史规律和大趋势,它将中华民族文化传统历史地联系在一起,承载了中华各民族文化的生态性和多样性,保持了中华文明的传承性,同时也符合整个人类社会发展的历史规律,所以要坚守爱国统一的价值原则。从现实逻辑看,祖国大家庭中各民族合则两利、分则两害,中华民族利益协调一致,只有统一才利于聚合发展资源、协调行动,而四分五裂则形不成发展合力,祖国整体实力不强就经不起外来因素的干扰、破坏和入侵,各民族的利益也就得不到保证,所以要崇尚和坚守爱国统一的价值原则。

何谓"团结"?"团"原指线团,"结"原指绕结。用以比喻为了集中力量实现共同理想或完成共同任务而联合。所谓"团结",就是相互配合,真正的团结就是无条件的配合。在一个国家中,也要坚持团结,包括各党派、各阶级、各阶层、各地区、各行业、各民族之间的团结,特别是多民族之间的团结,民族团结要成为我们坚守的价值原则和理念。为何要坚持民族团结的价值理念呢? 各民族团聚凝结则整个国家就有发展力量,团结可抗风险,可以减少和化解矛盾,各民族的团结能增强民族间的心理认同,促进中华民族统一体的认同,就可以维护祖国统一。祖国统一,又能进一步增强各民族之间的交流,增进相互认识和信任共识,促进情感认同,中华民族大家庭中各民族就更加团结。祖国统一、民族团结,民族就能强盛,"民族强盛,是同胞共同之福"①。否则,民族就会弱乱,民族弱乱,是同胞共同之祸。

为何要坚持"文传统化"呢? 坚持"文传统化",是指尊重和传承中华民族的历史和文化。在爱国主义教育中着力彰显中华优秀传统文化独一无二的理念、智慧和气度,可以增强每个中国人的自尊心和自信心,可以增强整个民族的凝聚力和战斗力,可以增添华夏儿女对本民族传统文化的豪迈感和敬畏感,这对于全体中国人民和整个中华民族树立对祖国的光辉历史形象的全面认识、加深个人对祖国的敬仰情怀、巩固爱国统一战线、战胜西方文化中心主义和各种蔑华辱华宣传、增强各民族之间的长期信任和永久团结等方面都能起到积极的促进作用。中华民族优秀传统文化在漫长的历史长河中逐渐融渗在历史的记忆之中的,因此对中华优秀传统文化的尊重与传承,必然伴随着对中华历史的尊重与守望。要坚持"文传统化"。从"爱国统一""民族团结""文传统化"三者的辩证关系来看,"爱国统一"是基础、前提,"民族团结"是手段、目的,"文传统化"是核心价值手段,也是价值追求方向。有了统一的祖国,民族团结就有了基础,"文传统化"也就有了实现的可能;有了团结的民族,国家统一就牢不可破,就容易实现共同的"文传统化"的价值追求;有了"文传统化",国家统一和民族团结才能更稳定、更长久。

---

① 《习近平谈治国理政》(第一卷),外文出版社,2018 年,第 238 页。

反之,如果没有祖国的统一,民族团结和"文传统化"就失去了基础,也就没有了可能;没有民族团结,国家统一也就不能实现,即使暂时实现,也难以长久,而"文传统化"也就失去了意义;没有"文传统化",国家统一和民族团结就只能是强权政治下的暂时状态,既不稳定,也不长久。所以,三者是辩证统一的、缺一不可的、互相作用的。综上所述,中华家风和家国情怀的传承重在国家民族精神的传承,其核心内容在于"爱国统一、民族团结、文传统化"。

(三)益于时代承继:革故鼎新、改革创新、命运与共

中华家风和家国情怀的传承得益于社会时代精神的传承,其核心内容在于"革故鼎新、改革创新、命运与共"。所谓"革故鼎新",是指"中国传统社会所历经的三次重大变革,即殷周变革、春秋战国变革和唐宋变革,这三次变革既是社会变革,也是以价值为中心的文化变革。与传统社会变革相对应的社会价值思想也经历了三次以价值为中心的文化革命,即西周礼乐革命、西汉儒学革命和宋代理学革命。第一次价值革命发生在商周时期,其标志性事件是文武周公礼乐文化制度的颁行,强调'天命'背后的'人事'作用与价值,妥善处理了'尊神'与'重人'之间的关系,从而实现了文化从'神本'向'人本'的转变。同时,周人改变了殷商好武的风格,提出敬天保民、以德治国,崇尚人文教化,将'武治'转变为'文治'和'德治'。中国数千年的人文价值传统得以奠定。第二次价值革命起于春秋末期,到西汉中期才彻底完成。其标志是孔子以'仁'为核心的儒家价值体系的确立,它妥善处理了人与社会的关系,实现了从'人本'向'仁本'文化的提升。这一文化思想直到汉代'罢黜百家,独尊儒术'的政策实施后,才最终成为占据统治地位的价值体系。第三次价值革命起于唐中期,讫于两宋时期。魏晋南北朝时期是北部游牧文化与中原汉文化冲突融合的时期,佛道文化与儒学道统分庭抗礼,儒学自身也发生分化,经学式微,中国价值传统受到剧烈的冲击。宋代程朱理学建立了以'理'为核心的价值体系,解决了'天理'与'人性'的价值关系,实现了'仁性'向'理性'的转变。中国历史上这三次重大文化变革紧紧围绕价值革命,初步奠定了中华人文价值传统、伦理价值传统和理性价

值传统"①。所谓"改革创新",这是一种破除社会发展障碍、激发社会发展活力的创举。所谓"命运与共",是指"世界各国处于一种互相依赖、休戚与共的关系之中,只有包容互惠、和衷共济,才能实现合作共赢、共同发展"②。在命运与共的国际关系状态下,处理国与国之间的关系的准则只能是"和平发展、合作共赢、公平正义、休戚与共"。由"革故鼎新"到"改革创新"再到"命运与共",我们清晰地看到社会时代精神价值发展的脉络,展现了人类文明自强不息、前进不止的昂扬精神和发展态势,也展现了中国人民在历史和时代的大潮下不断拼搏图强、勤奋进取、开拓创新的家国情怀。所以说,中华民族家风和家国情怀的传承得益于社会时代精神的传承转化。

第二节　中华家风的传承特征

中华家风在传承转化方面有何特征?从传承的媒介和路径看,中华家风中的道德和价值观念是伴随着家教家礼、国制国风、社会习俗逐渐传承的,随着时代的变迁而发生转化,合在一起,就成为"家风随礼教而传,伴国风而承,应时代而化"。

一、家风随礼教传承

家风随家礼、家教而传承。家风是一个家庭代代相传沿袭下来的体现家庭成员精神风貌、价值理念、道德品质、审美格调和整体气质的家庭文化风格,其核心是对价值的选择和判断。首先,家风产生于家庭,家庭是家风传衍的文化载体。家庭是社会的基本组织单元,是人生的启蒙学校。在家庭生活环境里,家庭成员的认知学习、情感交流、思想表达、行为习惯在这里交融,祖辈家人对家和国的基本态度、思想认识、情感表达也潜移默化地传

---

① 刘松:《革命文化是文化自信的精神支柱》,《山东社会科学》,2018 年第 2 期。
② 韩震:《社会主义核心价值观的话语建构与传播》,中国人民大学出版社,2019 年,第 168 页。

递到子孙辈,在他们心里留下印记,影响或支配着他们未来行为的选择。习近平总书记指出:"家庭是人生的第一个课堂,父母是孩子的第一任老师。孩子们从牙牙学语起就开始接受家教,有什么样的家教,就有什么样的人。"①孩子对家庭的初始情怀也是从这里开始生发,从对父母亲人的关爱之情逐渐成长为对整个家庭、对国家、对社会的关爱之情。在此过程中,孩子逐渐接受家风的熏染,领会家风中传递的核心价值理念,内化于心,外化于行,待到长大成人,成立自己的家庭,也因此传承和影响身边的家人和自己的后人。这一过程就是家国情怀随着家风的传承而传承,因此整个国家和社会都要重视家庭建设,注重家庭在传承家国情怀文化建设中的重要地位,注重家教在传承家国情怀文化建设中的巨大作用,注重家风在传承家国情怀文化建设中的不可替代的风化影响。

其次,家礼、家教中的价值观和道德规范是家风所要传扬的主要内容。家庭礼教里所传达的尊老孝亲、家庭和睦、保家卫国、家齐国治、国泰民安等价值理念正是家风所要传扬的主要内容。孩童从牙牙学语、认知成长、情感形成到心智成熟,这一过程中无不饱浸着家风的熏染和教化启迪,圣贤先哲们儿时孝敬父母、兄友弟恭、友善乡邻的故事成为童蒙开智和道德教化的绝佳教材,历代爱国英雄们保家卫国、拯救同胞、不畏牺牲的故事成为激励孩童成长、涵育爱国品质的鲜活材料,父母们身体力行的言行规矩也随着家风、家教润物无声地渗透到孩子的价值观的树立、认知习惯的养成、情感表达、理论思考和行为举止之中。

再次,家教中的德性价值是其跨越时代的核心要素,其能得到家风传承的原因也在于此。家风中蕴含的家国情怀就是品德教育中最鲜活、最有民族特色、最具时代效应的教育内容,家教家礼、家国情怀中所蕴藏的跨时代价值基因能随着家风、家德内容精神的一代代传承,家风和家国情怀也就渗透到一代代孩子的心中,成为引导孩子对正确认知家国、诱发孩子对家国情感共鸣、启发孩子对家国关系理性认识及对家国荣辱价值观的正确选择、效行的重要因素。

---

① 《习近平著作选读》(第一卷),人民出版社,2023 年,第 545 页。

最后，家国情怀中细腻的情感激励和感化作用也最适于以家风承递的方式来传达。家国情怀中富含的细腻情感、愁绪、哀思和默契，最适合在家庭这种场合利用亲人之间的宣泄倾诉、絮叨低语、缠绵幽咽、默默陪伴来传递和表达。由此可见，家礼家教、家德家矩、家国情怀所蕴含的价值观念和德性思想都随家风而传承。

（一）秦统帝国与汉定纲常：传承尊卑等级的家国理念

秦汉时期是中国历史上大一统封建帝国始建时期，它不仅传承了先秦儒道法墨的先进治国齐家文化，而且将德法并用上升为国策，树立了三纲五常的传统道德基本原则规范，开启了大一统"德本"社会的治理先河，家国一统、尊卑等级、纲常名教成为中华家风传承的基本内容。

1. 宗法瓦解，小家遍行，一统奠基

战国宗法制度瓦解、家族组织的衰落，独立小家庭普遍化为大一统国家的出现创造了条件。宗法式家族组织从商代就已经兴起，维持了近千年，到战国时已经彻底瓦解。这个过程从春秋初年就开始了。宗族组织制度衰落原因有四个：其一，周王室衰微，地位下降。公元前770年西周灭亡，周王大宗子共主地位丧失，大宗、小宗之间出现争夺，各诸侯国争夺君位，动摇了嫡长继承制。其二，新旧贵族斗争和长期战争（兵役、徭役）消灭和削弱了大批宗族组织。其三，政治制度的变革促使宗族制度迅速瓦解，特别是世卿世禄制的废除和官僚制的形成，打击了宗族势力对权力的控制，郡县制的兴起使政权脱离族权而独立，大量布衣卿相登上政治舞台，摆脱了往日宗族的束缚。其四，各国改革和变法对宗族制度产生了彻底的破坏，如土地私有制的确立和家族公田的废弃、户籍赋税制的改革使家族成员直接隶属于封建国家、奖励小家庭分居使大家族迅速分化瓦解。宗族制度瓦解，形成了一个个摆脱宗族组织的束缚而直接隶属于国家的数口之家的小家庭。独立小家庭普遍化为大一统国家的出现创造了条件。战国时期，没落的奴隶主贵族残忍地发动疆土争夺战争，严重破坏了百姓的生命财产，百姓为了躲避战祸和远服兵役，死徙他乡。这也激起了广大百姓惆怅幽怨的家国情怀，他们盼望着战争早日结束，国家早日统一。

2.秦扫六合,法序尊卑,众望所归

秦代社会剧变,"大一统、别尊卑、法纲纪"的稳定秩序众望所归。秦灭六国制定了封建的大一统制度,在一定意义上说,也顺应了历史发展趋势和广大百姓的和平意愿,是封建君王传承致和的家国情怀的一种表现。公元前221年,秦荡平战乱,建立了至上的皇权。接着他废分封行郡县,统一货币和度量衡,统一和简化文字,实现"车同轨,书同文",统一西南夷和百越,"缘法而治"①,建立了大一统封建大帝国。秦始皇虽然大力破除宗法关系,滥施刑罚,反对儒家的迂腐"虚伪",然而秦代同样需要明确尊卑等级以维护皇权和社会秩序,对礼仪、礼制十分重视并有所传承。由此看出,秦始皇也希望战乱早日平息,社会早日安定下来,这也是对中华家风的和平意愿的一种传承。

3.汉鉴秦训,礼法并用,儒定纲常

汉鉴之以秦,礼法并用,治世用儒,尽显殷殷家国情怀。由于秦过于急迫,倚用法家,迷信暴力,横征暴敛,不恤民力,严刑峻法,滥施淫威,导致官逼民反,二世而亡。秦灭亡后,又经过五年楚汉之争,汉朝建立。汉承秦制,建立了大一统专制帝国,在实行郡县制同时也大封诸侯王,实际上是对分封制和郡县制的传承。汉代统治者吸取秦朝治国教训,儒法并用,重之以德,国乃兴。汉初实行黄老之制,休养生息,善待百姓,减轻赋税,恢复国力。到了汉武帝时期全面加强中央集权统治,德法并用,确立纲常,平息边患,实现了多民族的大一统,显现了大汉帝国的虎虎生气,展现了封建统治者对家风的传承。周代礼制的规范化、理想化、权威化不仅起到敦教化、醇民风、范行止、稳社会的作用,而且确立和支撑起中国封建礼制和礼学的骨架,展现了汉人承礼和、遂民愿、齐家宅、泰社稷的殷殷家风。

(二)隋制五礼与唐开太平:传承孝治天下的家国道统

魏晋隋唐时期是中国历史上文化大融合大发展、民族大融合大发展时期,也是中华民族以开放的心态接纳世界民族文化的重要时期,更是中华民

---

① 商鞅:《商君书·君臣》。

族文化初次跃升鼎兴之位赢得天下普遍认同与臣服朝拜的时期。这一时期,开明的统治者睿智地传承了中华礼和文化精神,着眼现实,倡导并实施了"以孝治天下"的国策,国家由分裂走向统一,逐渐达至百姓和乐、君王开明、五礼隆胜、国家太平的鼎盛时期。

1. 汉代家族结构调整为唐继统奠基

两汉时期,社会上普遍存在"强宗大族"社会势力。在文献上,也有被称为"强宗豪右""豪族著姓""旧姓豪强""郡国豪杰"的。这些强宗大族是地主阶级一部分,有的还是大奴隶主,往往被百姓称为"恶霸地主"。这些强宗大族一方面残酷压榨掠夺农民,另一方面还同其他地主阶层以及封建国家存在着尖锐矛盾。在他们身上血缘关系很顽固,一般聚族而居,类似于历史上宗族组织性质。这些强宗大族在当地劫掠道路、鱼肉乡邻、武断乡间、扰乱吏治、招纳亡命、为捕逃薮、危害一方、十分猖獗。《史记》《汉书》的《酷吏传》和《游侠传》都有记载。所谓"郡国往往有豪杰""郡国豪强处处各有""街闾各有豪侠"①,即是言此情况。这些强族往往聚族而居,结成死党,朋比为奸,"相与为婚姻"②,占有大量土地财产,"役使数千家"③,"宗族宾客为权利"④。这里的"宾客"为异姓依附于本姓"宗族"的流亡农民。这些强宗大族有的是六国旧贵族,有的是六国地方暴富及恶势力,有的是汉代新贵,有的是豪强化的地主阶级上层。此外,还扰乱地方治安,破坏封建统治秩序,干涉地方吏治,不服中央政权调遣,破坏朝廷的统一法令,从而严重破坏了中央集权和国家统一。西汉政权对这些强宗大族先后实施了迁徙、诛杀、分化瓦解、立法打压的政策。有的迁往关中守皇陵,如武帝时徙民三百万以上守茂陵⑤;有的驻扎边塞或者尚未开发地区,如元朔二年(公元前127年)徙民十万于朔方,郑弘曾祖父于汉武帝时带着三个孩子移居山阴⑥;有的利用

---

① 《汉书》卷九二《游侠传》。
② 《汉书》卷七六《赵广汉传》。
③ 《史记》卷一二二《宁成传》。
④ 《史记》卷五二《灌夫传》。
⑤ 《汉书》卷六《武帝纪》。
⑥ 《后汉书》卷三三《郑弘传》。

豪强拘捕豪强或者挑动豪强间互相仇杀,使"强宗大族家家结为仇雠"①,至此,奸党散落,风俗大改。此外,还通过制定《限占田宅法》《阿附豪强法》《禁大姓族居法》来限制和打击豪族。后来,在东汉、曹魏政权接续打击治理下,汉代家族结构实现了从强宗大族向汉魏世家大族转变。从西汉后期开始,一方面农民失去土地,流亡荒野;另一方面,大片土地荒芜,无人耕种,劳动力与土地分离,形成社会危机。这种情况到东汉后期尤其严重。东汉末年到魏晋时期,出现了地主庄园制,自然经济得到有效发展,形成了世家大族式家族。每个依附于庄园主的佃农虽然各有其小家庭,是一个个独立的生产和消费单位,但大多数佃客被庄园主整合成一个大户籍,或"百室合户"或"千丁共籍",②平时是个自然经济的生产组织,战时则为武装壁堡,佃客即为士兵,庄园主即为军官。这反映了当时社会政权与族权的结合趋势。世家大族为了维护自己优越的社会地位和政治经济特权,又创立了"门阀士族制度",通过利用政府察举、征辟选人用人之机窃取族人门阀的有利地位。

2. 国家由分裂走向统一,五礼鼎盛

魏晋南北朝时期,朝代更迭频繁,政局动荡。许多政权借助篡夺立国手段,虽名为禅让,实际上是武力相逼。统治者如果对臣子们大谈"忠"就显得底气不足。为了整合人心,只能提倡"孝治天下"的理念。一方面,统治者高层十分重视对《孝经》的宣讲与注释。例如,(永和十二年)二月辛丑,帝讲《孝经》;(升平元年)三月,帝讲《孝经》。③ 皇帝亲讲《孝经》,这不仅是隆重的学术活动,而且是重要的政治活动。此时期,晋元帝、晋孝武帝、梁武帝先后为《孝经》作注。另一方面,采取多种举措在全国推进民风尚"孝"。一是承汉制举荐孝廉。例如,魏文帝黄初二年(221年),曹丕下诏,"令郡国口满十万者,岁察孝廉一人;其有秀异,无拘于户口"④。二是制定法律处罚不孝行为。晋武帝颁布诏书有云:"有不孝敬于父母,不长悌于族党,悖礼弃常,

---

① 《汉书》卷七六《赵广汉传》。
② 《晋书》卷一二七《慕容德载记》。
③ 《晋书》卷八《穆帝纪》。
④ 《三国志》卷二《魏书》二《文帝纪》。

不率法令者，纠而罪之。"①这些措施和法令都是对传统"孝"观念和法令的传承。《孝经》云："五刑之属三千，罪莫大于不孝。"《周礼》将不孝列为乡八刑之一；汉律不孝罪斩枭。② 三是为孝子作传。四是对孝感进行社会化宣传、神化孝行。在社会上宣扬"诚达泉鱼，感通鸟兽"③的孝感故事，如王祥"卧冰求鲤"、吴猛"恣蚊饱血"、杨香"扼虎救亲"等故事；有的孝子被朝廷下诏表彰的事迹，如魏人王崇孝行使"守令闻之，亲自临视。州以闻奏，标其门闾"；唐人林攒因孝行被授予"阙下林家"名号；还有的孝子被号以"青阳孝子""孝友童子"④，等等。通过这样的宣传、表彰、神化，达到在社会生活中营造崇尚孝道的风尚，达到移风易俗的教化目的，表现了统治者在治国齐家方面的良苦用心和家国情怀。从历史大势来看，大唐以《开元礼》展现了盛唐气象。至此，中国历史上迎来了又一个多民族、多元文化和谐共处的大一统王朝帝国盛世时代——唐代。

3. 百姓和乐、君王开明、国家太平

魏晋隋唐历史是由分裂逐渐走向统一而至文化鼎盛的历史，但这个过程饱经磨难。首先，从唐代家国"孝"文化发展来看，唐代统治者一如既往地推崇孝道，但随着当时文化开放政策的实施，孝道也遭遇一定的文化冲击。其一，佛教与传统人伦价值的对立导致对孝道的冲击。唐代开放的文化政策致使儒、释、道三家并存局面出现。"佛逃父出家，以匹夫抗天子，以继体悖所亲"⑤，致使"弃而君臣，去而父子，禁而相生养之道"，"子焉而不父其父，臣焉而不君其君，民焉而不事其事"⑥。佛教提倡的出世人生哲学与儒家君臣父子人伦价值取向形成对立，佛教文化在民间风行势必对传统孝道有所冲击。其二，北朝胡风注入中原文化也导致了对孝道的冲击。由于北方少数民族不重孝道，故"胡俗"的侵染势必对孝道有所冲击。隋唐皇室重要成员都有北方少数民族的血统，例如，隋文帝的皇后独孤氏是鲜卑人；唐高

① 《晋书》卷三《武帝纪》。
② 张锡勤、柴文华主编：《中国伦理道德变迁史稿》（上卷），人民出版社，2008年，第275页。
③ 《魏书》卷八十六《孝感传》。
④ 《新唐书·孝友传》。
⑤ 《新唐书·傅弈传》。
⑥ 《韩昌黎集·原道》。

祖之母独孤氏是鲜卑人；唐太宗之母窦氏是匈奴人；唐高宗之母长孙氏也是鲜卑人。民族融合的好处在于促进了多民族血统的融合，也促进了文化融合和道德融合。有学者称："李唐一族之所以崛起，盖取塞外野蛮精悍之血，注入中原文化颓废之躯，旧染既出，新机重启，遂能别创空前之局。"①其三，对最高统治者道德评价的双重标准对孝道的冲击。按照儒家正统观点来衡量，唐太宗骨肉相残、逼父退位本是不孝不悌之举，然而面对其文治武功，人们也不便评价。这种道德评价的双重性势必对传统孝道产生冲击。在中国历史上，对最高统治权的角逐，总是与阴谋、篡夺、血腥杀戮相伴随。

其次，从这一时期"忠"文化的变迁和传承角度看，自魏晋开始，"忠"的观念就处在嬗变与整合之中，忠的变化主要有三点：其一，顺势而降，不违忠德；其二，权变而为，忠臣之节；其三，忠不必皆死。从忠的内涵变化不难发现魏晋隋唐时期整个社会价值观和民风、政风之变。

最后，从这一时期社会风气看，由于国家长期处于分裂，战乱频仍，民不聊生，政权上频繁更易，造成从上层士族到一般文人心理上极不平衡，于是浮靡玄谈之风盛行，行为狂放不羁，居丧无礼成为时尚；魏代开始的"九品中正制"助长了门阀豪族势力，致使政府官吏日益脱离穷苦百姓，邪党得肆，社会风气日益败坏。迨至隋唐，国家复归统一。科举取士，打通了社会底层升迁的通道，也给社会对立阶级打通了交流的通道，社会风气开始发生重大变化，传统礼和精神重新得以弘扬与传承。这一变化主要表现在三个方面，其一，国家注重以"德治"进行社会软控制，重视儒学，以德化民，爱民利民。其二，爱惜民力，戒奢从简，社会道德风尚良好。"贞观、永徽之间，农不劝而耕者众，法施而犯者寡；……位尊不倨，家富不奢。"②其三，社会道德风气趋于开放和宽容。《贞观政要》有云："用法务在宽简。"③整个社会逐渐进入百姓和乐、君王开明、国家太平的文化盛世时代，展现了封建君王对中华传统家风价值观的不断传承。

---

① 陈寅恪：《李唐氏族之推测后记》。转引自龚书铎总主编：《中国社会通史》（隋唐五代卷），第517页。

② 《新唐书·韩琬传》。

③ 《贞观政要·论刑法》。

（三）宋理阐礼与明清重德：传承宗族集权的家国治道

宋至明清，专制主义中央集权统治不断加强、各项制度进一步完备。以三纲为核心的封建主义伦理道德体系也在进一步完备，而其矛盾和弊端也充分显现。专制统治的残暴性、严酷性也表露无遗。宋代理学兴起推动了礼治思想的理学阐释，礼制秩序进一步得到传承和强化。

1. 唐末五代世家大族式家族组织瓦解，门阀士族制度衰亡

唐末五代时期，中国社会出现了大分裂和大动荡。短短五十三年，天下五易其姓。百姓生灵涂炭，社会矛盾激化。东汉末年以来，家族组织完全瓦解，形成了以祠堂、宗谱、田地为拥有属性的新家族制度。庄园制和贵族家庭制度的衰落是贵族家庭组织瓦解的根本原因。在这期间，传统伦常关系全面倾覆。"五代之际，君君臣臣父父子子之道乖"[1]，臣弑君、子弑父的事情时有发生，权力争夺致使"君不君，臣不臣，父不父，子不子"[2]，出现了"世道衰，人伦坏，而亲疏之理反其常，干戈起于骨肉，异类合为父子"[3]的乱世道德景象。社会道德调控几近崩溃。"宗庙、朝廷，人鬼皆失其序"[4]，礼崩乐坏，传统制度文章斯文尽扫。社会成员的道德操守突破底线。朝代更迭使人们所谓的家仇国恨已经非常麻木，羞耻之心丧失，而"无耻，则无所不取"[5]，生活于其间的芸芸众生，颠沛流离，隐忍苟活，忠节观念所剩无几。据《五代史·冯道传》记载，冯道先后"事四姓十君，益以旧德自处"，冯道自谓"孝于家，忠于国"[6]，然而生活在这样乱世中的人们，自我的评价又有几多自嘲与无奈？

2. 宋代聚族而居的封建家族组织隆盛，民间愚孝愚贞抬头

宋代以后，个体小家庭再次普遍化，契约租佃关系普遍化，村族聚居更加普遍化。在宋代，三纲上升为"天理"，越发神圣，君权、父权、夫权进一步

---

① 《新五代史》卷十六《唐废帝家人传》。
② 《新五代史》卷三十四《一行传》。
③ 《新五代史》卷三十六《义儿传》。
④ 《新五代史》卷十六《唐废帝家人传》。
⑤ 《新五代史》卷五十四《杂传》。
⑥ 《五代史·冯道传》。

强化,以至于到了绝对化的地步。民间愚孝、愚贞、愚节的现象增多,纷纷在“至奇至苦”上竞赛,不少人是为了迎合“上之所好”和“众之所好”。①纲常礼教日益严酷,又引发不少士人的双重人格,道德上口是心非、言行相违,虚伪至极。为了适应新的家族家庭教育需要,宋代儒家致力于民间礼俗的规范化,成就显著。北宋司马光撰写了《书仪》,南宋朱熹撰写了《家礼》。此外,司马光的《居家杂仪》、陆游的《放翁家训》都为家庭教化做出了贡献。

3. 理学隆兴,元明清开疆拓土与国治,中央集权统治成熟

鉴于残唐五代大乱局,宋朝统治者想要迅速恢复传统秩序,重树伦理纲常的权威。通过推崇、弘扬儒家学说来广兴德教乃是宋(以及辽、金、西夏)、元、明、清各代统治者治理国家、安定社会的基本国策。宋建国伊始即推崇儒学,进而定儒学于一尊。与宋并存的辽、金、西夏也尊孔和尚儒。例如,西夏历代国王“崇尚儒术,尊孔子以帝号”②。元世祖忽必烈改蒙古国号为“元”,即“取《易经》‘乾元’之义”,《元史》称他“信用儒术”③。“理学”是儒学在新的历史条件下思辨化、哲理化的哲学形态。其核心仍然是儒家的伦理纲常、伦理学说。宋明理学主要有三派,以二程、朱熹为代表的理一元论的理学,以陆九渊、王守仁为代表的心一元论的心学,以张载为代表的气一元论的气学,其中以程朱理学势力和影响最大。理学为儒家的伦理学说建立了本体论的基础,对“道德”作了更为明晰的解说,对道德的社会功能、道德与刑法及其他上层建筑的关系作了更深入的探讨,理学家们还对传统道德规范体系作了整理和说明,完善了以“仁”为核心的道德规范体系。他们对公私、义利、理欲关系问题作了更深入的探讨,对人性问题、道德践行方法、知行合一等问题都有深入的探讨和研究。这些研究推动了社会道德建设,形成了良好社会风气,为维护封建统治、稳定社会和人心作出了积极贡献。

宋、元、明、清诸代统治者十分重视道德教化,主要措施有:一是兴建学校、书院,并鼓励广兴民间教育;二是私人讲学之风大兴,学术民主、自由讨

---

① 张锡勤、柴文华主编:《中国伦理道德变迁史稿》(下卷),人民出版社,2008年,第75页。

② 《金史》卷一百三十四《外国传》。

③ 《元史》卷四、五、六、七、十七《世祖本纪》一、二、三、四、十四。

论推进了学术创新,而且善于在民间普及推广理学伦理思想;三是乡规民约在社会落实,推进了民间道德建设;四是家范、家训、家规的普及,道德教化被落实到家族、家庭日常管理和生活之中;五是各种伦理读物大量面世,促进了社会道德教化水平和普及深度和广度;六是社会不断表彰道德楷模、树立榜样,并把这些道德事迹编入戏剧、说唱艺术之中,把教化推向乡村,让普通民众所接受,全面落实并推广了道德教化。总之,在宋、元、明、清这几代不仅社会总体稳定、道德教化得到基本传承,国家总体上保持了较强的国力和良好的道德状况,展现了统治者对中华家风文化的基本传承。

(四)晚清新政与民主革命:传承革故鼎新的家国谋略

鸦片战争以后,中国封建家族制度逐渐衰落。一方面,随着帝国主义入侵,中国传统的小农经济——自然经济结构遭到破坏,国内民族资本主义得到发展。族众大批流入劳动力市场,造成家族的离散;商业资本和高利贷资本侵蚀农村,引起家族成员的迅速分化;地主兼并族田和族长盗卖族田现象盛行,家族制度已经处在衰落之中。另一方面,外国资本主义在侵入中国的同时,也传来了西方科学文化和资产阶级民主思想,农民开始觉悟,旧式农民革命(如太平天国革命、捻军起义)对宗法思想和家族制度进行了批判与冲击。辛亥革命时期,中国民族资产阶级、小资产阶级领导资产阶级民主革命运动对家族制度和宗法思想进行了猛烈的抨击和批判。三纲五常等封建礼教被革命者斥之为精神枷锁和牢笼,是"奴隶之教科书"[①]。五四运动时期,革命民主主义者继承和发扬这些革命观点,提出了家庭革命和家族革命的口号,认为家族制度是"万恶之首"[②],要推翻清王朝的专制统治,必须从家族革命开始做起。他们以革命乐观主义的气概和对民族的家国情怀指明了家族制度必然灭亡的"运数"。在革命实践过程中,毛泽东第一次提出了政

---

① 邹容:《革命军》,中国史学会编:《中国近代史资料丛刊·辛亥革命》第 1 册,上海人民出版社,1957 年,第 359 页。

② 汉一:《毁家论》,张枬、王忍主编:《辛亥革命前十年间时论选集》第 2 卷下册,三联书店,1960 年,第 916~917 页。

权、族权、神权、夫权是束缚农民的四条绳索的观点。[①] 新中国成立后,家庭关系民主平等,家庭结构趋于简化,家庭生活核心偏移,不再是为了传宗接代,而是为了寻找个人的幸福与自由。改革开放前,受生产行业的限制,普通家庭的成员基本生活在同一个行业领域或村镇社区。改革开放后,随着经济发展,交通快捷便利化,离婚自愿化,出现了多样性家庭类型,如主干型、核心型、单亲型、同居型、候鸟型、丁克型、周末家庭型等。进入新时代,在信息网络大潮冲击下,家庭更趋原子化,家庭成员各自寻找自己的发展空间领域,家庭关系民主平等,饮食、衣着更趋时尚自由。从国家而言,新中国的成立标志着人民群众由被压迫阶级转变为统治阶级,掌握了自己的命运,建设属于自己的国家政权。自鸦片战争以来的一百八十多年里,中国家庭国家制度发生了翻天覆地的变化,但也传承了千百年来人们对自由、正义、和谐等价值观的追求,新型民主关系的家庭和国家制度的制定展现了中国以人民为主体在近现代民主法治时代对中华家风的现代传承与追求。

二、家风伴国风承继

家风伴国风、国制承继。国风是一个国家所拥有众多民族代代相传沿袭下来的体现这个国家民族共同的精神风貌、价值理念、道德崇尚、文化格调和创造智慧的文明风采,其核心在于这个国家民族对某种价值和文化的认同和崇尚。中华民族的国风是历代炎黄子孙充满智慧和创造力的中华文明的结晶,是历史长河中生生不息的中华之魂,中华民族的国风核心理念就在于对和合文化的推崇。首先,中华家风是国风传扬的重要内容。一个民族国家想要保持繁荣稳定的状态和旺盛的发展势头,就必须对她的国民进行精神的鼓舞和民族凝聚力、战斗力、创造力的宣传教育,宣传教育有许多方式,国风的传承就是一个有效的方式。国风传承的内容很多,除了历史文化、道德风尚、国族精神、时代风貌以外,中华家风和家国情怀也是国风传承的重要内容。自古以来,我国就有"遥望中原怀故土,静观落叶总归根"这种

---

① 毛泽东:《湖南农民运动考察报告》,《毛泽东选集》(第一卷),人民出版社,1991年,第31页。

心怀伟大祖国、满怀乡情、不舍故土、叶落归根的深情诗句,有"先天下之忧而忧,后天下之乐而乐"的忧国忧民情怀,也有"公而忘私、国而忘家"的报国为民风范,有"一身报国有万死,双鬓向人无再青"为报祖国不惜牺牲青春年华和热血生命的民族英雄。这些饱含家德家风和家国情怀的诗句是中华民族历代仁人志士为国尽忠的生动写照,随着历史和国风传承至今。其次,中华家风和家国情怀伴国风传承提升了境界。家风家德、家国情怀如果仅止于恋乡思亲、捍卫自己家族的利益,就显得格局不高;家风家德、家国情怀的荣盛目标应该是整个国家和天下苍生。只有将"家"与"国"的利益辩证统一起来,立足一个个家庭,而着眼于国家和天下,家风家德、家国情怀的境界才得以提升。国风的传承就是重在弘扬这种舍小家、顾大家的集体主义精神、爱国主义精神、天下主义精神。一方面,家庭和融安宁是国家稳定发展、社会长久和谐、民族持续进步的重要基石,千家万户都兴旺发达了,国家才能繁荣富强,社会才能和谐稳定,民族才能团结和睦;另一方面,国家建设好了、富强了,家庭的基本利益才能得到坚强有力的保护。最后,家风家德、家国情怀中粗犷、厚重的情感表达最适合以国风传承的方式来传递和表达。历代为了民族独立自由和解放事业献身的民族英雄们,为了提高生产力、提升人类生活幸福指数而献身科技事业的科技工作者们,为了民族统一、国家富强、励精图治、呕心沥血的治国精英们,默默工作在各条战线的基层劳动者们都凝聚着对祖国厚重的家国情怀。这种集体的家国情怀粗犷、厚重的情感绽放最适合以国风的传承方式来表达。由此可见,中华家风及家德家礼、家国情怀也要伴国风而传承。

(一)忠于国家是对孝忠矛盾的超越

从"孝"与"忠"的关系来看,"孝"是"忠"的伦理基础和起点,"悌"由"孝"推衍于同辈兄长而成,三者共同的价值观在于对"长"的敬顺。有了对父亲和兄长的尊敬和顺从,就很容易推广到对君王官长的尊重和服从。从这个意义看,孝悌之子,可以为国瑞。反过来,忠国的价值观又导引着孝悌家风的传承发展,因此孝忠一体成就了瑞国的目标。封建社会的"孝"是为"忠"服务的,如果"孝"威胁到"忠",威胁到统治者的切身利益了,则要优先选择"忠"。忠孝矛盾的内在本质在于君权与父权的矛盾冲突、公与私的矛盾冲突、人的自然性和社会性的矛盾冲突。在封建社会，忠孝矛盾时，封建制度伦理要求"忠"在"孝"前，优先选择"忠"。

(二)忠义是对"愚忠""愚孝"盲从的价值超越

儒家对待忠孝关系，还有更深一层的协调机制。对于忠君和孝父，都不是无原则的服从，"忠"的底线是"匡救其恶"，"孝"的底线是不让父亲"身陷不义"。孔子的价值选择是符合封建社会的制度伦理价值选择发展方向的。如果两者发生矛盾，则要选择"大忠""正义"。《荀子·子道》里记载着这样一段故事：鲁哀公问于孔子曰："子从父命，孝乎？臣从君命，贞乎？"三问，孔子不对。孔子趋出，以语子贡曰："乡者，君问丘也，曰：'子从父命，孝乎；臣从君命，贞乎。'三问而丘不对，赐以为何如？"子贡曰："子从父命，孝矣；臣从君命，贞矣；夫子有奚对焉。"孔子曰："小人哉，赐不识也！昔万乘之国有争臣四人，则封疆不削；千乘之国有争臣三人，则社稷不危；百乘之家有争臣二人，则宗庙不毁。父有争子，不行无礼；士有争友，不为不义。故子从父，奚子孝？臣从君，奚臣贞？审其所以从之之谓孝、之谓贞也。"①

(三)忠孝一体统合了矛盾对立关系，成就了瑞国的目标

"忠"与"孝"是"一体"的关系。忠与孝有如下三种关系：第一，源与流的关系；第二，互为补全的关系；第三，相映生辉的关系。"忠"和"孝"没有明显的道德分野，都崇尚"尊上"，父是子的上级，君是臣的上级。因此，"忠"与"孝"是人生价值的一体两面的呈现。"忠"与"孝"是同一条价值道路上的两段不同范围和规模的价值呈现，行孝和尽忠是相互联系着"一体两面"的人生经历。中华传统道德伦理讲究"移孝为忠"。在集体利益面前，更崇尚个人的价值奉献，颂扬"舍小家为大家"的价值伦理选择。

---

① 《荀子·子道》。

三、家风应时代转化

家风应时代变化而转化。所谓"应时代转化"就是要对中华家风、家德家矩、家规家礼、家国情怀的内容和形式进行符合时代的转化。

(一)化民成俗是中华家风应时代转化的总要求

民俗体现在民众的生活方式和生活追求之中。重视民俗文化对社会主义核心价值观的建设作用,主要有以下三个方面原因:首先,民俗文化是一种具有普遍性的生存力量的道德价值。在社会风俗方面,有四种道德力量:第一种是追求个性完善的道德自律,第二种是社会舆论的他律,第三种是政府认可等道德奖励机制的激励,第四种是互利的道德金融交易。其次,民间文化反映了人们的生存价值。再次,民俗文化体现了人们的心理归属感。任何民俗都是某一群体心理的普遍表现。一旦这种思想形成,它就会形成一种特定的民俗心理。因此,有效利用民俗文化进行社会管理和社会教化。将社会主义核心价值观"化民成俗"做到日用而不知就成为当代社会的必然选择。

(二)中华家风的内容要应时而化

一个时代有一个时代的使命,一个时代有一个时代的问题。时代变了,环境条件变了,主体要解决的家国问题就变了,所要完成的使命就不同。虽然跨越时代的价值观、方法论仍有传承的必要,但所解决的具体问题、具体方法要随着时代的变迁有相应的变化,这样,家风的内容也就发生相应的变化,从而打上时代的烙印。蛮蒙时代,中华家风传承的内容反映的是人与自然的抗争,例如大禹治水、愚公移山、燧人取火、有巢构屋、神农尝草、伏羲画卦等。先秦宗法世袭时代的中华家风传承的内容反映的是不同阶级的人们对于血缘、宗法制度的维护和抗争,例如周公制礼、成汤放桀、弦高退秦、荆轲刺秦等。秦以后的封建大一统时代的家风内容反映的是不同阶级人群在土地与人力资源方面的维护与抗争,例如秦王筑长城、隋炀帝开凿大运河、马援守边疆、张骞出使西域、昭君出塞等。现代社会的家风家德、家国情怀反映的是人们在知识信息和科技资本方面的竞争及现代文明理念的作为，例如网络化生存、虚拟教育、智能服务、云端科技、植树造林、低碳生活等。

（三）中华家风的形式要应时而化

表现家风家德的形式也会随着时代的变化而不同。例如，不同的时代同样是为了争取自由和民主权利，奴隶社会时代被压迫阶级的家德家风、家国情怀往往表现在对人身自由权的争夺；封建社会时代被压迫阶级的家德家风、家国情怀表现在对土地所有权的争夺；资本主义社会的家德家风、家国情怀则表现在对股份权利的争夺。阶级社会家德家风、家国情怀传承的、歌颂和赞美的更多的是采用暴力革命的流血牺牲形式，例如，秦皇汉武统一大业、郑成功收复台湾、岳飞精忠报国、戚继光抗倭、辛亥革命等。文明社会家德家风、家国情怀所传承的、赞美和崇尚的是使用议会谈判、平等协商的和平形式解决争端、谋取发展、合作共赢，例如，英国光荣革命、联合国维和行动、"一带一路"倡议、"金砖国家"会议、G20峰会等。可见，在革命战争年代，家德家风、家国情怀的悲壮表现形式往往是流血牺牲；在和平年代，家德家风、家国情怀更多体现在科技创新的比拼方面。

第三节　中华家风的现代传承

中国封建社会对家风的传承方式除了教习传承、故事传承外，还有一种"铭功传承"。所谓"铭功"，是指在金石上铭刻文辞，记述功绩。"铭功"一词较早出现在《后汉书》里，在金石上铭刻文辞用以表达对为国作战的英雄将领所取得的特别巨大的功勋的赞颂与敬仰之情。《后汉书·南匈奴传论》："铭功封石，倡呼而还。"[①]李贤注："为刻石立铭于燕然山。"通过铭功的方式可以很好地传承为家国做出巨大历史贡献的英雄们对国对家的家国情

---

① 《后汉书·南匈奴传论》。

怀。铭功的方式也是中华民族历史上记录和昭示为国家做出巨大历史贡献之人表彰和礼赞的一种方式。镌刻碑石、熔铸钟鼎往往是百姓的自发行为。历代名山大川摩崖石刻中就不乏有大量铭功之用的,其目的就是为了歌颂君王政客或英雄人物或某种组织在为国家、为地方、为人民、为历史做出的贡献,传扬其功绩和精神。在现代社会,中华家风的现代传承主要依靠家庭教育、学校教育、社会习俗及网络媒体礼赞故事等方式来传承。

一、家校教育传承名家风

家庭教育和学校教育是现代中国社会传承世界名人雅士家风的主阵地。孩子在成年之前主要的受教育方式是家庭教育和学校教育。近现代知名人士都十分注重子女的教育,注意把好家风传承下去。近现代著名哲学家、革命家马克思说:"家长的行业,是教育子女。""家长是孩子天然的第一任老师。"[1]马克思和夫人燕妮将三个女儿抚养教育成人。在女儿们眼中,马克思是"最理想的朋友,是最亲切和最使人愉快的同志"。这位伟人是如何教育他的女儿们的? 马克思的方法是和孩子们做朋友,让他们享受童年的乐趣。马克思和女儿们的关系很亲切。他经常从繁忙的工作中抽出时间,和女儿们玩游戏,他认为孩子们的游戏就是孩子们的生活。他不止一次抽出时间为女儿们做纸船,并用大桶和她们一起玩耍,唤起她们神奇的想象力:浩瀚的海洋,神秘的岛屿,残酷的海战,海员的冒险。饭后或工作累了的时候,他会追逐、摔跤,和他的女儿们扔石头。他们还组织举行"骑兵游戏":在赛马或马战中,一个女儿在马克思的肩膀上,另一个女儿在李卜克内西的肩膀上。甚至,马克思还成为孙女们的"坐骑"。在《马克思的女儿》这本书里就记载着马克思、恩格斯和李卜克内西给孙女们当马骑做游戏的场景:"琼尼驱赶着我们",李卜克内西在他的回忆片断里说,"用德文、法文、英文这些国际语言吆喝着:'向前跑!''快点儿!''好呀!'摩尔(马克思)跑得满头流

---

① [苏联]奥·巴·沃罗比耶娃等:《马克思的女儿》,叶冬心译,生活·读书·新知三联书店,1980年,第2页。

汗，……直到马克思跑不动了，于是我们就和琼尼谈判，算是讲和了……"①
马克思是一个对孩子们亲切、柔和，不知道端架子的父亲。"孩子必须是教
育他们父母的"，他常常这样说。他对待孩子们丝毫不使用作为父亲的权
威。家庭中充满了友好的精神，笼罩着真正亲密和睦的气氛。长幼之间的
界限几乎被消除了，人人都是平等的。从马克思的教子生涯中不难看出，
"平等""亲密""和睦"的家风在这里得到了传承。

　　无独有偶，英国首相撒切尔夫人也很注意"平等""和气"。她从来不大
声训斥，而总是和声和气地向孩子讲道理。有一次，撒切尔一家到农场去，
正赶上收马铃薯，她马上说："我们可以教孩子们懂得机器是怎样工作的
啦！"还有一个假日，撒切尔一家坐船去旅游，她对女孩卡罗尔和男孩马克
说："现在你们可以学一学当水手了。"②她就是这样循循善诱地教育孩子。
科学家爱因斯坦的父亲在教育爱因斯坦时，对孩子总是报以宽容、鼓励和信
任。后来，爱因斯坦凭着对人生不懈的勇气刻苦钻研，终于成为世界顶尖的
大科学家。中国近代著名思想家、政治家、教育家、史学家、文学家梁启超也
十分注重子女教育和家风传承。素有"一门三院士"美誉之称的梁启超的
"教子之义"就是以"大义教育子女并且教育得法，期在必成"③。其"大义"
就是"四要"：一要"爱国"，二要"正直"，三要"清白"，四要"自强"。其教育
方法就是"四以"："以身作则""以言明理""以情感化""以事见效"。在梁启
超的告诫下，梁氏家族人才辈出，在各自的领域都取得了卓越的成就，表现
出强烈的爱国情怀和良好的家庭作风。这些成就显然与梁启超重视家风教
育和良好的家庭纪律有关。

　　学校教育对于传承优秀家风价值理念也至关重要。我国现在的孩子到
了入学年龄，将进入九年的义务教育阶段，孩子们在这一阶段接触到一些著
名教育家、思想家、科学家、哲学家、艺术家、革命家的家风故事，许多家风、
家德、家礼、价值观方面的知识都是在学校学习到的。因此，通过学校教育

---

　　① ［苏联］奥·巴·沃罗比耶娃等：《马克思的女儿》，叶冬心译，生活·读书·新知三联书店，
1980 年，第 68 页。

　　② 田星灿、田宝宏：《家风·命运·国运》，河南人民出版社，2007 年，第 278 页。

　　③ 中共江门市新会区委宣传部编：《梁启超家风》，中国民族摄影艺术出版社，2016 年。

来传承中华民族优秀家风,成为大多数孩子传承中华优秀家风的主要途径。在中国学校教育中,最有名的现代教育家莫过于陶行知先生了。在陶行知看来,"教与行合一"既是人生的方法,也是教育的方法。它的意思是教学的方法取决于学习的方法,而学习的方法取决于实践的方法,"边做边学,边学边教"。"没有实践的教学不是教学;学而不做,不能算是学。教与学都以做为中心。"由此他特别强调要在亲自"做"的活动中获得知识。在陶行知先生带领下,一批知名的学生如马侣贤(民盟上海市委常委)、刘季平(安徽省委原书记、中国文化部顾问)、朱泽莆、徐明清等人传承了他的优良作风,积极投身新中国教育事业,新中国学校教育有了新的气象,中华民族优秀的家风也通过学校普及教育在全社会得到了广泛的传承。①

二、社会习俗传承好家风

所谓"社会习俗传承好家风",就是通过主体的行为习惯、思维习惯和风俗习惯对中华优秀传统家风的价值理念进行传承和弘扬。近现代以来,我们中华民族的优良习俗一向就是善于学习,向历史学习、向人民学习、向实践学习;我们中华民族的优良习俗一向就善于改革创新,注重观念创新、注重制度创新、注重实践创新;我们中华民族的优良习俗一向就是推崇革命英雄、推崇劳动模范、推崇道德榜样、推崇时代楷模。

(一)学习教育之风

中国共产党历来就有重视学习,善于开展学习教育活动的习俗。早在延安革命时期就在全党开展了学习教育活动,后来,学习教育之风成为党的一项优良传统得以各个历史时期保持、继承和发扬。首先,历代共产党人都认为历史是一个伟大民族安身立命的牢固基石。其次,中国共产党历来就有对历史多一份尊重多一份思考的习惯。习近平同志指出:"对历史,我们要心怀敬畏、心怀良知。"坚持马克思主义历史观和方法论,警惕和抵制历史

---

① 朱泽莆:《陶行知年谱》,安徽教育出版社,1985 年。

虚无主义。最后，历届共产党领导者都有善于从历史中汲取经验和智慧的习惯。自古以来，我国家风就重教育、重学习，因此学习教育之风也可以说是对中华传统优秀家风的现代传承。

（二）改革创新之风

改革创新是引领发展的第一动力，是时代精神的核心。坚持改革创新精神，不断探索创新，促进发展，解决问题，是中国共产党保持先进性和生命力的重要法宝。首先，改革创新，敢为人先是一种与时俱进的风格。其次，改革创新、敢为人先是一种敢闯敢试的胆气。再次，改革创新、敢为人先是一种敢于冒尖的冲劲。最后，改革创新、敢为人先是一种开拓进取的锐气。

由此看出，改革创新也是"革故鼎新"优秀家风现代传承的表现。

（三）崇尚英模之俗

中国共产党历来崇尚英模先进人物，各个历史时期都涌现过时代英雄人物。在新时代我们尤其要传承革命优良传统，崇尚革命英模、学习先进劳动模范、宣传道德人物事迹、弘扬英雄楷模精神，这也是对中华优秀传统家风的现代传承。

首先，国家需要模范，时代号召英雄。习近平总书记指出，要倡导好风尚、弘扬正能量，促进全社会向上向善。习近平总书记认为，在和平年代同样需要英雄情怀。他指出："中华民族是崇尚英雄、成就英雄、英雄辈出的民族，和平年代同样需要英雄情怀。"[①]在中国共产党成立100周年前夕，渡江英雄马毛姐，南海维权斗士王书茂，抗美援朝英雄王占山，志愿服务"活雷锋"王兰花，焊接领域"领军人"艾爱国，著名电影音乐作曲家吕其明，扎根牧区50年、保护生态的"全国劳动模范"廷·巴特尔，为中非外交事业倾情奉献一生的刘贵今，公而忘私、永葆革命本色的战斗功臣孙景坤，"全国治沙英雄"石光银，"全国民族团结进步模范个人"买买提江·吾买尔，医者仁心照昆仑、守望生命为高原"生命的保护神"吴天一，新中国胸外科事业的开拓者

---

① 2016年2月2日，习近平赴江西看望慰问广大干部群众时强调。

和奠基人辛育龄、点亮贫困山区女孩梦想的"校长妈妈"张桂梅，我国自动化科学技术的开拓者之一的陆元九，"卫国戍边英雄"陈红军（已故），扎根社区四十余年、把工作做到群众心坎上"小巷总理"林丹，秉持"家是玉麦、国是中国"的坚定信念、再苦再累也要守好祖国每一寸土地的卓嘎，一心向党赤诚为民的"草鞋书记"周永开，志愿军"一级战斗英雄"柴云振（已故），战斗英雄郭瑞祥，"当代愚公"黄大发，"全国脱贫攻坚楷模"黄文秀（已故），新中国纺织工人的优秀代表黄宝妹，痕检"神探"崔道植，"全国德艺双馨终身成就奖"获得者蓝天野，为国巡边 50 年边境线上"活界碑"魏德友，赓续红色基因、满腔热情忠诚为党瞿独伊（瞿秋白的女儿）获得了国家最高荣誉"七一勋章"。2021 年是中国共产党成立 100 周年，是全面开启中国特色社会主义现代化建设新征程第一年，首次设立"七一勋章"，其历史意义、实践意义、现实意义不言而喻。这个时代需要传承英模精神，需要赓续红色基因，需要秉承优良家风。其次，新时代必将是大有可为的时代。再次，大力弘扬英雄模范展现的鲜明品格。最后，要推动形成见贤思齐、崇尚英雄、争做先锋的良好氛围。其一，要注重精神引领、典型示范。其二，要树立崇尚英雄、缅怀先烈的良好风尚。其三，要让英雄在文艺作品中得到传扬。其四，要宣传先进事迹，弘扬高尚品格，引导人们向道德模范学习。其五，要把非凡英雄精神体现在平凡工作岗位上。其六，伟大出自平凡，平凡造就伟大。崇尚英模之俗也是中华家谱中传承传统优秀家风常用做法，这也是对中华优秀家风的一种现代传承。

三、网媒礼赞传承靓家风

随着信息化社会的来临，网络传媒已经成为现代人获取信息的重要方式。许多年轻人生活已经离不开网络传媒，信息化生存成为一种常态。因此，现代社会需要利用网络传媒来传承优秀的家风。

家风传承是现代化国家全面治理的重要组成部分，搞好家风的网媒传承也是政府不可推却的责任。除了用大型家风写实活动来展示中华优秀家风以外，还需要利用网络媒体讲好中国家风故事，礼赞英雄，礼赞中国当代好家风，礼赞平民家风故事，为社会正能量奏响现代社会家风传承的最强音。

现代社会优良家风亟待全社会网媒礼赞传播承继。当前，很多网络媒体平台已经积极行动了起来，学习强国、灯塔-党建在线、人民网、新华网及各大高校网站、辅导员热线、志愿者热线、义工群体热线，各种读书网、求知网、爱心网都在积极行动之中了，更有大量普通百姓拿起手机在自己微信、博客、微博上讲述和传播着正在发生的中华好家风故事，为伟大的"中国梦"的实现及中国第二个百年现代化强国计划贡献着自己的力量。在 2020 年湖北省抗击新冠肺炎疫情中、在 2021 年河南郑州地区特大暴雨袭击救灾抢险活动中，我们看到了太多感人的家风故事。特别是在 2020 年持续一年的新冠肺炎疫情中，在中国共产党的统一领导下，解放军救灾部队、钟南山和李兰娟院士团队、张继先医生为代表的抗疫抢险医疗队、国家病毒研究所和全体英勇的中国人民表现出同舟共济、共克时艰的大爱互助精神和"抢险救灾，抗疫保安"大无畏的英雄情怀。2020 年清明节，网上一封援鄂医疗队医生在抗疫时写给父母的家书让大家挥泪如雨。写信人是湖南援鄂抗疫国家医疗队队员赵春光。信中写道："儿领命离湘赴鄂，已有一周……今疫事一起，儿自请缨，蹈火而行，生死不念；唯忧我父，溽不知热；唯虑我母，寒不知冷……此役，万余白衣，共赴国难，成功之日，相去不远。苍苍者天，必佑我等忠勇之士；茫茫者地，必承我等拳拳之心。待诏归来之日，忠孝亦成两全；然情势莫测，若儿成仁，望父母珍重，儿领国命，赴国难，纵死国，亦无憾。赵家有死国之士，荣莫大焉。青山甚好，处处可埋忠骨，成忠冢，无需马革裹尸返长沙，便留武汉，看这大好城市，如何重整河山。日后我父饮酒，如有酒花成簇，聚而不散，正是顽劣孩儿，来看我父；我母针织，如有线绳成结，屡理不开，便是孩儿春光，来探我母……"写此信时，正值疫情暴发最烈、抗疫最艰难之时，一批医护人员在一线倒下，面对生死的勇士们仍无所畏惧，念及家孝国忠，英雄挥泪向亲人们告别，字里行间全是以孝报忠、以忠全孝的家国英雄情怀和感人的家风故事。

2021 年 7 月河南郑州地区遭暴雨袭击之后，立刻涌现出许多令人感动的家国故事。央广网刊出了《暴雨后人间百态，这些瞬间很治愈》的媒体文章。文章说,河南暴雨过后,救援进行时,一线战士与老百姓之间有种无声默契:他们给我安全感,我给他们小小温暖,800 张烙馍、蜂蜜水、包子、加油呐喊……灾难面前,这些瞬间很治愈。希望我们都能尽己所能,传递爱和力量,一起扛过艰难。河南许昌市长葛市一村庄,大姐烙 800 张烙馍,送给救灾一线的"亲人",她说:"你们付出太多了。"河南郑州一名小男孩给来自安徽的消防员送蜂蜜水,母亲说孩子特别崇拜消防员。端水间隙小朋友激动地说:"叔叔,你们真是太帅了!"新乡一小男孩大喊:"加油! 勇敢牛牛不怕困难!"给救援人员加油打气。93 岁的老红军罗庆功曾参加过淮海战役、渡江战役等重要战役,看到电视里子弟兵在郑州抢险救灾的场景,十分挂心,自费买下 1000 个包子,给战士们送去。河南防汛救援期间,江西消防员李昌朋、江浩宇因参与救援忘了自己的生日,但队友们没有忘。7 月 26 日晚,队友们给他们俩在"战地"过生日。广东潮州的"00 后"武警救出"20 后"满月婴儿,并脱下帽子为孩子遮阳。① 从这篇网络媒体新闻报道中,我们不仅了解到一线救灾情况,感受到了救援战士与老百姓的"军民鱼水情",看到了中国军人的可爱与伟大,也感受到了灾区百姓对来自全国军队战士们的关爱,上至九十多岁的老人,下至几岁的娃娃,从他们身上看到了大灾之中的大爱,看到了军人们的家国情怀,也看到了普通百姓淳朴和善良。由此可知,新时代网媒礼赞可以传承中华优秀家风。

---

① 《暴雨后人间百态,这些瞬间很治愈》,央广网,2021-07-29,监制:王薇、赵净;策划:孙瑞婷;设计:牟嘉、牛晨明,http://news.cnr.cn/dj/20210729/t20210729_525547461.shtml。

第八章　中华家风的变迁

　　伴随着时代和社会的发展进步，中华家风也在家庭成员关系属性、家国组织和治理制度及文化价值追求等方面发生了翻天覆地的变化，呈现出"风随运转""风适制变""风合俗化"三大变迁规律。特别在近代百年间，中华家风经历了"平等—集中—民主"三次思想变革浪潮的冲击，它启示我们，要做好"兼包并蓄""更替演进""转换创新"的思维转换准备。

第一节　中华家风的变迁理论

　　家风变迁的根本原因在于时代不断向前发展,社会文明不断向前进步。从家风历史发展来看,中华家风伴随着时代和社会发展经历了属性变迁、制度变迁和文化变迁。所谓"属性变迁",指的是中华家风的家庭成员的主客体关系发生了变迁,由等级权位关系变为平等民主的关系;所谓"制度变迁",指的是中华家风所依据的家国组织与治理制度由宗法封建制度、大一统君权专制独享制度转化为人民民主专政制度和中国特色社会主义民治民享制度;所谓"文化变迁",指的是蕴涵在家风中的价值理念和崇尚精神由"忠孝仁和"的理想性、专制性、局限性转换为"团结统一、和谐友善、命运与共"的实践性、现实性、真实性。

一、风随运转论

　　所谓"风随运转",是指中华家风随着时代变化而呈现出运势的转变。这里的"运势"指的是家风所关涉到的家庭成员关系地位和命运发展趋势。在不同时代,社会制度的变迁势必会影响家庭成员所居的社会地位,家庭成员所处身份地位的变化也就决定了一个人的人生命运。在阶级社会中,家国主体的阶级属性决定了其所处的社会地位,社会地位又决定了人的生活命运。在阶级社会,要想改变命运,只有通过各种方式来改变社会地位,例如,通过革命战争或是"读书—考学—入仕"来改变社会地位。革命战争往往是推动朝代更替、阶级转换的血腥方式。"读书—考学—入仕"则是和平年代社会地位升迁的主要方式。中国近代民主革命推翻了反动统治,劳动人民在国家中的地位发生了变化,广大人民群众由被统治地位转换成统治地位,家国成员关系由传统社会的不平等关系、受压迫关系转换为平等民主的关系。这样一来,中华家风的属性也随着家庭成员主客体关系属性的变化而发生转换。自古以来,中国封建社会的历次革命所推翻的王朝统治,只是改变了统治者的姓氏家族,其根本制度还是延承封建等级极权专制制度,因而以往几千年的封建社会历史都是由封建统治阶级书写的,反映的主要都是统治阶级的历史和文化。家风国史也一样,家谱和国家正史记录和流传下来的主要是封建帝王治理国家、封建国家治理体系下臣子和士人们忠君报国、孝亲宗族的历史故事,国史和家谱中虽然也有少量劳苦大众起义革命的记载,但这些记载主要是为了警示帝王家国统治之道所用的,并没有多少赞美、颂扬之意。只有夺取了国家政权、开疆辟壤的姓氏家族的族谱里才对这种革命战争有赞美、颂扬之词。而在人民当家作主的新的历史时代,人民上升为家庭和国家的主人,家风的性质发生了翻天覆地的变化。曾经在家庭纲常名教压迫束缚下的家庭成员等级关系被彻底解放,"父为子纲、夫为妻纲"被彻底抛弃,取代它的是家庭成员平等、代际平等、性别平等关系。

(一)转换缘起:从"崇尚权力等级"到"追求自由平等"

家风的性质何以会发生变迁转换?这里面既有主体对自由权力的抗争的原因,也有整个社会文明进步和提升的原因,还有外来文明启示和催化的共同作用。

1. 内因:社会主体对自由平等的追求

家风性质变迁转换的核心原因在于社会主体——人民对自由的追求。在传统家庭中,家庭成员由于受封建纲常礼教等级制度的约束,不平等的社会地位导致家庭成员特别是低位次家庭成员的思想和言行受到限制。从人类社会发展来看,自由是驱动人的思想和行为的核心动力。人本身的生活目的和基本属性就在于追求自由,所以,"人把自身当做普遍的因而也是自由的存在物来对待"①。当然,这种自由的实现需要许多条件,只有最终达到了"每个人的自由发展是一切人的自由发展的条件"②,才构成了实现全面自由的社会条件。在实现人的最终的、全面的自由之前,还需要满足选择自由的条件,这就是平等。"平等是正义的表现。"③在家庭生活中,如果家庭成员

---

① 《马克思恩格斯文集》(第一卷),人民出版社,2009 年,第 161 页。
② 《马克思恩格斯文集》(第二卷),人民出版社,2009 年,第 53 页。
③ 《马克思恩格斯文集》(第九卷),人民出版社,2009 年,第 352 页。

在家庭生活中具有了平等的地位,每个家庭成员就有了自由发表自己意愿的自由。当然这种自由的实现还有待于进一步与实践相统合,只有符合家庭总体利益发展的意愿才会最终被采纳,这种自由的权利才能得以实现。同样,在国家政治生活中,也只有每一位公民具备了平等的社会地位,言论自由和行为的自由才会得到尊重和被保护而获得实现的可能性。即是说,在家庭生活中,只有消除封建家长制,家庭成员获得了平等地位,才有家庭生活方面的自由;在国家政治生活中,只有推翻封建等级制度,国民获得了平等的政治地位,才具备了参与国家政治生活和其他物质文化生活的权利和自由。由此可知,传统社会等级制度限制了被统治阶级的自由,被统治阶级为了获得自由,必须首先赢得地位的平等。

2. 外因:人类文明的整体进步、外来文明启示与催生

一方面,家风的性质变迁转换也与人类文明的进步有关。恩格斯认为:"平等观念本身是一种历史的产物,这个观念的形成,需要全部以往的历史……现实的人过去和现在如何行动,都始终取决于他们所处的历史条件。"①因此,只有当人类文明有了足够进步,被压迫的广大人民成为国家和社会的主人,家庭成员的主体地位由不平等的被统治阶级地位转换为平等的统治阶级地位,家风的性质才能发生彻底的转变。到那个时候,爆发出来的将是整个社会推进文明前进的力量,是对幸福的赞歌,而不是传统社会那些仅仅谴责统治者不义战争、不伦统治的呐喊和对家国前景的悲叹。在性别平等方面,早在 1787 年美国独立宪法会议招致了妇女们要求市民选举权运动;1789 年,法国大革命引出了罗兰夫人《女权宣言书》;1792 年,英国的瓦尔斯格拉夫特女士所作《女权拥护论》都涉及了男女平等的问题。1851 年太平天国运动受到传教士男女平等思想影响,提出了"天下多男子,尽是兄弟之辈;天下多女子,尽是姐妹之群"②。在军队中专门设立了"女营"。虽然洪秀全最后自己也并没有完全走出封建等级制度的窠臼,但毕竟为中国妇女解放运动作了一次走出家庭、反抗封建专制社会制度的尝试。

---

① 《马克思恩格斯文集》(第九卷),人民出版社,2009 年,第 355 页。
② 《原道醒世训》。

　　另一方面,家风的性质变迁转换还得益于外来文明启示和催化的共同作用。中华文明的前进和发展离不开世界其他文明的支持和滋养。近代中国的家庭平等意识在一定程度上得益于西方资本主义社会平等思想。1840年鸦片战争的炮火轰开了清代社会闭关锁国的大门。中国近代社会经过了三次妇女解放、两性平等思想的冲击波,终于首先在家庭打破了等级制度,男女平等意识逐渐进入近代中国家庭社会。1844年,外国传教士在宁波创办第一所女子学校,传播男女平等思想和科学文化知识。康有为、梁启超、谭嗣同也提出"放足""女学"思想。维新派把反对缠足当作妇女解放的第一要务。康有为在上海、广东谋创"不缠足会",梁启超更以"缠足亡国论"警诫四万万同胞。1897年,康广仁在上海筹办女学堂,谭嗣同妻子李润发起组织"中国女学会"。1902年,蔡元培在上海创办爱国女校,强调用新文化和爱国思想培养学生。此为中国社会有关两性平等的第一次冲击波,此次冲击波的主题是"放足"与"女学"。"中国妇女在一个较为广泛的范围内自觉地参与政治活动,则起于辛亥革命时期。"①从1902年到1912年,中国出现妇女报刊四十余种,如陈撷芬1902年主办的《女协报》,秋瑾1907年主办的《中国女报》,何震、刘师培1907年主办的《天义报》,还有《上海天足会报》《神州女报》《女子世界》《岭南女学新报》《留日女学会杂志》等。这些报刊都倡导男女平等思想,抨击封建家长等级制度,掀起了中国近代社会男女两性平等第二次冲击波,此次冲击波的主题是"女子参政"。第三次两性平等的冲击波则是新文化运动和五四运动。这次冲击波直接针对的是旧式婚姻家庭,反对形形色色的封建礼教,主张民主解放。这次冲击波也是中国人接受马克思主义思想和世界女权思想传播的结果。1919年11月,长沙女子赵五贞被父母强迫出嫁,在迎亲花轿中自杀身亡事件引起社会轰动,毛泽东在长沙《大公报》上连续发表《社会万恶与赵女士》等九篇文章,声讨旧婚姻制度的黑暗与罪恶,倡导婚姻自由和妇女解放运动。由此看出,世界文明思想催生了中国近代家国革命和解放运动。

　　综上所述,家风的性质变迁转换既是人民这个家庭社会主体对平等、民

---

① 张树栋、李秀领:《中国婚姻家庭的嬗变》,浙江人民出版社,1990年,第214页。

主、自由权利抗争的结果,也是整个社会文明进步及外来文明启示和催化的共同作用结果,是内外因综合作用的结果。

(二)呈现转换:从"凸显帝王将相"到"凸显人民主体"

家风性质变迁转换主要表现在三个方面:其一是由呈现帝王将相的家风和家国情怀向重点呈现人民主体的家风和家国情怀变迁转换;其二由呈现个人英雄事迹所展现的家风和家国情怀向全面呈现英雄事迹所勾连的家庭、国家和所处的社会情境的关系所折射的家风和人民情怀、历史情怀变迁转换;其三由单体事件的偶发性呈现向事件发生的历史必然性呈现转换。

1. 从帝王将相呈现向人民主体群像呈现转换

中华家风和家国情怀性质转换在呈现方式上从"帝王将相"呈现向"人民主体"呈现转换。所谓"人民主体"呈现,就是呈现人民所主导的历史事件,淡化英雄人物个人,凸显群体的呈现方式。中国传统封建社会的历史多是记录和呈现帝王将相的历史功过,却看不到人民的踪迹,一部"二十四史"不过是二十四家史罢了。它所展现的家风和家国情怀也只不过是帝王将相个体的家风和家国情怀。自辛亥革命开始,传统的封建社会的历史宣告终结,人民登上了历史舞台,曾经被遮蔽的历史主体从此大放光芒。家风和家国情怀性质转换主要表现在:以表现人民的家风和家国情怀代替帝王将相的家风和家国情怀,以凸显英雄群体家国情怀的方式代替凸显个人英雄的家国情怀。最典型的人民主体呈现案例就是位于北京天安门广场上的人民英雄纪念碑,从虎门销烟、金田起义、五四运动到武昌起义、南昌起义、五卅工人运动,再到抗战支前、渡江战役、迎接解放军,无一不是呈现的人民英雄群像,展现了人民主体的家国情怀。再例如第三套人民币票样图像设计,也鲜明地表现了人民的群像理念。这套人民币图样凸显了人民在历史上的主体地位,彰显了人民建设幸福家园、建设现代化国家的家风和家国情怀。

2. 从个体英雄呈现向英雄群体呈现转换

中国传统社会流传的帝王将相、英雄故事往往多是个体英雄故事,如夏禹治水、成汤放桀、武王伐纣、周公制礼、春秋五霸、战国四公子养士、诸葛亮鞠躬尽瘁、玄奘西行取经、岳飞精忠报国、郑成功收复台湾、林则徐虎门销烟,等等。这些帝王将相能够忠于职守,具有高贵的人格追求和良好的家风,为国家为人民做出了自己的贡献,是值得称道和传承其精神的。但也要看到,这些帝王将相效忠的都是封建帝国,从阶级属性看,毕竟都带有封建剥削性质,因此都带有一定的历史局限性。到了近代之后,突出英雄群体形象的历史事件逐渐多了起来,如太平天国运动反映了农民阶级试图推翻清政权的尝试;洋务运动反映的是地主阶级自强改革;戊戌变法则是资产阶级改良派的制度改革探索;辛亥革命是资产阶级革命派的社会革命尝试;五四运动、新文化运动则是工人阶级和知识分子们推进社会变革的实践;新民主主义革命通过工农武装割据夺取红色政权建立新中国。这些群体运动都带有推翻剥削阶级国家的性质,因而代表人民群众,反映了人民群众对民主权利的抗争和努力,展现了人民群众对未来理想自由民主国家的殷殷情怀。新中国成立后,各行各业涌现出先进集体和展现出的时代精神与报国情怀层出不穷:大庆精神、北大荒精神、两弹一星精神、大寨精神、红旗渠精神、航天精神、深圳精神、女排精神、抗击"非典"精神、抗洪精神、抗震救灾精神、志愿服务精神、上海精神、脱贫攻坚精神、伟大建党精神,等等。由此看出,随着时代的发展,广大人民群众成为国家的主人,在建设幸福生活的征程中更多地展现出各行各业的英雄的群像和团队精神,这些精神融汇成新时代民族精神、时代精神和中国精神。这些精神都打上了时代烙印,例如,大庆、大寨、北大荒精神反映的是20世纪五六十年代社会主义建设初期人们战天斗地的建设热情;两弹一星、航天精神反映的是国家科技人员六七十年代独立自主突破外国科技封锁艰苦奋斗永攀科技高峰的精神;女排精神、深圳精神反映的是八九十年代改革开放时期国人开拓进取、拼搏自强的精神;抗洪、抗击"非典"、抗震救灾、抗疫精神反映的是新世纪国人抗击自然灾害、奋发图强的家国情怀;志愿服务精神、上海精神、脱贫攻坚精神则表现了新时代至诚服务与国际合作的人类情怀、天下情怀。

3. 从单体事件偶发呈现向历史必然呈现转换

在历史发展中,许多看似单独发生的个体事件有其历史的偶然性,但若放在历史时空、历史长河中去审视这些事情,都能找到它发生的历史必然性。传统社会历史对历史事件的呈现往往缺乏这种联系的观点和视角,于是流于单体事件偶发性呈现,只是孤立地记录一件一件事件发生的事实,这就缺乏对历史规律的思考。例如,历史上农民起义、群体性走上反对政府的道路事件,《水浒传》描述的108位绿林好汉结盟水泊梁山的故事,晚清义和团运动、捻军起义、白莲教起义等这些看似单体性事件,如果仅仅孤立地去描述、呈现,就只能成为茶余饭后的故事说说而已,就失去了历史的启发意义,失去了对治理国家规律性认识的促进作用,因而也就是肤浅的认识。近代,随着马克思主义的传入,人们对事件的看法有了普遍联系思维、辩证发展思维、阶级分析思维,看待事物变得全面、深刻,对事物的呈现和描述逐渐向历史必然性呈现转换,这种呈现方式的转换的必然结果就是:揭示了封建剥削反动统治正逐渐走向衰亡的历史规律,助推了人民自觉反抗反动统治的时代浪潮,激起了人民的斗争热情,燃起了广大人民群众为建设新家园而奋斗的优秀家风和家国情怀。

(三)目标转换:从"君王家天下"到"人民治理家国"

中华家风性质转换的目标在于由传统社会君王治理国家转换为广大人民一起治理国家。

1. 从"天下为公"转向"天下为家"

从"天下为公"向"天下为家"发展的核心动因是生产力。在生产力低下状态下,私欲可以调动和激发劳动者的生产创造欲。所谓"天下为家",指帝王把国家政权据为己有,世代相袭。产生这一行为的根本动力来自于人的私欲,而这一私欲可以激发人的生产创造热情,可以促进生产力的快速提升,而为了维护这种动力就必须诉诸武力。《大有卦·象辞》曰:"火在天上,大有;君子以遏恶扬善,顺天休命。"①"有",这里是占有、取得,获得的意思。"有",从"又"从"月";从"又"表示与手有关;从"月"表示与肉有关。"有"就是以手持肉的形象。古人以食为天,食以肉为贵,《孟子·梁惠王上》:"七十者可食肉矣。"②普通百姓七十岁能够有肉吃,对古人而言,是一件很了不

---

① 《大有卦·象辞》。
② 《孟子·梁惠王上》。

起的事,以手持肉,表示手里有了可支配的物质财富或贵重资源。所以"有"的本义就是指占有、取得、掌握。"大有"就是大者所有、大人所有。这里的大,就是指"大人"即贵族或统治者。《大有卦》上离下乾。"离为火""乾为天",故曰"火在天上"。"火在天上",就是指火是由天上的神所掌握,天神为大,故曰"大有"。"火在天上"为"大有","天下有火"则为"同人"。"火在天上"象征火掌握在大人手里,为大人私有;"天下有火"象征火已被人类普遍使用,为大家所公有。所以《大有卦》象征私有制,而《同人卦》象征公有制。《易·杂卦传》曰:"《大有》,众也。"《杂卦传》所谓"《大有》,众也;《同人》,亲也"。仅用两个字就指出了《大有卦》和《同人卦》的区别和联系。一个"亲"字,一个"众"字,包含着人类社会多么深刻的道理! 君子治世,若能把"亲人"的事当"众人"的事来解决,而把"众人"的事当"亲人"的事来解决,那么社会将是何等的和谐美满。因此,《同人》之德,天下为公,《大有》之德,天下为家,公私兼顾,乃圣人之道。"唯君子为能通天下之志"乎?《同人卦·象辞》曰:"同人,君子以类族辨物。""以类族辨物",故而无私,就是把亲人的事当众人的事来解决。《大有卦·象辞》曰:"大有,君子以遏恶扬善,顺天休命。""遏恶扬善,顺天休命"是私有制社会的主要功能,君子治世,不分亲疏,恶必遏,善必扬。这就是把"众人"的事当"亲人"的事来解决。社会失去了这种功能,则违天命矣,必不可久。总的说来,从原始共产制社会到私有制社会,这是一场伟大的社会变革。在这个社会变革的过程中,由于社会生产力水平的不断提高,社会财富越来越丰富,这些社会财富在满足了人们最基本的生存需要外,开始出现了相对剩余,于是私有观念在社会中迅速膨胀起来。这些相对剩余的社会财富已不可能平均分配给每个氏族成员,而是逐渐形成了按等级分配的制度,最后形成了天子拥有天下、诸侯有国、大夫有家的分配格局。人类社会最终进入了奴隶制私有社会。这种不平等分配社会财富的制度,必然会产生争斗,于是统治阶级必将采取一切措施加强统治。除用暴力镇压外,统治阶级还制订了一整套用于加强统治的礼乐制度来约束人们,按照礼乐制度遏恶扬善,教育人们要顺天休命。因此,从人类社会文明发展角度看,阶级社会的礼乐制度、家礼国教、家风家德都有一定的专制性、局限性和虚伪性。

2. 从私有制、等级专权制转向公有制、平等民主制度

如果说，人类从原始公有制转向私有制是因为生产力的驱使所致的话，在生产力发展到一定阶段，又从私有制转向公有制，也是生产力的发展所致。马克思认为私有制的产生源自"亲属或部落成员的个人权利与家庭或部落的集体权利相分离""部落首领的最高权力的膨胀和变质"①。在这种情形下，革命的浪潮就将袭来，剥削制度就要被推翻，等级专制制度就要被平等民主制度所代替。无产阶级夺取物质生产资料从而夺取对生产方式的占有控制权。就这样，人类社会又最终从私有制转向了公有制。在中国，社会主义公有制真正建立起来是在 1956 年社会主义改造基本完成之后。经过这次转换，我国彻底甩掉了过去君王治理国家的旧制度，人民成为国家的主人，中国人民开始治理自己的国家，中国走上了社会主义道路。从新中国成立七十多年来中国人民治理国家的成就看，充分证明了公有制相对于私有制具有极大的优越性，它不仅解决了占世界五分之一人口的中国人穿衣吃饭的问题，而且实现了人民民主制度，人们过上了家庭成员平等、民主、幸福的家庭生活，而且在国家政治制度上享有了充分的政治、经济、文化权利和自由，受到世界各民族的夸赞和尊重。中国人民在建设自己家庭和国家的幸福征程中，充满了勃勃生机和活力，展现了昂扬向上的家国情怀和新时代家风面貌。

二、风适制变论

所谓"风适制变"，是指家风要适应国家制度的变化而改变。时代洪流滚滚向前，社会发展接续推进，朝代政权不断更迭。朝代变更导致国家统治制度发生变革。面对制度的变换，每个家庭应跟上时代的步伐，主动适应时代，实现家风的时代转换。由此可知，家风的制度转换，指的是家风在家国制度发生变革后所做出的主动适应性变化。从历史看，制度的转换是主体追求自由的表现，是自由与约束矛盾运动的必然结果，自由与约束矛盾运动

---

① 《马克思恩格斯全集》(第 45 卷)，人民出版社，1985 年，第 582 页。

推动社会文明进步和提升,于是和谐得以产生。在家庭,成员的自由权利首先取决于家庭成员关系的平等,所以从封建的家长制转换为民主平等的家庭制成为主体关注的重点。在国家,主体的自由权利表现在政治、经济、文化等多方面,如何实现从君主专制独享向人民民主共享转换是主体考虑的重点。在社会,从效法礼治向依靠法治转换,最终在人类共同命运中实现大同社会理想。时代制度的转换牵引着家风不断向前变化发展。在转换发生前,人们也许会问:要转换成啥样的制度?不要等级吗?制度等级是如何产生的?封建等级制度的思想源头来自哪里?它如何熔铸了这个等级社会?又因何统治中国达两千年之久?它是如何被打破而实现转换的?是否社会存在等级现象就一概不好?今天,经过转换后的制度,似乎还是存在等级,那么,如何看待当前社会存在的差等现象?差等存在的合理性根据是什么?如何利用差等构建和谐社会?要回答这些问题我们不得不从等级制度的源头谈起。

(一)崇尚平等:从"尊卑等级"到"互尊互爱,人格平等"

家风实际上是对社会制度的一种反应和映射。有什么样的制度,势必会产生与之相适应的家风。在阶级社会,制度转换原因在于封建社会固化的尊卑等级制度固化了人的自由和尊严,养成了人的奴性,也使剥削、奴役习惯成了自然。少数统治阶级自由了,广大被统治阶级却自由受限,长期受限的自由势必转换成制度转换的动力。制度本身的变化趋势是趋向主体平等的,于是,家风也主动适应这种制度变迁趋势奔向平等、和谐。

1. 伦理制度:从"尊尊亲亲"转向"互尊互爱"

封建社会等级制度理论源自先秦儒家的"名分"思想。虽然西周时期已经形成了宗法等级制度,但这种等级是按照血缘关系的亲疏而形成的等级,与封建等级是有区别的。封建等级是按名分、名位来划分的。孔子曰:"名不正,则言不顺;言不顺,则事不成。"[①]因此,儒家十分重视"名分"、重视"正名"。梁启超对"正名"有一段精辟的论述:"实者,事物之自性相也。名者,

---

① 《论语·子路》。

人之所命也。每一事物抽出其属性而命以一名,睹其名而'实'之全属性具摄焉。……由是循名以责实,则有同异离合是非顺逆贵贱可言。……名与实相应谓之同谓之合,不相应谓之异谓之离……同焉合焉者谓之是谓之顺,异焉离焉者谓之非谓之逆……是焉顺焉者则可贵,非焉逆焉者则可贱。持此以裁量天下事理,则犹引绳以审曲直也。此正名之指也。"①由此看出,正名的目的就是为了敦促世人名实相符,以辨别是非曲直、顺逆贵贱,从而维护封建社会等级秩序,捍卫封建等级统治。"名"最初指事物的名称或概念,"分"指所分之物、份额,引申为范围、界限、区隔。"名分"是春秋战国时期社会政治伦理思想高度发展的结果。政治伦理中的"名",代表一个人在社会关系中所处的位置、所拥有的身份,相当于今天的"社会角色"或"社会职位",如家庭领域的父、子、夫、妇、兄、弟,国家领域的君、臣、侯、公、卿,职业领域的士、农、工、商。"分"是指某一社会地位、某种身份所拥有的权利和所应尽的义务,与今天"角色规范"和"伦理要求"相当,在角色规范上,如君臣之分、夫妇之分、行业之分等。在伦理要求上,如君惠、臣忠、父慈、子孝、夫义、妻贞、兄友、弟恭等。从逻辑起源上看,"名分"是中国古代先哲通过摹拟自然秩序而形成的建构社会秩序的基本概念。由于是对自然界物种差异关系的摹拟,因而具有天然的不可违抗性和权威性。于是,君臣、父子、夫妇、兄弟这些社会角色也就具有了天道效力的伦常名分。

　　"名分"思想通过三个步骤完成了制度等级伦理的理论架构。"名分"在中国古代社会的基本含义是"社会角色"和"角色规范",在整体上则显现了传统社会的秩序架构和制度内容。通过礼法规定、正名宣解、司法处置来获得社会成员的角色认同,从而达到秩序设计、等级序分、统治维护的目的。第一步,"名"的天道论证,旨在说明不同社会角色存在的"天理"根源及天然合理性。任何社会都需要信仰体系和价值体系来构建所在的社会秩序和规范。社会成员在信仰和价值基础上,找到自己的角色定位,实现对自己行为趋向的合法性确认,为自己未来言行找到参考标准。孔子曰:"唯器与名,不可以假人。君之所司也,名以出信,信以守器,器以藏礼,礼以行义,义以生

---

① 梁启超:《先秦政治思想史》,天津古籍出版社,2004年,第94页。

利,利以平民,政之大节也。"①这里,"名"就是名位、官职、爵位等社会角色的名称;"器"就是与此角色身份相应的器物,延伸为权利和义务。"名"与"器"的协调和对应,象征着社会的有序化,也是宇宙天道秩序在人间的反映。为了使"正名"思想成为可操作的社会规范,孔子引"仁"入"礼",把"仁"适用于各人的名分称为"义",所谓"义"就是合宜的意思。这样一来,"仁""礼"都与"天道"扯上了联系,这又正合于当时人们"死生有命,富贵在天"的信仰。因此,行仁义、范仁礼也就具有了天理,具备了天道的权威性,名分所确立的封建等级制度就具备了天理的合理性和天道的权威性。

第二步,"分"的礼范制定。即角色规范内容的制定,旨在解决不同角色该做什么、不该做什么才能在整体上形成和谐的社会秩序的问题。如果"圣王没,名守慢,奇辞起,名实乱,是非之形不明",那么"虽守法之吏,诵数之儒,亦皆乱也"②。在荀子看来,社会混乱在于"奇辞起,名实乱",新旧之名杂乱无章,扰乱了朝纲礼仪,必须明确规定"分",明确权利义务内容,对不能履行其角色规范时处以"法",社会秩序才能恢复正常。"名"已经具备价值观念,"分"则是按此价值观念来具体施行,以"礼"教人们该做什么,以"法"告诫人们禁止做什么,通过"兼足天下之道在明分"③来教人"安分守纪",维护封建等级统治。

第三步,"名分"的认同与习得,即个体角色认同与遵循,旨在律服个体角色规范,并逐渐认同接纳。儒家通过"名分"教化(后世称"名教")规范社会成员的行为,从而渐次达到"修己以敬""修己安人""修己以安百姓"④"为政以德"⑤的目的。由此看出,"名分"思想就在于它贯通了自然—社会—个体,以天道统摄人伦,造就了封建等级制度伦理,实现了制度等级伦理的理论架构,成就了两千多年的封建等级制度统治。

这种上合于天,下应于民的封建等级制度,在家庭社会构筑起封建家长

---

① 《左传·成公二年》。
② 《荀子·正名》。
③ 《荀子·富国》。
④ 《论语·宪问》。
⑤ 《论语·为政》。

制,在国家构筑起君王专制,在天下构筑起朝贡贸易体制。本来,如果按天道"以礼节行"的话,应该是"定位致和"与"万物各有其所"的。然而,统治阶级出于自己政治利益的需要,不断对其修改和扭曲,并通过其政治权力的肆意干预,在"天不变,道亦不变"和"大一统"的幌子下,使其成为独尊天下、排斥他说的思想桎梏,在学术与政治上的垄断,逐渐成了阻碍社会进步发展的"绊脚石"。特别是宋儒提出"存天理,灭人欲",将由"名分"所决定的一系列维护封建等级制度的伦理规范都视为"天理",从而把国人仅存的一点点个性自由和创造精神全部扼杀殆尽。对人的合理需求与利益的剥夺则使中国社会几乎完全失去了发展的生机与活力。到了明代,更发展为"愚忠""愚孝",则将"名分"推向极端,成为"君叫臣死,臣不敢不死;父让子亡,子不敢不亡"的极端化理念。在人民的所有活路都被封死、灭绝的条件下,人民开始了最后的挣扎与反抗,于是,从"尊尊亲亲"的封建等级制度开始向"互尊互爱"崇尚人格平等的制度转换。

2. 姻亲制度:从"家长专制"转向"成员平等"

家庭伦理制度的转换首先表现在家庭姻亲文化制度的变革上。家庭姻亲文化制度的现代转换也造成家庭社会一系列的变迁:家庭规模日益缩小;家庭类型日益简单;家庭关系日益松弛;家庭宗教祭祀日益褪色。这些变迁突出地表现在三个变化趋向:其一,从专制转向民主。传统的大家庭表现出强烈的家长专制特色:管理体制上实行家长负责制,生活上数世同居共炊,经济上共耕族田而积财,家里大事小情都由家长决定;婚姻关系上夫唱妇随、夫尊妇和;亲子关系上子女唯父母马首是瞻,子女的婚姻大事也由父母决定,子女没有丝毫决定权;家长活着是所有权利的代表,死了也被供奉祭拜,享受着子孙后代的跪拜和尊宠,家规族训是不容轻易变更,累世遵行。近现代以来,西风东渐,平等思想和民主理念逐渐打破封建等级制度建立的牢笼,三纲五常、名教伦理、封建专制的罪恶遭到人民的声讨和批判,"于是以专制为特色的家长权,便不能立足了"①。随着时代发展,社会文明的进步,子女自由婚嫁、自立小家单过,家庭规模日益缩小,家庭类型日趋多样,

①　晏始:《家族制度崩坏的趋势》,载《妇女杂志》第9卷第9号,1923年9月。

家庭结构日趋简单,家庭文化由专制转向民主。

其二,从等级转向平等。传统大家庭中尊卑等级十分明显,家长、族长就是王法,父子之间、夫妇之间、婆媳之间、兄弟之间都按照族权、父权、夫权等级序分,"名分""权位"决定一切,尊卑等级有序,丝毫不能僭越。近现代以来,随着两性平等思想的传播,封建等级家族制度的崩塌,妇女开始走出家庭,开始"放足",参加社会工作,经济上开始独立,身心都得到彻底解放,在婚姻家庭的组建方面也具有与男子平等的地位,家庭其他成员的关系也崇尚平等、互尊互爱。

其三,从迷信转向科学。封建家族制度重视祖先崇拜,祈望父祖赐福于子孙,这本是一种良好的愿望,然而在几千年的封建等级社会发展中扭曲演变为奴役人们精神的枷锁,崇尚迷信、抵制科学,成为阻碍社会进步的束缚。近现代以来,随着西风东渐,西方的科学技术传入中国,特别是五四运动民主、科学思想的传播,人们逐渐掌握了科学的方法,看透了迷信唬人的把戏,那些靠着迷信建立起来的封建家长权威瞬间崩塌,"迷信,遇着现代人科学的头脑,完全失却了权威,而家长制的精神,便因此消灭"①。

3. 家教制度:从"父教子从"转向"人的解放"

家庭伦理制度的转换还表现在家教制度的转换上。自从现代化理论引入中国后,人的发展、人的解放成为社会关注的重要问题。人的发展和解放靠教育。传统家族社会的教育还依循私塾家教,读经诵史,当然这些对于启发人的思维、认识社会也是有益处的,但是仅仅局限于此,甚至固守伦常名教,就容易思维僵化,奴化为封建统治的捍卫者,人的自由和创造力就会受到束缚,人的现代化就被限制住了。人的现代化目标是个人权利的最大保障、个人价值的最大实现、个人素养的最大提升、个人精神的最大解放。由此看出,中国近现代家族制度变迁转化史同时也是家教制度变迁转化史和人的现代化史,其标志就是人的解放。人的解放体现在五个方面制度的转换和变迁:一是政治上从封建专制集权体制转换为民主体制,使人摆脱了王权的控制;二是思想上从封建迷信和祭祀制度转换为现代科学教育制度,使

① 晏始:《家族制度崩坏的趋势》,载《妇女杂志》第9卷第9号,1923年9月。

人从神权中解放出来；三是家庭教养上从封建家族等级制度转换为现代婚姻家庭制度，使人摆脱了族权的束缚；四是经济上从土地私有制转换为国土资源公有制，将土地对人身自由的束缚降到最低；五是两性关系上从封建三从四德的妇女制度转换为男女平等制度，实现了性别平等，解放了女性。

总之，不论是伦理制度从尊尊亲亲转向互尊互爱，还是婚姻制度从夫尊妇和转向夫妻平等，抑或是家教制度从父教子从转向人的解放，都向人间述说着制度转换的首要表现在于讲究平等，在于从尊卑等级转向互尊互爱人格平等。家风也主动适应这种制度变迁，由威权家风逐渐变得柔和，何故？平等使然！

(二)追求自由：从"君主专制独享"转向"人民民主共享"

制度转换的核心在于主体对自由的追求，家风也开始对家庭成员的自由投入足够尊重。当然，正史中主要表现的是统治阶级在政权统治、国家社会治理中所表现的自由，被统治阶级的自由往往被统治阶级的自由所遮蔽。但历史小说、戏剧、民间故事也传扬着广大被统治阶级对自由的追求与渴望。虽然历史是由人民所创造的，但是由于历史是由统治阶级撰写的，所以在人民夺取国家政权之前的阶级社会，自由被制度化为君主专制独享，至多在君主的赏赐下，贵族权贵阶层分享一部分权利和自由，广大人民的有限自由则被牢牢地限制在专制制度之中。当这种仅有的权利和自由让人民无法忍受的时候，起义和革命就要爆发，社会制度就面临变革，人民的自由得以改善，伴随着人民自由的改善，社会文明不断推进和提升，终将迎来人民当家作主、实现广大人民共享自由的时代。

1. 政道：从"君权至上"转向"主权在民"

中国的封建社会常常鼓吹王道政治，号称"主权在天"，讲求政治权力的运行遵循宇宙运行的规律，参通天地人三才之道，其实质乃是君权至上。王道政治充其量只是在君权至上基础上的理想而已。何以言之？这是因为：王道政治要求政治权力的运行必须以保障人类社会和谐有序与永续发展为最高目标，必须接续和弘扬尧舜时期奠定的文明传统，必须敬仰和秉承天地生化养育万物的精神，与天地和其德，必须保障人类生产生活与自然环境的生态和谐,必须保障子子孙孙绵延存续无有穷期,必须满足人类社会的各种基本需要,得到人心民意的普遍认同。作为政治理想,当然有其合理的一面,但从实际表现来看,汉唐宋明清的政教合一、君相共治、三省分立、科举考试、礼乐教化等,部分地、有限地实现了王道政治的理想。而只有实现了人民民主专政,才真正有可能还权于民,实现主权在民的政治制度。自从中国共产党领导人民成立了新中国,人民民主才真正变为了现实。我国的人民代表大会制度就是一种典型的全体人民共享权力的民主制度。

2. 治道:从"德政礼治"转向"民主法治"

综观中国社会治理制度,总体上遵循了德政礼治的模式。在西周德礼统一的社会中,礼乐制度以宗法伦理规范人心,曾出现过无讼的成康道德盛世;在周王室衰微的春秋战国时代,德礼分离,竞相争霸,诸侯以富国强兵为治国导向,道德伦理和仁礼信仰跌落;秦用法家,勃兴而速亡;刘汉王朝,反思秦政,初以孝治天下,道之黄老哲学,后纳董仲舒建议,罢黜百家,独尊儒术,建立起大一统封建集权等级制度,以三纲五常作为规范家庭、国家和社会的制度核心伦理,通过民间自治和养士教化,建立德礼合一、德位一体的道德政治体系,奠定了封建社会传统伦理道德体系和士人政府治理模式的理论基础。汉代开创的封建社会治理模式后续各朝虽有细部变化,但大体沿用直至清代政权解体。近代,西方民主宪政传至我国,经过资产阶级民主人士、开明地主阶级初步尝试,虽经失败,但民主思想、宪政思想、法治观念开始被国人所认识。待到新中国成立,经历七十年探索,逐渐走上了一条民主法治的治国道路。总之,从传统社会的德政礼治制度转换为民主法治制度,展现了文明的进步,也表明主体的自由获得了更大的空间。

3. 仕道:从"策论科举"转向"政绩考核"

综观中国人才培养与取士之道,也经历巨大的制度转换过程。封建社会的取士之道主要是"科举"。科举制度,是中国古代通过考试选拔官吏的一种基本制度。它渊源于汉代,创始于隋代,确立于唐代,完备于宋代,兴盛于明、清两代,废除于清代末年,持续了一千三百多年。科举制改善了之前的用人制度,彻底打破血缘世袭关系和世族的垄断;"朝为田舍郎,暮登天子堂",部分中下层读书人获得跃升机会。当然传统科举制度八股取士的做法也还有进一步开进的空间,但毕竟给底层社会开辟了一个公平竞争、通达上层的平等途径。其实,这一制度也有其社会的合理性,直到我们现行高考制度,也多少有科举的基因。当然,今天作为国家公职人员晋升,除了考试这个基本手段外,还引入了综合考核制度,通过工作绩效和民主测评、组织考核综合决定官员的选拔和任用。仕道制度的时代转换,给主体提供了更多权利和自由,标志着时代的文明进步。

总之,制度转换的核心在于追求自由,从传统社会君主专制独享制度向人民民主共享制度的转换体现了文明的进步,也彰显了主体获得了更大的自由。

(三)崇尚和谐:从"法礼治谋大同"转向"兴法治共命运"

制度转换的最终目标在于实现社会的和谐,家风建设的目标也在于此。不论传统社会法礼治、谋大同的努力,还是现代社会兴法治,倡导人类命运共同体建设,都是着眼于构筑一个理想的和谐社会。

1. 价值:从"道德仁义"到"国泰民安"

传统社会制度的核心价值就在于道德仁义。儒学"三达德"(仁智勇)、"恕道"(己所不欲勿施于人)、"絜矩之道"(更换视角考虑对方感受),以及正心诚意、修己安人、仁民爱物等,讲的都是人类社会最普遍、最基本的道德。而这些道德都是传统社会制度伦理所要传达的德性价值追求。儒学最高的理想就是天地宇宙"太和"与人类社会的"大同"。"太和"就是最大的和谐,"大同"不是一模一样完全相同,而是在承认事物差别基础上达到和谐,是多元统一之意。这与我们今天提倡的社会主义核心价值观有异曲同工之妙。显然,社会主义核心价值观传承了中国传统文化中优秀成分,展现了时代新貌。在当今时代,从国家层面看,富强、民主、文明、和谐是最重要的任务,国泰民安也是我们持久的追求目标,其中国家的富强和民主建设又是重中之重。

2. 组织:从"宗族行会"转向"社区单位"

在中国传统社会,随着政治经济制度趋于完善,社会组织的发展也趋于成熟,主要表现在三方面:一是基层社会自治组织的制度形态逐渐趋于成熟;二是社会精英自治组织的制度形态逐渐趋于成熟;三是社会中间组织的制度形态逐渐趋于成熟。中国传统社会基层自治组织就是宗族组织。宗族组织的凝聚力主要基于世系的清晰、祖先的名望、祖先祭祀的组织、聚族而居的形态、族人生活的维持、族众安全保障等要素。宋代以前,士族凭借出仕权享有优厚的俸禄,有免役权,庄园制也提供了物质基础和聚族而居的条件。经安史之乱后,门阀士族趋于衰亡。宋朝建立后,宗族组织得以复兴发展。宗族逐渐形成了从宗族到房头、从族长到房长的治理体系。宗族管理制度与管理方法也日趋完善,主要包括族谱、祠堂、族产、族学、族规、经营等方面。精英性质的民间组织也与时俱进,最典型的就是儒士组建的"民间书院"。私学源头可追溯到孔子,汉代、唐代都有不少民间书院,而最盛时期则在北宋,兴起了一批著名民间书院,如岳麓书院、白鹿洞书院、嵩阳书院、石鼓书院、应天府书院、茅山书院等。政府通过赐书、赐额、赐田、召见山长等方式给予扶持。到明清时期,书院发展更为繁荣,数量超过前代,分布遍及全国,影响直达东亚、南亚,成为中国社会史和文化史上一大景观。社会中间组织有五大类:一是政治性组织,"朋党""院外活动集团";二是经济类组织,如"义约""合会"、行会商会等;三是慈善性组织,如义庄、善堂;四是文化性组织,如诗社、文会、书会、剧社、酒社、茶社等;五是宗教性组织,如法社、香社、佛社、各种教会组织等。这些社会组织具有非政府性、非营利性,满足了社会多样化兴趣需求。时代变迁,现在除了传统社会组织之外,更多的是公司、单位组织,农村和城镇还出现了社区组织。随着数字信息网络的发展,一些网络虚拟银行、网上商场、网上书店、网上医院、各种中介组织、社会服务组织应运而生,极大地满足了人们生活学习的需要。这些社会组织均承担了一定的社会组织功能,为社会建设发挥应有效力和作用,展现了现代社会的勃勃生机。

3. 运行:从"家族自治"到"规制法治"

从制度管理运行情况看,传统社会对于社会组织这一领域,还主要提倡自治。一方面,中国传统社会还是个"大政府,小社会"的治理体系,从家庭到国家整个管理系统和绝大部分资源基本上全部纳入其中,留给社会治理的空间不大;另一方面,中国传统社会组织经历了漫长的封建时代,已经比较成熟,各种管理制度、管理方法已经日趋完善,自治顺理成章。现代社会,随着法治体系进一步深入和完善,全面依法治国的蓝图已经绘就,相信在不久将来,我国必将步入全面的法治社会,成为一个真正的法治国家。

综上所述,社会制度有其必然的变迁规律,家风正是对社会变迁的一种主动调适的映射和表现,有什么样的社会制度,必然会诞生怎样的家风,家风实际上是社会制度的一种自适应的显像。

三、风合俗化论

所谓"风合俗化",是指家风要适合社会文化风俗的变化而转化。由自然条件的不同而形成的差异,被称为"风";由社会文化的差异造成的行为规则之不同,被称为"俗"。从"风""俗"本意的差异可知,家风是一定要与社会文化相适应、相契合才能得到传扬的。随着时代的发展,中国社会的文化环境发生了巨大变化,从中华传统文化转换为新民主主义文化、社会主义文化和中国特色社会主义文化。在这一历史过程中,家风也随之发生相应变化和转换。新时代,中华家风的文化背景面临着统合中华优秀传统文化、中国共产党领导人民创造的革命文化、社会主义先进文化的历史任务,实现这一文化统合转换任务彰显着新时代家风。

(一)尊重传统文化

中华传统文化博大精深,既有跨越时代的文化精华,也存在一些因历史时代和阶级局限所形成的糟粕。因此,对待中华传统文化必须取其精华,去其糟粕。在统合中华传统文化的过程中也要注意实现传统文化的现代转换:在孝忠观念上实现由封建社会的孝忠观念转换成社会主义道德伦理观念(或者说集体主义观念);在等级观念上实现封建社会权力本位、宗法本位、血缘本位转换成现代社会的能力本位、素质本位、贡献本位;在处事方法上摒弃封建社会部分时期一些事情的极端化、绝对化处事方法,传承封建社会开明时期中庸的处事方法,实现由极端绝对做法向中庸辩证做法的转换。

1.孝忠观念转换:从"愚孝愚忠"转向"互尊互敬"

封建社会十分重视孝、忠观念,重视三纲五常,这本是维护封建等级社会家国伦常秩序较好的做法,但有的朝代为了加强集权统治,把这一观念极端化、神圣化,使之成为束缚人们思想、阻碍文明进步的羁绊。例如,在宋代,纲常被视为"天理""良知",臣、子、妻、卑、幼的地位更加低下。汉代董仲舒从提出三纲之日起,就对三纲予以神化,但理论相比于宋代还略显粗糙。宋代理学家对三纲神圣性的论述富于哲学思辨,更加系统和精致。二程认为"人伦者,天理也"①,作为万物本原的理的基本内容就是道德准则,其所言的人伦之理的核心就是三纲五常,正所谓:"君臣父子,天下之定理,无所逃于天地间"②,"男女尊卑有序,夫妇有倡随之礼,此常理也"③。朱熹则从天理的本原性、普适性中推导出三纲五常是天理的题中应有之义:"宇宙之间,一理而已。天得之而为天,地得之而为地,而凡生于天地之间者,又各得之以为性。其张之为三纲,其纪之为五常,盖皆此理之流行,无所适而不在。"④如果说程朱借助天理的权威性、普适性论证三纲五常的天然合理和天经地义,是为了维护封建统治的天然合法性和不可抗拒性,有其合理性的一面;然而他们进一步把此理论推向神化,则显得极端和绝对。朱熹认为:人类社会的人际关系都是按照这个先验的天理、标准建立起来的,三纲五常这套道德人伦"皆是人所合做而不得不然者,非是圣人安排这事物约束人"⑤。就是说,三纲五常是"天生自然,不待安排"⑥的,之所以为人的内在规定性,是必然的,是天然合理的。为了进一步突出天理、纲常的合法性、普适性,朱熹还把纲常这一人类社会的最高法则说成是自然界的最高法则。指出动植物也有纲常之性,虎狼知有父子、蜂蚁知有君臣、豺獭知"报本"、雎鸠知"有别"⑦。这套说辞在封建社会颇有蛊惑力,带有宗教神秘主义色彩,遂成为奴

---

① 《河南程氏遗书》卷七。
② 《河南程氏遗书》卷五。
③ 《周易程氏传》卷四。
④ 《朱文公文集》卷七十,《读大纪》。
⑤ 《朱子语类》卷十八。
⑥ 《朱子语类》卷四十。
⑦ 《朱子语类》卷四。

役人们精神的枷锁。

随着纲常伦理的进一步神圣化,君权、父权、夫权更加绝对化,忠、孝、节的统摄力走向极端化,"君虽不仁,臣不可不忠",以至于"君叫臣死,臣不得不死"成为社会流行观念。自宋以来,"天下无不是底父母"①"父虽不慈,子不可不孝""父叫子亡,子不得不亡"及"夫虽不义,妻不可不顺"也相继成为社会主导观念。在这些观念长期影响下,自宋以来,各种愚忠、愚孝行为增多。例如,北宋赵普当政时,"每臣僚上殿,先于中书供状,不敢诋斥时政,方许登对"②;明仁宗时,翰林侍讲李时勉进谏,劝皇帝"不宜屡进嫔妃,太子不可远离膝下",引起"仁宗大怒,命左右以金爪拉其胁,拽出下狱"③;明宣宗时,御史陈祚劝皇帝"勤圣学",引起宣宗"大怒,抄割其家",捕其子侄"同下锦衣狱"④。明代仁宗、宣宗还堪称贤者,至少不是昏暴之君,犹且如此,其他君王就可想而知了。在这种皇权威势下,愚忠成风是必然的了。官场如此也就罢了,然而普通百姓居然也愚忠效行,令人对封建社会愚忠愚孝教化、灌输不得不叹服。1449 年,在于北方瓦剌的战争中,明英宗在土木堡被俘,"河州卫军家子"周敖"闻英宗北狩","大哭""不食七日而死"⑤。"军家子"纯系底层社会民众,竟然因"主辱"而自尽,说明当时社会忠君观念深入民众。在南宋与金的战争中,一些顽强抗宋、为金守节者乃是汉人,受《金史》表彰的魏全⑥、张天纲⑦便是代表。朱元璋起兵反元,旗号是"驱逐胡虏,恢复中华",可是一些"忠臣不事二君"的仕元汉人拼死抵抗,为元主死节尽忠。⑧

愚忠案例尚且如此之多,愚孝的案例更是汗牛充栋。宋、元、明诸代不仅大力倡忠,同时大力倡孝。例如,父母憎恶自己,子女们也要做到"惴惴不自容,伺颜色而后进"⑨;父母发怒,子女则"自进杖,伏地以伤""命起乃起";

---

① 《宋元学案》卷三十九,《豫章学案》。
② 魏泰:《东轩笔录》卷十四。
③ 王锜:《寓圃杂记》卷二。
④ 王锜:《寓圃杂记》卷二。
⑤ 《明史》卷二百九十七,《孝义二》。
⑥ 《金史》卷一百二十一,《史义一》。
⑦ 《金史》卷一百一十九,《张天纲传》。
⑧ 《元史》卷一百九十六,《忠义四》。
⑨ 《宋史》卷四百五十六,《孝义》。

即使"父性乖戾",子女也应"左右承顺"①。在宋代,为了倡导孝,在法律上对因报父母之仇而杀人者予以宽容。例如,宋初"殿前祗候李璘以父仇杀员僚陈友",后自首,宋太祖"义而释之"。②明代人王世名为报父仇杀人,官府也认为:"此孝子也,不可置狱。"③在宋代,对于"刲(kuī)股割肝"以自残方式行孝的行为也予"褒赏"。④温迪罕斡鲁补因"刲股肉"疗母疾,被金廷"诏以为护卫"。王震也以同样孝行获封赏。⑤明英宗"北狩"绝食而死的周敖的儿子周路更是一位"以头触庭槐"而死的孝子。由于朝廷的持续表彰和理学家们大力倡导,在宋、元、明时期,孝的观念深入人心,孝行被社会普遍视为崇高美德,这对于推动社会文明起了积极作用。但那时的孝更强调子女对父母的绝对顺从,而且不少人竞相以惊人的"孝行"相攀比,原本愚孝就越加愚昧,并带有野蛮、残忍、非人性的色彩,这就大大背离了孝敬父母的本意。当今社会也积极表彰和倡导民众对父母尽孝,对国家尽忠,但我们绝不提倡愚孝、愚忠,那种非人性的割股疗疾、为孝忠之名牺牲生命的行为我们虽报以崇高敬意,但绝不刻意要求普通百姓人人去践行,毕竟,生命才是最宝贵的。20世纪80年代,大学生张华跳进粪池救老农壮烈牺牲的事迹也引起社会对"见义勇为"行为的道德宣传、对生命理性的思考和争论。结论是,我们虽然对这一壮举表示敬意,但并不倡导整个社会成员争相效仿,在危险面前,在生命与德性的比较中,并不简单地宣扬"舍生取义",更多的是从"见义勇为"转向"见义智为"。在日常家庭生活和职业生活领域,我们倡导"互尊互敬"的成员关系和德性伦理,摒弃封建社会愚忠、愚孝等畸形的道德行为攀比。

2. 等级观念转换:从"权力本位"转向"德能本位"

在人类社会的某个历史阶段,社会等级的存在有其合理性和必然性。合理适度的社会等级实际上是对社会成员个人素质能力、德性品位、价值追

---

① 《元史》卷一百九十七,《孝友一》。
② 《宋史》卷一,《太祖本纪一》。
③ 《明史》卷二百九十七,《孝义二》。
④ 《宋史》卷四百五十六,《孝义》。
⑤ 《金史》卷一百二十七,《孝友》。

求细微差异的承认,这种差等可以激发个体竞争力,使社会充满生机和活力,有助于社会自然生态和合理秩序的形成。当然,如果社会差等太大,无论是经济上贫富的差距,还是政治权势、地位上的差距,抑或是文化上获得的社会尊宠产生的差距,都会造成社会成员间的心理落差,就容易出现羡慕、嫉妒、仇恨。严重的会导致社会层级之间的冲突。中国传统社会的等级是按照权力、血统来划分的。先秦宗法制社会是严格按照宗法血统的亲疏关系来划分等级,秦以后的社会基本上是按照权力来划分社会等级,社会职业按照士农工商的序列划分等级,统治阶级用世袭爵位固化这种权力,虽然也辅以科举来打通层级之间的交流,对有能力之人也有一定封赏晋升机会,但社会主流观念仍然是贯彻权力本位的观念。什么样的等级社会才是合理的?或者说,以什么为标准来划分社会的等级呢?古代圣贤们对此早已有研究。荀子就提出了"义分则和"的观点。荀子认为:"救患除祸,则莫若明分使群矣。强胁弱也,知惧愚也,民下违上,少陵长,不以德为政。如是,则老弱有失养之忧,而壮者有分争之祸矣。事业所恶也,功利所好也,职业无分,如是,则人有树事之患,而有争功之祸矣。男女之合,夫妇之分,婚姻娉内,送逆无礼。如是,则人有失合之忧,而有争色之祸矣。故知者为之分也。"①这里,荀子所提出的"知者为之分"说得明白一些,也就是说,富国就要建立秩序。建立进步的、发展的、有法制的、有秩序的、有礼仪的、有个人尊严的社会。这样的社会才是人人乐在其中的社会。这样的生活,既受法律制约,又能让每个人自觉自愿的服从。如此才能使人民富裕,国家强大。为此,荀子还提出了三个分工原则:其一,按德能划分,即贵贱有等,上下有别,君子与小人,官吏与百姓皆按职责功能划分。其二,按生存需要和职业角色划分,即"农农、士士、工工、商商"②。其三,按人伦权利义务划分,即君臣、父子、兄弟、夫妇、朋友等伦理角色的权利义务来划分。显然,荀子的划分贯彻了儒家"贵贱有等、长幼有序、贫富轻重皆有所称"的价值理念。荀子认为,"分"的合理性在于是否合"义","义"的关键在于"上爱下"与"下亲上",君

---

① 《荀子·富国》。
② 《荀子·王制》。

臣上下、贵贱长幼都遵从自己的职责和义务,并且,"分义行乎下"则天子就可以无为而治了。当然,我们今天的社会,除了传承了"德能本位"这一等级划分标准外,还引入了"贡献本位"的标准。因为每个人的能力大小与天分有关系,仅仅依据天分来划分也会带来新的不合理,也会使社会的差距拉大。因此,增加一个劳动贡献的标准,则可以合理地缓和这种差距。因为劳动贡献,纯属后天努力就可以人人获得的。今天的社会,崇尚能力、崇尚德行、崇尚贡献就比传统社会一味按照血统划分权力,再按权力区分社会等级的标准合理多了,它给每个人以公平的权利,而且讲求后天的努力和贡献,显得更为公平和正义,这就实现了文化上的公平正义的转换。

3. 处事方法转换:从"极端绝对"转向"中庸辩证"

《礼记·中庸》有云:"中也者,天下之大本也;和也者,天下之达道也。"[1]这里实际上谈到了处事方法问题。前面谈到,一些朝代把忠、孝推到极端,导致社会上出现了"愚忠""愚孝""愚节"等现象,这一问题的出现实际上是处事方法出了问题。中华传统文化自古以来就十分讲究"中庸"的处世态度和方法。中庸的处世之道实际上就是不走极端、不绝对化,做事情、处理问题都要全面辩证地去看待、去处理。这种方法在礼的原则里就是一种"适度"原则。《礼记·礼器》有云:"礼也者,合于天时,设于地财,顺于鬼神,合于人心,理万物者也。"[2]由此看出,礼所遵循的适度原则主要表现在两个方面:一是相称,二是中庸。礼的相称,表现在与"时"相称、与"事"相称、与"人"相称,即礼要因时制宜、因地制宜、因人制宜。也就是"礼,时为大,顺次之,体次之,宜次之,称次之"[3]。中庸,也就是"允执其中"[4],就是"中正之道""无过不及之名"[5],"执其两端,用其中于民"[6]。中庸的思维方式有四种:一是对立统一式思维。如《尚书·皋陶谟》所云:"宽而栗,柔而立,愿而

---

① 《礼记·中庸》。
② 《礼记·礼器》。
③ 《礼记·礼器》。
④ 《论语·尧曰》。
⑤ 程树德:《论语集释》。
⑥ 《中庸》。

恭"①；二是剔除极端式思维。如《左传·襄公二十九年》所云："直而不倨，曲而不屈"；三是否定两极式思维。如《尚书·洪范》所云："无偏无颇""无偏无党""无反无侧"②；四是交叉两性式思维。如《礼记·杂记》有云："一张一弛。"③由此看出，中华传统文化是十分讲究中庸、中道之法的，历朝历代的封建统治者（除了个别少数朝代外）实际上也十分清楚这种方法和处事态度，只是封建的统治阶级一味站在统治阶级的立场，就很难保持这种清醒头脑。往往在开朝的那几代帝王君主还能时时小心谨慎，行为有所克制和收敛，努力保持中庸之道，待到盛世就开始忘乎所以，极端思想就露出端倪，等到朝代末期，已经欲罢不能。今天我们提出家风的文化处事方法转换，就是告诫我们的子子孙孙，在治国理政过程中，一定要吸取封建社会极端绝对的做法教训，积极保持中道的态度，坚持中庸辩证的处事方法。这便是为何要从传统偏激、极端、绝对的处事方法转换成中庸辩证的处事方法和态度的道理和原因。

（二）继承革命文化

中华传统社会从来就不缺革命意识和革命文化，一部中华文化史就是一部中华民族追求自由和解放的革命史。中华传统文化革故鼎新精神、反抗阶级剥削、阶级压迫的斗争精神、民族团结的精神构成了传统革命文化的主线。《新时代公民道德建设实施纲要》明确提出："要深化改革开放史、新中国历史、中国共产党历史、中民族近代史、中华文明史教育，……构筑中华民族共有精神家园。"④要继承革命文化，就要厘清革命文化的三大组成要素的转换，即团结合作的转换、斗争方向的转换、革命目标的转换。

1.团结合作方式转换：从"宗族联姻"转向"统一战线"

团结合作转换，就是要从传统社会"族团联姻"和"宗教会社"方式的团结合作转换为现代的"统一战线"方式。要革命，就必须团结革命力量。传

---

① 《尚书·皋陶谟》。
② 《尚书·洪范》。
③ 《礼记·杂记》。
④ 《新时代公民道德建设实施纲要》，人民出版社，2019年，第8~9页。

统社会往往采用"族团联姻"和"宗教会社"的方式来团结民众。"族团联姻"就是通过家族之间的联姻形成利益集团,从而达到在经济上、政治上的团结。这种方式往往带有封建宗法血统的色彩。"宗教会社"方式,往往借助宗教信仰、秘密集会、帮会组织、社团组织达成团结民众聚而起义的目的。例如明清时期"白莲教""红花会""天地会""天理会""义和团"都是属于这一类。这类组织往往带有一些神秘主义色彩。在历史上,这两种民众的团结方式确实起到至关重要的作用,但到了近代,这两种方式便带有时代局限性和阶级局限性,方法上也还显得不够科学、不够彻底,无法与新民主主义革命时期的"统一战线"的团结民众方式相比。中国共产党就是依靠"统一战线"团结全国各阶层民众,共同对付各个时期的敌人,取得了革命的伟大胜利。在社会主义建设时期,我们依然要依靠"统一战线"团结全球共同力量,实现中华民族伟大复兴的中国梦。因此,当代中国需要继承革命文化中的优良革命传统,实现团结合力量的转换,从传统社会"宗族联姻"和"宗教会社"方式转向"统一战线"。

2. 斗争方向转换:从"反抗压迫"转向"艰苦奋斗"

斗争方向转换,就是说在革命斗争方向上,要实现从阶级斗争这一社会方向转向人与自然的关系方向,努力在人类生产、生活状况方面艰苦奋斗,着力解决科技难题,大力发展生产力,营造良好人类人居环境。我们已经基本完成阶级斗争任务,建立了自己的民主专政新中国,虽然在意识形态领域、国家安全领域还存在阶级斗争的任务,但国家的主体力量和主要精力已经转向经济建设,因此更需要在人与自然关系方面作艰苦奋斗。习近平总书记在中国共产党成立 100 周年纪念大会上提出:"以史为鉴、开创未来,必须进行具有许多新的历史特点的伟大斗争。敢于斗争、敢于胜利,是中国共产党不可战胜的强大精神力量。实现伟大梦想就要顽强拼搏、不懈奋斗。"[①]因此,在革命的斗争方向上,要实现从传统的反抗压迫、反抗剥削的阶级斗争方向转向提高社会主义生产力、提高社会主义综合国力、建设更加美好生活而艰苦奋斗的方向。

---

① 《习近平著作选读》(第二卷),人民出版社,2023 年,第 485～486 页。

3.革命目标转换：从"革故鼎新"转向"改革创新"

创新精神转换，是指在革命斗争精神上，要实现传统社会以革故鼎新、权力交接、改朝换代为主要目的的革命，转向实现社会全面进步、国家更加强盛、文明更加发展、法制更加健全、社会更加和谐、人民生活更加幸福为主要目的的革新。从1978年到现在，改革开放已经四十多年，这四十多年，中国共产党和中国人民坚持不断地思想解放、艰苦奋斗；这四十多年的沧桑巨变，给我们重要的启示是：勇于改革、永不僵化、善于创新、永不停滞，才使得新时代中国特色社会主义焕发出勃勃生机。新时代，我们要实现革命目标的转换，由传统社会的革故鼎新转向新时代的改革创新。

（三）发展先进文化

家风的文化转换更重要的是在统合优秀传统文化、党领导的革命文化和社会主义先进文化过程中发展好新时代中国特色社会主义文化。这是新时代中华民族文化自信的关键。发展社会主义先进文化关键是要实现生产理念的转换、道德伦理的转换和追求目标的转换。在生产理念上要实现由传统社会小农经济的理念转换成现代经济理念；在道德伦理方面由传统社会的"三纲五常""君王至上"的理念转向社会主义的"集体主义""人民至上"的理念；在追求目标上由"内圣外王"的目标追求转向中华民族的伟大复兴。

第一，生产理念转换：从"小农经济"转向"现代经济"。生产理念的转换属于物质文化理念的转换，要实现传统社会小农经济的生产理念转向以工业化、自动化、知识化、信息化为特征的现代经济。现代经济制度的实现具有六个特点：一是经济水平和经济增长速度更有效率；二是提高经济增长的质量；三是更平衡的区域和城乡协调发展的格局；四是市场经济体制完善；五是对外开放更加全面；六是更加完善现代产业体系、空间布局结构和协调度。因此，要实现现代经济的迅猛发展，必须实现由小农经济向现代经济的转换。

第二，道德伦理转换：从"三纲五常"转向"集体主义"。道德伦理的转换主要是实现由传统社会的"三纲五常""君王至上"的理念转向社会主义的

"集体主义""人民至上"的理念。在当代要实现由传统社会的"三纲五常""君王至上"的理念转向社会主义的"集体主义""人民至上"的理念。

第三,追求目标转换:从"内圣外王"转向"民族复兴"。社会主义先进文化的目标转换指的是在追求目标上由"内圣外王"的目标追求转向中华民族的伟大复兴。新时代,中华家风的文化转换在追求目标上要实现由传统社会的"内圣外王"转向"民族复兴"。

第二节 近百年家风变迁论要

自五四运动以来,中华近百年家风经历了三次巨变,其外在表现为对家庭成员民主权利的逐渐完善,家庭民主突破重重阻碍持续向前发展;其内在变迁逻辑是对家风民主发展各种束缚的不断超越。[①] 第一次巨变发生在新民主主义革命时期,摆脱了封建主义吃人礼教、帝国主义野蛮战争、官僚资本主义无耻垄断的三重压迫和束缚,实现了平等家风对传统等级家风的超越。第二次巨变发生在新中国社会主义改造时期,摆脱了家长制和私有制的双重束缚,实现了物资、生产相对集中的家风对小农经济式户居家风的超越。第三次巨变发生在改革开放四十年间,摆脱了体制对个性的无理束缚,实现了民主家风对集中家风的超越。

一、平等:超越传统家风

对平等的追求是近百年中华家风嬗变的肇始。中华民族家庭社会对平等家风的追求有着深刻的国际和国内社会背景,同时也满足了广大家庭成员的内在需要。其内在变迁逻辑就是要摆脱封建主义吃人礼教、帝国主义野蛮战争、官僚资本主义无耻垄断这三重压迫束缚,实现中华家庭社会的性别平等、民族平等和阶级平等。

---

① 徐国亮:《中国百年家风变迁的内在逻辑》,《山东社会科学》,2019 年第 5 期。

中华平等家风的兴起,启迪于西风东渐对两性平权的奋力抗争。综观世界,20 世纪前二十年是翻天覆地的二十年。在国际上,有三件大事举世瞩目:一是国际劳动妇女节的诞生,二是第一次世界大战的爆发及四年后巴黎和会的召开,三是第一个社会主义国家的诞生。这三件大事都与追求"平等"相关、都对中国家风的变迁产生了重大影响。第一件事的实质是追求两性平等,追求男女合法权益的平等。它助推了中国家庭社会讨论女权、争取女性解放、追求性别平等的思想巨浪。1910 年,倡导"男女同工同酬"的德国革命家、国际妇女运动领袖克拉拉·蔡特金在第二次国际社会主义妇女代表大会上倡议,将每年 3 月 8 日定为国际劳动妇女节,得到大会一致通过。①从此,"三八"国际劳动妇女节诞生了。这个节日全称是"联合国妇女权益和国际和平日",它标志着世界各国妇女为争取人类和平、平等、发展所做出的杰出贡献,标志着一百多年来世界范围的女权运动在争取女性解放和男女平等方面取得了阶段性胜利,它是妇女创造历史的见证,对 20 世纪初期的中国社会的婚姻家庭、家风家教及女性观念都产生了极其深远的影响。第二件事,表面上看,第一次世界大战是为了追求国家平等,追求后发崛起国与先发崛起国在世界政治经济地位上的平等,实质是"新旧殖民主义矛盾激化、各帝国主义经济发展不平衡,秩序划分不对等的背景下,为重新瓜分世界和争夺全球霸权而爆发的一场世界级帝国主义战争"②;巴黎和会则是打着和平的旗帜,实质却是"帝国主义的分赃会议"③并引发了伟大的五四运动。五四运动对中国家教和家风的影响也是巨大的,它强化了民族危难时期家国情怀在中国普通家庭家教和家风中的重要地位;它使善良淳朴的中国家庭认识到,要完善对中国传统"和"文化的教育和认知,要让我们的子孙后代明白"和平靠谈判换不来,和平源自斗争""世界由强者来制定规则,对于弱者是没有正义和公平可言的""平等需要经过斗争来获得"等基本道理。第三件事的实质是追求阶级平等,追求无产阶级与资产阶级在全球政治、经

---

① 田润德:《缅怀妇女解放运动先驱者——纪念"三八"国际劳动妇女节 100 周年》,《集邮博览》,2010 年第 3 期。

② 人民教育出版社历史室:《世界近代现代史》,人民教育出版社,2000 年,第 129 页。

③ 百度百科:巴黎和会,https://baike.baidu.com/item/巴黎和会/280824?fr=aladdin。

济和文化等方面全方位的平等。苏联的诞生打破了资本主义一统天下的局面,向世界宣告一种新的社会制度的诞生。过去的革命的目的是以一种剥削制度代替另一种剥削制度,而十月革命的目的是要消灭剥削制度,解放生产力,实现劳动人民当家作主,建设共同富裕的社会主义社会,其实质是获得阶级的平等。这件事对当时的中国家教和家风的影响是巨大的。它使广大中国家庭认识到,封建等级思想禁锢了人的思想,新兴的无产阶级家庭要冲破思想束缚必须倡导家庭民主,而倡导家庭民主首先得从家庭成员的平等做起。国际环境对中国家风变迁起到了不容小觑的影响作用,相比较而言,中国国内社会形势对家风变迁的影响更为直接。

中华平等家风的旋起,应和了国内反压迫、求解放的社会呼声。从中国国内社会形势看,新民主主义革命时期(1919—1949 年)中国社会受到封建主义、帝国主义、官僚资本主义"三座大山"的压迫和剥削,中国家庭饱受着"礼教""战乱""垄断"三重欺压。为了推翻"三座大山"的欺压,社会有识之士开展了艰苦卓绝的斗争:他们通过引导进步青年抵制封建礼教,提倡男女平等,努力营造平等家风;他们通过宣传发动广大民众抗击民族压迫,联合全民抗日,努力营造抗战家风;他们通过揭露官僚资本罪恶行径反对阶级压迫,打倒四大家族,努力营造革命家风。如果说平等家风所追求的是家庭成员在家庭中地位、性别、关系一律平等的话,抗战家风则可以说是追求一种不同民族的家庭之间的关系平等,反对的是帝国主义在其他国家的殖民扩张倾向;革命家风则是追求不同阶级的家庭地位的平等,反对的是阶级压迫。在西风东渐、新文化运动的思想文化大背景下,近代中国传统家庭社会风气也悄然发生了深刻变化。这种变化首先表现在妇女解放、男女平等和婚姻自主等方面。相比于抗战家风和革命家风而言,平等家风所要面对的问题在普通家庭中更普遍、更根本、更顽固,需要详细剖析研究。

中华平等家风的畅行,关键在中华普通家庭有效抵制封建礼教。有学者认为,近代中国传统家庭社会遭遇了"三次冲击波":"第一次冲击波——放足、女学""第二次冲击波——女子参政""第三次冲击波——新文化运动"。①"放足"主要解决女子身体解放问题,"女学"则是解决女性智力的解放问题,女子参政则是解决女性政治地位解放问题。早在五四运动前夕的新文化运动中,一些有识之士就撰文猛烈地抨击封建礼教,大力提倡男女平等。新文化运动的发起者、五四运动的总司令陈独秀曾在《新青年》杂志《孔子之道与现代生活》中说:"西人孀居生活,或以笃念旧好,或尚独身清洁之生涯,无所谓守节也。妇人再醮,决不为社会所轻。中国礼教,有'夫死不嫁'之义。男子之事二主,女子之事二夫,遂共目为失节,为奇辱。……遂以家庭名誉之故,强制其子媳孀居。不自由之名节,至凄惨之生涯,年年岁岁,使许多年富有为之妇女,身体精神俱呈异态者,乃……礼教之赐也!"②他在《一九一六》中说:"夫为妻纲,则妻子于夫为附属品,而无独立自主之人格矣。"号召"一九一六年之男女青年,其各奋斗以脱离此附属品之地位,以恢复独立自主之人格!"③他在《敬告青年》中说:"自人权平等之说兴,奴隶之名,非血气所忍受。……女子参政运动,求男权之解放也。"④在当时满口仁义道德的男权社会,鲁迅撰文《我之节烈观》提出两个尖锐问题来讽刺封建礼教和伦理道德:"一问节烈是否道德?""二问多妻主义的男子,有无表彰节烈的资格?"最后分析的结论是"只有自己不顾别人的民情,又是女应守节男子却可多妻的社会,造出如此畸形道德,而且日见精密苛酷,本也毫不足怪。但主张的是男子,上当的是女子"⑤。

这些言论都反映出新文化运动发起者们对封建礼教的深恶痛绝。他们认为,要通过宣传教育来改造国民性,要揭露传统婚姻家庭中封建礼教对妇女的压迫和残害,要着力批判"三从四德""男尊女卑""逆来顺受"和旧的贞操观念,要呼吁争取妇女的独立人格,要提倡男女性别平等,只有这样,才能形成平等家风和良好的社会风气。美中不足的是,他们的这些言论没有涉及对社会制度改造的思考。直到五四运动爆发前一个月,才有人对这一问

---

① 张树栋、李秀领:《中国婚姻家庭的嬗变》,浙江人民出版社,1990 年,第 210~218 页。
② 陈独秀:《孔子之道与现代生活》,《新青年》第二卷第四号,1916 年 12 月 1 日。
③ 陈独秀:《一九一六》,《新青年》第一卷第五号,1916 年 1 月 15 日。
④ 陈独秀:《敬告青年》,《新青年》第一卷第一号,1915 年 9 月 15 日。
⑤ 鲁迅:《我之节烈观》,《新青年》第五卷第二号,1918 年 8 月 15 日。

题提出了深刻的见解。1919 年 4 月,李大钊在《新青年》上的文章称:"我以为妇人问题彻底解决的方法,一方面要合妇人全体的力量,去打破那男子专断的社会制度;一方面还要合世界无产阶级妇人的力量,去打破那有产阶级(包括男女)专断的社会制度。"①由此可以看出,新文化运动的发起者们的思想也是随着运动的推移不断向纵深发展的。同时让我们认识到,1919 年的五四运动是一次彻底的反对帝国主义和封建主义的爱国运动,是一次具有划时代意义的革命运动,也是一次家风变革运动。以五四运动为界,中国民主革命被划分为旧民主主义革命和新民主主义革命,新文化运动也被划分为性质不同的两段,毛泽东同志在《新民主主义论》里说:"'五四'以前,中国的新文化,是旧民主主义性质的文化,属于世界资产阶级的资本主义的文化革命的一部分。在'五四'以后,中国的新文化,却是新民主主义性质的文化,属于世界无产阶级的社会主义的文化革命的一部分。"②"将妇女问题作为社会改造的根本问题提出,这是五四新文化运动突出的特点。"③在五四运动中,妇女们勇敢地冲破几千年传统意识的束缚,从不问国事到敢于走出家门、校门,走上社会,参加社会斗争,做以前从未做过的事情,领悟以前从未有过的自我意识。中国共产党成立后,逐步提出以劳动妇女为主力、联合其他各阶层妇女结成联合阵线,才开创了无产阶级妇女解放运动的新纪元。伴随着文化性质和革命斗争实践性质的质变,中国家庭社会家风的性质也在这一运动中由传统家风转变成了平等家风。由此可以得出结论:平等家风是对中华传统家风的超越。

二、集中:超越户居家风

对集中的选择是近百年中华家风嬗变的重要步骤。在新中国社会主义改造时期,这种对集中的选择不仅是国家对家庭制度变革的必然要求,同时也是家庭发展的内在需要。其内在变迁逻辑就是要努力摆脱家长制和私有

① 李大钊:《战后之妇人问题》,《新青年》第六卷第二号,1919 年 2 月 15 日。
② 《毛泽东选集》(第二卷),人民出版社,1991 年,第 698 页。
③ 张树栋、李秀领:《中国婚姻家庭的嬗变》,浙江人民出版社,1990 年,第 219 页。

制的双重束缚,努力树立社会主义权力集中在家庭的权威,让家庭成员能过上更有地位、更有尊严、更加富有的家庭生活。

集中家风是对户居家风在制度上的超越。恩格斯说,一切社会变迁和政治变革的终极原因,不应当到人们的头脑中,到人们对永恒的真理和正义的日益增进的认识中去寻找,而应当到生产方式和交换方式的变更中去寻找。新中国家风变迁的逻辑也必须到社会制度变迁中去寻找。新中国集中家风也是由于新的社会制度的诞生而诞生的。这里的所谓"集中家风"指的是建立在社会主义劳动群众集体所有制和社会主义全民所有制环境下的中国家庭,以集体为单位来组织生产和生活活动,在道德规范、行为准则、价值标准、生活方式等方面所表现出的具有社会主义集体体制特征的文化风气。新中国成立以前的传统社会的家庭实行家长制,生产是以"户"为单位的小农经济,户主就是家长,行使家庭全部权利,为研究之便,我们称之为"户居家庭"。相对于"户居家庭",家庭的生产和生活权利集中在集体,这样的家庭被称为"集中家庭"。这里的"集中家庭"是针对以往以"户"为单位的家庭提出的新概念。"集中家庭"是我国社会主义改造基本完成后(注:这里不包括港澳台地区),在农村和城镇社会广泛存在的家庭形式。其核心特点就是将原属于每个家庭的生产组织权、资源配置权、劳动收益权收归集体,按照国家发展计划统一调配使用,每个家庭无条件服从。集体在农村的形式为"人民公社"(也有叫"生产队"或"农场""林场"),在城镇的形式则按照职业特点分为企业单位(工厂)、行政事业单位。集中家庭的最高权利在集体,集体掌控了各个家庭全部生产、生活资源,集体通过各种机构组织(如生产队、食堂、托儿所、学校、供销社、敬老院等)来代行家庭各项职能(如生产职能、生活职能、保育职能、教育职能、经济消费职能、赡养职能等),通过社会主义法律和道德来规范和引导家庭成员的思想和行为。集中家庭相比于传统户居家庭有三大优越性:一是集中了权利,树立了权威,团结了人心,统一了步调;二是整合了资源,强化了计划,节约了成本,提高了生产效率;三是倡导了公德,限制了私欲,保障了合法权益,抵制了陈规陋习。由于集中家庭与整个社会体制和制度联系紧密,集中家风具有浓厚的社会主义体制色彩,其家风也易受政治形势的左右。虽然集中家庭在建立之初就存在对家庭成员的个性与自由进行了一定程度的限制、家庭生活可能变得单调简朴、在生产劳动中家庭成员的积极性和创造性可能受到一些制约等问题,但从当时中国所处的历史境遇来看,这种对集中的选择有其历史进步性与合理性。集中家庭无论是在维护国家政治威望、保障国家政权稳定,还是在支持国家所有制改造、巩固国家经济制度运行基础、推行国家计划经济规划,抑或是支持国家推行社会主义道德、形成良好社会风气都比户居家庭有制度上的优势,这是家庭选择集中发展路径、形成集中家风的外在原因和条件。

　　集中家风的形成也是新中国家庭内在发展的需要。20 世纪 50 年代的新中国正处在百废待兴、制度变革的时代。1956 年,随着社会主义制度改造的基本完成,新中国的广大家庭也面临四大内在发展需求:一是在历经多年的革命和战争之后,家庭能够利用的资源十分有限,如何利用有限的家庭资源实现家庭的整体发展、满足所有家庭成员日益增长的生活需要和发展需求? 二是如何在新社会对传统家庭固有的等级关系做出开明的调适处理,构建新型家庭关系以符合社会发展趋势、而不致显得格格不入? 三是家族传承下来的家规家训如何与新中国法律法规相融洽、更好地发挥家庭的教育职能? 四是新中国新社会所倡行的主流价值观念和新的家庭伦理道德精神如何贯彻落实到家庭成员的思想和言行中去? 这些分别涉及家庭愿景的实现、家庭关系的调适、家庭行为的规范化和法治化、家庭伦理道德的社会化等方面。这些家庭内在发展需求如果单靠过去传统的户居家庭是难以满足的,而在新社会通过主动选择集中的方式是可以达到的。新中国成立后的 20 世纪五六十年代的家庭的发展已经给出了答卷,虽然我们在集中家庭这条发展道路上走得并不是一帆风顺、充满了艰难与坎坷,但是我们还是成功走了过来。

　　回望历史,我们认为新中国社会主义改造时期的集中家庭有四个特点:一是集体掌控全部权利,负责代行家庭职能;二是社会主义公有制催生了平等互敬的家庭关系;三是社会主义婚姻家庭法律法规取代传统的家规家训成为家庭生活运行的规范;四是奉行集体至上的价值观念,以及爱情与义务相统一的家庭伦理,形成了良好的社会主义婚姻家庭道德和社会主义家庭社会风气。20 世纪五六十年代的家庭社会由于选择了以公有制为核心特点的社会主义集中家庭发展道路,家庭各项职能基本上都被集体所代替、完成:家庭劳动生产功能消失,集体成为生产劳动的组织者;家庭养育职能由集体办的食堂、托儿所、敬老院所替代;家庭教育职能由各级学校来完成;家庭娱乐职能也由集体组织提供的舞蹈、演出、电影、广播、游戏、游行等活动来完成。每个家庭成员俨然成为社会主义集体大家庭中的一个个的"集体人",在这个集体大家庭中,崇尚"集体至上""公而忘私""无私奉献"的社会主义道德,遵守社会主义法律法规,形成了"舍小家、顾大家"的良好社会风气。这种社会风气其实也是由一个个小的集中家庭所形成的"集中家风"共同构成的。

　　在国家连续几个五年计划集中指导下,不仅解决了几亿人穿衣吃饭的基本问题,而且人口数量得到快速增长,从新中国成立初期5亿多人,到20世纪70年代末接近10亿人,人口总量增长了近一倍,生活质量也得到一定程度的提高,人均预期寿命从1949年的35岁提高到1975年的68岁,基本解决了全国近10亿人温饱问题,养活了"世界1/4的人口,被世界公认是一个奇迹"①。在此过程中,全国的每个家庭还支持国家经济建设,建立了独立的、比较完整的工业体系和国民经济体系,使中国在赢得政治上的独立之后赢得了经济上的独立。此外,还打败了美帝国主义和苏联修正主义(如抗美援朝、抗美援越、珍宝岛战争),赢得世界多国支持并恢复了中国在联合国的合法席位,等等。这些伟大建设成就都离不开集中家庭的贡献和支持。在那个火红的年代,在那个集中制大家庭中涌现出许多英模人物,这些人都是来自普通劳动群众,如走在时间前面的人——王崇伦,纺织工业战线的旗帜——郝建秀、赵梦桃,大庆铁人——王进喜,共产主义战士——雷锋,雷锋式的好战士——欧阳海、王杰、刘英俊,两弹元勋——邓稼先、钱学森、郭永怀,一人脏换来万人净的掏粪工——时传祥,一团火精神为人民服务的售货员——张秉贵,大寨领头人——陈永贵,大寨铁姑娘——郭凤莲,知识青年的优秀代表——邢燕子、侯隽、金训华,爱民模范战士——洛桑丹增,党的好干部——焦裕禄,等等。在那个火红年代,教育和医疗都是公费的,住房也

———

① 本书编写组:《中国近现代史纲要》(2015年修订版),高等教育出版社,2015年,第277页。

采用福利分房制度,家庭成员的关系平等、互敬互爱,年轻人都追求纯洁的爱情,人们生活朴实,工作热情高涨,奉献精神十足,人们的道德觉悟和精神状态大幅度提升,社会丑恶现象得到极大的遏制,消灭了娼妓,贪污腐败现象降到历史最低程度。这既是那个时代整个国家、整个社会的风气,也是那个时代的集中家风。

综上所述,新中国社会主义改造时期的家庭对集中的选择,不仅是国家对家庭制度变革的制度需要,同时也是家庭发展的内在要求。由家庭职能被集体各种组织机构所取代的外在表现,可以得出结论:其内在变迁逻辑就是要努力摆脱家长制和私有制的双重束缚,树立社会主义权利集中在家庭的权威,实现集中家风对户居家风的超越。

三、民主:超越集中家风

对民主的追求是近百年中华家风嬗变的核心动因。在改革开放四十多年间,经过国家持续而全面的改革,体制对个性的束缚逐渐降低,家庭民主和个人权利得到法律的有效保护和激励,中华家风实现了民主对集中的超越和嬗变。其内在变迁逻辑就是要努力摆脱集中体制对个性的无理束缚,培养民主法治意识,使每个家庭成员的个人合法权利日益得到不断完善的法律法规的有效保护。

中华民主家风的形成,仰仗集中体制对个体自由的逐步宽容。人类社会发展史上,集中体制有效管控与个体自由行使一直是一对既互相依赖,又相互抗争的矛盾。集中与自由之间的张力影响着社会秩序,也表征着社会文明开化程度。整个人类社会文明进步历程也呈现出权力约束对个性自由的逐渐宽容,这种宽容的空间大小实际上反映出社会的民主自由程度。在家庭社会,集中体制主要表现为家庭法律和法规制度。法国启蒙思想家伏尔泰曾说:"追求自由,那就是只受法律支配。"[1]也就是说,家庭的民主自由来源于家庭法律制度,或者说,家庭法律制度为家庭成员提供法定的民主自

---

① [法]伏尔泰:《伏尔泰政治著作选》,中国政法大学出版社,2003 年,第 59 页。

由。新中国成立前的婚姻家庭法主要给婚姻家庭提供了家庭关系建立、运行和结束的民主自由；社会主义改造时期的婚姻法除了提供家庭关系自由外，还给女性提供了彻底的身心自由、劳动自由、财产处置自由及生育自由；改革开放后的婚姻法则除了维护每位家庭成员基本人权自由外，还注重保护每位家庭成员的全面发展的自由、选择生活方式的自由及优生优育的自由。

综观五四运动以来的百年中国社会家庭法律制度，家庭的个体自由在逐渐宽容的体制约束中显露出来。五四运动以来，中国婚姻家庭方面主要有五部代表性法律：新中国成立前的国民党统治区和中共苏区各有一部（1930 年国民党政府公布的《民法·亲属编》；1931—1934 年颁布的《中华苏维埃共和国婚姻法》，以下简称"苏区婚姻法"）、新中国成立后有三部（1950年、1980 年、2001 年各颁布一部）。20 世纪三四十年代这两部婚姻家庭法律是在两种政治秩序并存的社会环境下由各自政权在其统治区颁布的。两部婚姻家庭法虽然所持的阶级立场、维护的阶级利益、对封建礼教及传统婚姻习俗的态度上还存在很大的差异，但从法律制度与家庭民主自由的关系来看，其共同特点是都放宽了对家庭民主自由的约束，体现了这一时期集中体制对个体民主自由的宽容。在家庭关系建立自由方面，两部婚姻家庭法都规定了男女婚姻自主和男女平等。例如，《民法·亲属编》972 条曰："婚约由男女当事人自己订定。"苏区婚姻法第一条、第四条明确规定："男女婚姻，以自由为原则"，"必须经过双方的同意"。两部法律都实行"一夫一妻制"，都禁止纳妾（例如，《民法·亲属编》985 条曰："有配偶者不得重婚"；苏区婚姻法直接规定"实行一夫一妻制，禁止一夫多妻"）。两部婚姻法都有禁止娃娃亲和童养媳等陋习的条例。在家庭关系运行自由方面，都提倡男女法律地位平等，在处理家庭事务方面有平等的处置权和自由（例如，《民法·亲属编》967、969、970 条规定亲属关系、计算姻亲办法破除了封建礼教观念；苏区婚姻法规定："在结婚满一年，男女共同经营所增加的财产，男女平分，如有小孩则按人口平分。"①；在家庭关系结束方面都维护"离婚自由"②。新中国成立后，1950年颁布的《中华人民共和国婚姻法》除了提供基本的家庭关系自由外，还坚决打击了党内恶霸作风，清除了包办婚姻和买卖婚姻，取消了妓院，根绝了缠足，保护了妇女的身心自由和人格尊严。1953年，全国离婚案件共120万多件③，迎来了新中国成立以来第一次离婚高潮。社会主义改造完成后，妇女平等地获得了土地耕种权、劳动生产权和收益权，经济上获得了彻底的独立和自由。1952年全国女职工有一百五十余万人，1958年增加到四百万人以上，而1986年猛增到四千五百万人，占全国职工总人数的36.3%。④ 大跃进中，出现了不少以"穆桂英""花木兰"名义为头衔的各种妇女生产劳动单位。20世纪六七十年代还出现了不少"铁姑娘队""女子钻井队""女子采煤队""女子架线班"⑤。虽然在今天看来，这些做法显得有些违反了人道主义精神和妇女劳动保护法，但放在当时的家庭社会大背景来看，却极大地提高了女性在家庭和社会中的政治地位，妇女的革命工作热情也空前高涨。

全国范围内的妓院全部封闭后，婚外性行为也就随之被取缔，男女在婚姻家庭生活的性忠诚得到有力保护。在那个物质生活不太丰富的年代，婚姻家庭伦理和精神境界得到了极大提高，这一时期的人口增长迅速。这些都表明，在集中家庭时期，家庭个体的自由得到体制的足够的保护和宽容。改革开放后，1980年和2001年两部婚姻法除了强化家庭成员基本人权自由保护外，在妇女参政议政、每个家庭成员文化教育发展及对生活方式的选择自由等方面，都给了充分尊重和保护。1954年召开第一届全国人民代表大会时，妇女代表只有147人，占代表总人数的11.9%，而到了1983年第六届全国人民代表大会时，妇女代表上升到632人，占代表总人数的21.2%；⑥

---

① 韩兆龙、常兆儒：《中国新民主主义革命时期根据地法制文献选编》第4卷，中国社会科学出版社，1984年，第789页。

② 戴伟：《中国婚姻性爱史稿》，东方出版社，1992年，第384~401页。

③ 戴伟：《中国婚姻性爱史稿》，东方出版社，1992年，第420页。

④ 龚佩华、李启芬：《中华民族亲属团体史》，德宏民族出版社，1991年，第204页。

⑤ 戴伟：《中国婚姻性爱史稿》，东方出版社，1992年，第427页。

⑥ 龚佩华、李启芬：《中华民族亲属团体史》，德宏民族出版社，1991年，第204页。

2019 年全国第十三届全国人民代表大会妇女代表 742 人,占代表总人数的 24.90%。① 1982 年全国人口普查资料表明,全国五十岁以上妇女,文盲、半文盲占 91.65%,她们都是在解放前错过了受教育的机会。改革开放后,妇女受学校教育人数有了极大的提高。1982 年在全国科研人员中,妇女占 27.74%,在工程技术人员和农村技术人员中占 17.53%,在科学技术管理人员和辅助人员中占 71.06%。② 2010 年全国第六次人口普查表明,我国现阶段家庭规模变小(平均每个家庭户的人口为 3.10 人,比 2000 年人口普查的 3.44 人减少 0.34 人)、人口趋于老龄化(0—14 岁人口占 16.60%,比 2000 年人口普查下降了 6.29%;60 岁及以上人口占 13.26%,比 2000 年人口普查上升了 2.93%,其中 65 岁及以上人口占 8.87%,比 2000 年人口普查上升了 1.91%)、迁移流动人口增加(2009 年我国流动人口数量达到 2.11 亿人)、受教育程度在上升(与 2000 年人口普查相比,每十万人中具有大学文化程度的由 3611 人上升为 8930 人;文盲率为 4.08%,比 2000 年人口普查的 6.72%下降 2.64 个百分点)。③ 以上数据表明,我国改革开放后,妇女参政议政数据提高表明妇女在婚姻家庭以及国家政治生活中男女平等地位、参政自由得到有效保护;家庭成员受教育水平不断提高和文盲率下降说明家庭成员的文化教育发展自由得到有效保护;家庭户规模缩小、生育水平不断下降、人口寿命不断提高、迁移流动人口增加、年轻人婚后独立居住表明家庭成员生活方式的自由得到有效保护。

中华民主家风的维护,依靠良法善治对个体权利的精心呵护。对民主自由的维护,就是对个体权利的维护。改革开放四十多年来,中国家庭的民主权利得到有效保护,民主和睦的家庭风气吹遍神州大地,整个社会迸发出令世界震惊的发展力量。2018 年,习近平总书记在纪念改革开放四十年大会上总结道:"人民依法享有和行使民主权利的内容更加丰富、渠道更加便

---

① 百度百科:中华人民共和国第十三届全国人民代表大会,https://zhidao.baidu.com/question/1436445541261793219.html。

② 龚佩华、李启芬:《中华民族亲属团体史》,德宏民族出版社,1991 年,第 205 页。

③ 百度百科:第六次全国人口普查,https://baike.baidu.com/item/第六次全国人口普查/5005655?fr=aladdin。

捷、形式更加多样,掌握着自己命运的中国人民焕发出前所未有的积极性、主动性、创造性,在改革开放和社会主义现代化建设中展现出气吞山河的强大力量!""全国居民人均可支配收入由 171 元增加到 2.6 万元,中等收入群体持续扩大。我国贫困人口累计减少 7.4 亿人,贫困发生率下降 94.4 个百分点,谱写了人类反贫困史上的辉煌篇章。教育事业全面发展,九年义务教育巩固率达 93.8%。我国建成了包括养老、医疗、低保、住房在内的世界最大的社会保障体系,基本养老保险覆盖超过 9 亿人,医疗保险覆盖超过 13 亿人。常住人口城镇化率达到 58.52%,上升 40.6 个百分点。居民预期寿命由 1981 年的 67.8 岁提高到 2017 年的 76.7 岁。我国社会大局保持长期稳定,成为世界上最有安全感的国家之一。粮票、布票、肉票、鱼票、油票、豆腐票、副食本、工业券等百姓生活曾经离不开的票证已经进入了历史博物馆,忍饥挨饿、缺吃少穿、生活困顿这些几千年来困扰我国人民的问题总体上一去不复返了!"[1]这些成就的取得都得益于对中华民主家风的维护,得益于中国良法善治对个体权利的精心呵护。

综上所述,改革开放四十年间,经过国家持续而全面的改革,特别是在全面建成小康社会的伟大进程中,国家集中体制对家庭个体自由的逐步宽容,家庭民主和个人权利得到法律的有效保护和激励,中华家风实现了民主对集中的超越和嬗变。中华百年家风内在变迁逻辑就是对家风民主发展各种束缚的不断超越。

第三节　中华家风的现代转换

中华家风的现代转换实质上就是价值观的转换,关键在于利用传统优秀家风涵养社会主义核心价值观。中华家风涵养社会主义核心价值观,既是时代的需要,也是历史发展的必然。一方面社会主义核心价值观需要中华家风的理论来支撑、内容来充实和实践来演绎;另一方面,中华家风在价

---

① 习近平:《在庆祝改革开放 40 周年大会上的讲话》,《共产党员》,2019 年第 1 期。

值观念、内涵内容和践行方法方面与社会主义核心价值观有着内在的联系和一致性,因而也能够涵养社会主义核心价值观。中华家风涵养社会主义核心价值观的目的在于彰显民族文化的自信,其核心在于彰显价值观自信。在新时代中国特色社会主义文化建设进程中,需要牢牢掌控价值引导话语权,传播中国精神、团聚中国力量、讲好中国故事,让全体人民践行社会主义核心价值观。中华家风涵养社会主义核心价值观需要"兼包并蓄"中华优秀传统文化和人类文明社会一切有利因素,需要宣传教育、人文熏陶,从而使现有价值观得到"更替演进",需要在思维上坚持"转换创新",在实际中坚持践履笃行、习惯养成。

一、兼包并蓄

所谓"兼包并蓄",就是要在传承中华优秀文化基础上,积极吸收人类文明社会的一切有利因素发展我们社会主义先进文化,用中华优秀家风涵养社会主义核心价值观。社会主义核心价值观之所以需要中华家风来涵养,原因主要有三个方面:其一,社会主义核心价值观需要中华家风的理论来支撑和深入化;其二,社会主义核心价值观的建设需要中华家风丰富的内容来充实和具体化;其三,社会主义核心价值观的践行需要中华家风多样化的实践来演绎和习惯化。

(一)理论支撑

中华家风文化理论为何能给社会主义核心价值观提供理论支撑呢? 主要是由于三个方面原因:第一,社会主义核心价值观的一些核心理念的形成是基于中国传统文化的。中国传统文化的核心和精髓就在于民族精神和时代精神,他们都是对中华家国文化精神的总结概括和提炼,其基因和根脉都源于中华家风理论,因此社会主义核心价值观的各项理念都能在家风理论里面找到其源头、根据和出处。例如"富强"和"文明"的理念,其实就源自中华家风的"中和位育论""孝悌瑞国论"和"家齐国治论"这几个理论。国家的富裕、强大和文明在于经济繁荣、民族和睦、家庭和美与综合国力具有比较优势,如果自然和社会各项要素各当其位,各种关系和顺了,则万物生发,经济就发展、繁荣,人民就生活幸福,民族就团结,家和万事兴,就有了更多的物质力量发展各项事业,家庭和国家就能得到有效治理,国势就会变得富强起来,社会的文明状况就会得以提升。再例如,"民主"的理念其实来源于中华家风的"民惟邦本,本固邦宁"理论。由此可知,中华家风的这些理论给社会主义核心价值观的理念提供了理论支撑。第二,社会主义核心价值观的一些理念、概念是对传统价值观的时代转换与创造性再现。例如"爱国""法治"的概念和性质随着时代的发展已经发生转换,"国家"在封建时代指的是封建专制政权,现在已经转换成人民民主政权,政权的性质发生变化;"法治"在封建时代多指维护封建统治的、缺乏人性的严刑峻法,在现在则转换成具有人文关怀的、维护人民权益的法律制度和治理体系,其性质和基础发生了时代转换。再例如"自由""平等""公正"理念,这些理念虽然也能在中华家风理论里找到本原性的影子,但毕竟它们的内涵被注入了新时代的内涵和追求,已与传统家风中的理论提法不完全一样,这就需要经过理论的对比、推演,找出其内在联系,从而正本清源,厘清理论变迁思路,树立自信,准确阐释。第三,社会主义核心价值观的一些概念直接取法于传统家国理论,如"和谐""诚信""友善",这些理念在家风理论里都有较系统和全面的论证,其所追求的人际关系、社会环境状态的意义相同,可以直接用传统家国理论来进行理论阐释。由此可知,社会主义核心价值观要得到正确而深入地阐释,需要借鉴和利用中华家风的理论资源。

(二)内容充实

社会主义核心价值观之所以需要中华家风理论来涵养,不仅在于中华家风的家国理论可以提供理论的支撑,而且还在于家风的丰富内容可以充实社会主义核心价值观的建设。第一,社会主义核心价值观的一些重要概念的理论渊源、理论阐释需要中华家风的家国理论内容来充实。例如"爱国"的价值理念,在中华家风的家国理论中有丰富的内容,对于"国"的概念产生、"家"的概念的产生、"家"与"国"在历史上概念的同一与分离、两者的伦理结构关系、两者的矛盾对立和变化关系、如何爱国? 为何出现了"忠"

"孝"的观念,两者发生对立和矛盾了如何处理? 如何看待历史上不同时期不同的人物不同的处理方式? 如何综合评价爱国行为,等等,这些内容都可以加深人们对新时代"爱国"理念的理解,从而对爱国的立场在实践中如何去践行有了客观的标准,在处理家国关系矛盾方面就能做出符合时代的正确决策和抉择。第二,社会主义核心价值观的一些理念内容宣传教育需要中华家风中传统家国理论全面内容来拓展、补充和充实。例如"文明""和谐"的价值理念,在传统文化中有着几千年的积累和思考,如何调整家与国的利益关系,如何兴家泰国凸显文明的进步,如何增加百姓基本利益、提升百姓富足感、幸福感、荣耀感,如何增强民族团结,维护统一,合理处理本民族与外民族的利益关系,如何实现社会和谐、天下太平,这些方面内容在传统家国理论里面都有许多可以借鉴和充实内容。另外,历史上一些君王横征暴敛、不施王道、搞民族分裂或用严刑峻法对待人民导致统治速亡的历史故事和经验教训的内容也很丰富,这些内容从"文明""和谐"的反面提供了警示性内容,也是值得今天我们在国家治理和社会建设方面借鉴的。第三,社会主义核心价值观的一些理念内容的发展与完善需要借鉴中华家风的传统家国理论内容。例如"民主""自由"的理念,在传统家国理论中有大量的论述,也有各种观点、各种方式,既有正面的案例和理论,也有反面的故事和理论。随着时代发展,西方民主、自由的理念传入,我们应该如何发展当代的民主、维护广大人民主体的自由,既需要参考外来文化的宝贵经验和理论,同时也要清醒认识到我国的国情,从近代一味效仿西学民主、自由制度的失败中吸取教训,走出一条符合中国国情的民主、自由发展道路。由此看出,社会主义核心价值观的理论建设、宣传教育需要吸纳和借鉴中华家风的传统家国理论内容。

(三)实践演绎

社会主义核心价值观的建设不仅需要在理论上诠释、在内容上充实,更需要落实在每一个公民的实践活动之中。因此,如何将社会主义核心价值观贯彻落实到实践中,形成习惯,做到日用而不知,就需要中华家风的家国理论的丰富实践理论、实践内容、实践方式去具体演绎。第一,社会主义核心价值观的实践理论需要传统家风实践来演绎。例如公民的"法治"理念、法治意识的培养,需要从家庭教育中吸取实践的智慧。如果我们有用正确的家规、家训培养孩子守纪的意识,使孩子在生活实践中、在点滴小事中去践行,养成习惯,以后长大了遵纪守法、按照法治的观念处事、治理国家就顺理成章。再例如"文明"的理念,除了可以从传统大量历史故事来教育人们外,也可以从孩子小的时候培养孩子的文明习惯开始,从生活实践小事做起,使孩子懂得孝老敬亲、懂得礼让家人、懂得和善处理人际关系、懂得诚信守诺、懂得善待自然,在这些文明习惯中践履笃行,文明的价值理念就得以实践并具体演绎。第二,社会主义核心价值观的实践内容需要效仿中华家风的传统家国理论合理的实践领域来彰显。例如"友善"的价值理念,就需要效仿中华家风理论的实践领域来彰显。在传统家风理论的实践过程中,在处理人与人之间的关系,和善待人,在一开始不刻板理论假设,而应根据对方实际表现出发来对待对方。有的地方习惯传统导致民风彪悍,在具体对待这个地区的不同的人的时候也要区别对待,不应用刻板影响来一概处理人际关系,对待对方要始终报以谦和的态度;在处理人与社会的关系的时候,也要友善地对待社会,而不应以过往在社会受的伤害来对待社会,而时刻对社会报以友善的心态;在处理人与自然的关系的时候,更应注重友善地对大自然的馈赠,讲究代际平衡,不涸泽而渔、不焚林而猎。注意保护好生态,顺应自然规律。这些理念的践行都需要在家风建设的实践过程来彰显。第三,社会主义核心价值观中某些理念的实践过程需要效仿中华传统家风理论合理的实践培养过程。例如"敬业"的理念,要学习效仿传统工匠精神,把敬业理念贯彻到职业生活的具体过程和领域。古人在《学记》里谈到了教育教学的具体过程,显示出古人对教师这一职业的敬业态度。

二、更替演进

所谓"更替演进",就是利用中华家风中优秀的价值观内容不断对现有价值观进行补充完善、改造更替,从而促成价值观的发展演进。中华家风之所以能够涵养社会主义核心价值观,达到更替演进的目的,主要有三个方面的条件:一是崇尚的价值目标是相同的;二是两者的内涵内容相一致;三是两者的践行方法与途径互相应和。

(一)价值同向

前面分析了中华家风中家国情怀的历史衡量三维标准,提出了"主体自由、民族和睦、文明提升"①是家国情怀的历史衡量标准。首先,中华家风、家国情怀里的"主体自由"与社会主义核心价值观"自由""民主"追求的价值是相同的。"民主"的目的仍然是追求主体的自由,由人民当家作主,决定各项事情的处置意见,因此都是为了实现主体的"自由"这一价值目标。其次,中华家风、家国情怀里的"民族和睦"与社会主义核心价值观里的"和谐""平等"所追求的价值目标是相同的。民族和睦所追求的就是各民族不论大小在国家政治生活中一律地位平等,各民族团结友好构筑和谐的民族关系就是追求"民族和睦",因此"民族和睦"与社会主义核心价值观里倡导的"和谐""平等"是同向价值追求。最后,中华家风、家国情怀里追求的"文明提升"与社会主义核心价值观"富强""民主""文明""公正""法治"等价值理念相一致。国家和社会文明的标志就在于"富强""民主""文明""公正""法治"这些价值理念,一个国家在经济上、军事上富有了、强大了,在政治上讲究民主、崇尚民本,在文化上追求文明,在社会事务处理讲求公正,在国家治理方面讲究法治,那么这个国家和所处的社会总体上就接近了"文明"这一标准,如果随着社会不断进步,这些方面都有所进步,那么这个社会和国家总体上就是"文明提升"的发展趋势。由此看出,中华家风、家国情怀里的"主体自由、民族和睦、文明提升"这三维价值标准与社会主义核心价值观的价值追求是一致的。

(二)内容一致

社会主义核心价值观在内容层面涉及国家、社会、公民三个层面,体现

---

① 刘松:《主体自由、民族和睦、文明提升:家国情怀的历史衡量三维标准探析》,《山东社会科学》,2019 年第 5 期。

了社会主义本质要求。首先,在国家建设方面"富强""民主""文明""和谐"分别涉及经济、政治、文化、社会方面的内容。在中华家风里对于如何建设国家、家庭和社会也有大量相似内容。例如,"中和位育论"就谈到"位序分则和,和生则物育",经济的发展与繁荣与"位"是否正、是否和有关系,位正则序分,事和则万物化育,万物育则经济得到发展,国家才有了富强根基。由此看出,中华家风的"中和位育"理论内容是与社会主义核心价值观"富强"的内容相一致的。再例如,"民惟邦本,本固邦宁"这一理论与社会主义核心价值观"民主"的内容相一致。虽然"民惟邦本,本固邦宁"是站在统治阶级立场来看待"民"这一群体的,但它看到了"民"是国家的根本,只有这个本的根基牢固了,老百姓丰衣足食了,封建政权统治才可能稳固。"民主"更多的强调人民当家作主,当家作主的一个很重要的方面也是要大力发展生产力,使人们生活富裕,丰衣足食,合理调配国家资源。所以,两者在大力发展生产、促使百姓生活富足,百姓生活富足了,国家政权才能保持稳定,这些方面的内容是一致的。另外,中华家风里的"性质转换"理论就是在谈人民成为国家主人,如何当家作主等内容,随着时代的发展,逐渐实现由"君王家天下"向"人民治理家国"转换。这些内容都与社会主义核心价值观"民主"的内容相一致。其次,在社会建设方面"自由""平等""公正""法治"涉及建设什么样的社会这一重大问题,与实现国家治理体系和治理能力现代化要求相契合。在中华家风理论里面,利用"家规国制"和"礼法"来治理国家也有"法治"的意味,将国家社会各阶层分为有序的等级也是封建社会追求相对"平等""公正"的一种表现,总体是为了维护封建统治阶级的统治"自由"。在社会主义社会,人民成为国家的主人,也同样存在对不同行业、不同社会阶层的人们进行有序等级划分的问题,合理安排不同阶层、不同职业人群的社会职权,依法治理,维护相对的"平等"与"公正"。因此,这些中华家风理论建设内容可以被借鉴到社会主义核心价值观的社会建设内容中去。最后,在公民建设方面"爱国""敬业""诚信""友善"回答了我们要培育什么样的公民,涵盖了家庭美德、社会公德、个人品德、职业道德等各方面的要求。这些道德要求与中华家风中"孝悌瑞国论""忠孝转化论""家齐国治论"诸多内容是一致的。对父母之孝,对家人之友善互敬,对职业的工匠精神都是"齐家""旺家"的表现,这些事情做好了,运用到治理国家上面,就是忠于国家、忠于事业的表现,因此中华家风里的这些内容也是与社会主义核心价值观在公民建设方面的内容相一致的,许多理论内容可以利用。

(三)践行相和

社会主义核心价值观要落到实处就必须深入践行,把那些倡导的价值理念融入生活实践,这种思路和举措是与中华家风理论的践行相应和的。首先,两者的践行目标相和。无论是社会主义核心价值观还是中华家风,其践行的目的就是让所倡导的价值理念为践行主体所认同、接受,并内化于心,外化于行。其次,两者践行的过程相和。无论是社会主义核心价值观还是中华家风,其践行的过程都是将抽象的目标理念细化为具体行为范条,然后让主体去遵守,通过奖惩手段,强化具体的范条对主体的规范作用,随着时间的推移,主体逐渐习惯遵守这些约束的范条,最后就化民成俗了。例如,"诚信"的理念在践行时要求我们处事忠诚、内心毕恭毕敬,对事物投入足够的关注和礼敬,同时在处理人际交往关系时"事父母,能竭尽全力;事君,能致其身;与朋友交,言而有信"①。他要求人们在侍奉父母时,能够竭尽全力;服侍君主时,能够献出自己的生命;同朋友交往时,说话诚实恪守信用。这些都是具体践行"诚信"的律条和准则。在社会生活中遵循"言必信、行必果"②和"人无信不立"③等戒条。当然,也要看到我们所处的社会与传统社会相比,发生了很大变化,诚信的内涵有了新内容,但是在践行方式、方法方面还是有相和之处的。最后,两者践行强化手段相和。社会主义核心价值观和中华家风在践行方面的共同思路在于将道德理念和价值信条细化为各方面言行准则和规范,然后通过奖惩手段来强化实行之,这些奖惩手段既有物质方面赏金、罚没,也有精神方面的鼓励和批评等,两者的践行强化措施和手段是互相应和的。

---

① 《论语·学而第一》。
② 《论语·子路第十三》。
③ 《论语·颜渊》。

三、转换创新

所谓"转换创新",就是要将中华优秀家风在内容、方法等方面进行合于时代的转换,在价值理念和战略思维方面进行符合国情的创新,最终实现中华家风的现代转换创新。具体地说,中华家风涵养社会主义核心价值观的主要方法有"博学审问慎思明辨"法;有宣传教育、人文熏陶法;有践履笃行、习惯养成法。"博学审问慎思明辨"法过去常常用于如何做学问,在这里把齐家治国当作一门学问来研究,社会主义核心价值观第一个层面的四个理念就需要这种做学问的方法来涵养培育;宣传教育、人文熏陶法常常用于社会范畴的价值理念的涵养培育;践履笃行、习惯养成法适用于个体价值理念的涵养培育。

(一)博学审问,慎思明辨

国家的富强离不开先进的科学技术的支撑,要掌握先进的科学技术就必须运用博学的方法;民主虽然是个好东西,但各国国情如果不一样,就不能套用同一个民主模式,因此民主需要审问国情;文明的提升需要制定详细的计划和步骤,其标准的制定需要慎思;社会和谐需要对所处的社会生态状态有所认知和掌控,因此明辨生态成为社会和谐的基础。

1. 富强需要博学科技

富强是我国自古以来的治国理想和社会发展目标,倾向于经济建设,所以又是我国物质文明的建设目标。任何历史阶段、任何朝代都期待国家和社会的繁荣,期待人民的富庶。富强意味着经济的富庶与强大,意味着人民的幸福,意味着国家强盛的道德合理性,意味着综合国力的强大,而所有这些都需要强大的科技力量来支撑,而现代发达的科技是需要整个民族各行各业的人们广博的学习来达到的。在近代历史上,我们虚心向西方发达资本主义国家学习,学习他们先进的科学技术知识、学习他们先进的管理组织理念,学习他们先进的文化。首先,主动引进、仿造西方武器装备和学习西方的科学技术,创设了近代企业,兴办洋务。洋务派首先兴办的是军用工业,如上海江南制造总局、南京的京陵机器局、福州船政局、天津机器局、湖北枪炮厂等。还兴办了一些民用企业。其次,建立了新式海陆军。将作战武器由过去冷兵器装备换为洋枪洋炮,聘用外国教练训练新军;此外还建成了强大的海军,派遣军官外出发达资本主义国家学习。再次,创办新式学堂,派遣留学生。如翻译学堂、工艺学堂、军事学堂。最后,学习西方国家的管理制度。如戊戌变法、清末新政。在新中国建设历史上,我们同样虚心学习,新中国成立初期,我们引入苏联先进生产技术,开启了核工业和航天工业的建设步伐;改革开放后,我们虚心学习日本、西欧高铁技术和现代制造技术,学习美国和日本的动漫文化、芯片文化、影视文化,一举实现了反超。2021 年 7 月,习近平总书记庄严地向世界宣告:"在中华大地上全面建成了小康社会,历史性地解决了绝对贫困问题。"①如今,我国已是世界第二大经济体,经济增长速度位居世界第一,军事实力也位居世界前列,国家富强已然变为现实,这些成就的取得都离不开我们的博学精神。

2.民主需要审问国情

民主无疑是最古老的政治哲学价值之一。早在古希腊时代,民主作为一种政治理念就得到系统的阐释。"民主"(democracy)就是指人民的统治。古希腊人不但使用了这一概念,更在政治生活中实践了这一价值理念。民主作为一种观念,在随后的历史进程中被赋予了更丰富的内容,各国也出现了不同形式的民主。然而综观历史,资本主义以前的各种社会的民主都是少数统治阶级的民主,只有社会主义社会才真正实现了最广大人民的当家作主。在资本主义社会,虽然他们也宣称所有社会成员都能参与政治生活,也以契约论证明主权在民的合理性,但经济的不平等却让大部分社会成员除了出卖自己的劳动力之外别无选择,他们的声音也无从发出,也没有谁愿意认真倾听。获取更多的剩余价值成为资本主义生产方式的唯一目的。西方世界普遍采用代议制的民主方式,但代议制民主却存在很大风险。在代议制民主中,人民无法直接参与政治生活,而只能依靠自己所推选的代理人。但代理人在权力行使中却不一定真实代表人民的意愿。首先,我国形

① 《习近平著作选读》(第二卷),人民出版社,2023 年,第 476 页。

成了有别于西方社会的独特民主制度,这完全是我国国情决定的。有学者指出民主的因素有五个:其一,人人劳动并终身学习;其二,人人平等且严守规则;其三,拥有正确而坚强的领导;其四,民生起码具有小康水平;其五,良好的环境。① 我国当前根据本国国情实行的是民族区域自治制度、共产党领导下的民主党派政治协商制度、人民代表大会制度、基层直选民主制度。这些制度是从我国实际出发有效保护我国全体公民民主管理国家、管理社会事务的制度。其次,我国的民主是真实的民主。我国通过社会主义建设消灭了剥削阶级,废除了不平等制度,从根本上防止了依据资本所有而拥有不同政治话语权现象的出现。因此,在我国任何人和团体都不能凭借财富干预政治生活,更不能以此谋求政治优越性。最后,我国的民主是高效的民主。我国通过共产党领导下的多党合作和政治协商制度及民主集中制度促使执政党与民主党派之间结成了互利互信、团结共荣的新型政党关系,这无疑为各民主党派之间消除意见分歧、提高治理国家工作效率创造了良好的政治环境。因此,民主需要审问国情。

3. 文明需要慎思标准

文明,是有史以来沉淀下来的,有效增强人类对客观世界的适应和认知、符合人类精神追求、能被绝大多数人认可和接受的人文精神、发明创造及公序良俗的总和。文明是使人类脱离野蛮的所有行为的集合,这些集合至少包括了以下要素:家族观念、劳动工具、语言文字、宗教信仰、法律制度、城邦和国家,等等。文明是人类所创造的物质财富和精神财富的总和,一般分为物质文明和精神文明,此外还有把文明三分法、五分法、六分法和其他标准的分法。从现代的意义上理解政治文明,我们可以有以下三个角度:一是政治文明意味着一种得以产生并具有持续生命力的政治形态;二是政治文明意味着社会政治领域的进步,因为所谓文明通常可以与进步同义;三是政治文明更意味着政治的发展。我国政治文明的建设目标是"民主"。我国生态文明建设的目标是"美丽"。这些文明共同构成文明系统整体,协调发展,相互影响,相互制约,是一个完整而全面的文明体系。

---

① 漆晚生:《民主是个有条件的好东西》,上海科学院出版社,2017 年,第 310~384 页。

4. 和谐需要明辨生态

和谐，是我国社会文明建设的目标。要使社会和谐发展，必须明辨当前我国社会生态发展状况，只有明辨了社会生态发展状况，才能制定出切实可行而又有所超前的社会目标和任务。

（二）宣传教育，人文熏陶

宣传教育、人文熏陶法常常被用于社会范畴的价值理念的涵养培育。像"自由""平等""公正""法治"这些价值理念如果仅仅靠行政指令来推广，往往会适得其反，这些价值理念需要社会风气的长期熏染和涵化。

1. 自由需要人文精神

自由是我国社会层面社会主义核心价值观的重要组成部分，是引领我国社会发展的价值基础，也是我国社会建设的价值目标。自由是一个政治哲学概念，在这个条件下人类可以自我支配，凭借自身意志而行动，并为对自身的行为负责。自由的最基本含义是不受限制和阻碍（束缚、控制、强迫或强制），或者说限制或阻碍的不存在。在中国古文里，"自由"的意思是"由于自己"，就是不由于外力，是自己作主。在欧洲文字里，"自由"含有"解放"之意，是从外力制裁之下解放出来，才能自己作主。人类的所有追求是利益，所以如果人们觉得不自由，那么人们就会渴求自由，追求自由，那么自由就会成为人们的利益所在。那么究竟什么是自由呢？人类的最终追求是幸福，但是在追求与获得幸福的路上总是会有许多障碍使我们不容易或不能获得幸福，从而使我们想要得到利益和幸福的心愿常常会受到约束。自由就是人们想无约束地获得利益和幸福的意识和行为。通过自由的定义，我们可以知道"自由"是一个知行合一的词，即自由包括自由意识和自由行为，自由意识也就是自由思想，自由行为包括自由言行和自由体行，自由言行包括自由语言和自由文言，自由体行就是为获得自由的身体力行。自由价值观是保障社会成员个体实在性的价值依据，它是基于个体与社会统一的自由。鉴于自由的这些特性，我们在涵育"自由"价值观时就必须需要人文精神，用人文熏陶的方法来涵育。

2. 平等需要制度理性

平等是新时期社会主义建设的目标,是当代中国社会追求并努力实现的一种理想的社会状态和思想观念。马克思认为,平等是人在实践领域中对自身的意识。平等是指社会主体在社会关系、社会生活中处于同等的地位,具有相同的发展机会,享有同等的权利。其包括三个方面:其一,人格平等。其二,机会平等。每个人都有创造物质财富和精神财富的潜在能力,必须清除各种人为的障碍,制止任何人对各种机会的垄断和特权,使人的潜能和实现具有同等的机会和环境。机会平等表现在经济领域要求等价交换和自由竞争。其三,权利平等。平等不是要实现绝对的平均,阶级社会的平等,不是直接的自然平等和利益平等,主要是指主体的社会地位平等。维护平等需要制度理性。

3. 公正需要情境营造

公正是新时期社会主义建设的目标,是当代中国社会追求并努力实现的一种理想的社会状态和思想观念。公正,意为公平正直,没有偏私。没有偏私是指依据一定的标准而言没有偏私。公正在英文中为"justice",英语中的"jus"本身就有法的意思,公正以"jus"为词根演变而来,也说明了这一点,任何一个社会都有自己的公正标准。所以,公正并不必然意味着"同样的""平等的"。因此,公正只有在具体的情境中才有公平可言,所以公正需要情境营造。

4. 法治需要人民觉悟

法治是人类社会进入现代文明的重要标志。法治是人类政治文明的重要成果,是现代社会的一个基本框架。大到国家的政体,小到个人的言行,都需要在法治的框架中运行。无论是经济改革还是政治改革,法治都可谓先行者,对于法治的重要性,可以说怎么强调都不为过。实施依法治国基本方略、建设社会主义法治国家,既是经济发展、社会进步的客观要求,也是巩固党的执政地位、确保国家长治久安的根本保障。由此可见,法治需要人民觉悟。

（三）践履笃行，习惯养成

我们不仅需要在国家层面、社会层面涵养社会主义核心价值观，更要涵养公民个体层面诸多价值理念，提升公民的现代素质，只有这样，才能保证现代化建设顺利进行，才能实现伟大的中国梦。个人层面"爱国"的素养需要从爱家做起；"敬业"的素养需要有社会认同和支持；"诚信"需要建立利益保护机制和制度；"友善"需要境护本心。

1. 爱国需要从爱家做起

商代的比干为了国家利益不惜死谏，最终杀身成仁，成为千古爱国典范。春秋战国时期的屈原怀着对祖国的无限眷恋、对国家命运忧愤毅然投江，表达了强烈的爱国情怀。随着国家的出现，人们对于宗族的爱扩展为对国家的爱，于是出现了"忠"。"中心无隐，谓之忠。"[①]爱国价值观意味着对于公民道德的持守和对社会责任的担当。首先，爱国的公民要遵守国家法律，承担法定责任与义务。其次，爱国的公民必须热爱自己的同胞。最后，爱国的公民应该忠于职守，扮演好自己的社会角色。在职业生活中，每位公民都需要敬业，扮演好社会角色。如果家庭生活角色担当不足，没有负起应有的责任，连自己的家庭都不爱，就更别谈爱国了。由此看出，爱国需要从爱家做起。

2. 敬业需要社会认同

敬业是一个人对自己所从事的工作及学习负责的态度。首先，敬业在我国传统思想中表现为对于个人社会角色的承当。安于其责、忠于职守是传统敬业思想的根本要求。其次，我国传统文化强调对于职业的敬重。樊迟问仁，孔子的回答是："居处恭，执事敬，与人忠。"[②]再次，敬业意味着奉献。子曰："君子谋道不谋食。……君子忧道不忧贫。"[③]最后，我国传统文化中的敬业注重对于事业的忠诚。这种忠诚需要得到社会的认同。因此，敬业需要社会的认同。

---

① 邢昺：《论语注疏》。
② 《论语·子路》。
③ 《论语·卫灵公》。

3. 诚信需要利益保护

诚信是一个道德范畴。首先,诚信是人回归自我本性、保持道德本心的关键途径。其次,契约关系成为维护现代社会秩序的重要基础。最后,现在社会要制定切实有效的制度来维护诚信。因此,我们要从实际出发,制定出切实有效的制度来维护诚信。

4. 友善需要境护本心

友善自古以来就是人类社会的基本美德,是处理人际关系的基本准则,是公民基本道德规范。友善既意味着处于仁爱和亲密的交往,又意味着对于特定交往对象的喜爱和信任,还意味着对于他人的某种依赖。亚里士多德将友善分为三类,友善因为这三种原因具有了让人亲近的性质:一是善本身;二是令人感到愉快;三是对他人有价值。建立在后两种基础上的友善是善变且不牢靠的。因为,友善不能带有功利性的目的。功利性的友善极其脆弱,一旦对方不再能为自己带来利益,友善的纽带就会断裂。但友善的品德不是发一道指令、出台一个法律制度就立马见效的,即使社会立马发生改变,一旦指令撤出,也会反弹。所以说,友善有待于社会环境的慢慢涵化。那我们该怎么办呢?首先,我们要认同社会体制,建设性地评价社会生活。认同的培养也需要社会环境慢慢促成。其次,我们要关注社会的发展。社会的进步离不开每个社会成员的努力。社会生活是在每一位社会成员的行为选择中形成的,只有主动担负起作为公民的责任,积极参与社会建设,才能让社会沿着我们所期待的方向发展。最后,我们要构建相互关怀的社会机制,使社会所有成员同处于互利互惠的共同体之中,相信假以时日,在社会的情景涵育之下,友善就会在社会上风行。

总之,社会主义核心价值观作为国家政治文化的内核,是政治生活的价值导向。它引领我们建立政治自信和文化自信,强化政治认同和文化认同。我们一定要充分挖掘中华优秀传统家风文化理论资源,充分涵养社会主义核心价值观,早日实现中华民族伟大复兴的中国梦,让我们的人民都过上幸福生活,同时积极推进人类命运共同体建设,为世界和平、人类文明发展贡献出中国智慧。

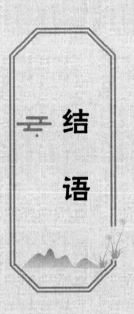

结语

　　德国历史学家卡尔·雅斯贝斯曾说:"历史的基本特征是:历史是变迁这一事实本身。""一切伟大之物都是在变迁中的现象。"①中华家风作为传统文化的一个方面,也不断地发生着嬗变。历朝历代家庭的家风不仅伴随着人类社会历史的发展而传承,同时也随着时代发展和发生转化。本书提出了中华家风历史发展的三维衡量标准——主体自由、民族和睦与文明提升,分析了家风历史发展的特殊矛盾——主体自由与制度的约束之间的矛盾。中国家庭主体的家国情怀的变化是随着这对矛盾的变化及它所引起的主体社会地位、社会关系、社会义务、价值追求的变化而变化。由此看来,中华家风的发展转化应该反映的是这对矛盾的变化,这对矛盾变化带来主体在社会的地位和主体利益群体之间相互关系的变化,带来了对人们道德义务、责任要求的变化。本书提出中华家风传承与转化的历史主线在于:从"孝忠尊礼"到"平等、自由、和谐"。

　　第一,中华家风的传承转化核心在于"孝忠转化"。所谓"孝忠转化",是指中华家风在历史发展中家风主体责任重心由对家庭之孝转向对国家之忠。"孝"和"忠"是人们对家庭、对国家伦理道德的基本要求,也是核心要求。"孝"与"忠"伦理要求先后秩序的变化反映了主体在历史发展过程中的地位的变化,也折射出社会制度对人伦关系重心的变化。家风价值观的孝忠转化反映的是历史时代主体地位、时代责任发生变化的实质。

　　第二,中华家风的传承转化所追求的目标是家齐国治。所谓"家齐国治",在视角转化角度看,就是主体在完成"家齐"之使命或责任,具备一定治理能力之后,面临成为治国之才的选择,这时需要转化视角,要站在治国角度去思考问题。传统社会尊之以"礼",新时代中国讲究"以德治国"与"依法治国"相结合,这实际上也是对传统礼法治国的传承与转化。此外,在和平时期与战乱时期,对家国利益的维护所考虑的问题也有所不同,也需要在视角上进行转换。其睿智的选择是,平世致和,乱世保安。但总体而言,无论是平世致和,还是乱世保安,都需要持有思维转换能力,有了这种能力,也

────────────

　　① ［德］卡尔·雅斯贝斯:《历史的起源与目标》,魏楚雄、俞新天译,华夏出版社,1989年,第283、279页。

就可以"家齐国治"了。

第三,中华家风传承转化的新时代价值追求就是复兴中华。所谓"复兴中华",从时空转化视角看,就是要实现家风的价值目标的时空转化,传统社会的家风追求对封建政权的效忠,在家庭角度要求对封建族权等级关系的拥护,新时代中华家风则反映的是对复兴中华的追求,讲究平等关系上的责任与义务的对等。中华复兴意味着国力强大、人民生活富裕,表现在人际关系上则是尚礼互尊、平等和睦,此为传统社会追求的"大同"社会,可以说,"复兴中华"是从传统社会走向"小康"、迈向"大同"的必然的追求方向。

综上所述,中华家风的传承转化需要进行责任重心的重构,需要传承中华家风文化的睿智,需要转变主体视角,需要进行时空转化,以昂扬向上的激情面向未来,走向中华民族的伟大复兴。

参考文献

一、著作

（一）经典著作

1.《马克思恩格斯选集》（一——四卷），人民出版社，2012 年。

2.《马克思恩格斯全集》（第 21 卷、第 45 卷、第 49 卷），人民出版社，1979、1982、2003 年。

3.《马克思恩格斯文集》（一——九卷），人民出版社，2009 年。

4. 马克思：《古代社会史笔记》，人民出版社，1995 年。

5.《列宁选集》（一——四卷），人民出版社，2012 年。

6.《毛泽东选集》（一——四卷），人民出版社，1991 年。

7.《毛泽东文集》（一——八卷），人民出版社，1996 年。

8.《邓小平文选》（一——三卷），人民出版社，2010 年。

9.《习近平谈治国理政》，外文出版社，2014 年。

10.《习近平谈治国理政》（第二卷），外文出版社，2017 年。

11.《习近平谈治国理政》（第三卷），外文出版社，2020 年。

12.《习近平谈治国理政》（第四卷），外文出版社，2022 年。

13.《习近平著作选读》（第一——二卷），人民出版社，2023 年。

14. 本书编写组：《习近平关于注重家庭家教家风建设论述摘编》，中央文献出版社，2021 年。

15. 中共中央文献研究室：《十八大以来重要文献选编》，中央文献出版社，2014 年。

16. 中共中央文献研究室：《十九大以来重要文献选编》（上），中央文献出版社，2019 年。

17. 本书编写组：《中共中央关于坚持和完善中国特色社会主义制度、推进国家治理体系和治理能力现代化若干重大问题的决定》辅导读本，人民出版社，2019 年。

18. 本书编写组：《中国共产党简史》，人民出版社、中共党史出版社，

2021 年。

19.习近平:《高举中国特色社会主义伟大旗帜 为全面建设社会主义现代化国家而团结奋斗:在中国共产党第二十次全国代表大会上的报告》,人民出版社,2022 年。

（二）其他著作

20.[法]安德烈·比尔基埃等主编:《家庭史》,袁树仁等译,生活·读书·新知三联书店,1998 年。

21.[苏联]奥·巴·沃罗比耶娃等:《马克思的女儿》,叶冬心译,生活·读书·新知三联书店出版,1980 年。

22.[英]鲍桑葵:《关于国家的哲学理论》,汪淑均译,商务印书馆,2009 年。

23.[苏联]蔡特金:《列宁印象记》,马清槐译,生活·读书·新知三联书店,1979 年。

24.曹德本:《中国传统思想探索》,辽宁大学出版社,1988 年。

25.曹军辉、王瑛:《马克思主义国家理论范式转换研究》,西南财经大学出版社,2014 年。

26.[加拿大]查尔斯·泰勒:《现代性中的社会想像》,李尚远译,台北商周出版,2008 年。

27.常昭:《颜氏家族文化研究》,中华书局,2013 年。

28.陈东林:《国史专家解读毛泽东诗词背后的人生》,九州出版社,2010 年。

29.陈独秀:《〈科学与人生观〉序,〈答适之〉》,张君劢等.科学与人生观》,山东人民出版社,1997 年。

30.陈来:《古代宗教与伦理》,三联书店.1996 年。

31.陈崧:《五四前后东西文化问题论战文选》,中国社会科学出版社,1985 年。

32.陈廷湘:《中国现代史》(第三版),四川大学而出版社,2010 年。

33.戴伟:《中国婚姻性爱史稿》,东方出版社,1992 年。

34. 邓中夏:《中国职工运动简史(1919—1926),邓中夏全集(下)》,人民出版社,2014年。

35. 都梁:《都梁家国四部曲(亮剑、荣宝斋、血色浪漫、狼烟北平)》,北京联合出版公司.2014年。

36. [日]渡边信一郎:《中国古代的王权与天下秩序》,徐冲译,中华书局,2008年。

37. 范文澜:《中国通史》(第1册),人民出版社,1994年。

38. 冯尔康:《中国宗族制度与谱牒编纂》,天津古籍出版社,2011年。

39. 冯桂芬:《校邠庐抗议》,中州古籍出版社,1998年。

40. 冯天瑜、何晓明、周积明:《中华文化史》,上海人民出版社,2015年。

41. 冯自由:《华侨革命开国史》,商务印书馆,1946年。

42. 高丙中:《中国民俗概论》,北京大学出版社,2009年。

43. 高放、高哲、张书杰:《马克思恩格斯要论精选》,中央编译出版社,2016年。

44. 龚佩华、李启芬:《中华民族亲属团体史》,德宏民族出版社,1991年。

45. 郭沫若:《十批判书》,东方出版社,1996年。

46. 韩震:《社会主义核心价值观的话语建构与传播》,中国人民大学出版社,2019年。

47. 何成:《明清新城王氏家族文化研究》,中华书局,2013年。

48. 胡适:《科学与人生观序.中国新文学大系(史料·索引)》,上海良友图书印刷公司,1936年。

49. 黄宽重:《宋代的家族与社会》,国家图书馆出版社,2009年。

50. [英]霍布斯:《利维坦》,江西教育出版社,2014年。

51. 汲广运:《琅琊诸葛氏家族文化研究》,中华书局,2013年。

52. 纪能文,罗思东:《康有为传》,安徽人民出版社,1998年。

53. 江山:《家国情怀 大师风范:"两弹一星"元勋郭永怀》,中国科学技术大学出版社,2016年。

54. 金冲及主编:《毛泽东传》,中央文献出版社,1996年。

55. 靳义亭:《培育好家风践行社会主义核心价值观研究》,中国社会科学出版社,2015 年。

56.[日]井上徹:《中国的宗族与国家礼制》,钱杭译,上海书店出版社,2008 年。

57.[德]卡尔·雅斯贝斯:《历史的起源与目标》,魏楚雄、俞新天译,华夏出版社,1989 年。

58.[荷]克拉勃:《近代国家观念》,王检译,吉林出版集团有限责任公司,2009 年。

59.孔祥林、管蕾、房伟:《孔府文化研究》,中华书局,2013 年。

60.孔祥林:《中国名门家风丛书》(套装共 11 册),人民出版社,2015 年。

61.孔祥涛:《毛泽东家风》,中国书籍出版社,2006 年。

62.匡长用:《两汉长者的从政理念与家国情怀》,中国文联出版社,2015 年。

63.李存山:《家风十章》,广西人民出版社,2016 年。

64.李大钊:《李大钊文集》(第 4 卷),人民出版社,1999 年。

65.李大钊:《李大钊选集》,人民出版社,1959 年。

66.李肇星:《生命无序:李肇星的家国情怀》,科学出版社,2011 年。

67.梁尔涛:《唐代家族与文学研究》,中国社会科学出版社,2014 年。

68.梁启超:《先秦政治思想史》,天津古籍出版社,2004 年。

69.刘配书、陈昌才:《治国理政箴言》,北京联合出版公司.2015 年。

70.刘哲昕:《家国情怀:中国人的信仰》,学习出版社,2019 年。

71.[法]卢梭:《社会契约论》(中译本),何兆武译,商务印书馆,1980 年。

72.[英]路·亨·摩尔根:《古代社会》,伦敦出版社,1877 年。

73.麓山子:《毛泽东诗词赏读》,陕西出版传媒集团、太白文艺出版社,2015 年。

74.[英]洛克:《论宗教宽容》(中译本),吴云贵译,商务印书馆,1982 年。

75.马平安:《慈禧与晚清六十年》,新世界出版社,2017 年。

76. 马镛:《中国家庭教育史》,湖南教育出版社,1997年。

77. 玛雅:《家国大义——共和国一代的坚守与担当》,人民出版社,2016年。

78. [英]迈克尔·H.莱斯诺夫:《二十世纪的政治哲学家》,冯克利译,商务印书馆,2001年。

79. 聂晓民:《邓小平的语言风格》,中央文献出版社,2008年。

80. 乔新华、行龙:《道德济世:晚明泽州东林士人的家国情怀》,山西人民出版社,2016年。

81. 尚明轩:《孙中山传》(上),西苑出版社,2013年。

82. 沈壮海:《先进文化论》,高等教育出版社,2003年。

83. 孙正聿:《马克思主义哲学智慧》,现代出版社,2016年。

84.《孙中山全集》(第1卷),中华书局,1981年。

85. 汤一介:《瞩望新轴心时代——在新世纪的哲学思考》,中央编译出版社,2014年。

86. 汪兆骞:《民国清流:大师们的抗战时代(民国大师们的集体传记系列04)》,现代出版社,2017年。

87. 王鹤鸣:《中国家谱通论》,上海古籍出版社,2010年。

88. 王元化:《传统与反传统》,上海文艺出版社,1990年。

89. 王桧林:《中国现代史》,北京师范大学出版社,2004年。

90. 王谨:《家国情怀——王谨散文选/万象文库》,人民日报出版社,2015年。

91. 王利:《国家与正义:利维坦释义》,世纪出版集团、上海人民出版社,2013年。

92. 王永平:《中古士人迁移与文化文化交流》,社会科学文献出版社,2005年。

93. [美]列文森:《儒教中国及其现代命运》,郑大华、任菁译,中国社会科学出版社,2000年。

94. 吴虞:《家族制度为专制主义之根据论,吴虞集》,中华书局,2013年。

95. 武市红:《邓小平的平常生活》,中国文史出版社,2011年。

96. 湘潭市党史办编：《毛泽东与湘潭》，中共党史出版社，1993 年。

97. ［英］休·希顿－沃森：《民族与国家——对民族起源与民族主义政治的探讨》，吴洪英、黄群译，中央民族大学出版社，2009 年。

98. 徐斌：《明清鄂东宗族与地方社会》，武汉大学出版社，2010 年。

99. 徐少锦、陈延斌：《中国家训史》，陕西人民出版社，2003 年。

100. 徐扬杰：《中国家族制度史》，人民出版社，1992 年。

101. 许纪霖：《家国天下：现代中国的个人、国家与世界认同》，上海人民出版社，2017 年。

102. 许俊：《中国人的根与魂》，人民出版社、海南出版社，2016 年。

103. 薛庆超：《邓小平与现代中国》（上卷），山东人民出版社，2017 年。

104. 杨宽：《战国史》，上海人民出版社，1980 年。

105. 杨文学：《家国情怀》，山东人民出版社，2014 年。

106. 张枬、王忍主编：《辛亥革命前十年间时论选集》（第 2 卷下册），三联书店，1960 年。

107. 于漪：《家国情怀/青青子衿传统文化书系》，山西教育出版社，2016 年。

108. 余伯流：《伟人之间：毛泽东与邓小平》，江西人民出版社，2011 年。

109. 袁黄：《了凡四训》，尚荣、徐敏、赵锐译注，中华书局，2016 年。

110. 岳晗：《家国情怀：儒家与族谱》，大地传媒中州古籍出版社，2014 年。

111. 张海鹏：《中国历史大事典》，山东大学出版社，2000 年。

112. 张海洋：《中国的多元文化与中国人的认同》，民族出版社，2006 年。

113. 张怀承：《中国的家庭与伦理》，中国人民大学出版社，1993 年。

114. 张建明、冯仕政：《家国情怀 知行合一：纪念郑杭生先生》，中国人民大学出版社，2020 年。

115. 张树栋、李秀领：《中国婚姻家庭的嬗变》，浙江人民出版社，1990 年。

116. 张锡勤、柴文华：《中国伦理道德变迁史稿》（上卷），人民出版社，2008 年。

117. [美]张效敏:《马克思的国家理论》,田毅松译,上海三联书店,2013 年。

118. 张自慧:《礼文化与致和之道》,上海人民出版社,2012 年。

119. 章开沅、罗福惠:《比较中的审视:中国早期现代化研究》,浙江人民出版社,1993 年。

120. 赵刚:《早期全球化背景下盛清多民族帝国的大一统话语重构》,见杨念群主编:《清史研究的新境》(《新史学》第 5 卷),中华书局,2011 年。

121. 赵永新:《三代科学人》,中国科学技术出版社,2019 年。

122. 朱炳国:《家谱与地方文化》,中国文联出版社,2008 年。

123. 邹容:《革命军,中国近代史资料丛刊·辛亥革命》(第 1 册),(中国史学会编),上海人民出版社,1957 年。

124. 邹煜:《家国情怀:语言生活派这十年》,商务印书馆,2015 年。

二、文章

1. 艾四林、柯萌:《"政治国家"为何不能真正实现人的解放——关于〈论犹太人问题〉中马克思与鲍威尔思想分歧再探讨》,《马克思主义与现实》,2018 年第 9 期。

2. 包心鉴:《中国制度的内在逻辑和独特优势》,《社会科学研究》,2019 年第 9 期。

3. 陈来:《从传统家训家规中汲取优良家风滋养》,人民日报,2017 年 1 月 26 日(理论版)。

4. 方雷:《改革开放以来中国伟大变革的四种维度》,《行政管理改革》,2019 年第 1 期。

5. 冯刚、王振:《以文化人在国家治理现代化中的价值意蕴》,《北京大学学报》(哲学社会科学版),2019 年第 11 期。

6. 高国希:《大同理想、共同富裕与社会公正》,《中国伦理学会会员代表大会暨第 12 届学术讨论会论文汇编》,2004 年 10 月。

7. 高奇、陈明琨:《大数据技术条件下的马克思主义大众化》,《马克思主义研究》,2019 年第 7 期。

8.顾保国:《论习近平新时代家风建设重要论述的理论逻辑与实践价值》,《马克思主义研究》,2020 年第 2 期。

9.顾海良:《从"总目标"向"总体目标"的升华》,《理论与现代化》,2020 年第 2 期。

10.韩萌:《"双一流"战略下我国大学校训文化的优化与升华》,《当代教育科学》,2019 年第 5 期。

11.韩喜平、刘雷:《建立不忘初心、牢记使命制度的内在逻辑》,《当代世界与社会主义》,2020 年第 2 期。

12.李传兵:《〈共产党宣言〉的全球化思想与人类命运共同体》,《贵州日报》,2018 年 6 月 19 日。

13.刘建军:《实现中国梦必须走中国道路》,《求是》,2014 年第 5 期。

14.刘书林、王宏岩:《五四运动与先进青年知识分子的选择——纪念五四运动 100 周年》,《思想理论教育导刊》,2019 年第 12 期。

15.刘松:《场域、语境和时域转换:马克思主义中国化的思维转换》,《思想教育研究》,2019 年第 5 期。

16.刘松:《〈周易〉家人卦的家道要旨》,《周易研究》,2020 年第 1 期。

17.刘松:《主体自由、民族和睦、文明提升:家国情怀的历史衡量三维标准探析》,《山东社会科学》,2019 年第 5 期。

18.刘同舫:《马克思主义哲学研究中的三重解释张力及其认知变化》,《哲学研究》,2019 年第 9 期;

19.龙静云、崔晋文:《生态美育:重要价值与实施路径》,《中州学刊》,2019 年第 12 期。

20.骆郁廷:《新时代爱国主义教育的"破"与"立"》,《思想理论教育导刊》,2020 年第 2 期。

21.马佰莲:《试论中国马克思主义科学技术思想体系的理论创新》,《马克思主义理论学科研究》,2020 年第 2 期。

22.欧阳康、赵琦:《以人民为中心的国家治理现代化》,《江苏社会科学》,2020 年第 1 期。

23. 彭林:《〈家礼辑览〉与朝鲜时代学者金沙溪的解经之法》,《国际汉学》,2020 年第 3 期。

24. 佘双好:《深刻理解中国精神在当代中国的特定内涵》,《思想理论教育》,2019 年第 5 期。

25. 沈壮海:《为中华民族的文化自信注入新时代的充沛活力》,人民日报理论,2017 年 3 月 22 日。

26. 孙来斌:《人类命运共同体的理论定位》,《马克思主义与现实》,2020 年第 1 期。

27. 孙熙国:《中国文化发展的基本路径》,《全面小康:发展与公平——第六届北京市中青年社科理论人才"百人工程"学者论坛(2012)论文集》,2012 年 12 月。

28. 王韶兴:《现代化进程中的中国社会主义政党政治》,《中国社会科学》,2019 年第 6 期。

29. 王仕民、黄诗迪:《互联网技术重塑社会行为的发生逻辑》,《东北大学学报》(社会科学版),2020 年第 3 期。

30. 王树荫:《习近平坚定共产党人理想信念的科学论述》,《马克思主义研究》,2017 年第 11 期。

31. 徐国亮、刘松:《三层四维:家国情怀的文化结构探析》,《四川大学学报》(哲学社会科学版),2018 年第 6 期。

32. 徐国亮、刘松:《在百年未有之大变局中坚定中国道路自信》,《科学社会主义》,2020 年第 4 期。

33. 徐国亮:《中国百年家风变迁的内在逻辑》,《山东社会科学》,2019 年第 5 期。

34. 徐艳玲:《战"疫":以制度优势回答"初心"命题》,《人民论坛》,2020 年第 3 期。

35. 薛钧君:《跳出"陷阱话语"的陷阱——对几种"陷阱"及其话语体系的反思》,《思想教育研究》,2019 年第 12 期。

36. 颜晓峰:《"中国之治"与坚定"四个自信"》,《思想理论教育》,2020 年第 1 期。

37. 杨叔子:《国魂凝处是诗魂》,《华中科技大学学报(社会科学版)》,2009 年第 6 期。

38. 姚大力:《中国历史上的民族关系与国家认同》,《中国学术》,2002 年第 4 期。

39. 叶舒宪:《从汉字"國"的原型看华夏国家起源——兼评"夏代中国文明展:玉器·玉文化"》,《百色学院学报》,2014 年 5 月。

40. 于海清:《70 年中国共产党国际影响力的建构与启示》,《人民论坛》,2019 年第 9 期。

41. 张磊:《深刻把握新时代社会主要矛盾变化的全局性影响及其意义》,《经济日报》,2019 年第 11 期。

42. 张琳:《建党百年红色家风建设:历史演进、精神内核与基本经验》,《福州党校学报》,2021 年第 6 期。

43. 张士海、骆乾:《坚持党对一切工作领导的理论内涵与实践路径》,《东岳论丛》,2019 年第 12 期。

44. 张永奇:《习近平新时代中国特色社会主义思想中的大历史观》,《西北大学学报》(哲学社会科学版),2019 年第 8 期。

45. 郑敬斌:《理解改革开放精神的三维向度》,《东岳论丛》,2019 年第 7 期。

46. 周向军:《中国特色社会主义理论体系研究的新维度——评〈中国特色社会主义理论体系的传统文化基础研究〉》,《山东社会科学》,2020 年第 2 期。

三、古籍

1.《孝经》

2.《礼记》

3.《周易》

4.《道德经》

5.《诗经》

6.《尚书》

7.《论语》

8.《中庸》

9.《大学》

10.《孟子》

11.《荀子》

12.《庄子》

13.《韩非子》

14.《管子》

15.《国语》

16.《左传》

17.《墨子》

18.《列子》

19.《史记》

20.《汉书》

21.《帝范》

22.《白虎通》

23.《孔门家训》

24.《吕氏春秋》

25.《资治通鉴》

26.《后汉书》

27.《诫子书》

28.《了凡四训》

29.《曾国藩家书》

30.《梁启超家书》

四、外文文献

1. A. deTocqueville，Democracy in America，Vol. 2，New York：Knopf，1945，

p. 8.

2. Don Watkins Yaron Brook: Equal Unfair: American's Misguided Fight Against Income Inequality, Shanghai Academy of Social Sciences Press, 2019.

3. Lorentzen, P., & Scoggins, S. (2015). Understanding china's rising rights consciousness. The China Quarterly, 223.

4. A Theory of Justice. Cambridge, Massachusetts: Belknap Press of Harvard University Press, 1971. The revised edition of 1999 incorporates changes that Rawls made. Some Rawls scholars use the abbreviation TJ to this work.

5. Habermas Jüngen, Communication and the Evolution of Society, London, 1979.

6. Alexander Samuel, Moral Order and Progress, 1899.

7. Dewey John, Democracy and Education, New York, 1916.

8. Beck, Ulrich. Risk Society: Towards a New Modernity. London: Sage Publications, 1992.

9. Giddens Anthony. The Consequences of Modernity. California: Stanford University Press.

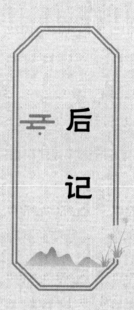

后记

　　本书是山东大学徐国亮先生主持的国家社会科学基金重点项目"中国传统家教、家风的历史嬗变及现代转换研究"最终成果。

　　在成果即将出版之际，先生嘱咐我为家风研究成果写个后记，还特地要求"写得诗意一点、轻松一点"。正在思考如何写这个后记的时候，接到妻子的电话，我与她谈及此事。妻子笑着说："要有诗意，这个要求对你这个理工出身转文史的来说，有点难！"我说："是啊！其实，我也是有诗意情怀的！跟你谈朋友的时候就经常写诗。只要心底有激情，就能作诗！"妻子回道："你就当和学术在谈恋爱，唯有热爱不可阻挡！今日小满，满是期待，小是规戒，人生小满足矣，大满则溢。希望早日看到你的诗作！"带着妻子的鼓励，我钻进图书馆，翻翻同类著作的后记，想从中获得启发和灵感。几个小时过去了，我翻了几十本后记，都没有找到感觉。迷蒙间，我在电脑上翻开父亲的著作《张衡全传》，著作后记结尾一首名曰"献词"的小诗赫然跃入眼帘："让我培植九畹幽兰，以心血将它浇灌。待它含露盛放之时，编成最香最美的佩环。献给您呵，这是我最大的心愿。"其实，这首诗在父亲著作面世时见过，但当时由于学识和心境所限，并没有引起我的注意和思考。诗中为何用"九畹幽兰"？为何言"佩环"？今天才忽然领悟父亲的用意。这里的"九畹幽兰"让人想起屈原《楚辞·离骚》里的诗句："余既滋兰之九畹兮，又树蕙之百亩"，"扈江离与辟芷兮，纫秋兰以为佩"，"户服艾以盈要兮，谓幽兰其不可佩"。清代鉴湖女侠秋瑾也曾作《兰花》诗云："九畹齐栽品独优，最宜簪助美人头。"这里感受到父亲"九畹幽兰"之文化隐喻，犹言"君子爱兰，兰如君子"！屈原、秋瑾为人正直、刚正不阿、坚强不屈的人格魅力，不正是父亲所崇尚、彰显和教育后人效仿学习的吗？其实父亲对我的人格培养教育，早已潜移默化地渗透到做人的方方面面。

　　在我儿时印象中，父亲总是很忙，白天匆匆去上班，晚上和休息时光总是伏在大方桌上写稿子。当时我就感到奇怪，机械工程师为啥要写那么多书稿。后来，我才知道，爸爸这个理工男酷爱文学，怀揣着一个文学梦。当他看到英国人李约瑟用毕生精力写的七卷本数百万字的《中国科学技术史》，在为中国古代科技在明代领先世界感到自豪的同时，强烈的民族自尊心也驱使着他决心为中国科技史做点事情。于是,他将所有的业余时间投入到中国科技史的研究和创作中。哪怕平时工作再忙、再累,他从来没有放弃这个梦想。终于在香港回归那一年,父亲的第一本文学创作作品《张衡全传》得以面世。在此之后五年里,他又陆续创作出版了五本中国科学家传记故事。我想,是那颗强烈的爱国心成就了他的文学梦。父亲这种不断奋斗、拼搏图强、永不放弃的精神一直影响和激励着我。我的考博生涯面临多次失败,但从未轻易放弃,考了七年终于如愿以偿。想想一路走来,虽然经历了千辛万苦,但总也不愿放弃梦想,这多半得益于父亲的榜样教育。在潜移默化的家庭教育中,热爱科学、追求真理、勤奋进取、永不放弃的基因悄然植入我的血脉和精神世界。

父亲不仅机械专业业务过硬,还由于读书多,历史文化知识丰富,被地方高校聘为机械制图课教师、被三线厂子弟学校聘为语文老师。在我儿时记忆里,教师一直是社会上受尊敬的职业,所以我从小就想:长大了,要像爸爸一样,当一名受人尊敬的教师。在父亲影响下,我上大学时也选择了机械制造专业,后来留校当了政治辅导员。随着学校升办地方性本科大学的大形势需要,我又积极到武汉大学攻读研究生,硕士毕业后,终于成为一名光荣的思想政治理论课教师。父亲的榜样示范教育,无形中模刻了我对人生志向的追求。

生活中,父亲是个简朴、随和、孝老爱亲的平凡人。他从不讲究衣着和饮食,常常给我们讲:"生活向低标准看齐,学习和工作向高标准看齐。"即使生活简单些,也尽量节省出钱来买书。他每次出差回来,都用他的出差生活补贴给我和姐姐买回不少小人书和好吃的零食,自己却舍不得吃点好的。老家亲戚多,他每次回去都给亲戚家的孩子们送去礼物、带他们出去玩,我们自己家却舍不得吃、舍不得用,生活极其节俭。每年只有到了过年,才能吃点好的、添件新衣服。我小时候穿的衣服,基本上是姐姐穿旧剩下的。他总教育我们:要艰苦朴素、要懂得感恩。父亲家里兄弟姊妹多,爷爷照顾不过来,就委托大伯、二伯分担家务,照顾弟弟妹妹。所以这份手足亲情,父亲没齿难忘。一有机会,就想办法予以回报。父亲在家族兄弟姊妹中排行第五,后面还有五个弟弟妹妹,自从父亲支援三线建设工作后,就独立生活,不但放弃了对老家祖产的继承,还经常给老家寄钱、寄物。父亲平时话语不多,从不打骂孩子,遇到家庭事务总是与我们平等商量,征求我们小孩子们的意见,他总是以他的行动默默无声地教育着我们。这种身教胜于言教的方式,在我们身上也得到传承。常说父爱如山,在我的求学生涯也有好多位如父亲般的好老师,例如襄阳一中的王同美老师、刘万和老师、付理明老师,武汉大学的黄钊老师、余仰涛老师、骆郁廷老师、沈壮海老师,山东大学的周向军老师、王韶兴老师、张士海老师、徐国亮老师。这里重点谈谈我的博士导师徐国亮先生。

在山东大学读博期间,我的恩师徐国亮先生如父亲一样关爱着我,不但在学术上悉心培养指导我、鼓励我勇攀学术高峰,而且在生活上给我无微不至的关怀照顾。一入师门,恩师就给我们开了长长的阅读书目清单,召开跨年级学术交流会,每个月定期组办读书会,分享读书和写作方面体会。除了校内学术活动外,他还经常邀请已经毕业的优秀校友、国内外知名学者来给我们开展学术讲座,紧跟学术前沿。他积极组织我们申报课题、研究课题、撰写文章、编撰书稿,在研究实践中训练我们的研究能力。他经常外出开学术会议,只要有机会就带上我们,开阔我们的学术视野,为我们结识学界学者提供机会。学习之余,恩师还积极组织同门学友聚会,增进感情,加强联系和交流,所以我们师门学友之间形成了互相帮助、传帮带、团结奋进的好门风,并且一届届传承下来。因此,我们如果要去各地出差调研,首先会与当地的师门校友取得联系,愉快地完成各项调研任务。每当申报新课题的时候,也能得到各地校友支持加盟,发挥各校友特长,联合攻关。总之,恩师就像一棵大树,为我们遮风避雨、撑起一片希望的蓝天;恩师像一泓泉源,常年送来清凉的慰藉;恩师就像一颗火种,点亮了我们在黑夜中探索前行的火炬。恩师给我们传承的,就是中华民族的家风文化和精神!在恩师教育指导的影响下,我也选择了家风课题研究,我的博士论文研究的是家国情怀,是家风课题下的一个子课题方向。在恩师的指导下,我终于完成了家风课题研究,在此要深深感谢山东大学指导过我的老师,还有师门学友、山东大学诸多校友,感谢原工作单位湖北文理学院、现单位中共山东省委党校同事们的大力支持和帮助。当然还要感谢师母及我的家人、朋友们的支持和厚爱。在这个和谐大家庭中,我感到了深深的爱,可能这就是家的感觉,是中华千百年来家风文化的传承!

刘　松

2023 年 6 月